面向“十二五”高等教育课程改革项目研究成果

建筑力学

主　编　赵　萍
副主编　高亚丽　李泰松　叶　恒　王俊昆
参　编　石　晶
主　审　陈庆国

北京理工大学出版社
BEIJING INSTITUTE OF TECHNOLOGY PRESS

内容简介

本书包括力学的基础知识、结构计算简图与受力分析、平面力系合成与平衡、静定结构的内力分析、杆件的应力与强度条件、静定结构的位移计算与刚度条件、压杆稳定和超静定结构的计算方法。每章设有摘要、学习目标、小结、思考题和习题。

本书可作为高等院校工程造价、工程监理、工程管理、房地产等专业的教材，也可作为相关行业的从业人员的参考用书。

图书在版编目(CIP)数据

建筑力学/赵萍主编. —北京：北京理工大学出版社，2011. 7
ISBN 978-7-5640-4832-7

Ⅰ. ①建…　Ⅱ. ①赵…　Ⅲ. ①建筑力学-高等学校-教材　Ⅳ. ①TU3

中国版本图书馆 CIP 数据核字(2011)第 145670 号

出版发行 / 北京理工大学出版社
社　　址 / 北京市海淀区中关村南大街 5 号
邮　　编 / 100081
电　　话 / (010)68914775(总编室)　68944990(批销中心)　68911084(读者服务部)
网　　址 / http: // www.bitpress.com.cn
经　　销 / 全国各地新华书店
印　　刷 / 北京泽宇印刷有限公司
开　　本 / 787 毫米×1092 毫米　1/16
印　　张 / 15. 75
字　　数 / 365 千字
版　　次 / 2011 年 7 月第 1 版　2011 年 7 月第 1 次印刷
印　　数 / 1～1 500 册
定　　价 / 35. 00 元

责任编辑 / 张慧峰
责任校对 / 陈玉梅
责任印制 / 王美丽

前　言

本书依照高等教育土建类专业力学课程的基本要求，从培养目标、毕业生的岗位走向和生源等实际情况出发，结合目前精品课程建设成果和编者多年的教学实践经验编写而成。

本教材的编写主要突出了以下几个方面的特点：

1. 在知识体系上，打破了传统教材知识框架的封闭性，克服了建筑力学由理论力学、材料力学、结构力学三门课程浓缩叠加的缺陷，以“必需、够用”为原则，强化应用为重点，注重知识层次的递进，形成了以“建筑结构的计算简图及受力分析→静定结构的内力分析→构件的应力、变形和稳定计算→超静定结构的内力分析”为主线的知识体系，突出了课程内容的内在逻辑关系，既节省了篇幅和教学时数，也有利于学生自学和逻辑思维能力的培养和提高。

2. 在内容取材上，基于职业岗位能力和发展能力教学目标要求组织教学内容。理论由浅入深，顺序符合认知规律；在理论证明和公式推导上力求从简，侧重结论的定性分析；加强实用性和针对性，重视力学概念和理论知识的应用，对建筑工程中较实用的内容列举了较多的例题，使本课程变得易教、易学。

3. 在文字表达上，努力做到少而精，通俗易懂。在讲法上配合图形和实例，尽量避免学习力学的抽象感和空洞感，使教学过程具有新意和吸引力，提高学生学习的兴趣。同时，每章末都附有小结，并精选了大量有代表性的思考题和习题，以帮助学生总结和复习。

4. 在资源建设上，本书是河北省精品课程建筑力学配套教材之一，其课程网站教学资源丰富，使用便捷，有利于学生自主学习。

本书由赵萍主编，并负责全书的统稿和审读工作；由高亚丽、李泰松、叶恒、王俊昆副主编，参编人员有石晶等。核工业部第四设计研究院陈庆国对本书提出了大量的指导意见，在此表示衷心感谢。

由于编者水平有限，书中难免存在一些不足和欠妥之处，恳请广大读者批评指正。

目　录

绪　论

一、建筑力学的研究对象

任何建筑物在施工过程中和建成后的使用过程中，都要受到各种各样力的作用。例如，楼板在施工中除承受自身的重量外，还承受人和施工机具的重量；承重外墙承受楼板传来的压力和风力等等。在工程中习惯于把这些主动作用在建筑物上的力称为**荷载**。

在建筑物中承受和传递荷载而起骨架作用的部分称为**结构**。组成结构的每一个部件称为**构件**。图 0-1 是一个单层工业厂房承重骨架的示意图，它由屋面板、屋架、吊车梁、柱子及基础等构件组成，每一个构件都起着承受和传递荷载的作用。如屋面板承受着屋面上的荷载并通过屋架传给柱子，吊车荷载通过吊车梁传给柱子，柱子将其受到的各种荷载传给基础，最后传给地基。

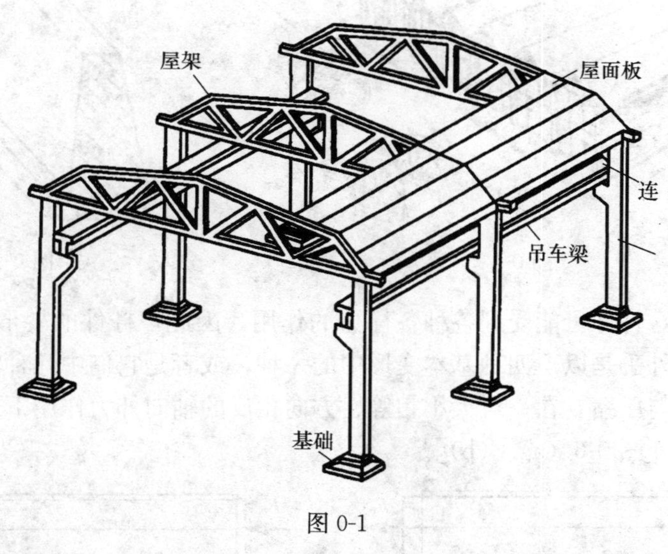

图 0-1

结构的类型很多，按组成结构构件的形状和几何尺寸，可将结构分为杆件结构、薄壁结构和实体结构三类。

（1）杆件结构　有若干杆件组成的结构。杆件的几何特征是横截面尺寸要比长度小得多（图 0-2）。例如，梁和柱是单个杆件的结构，图 0-1 所示单层工业厂房结构属于杆件结构。

横截面
轴线

图 0-2

（2）薄壁结构　结构的厚度远小于长度和宽度。例如，楼板、薄壳屋面（图 0-3）、折板屋面（图 0-4）、水池等。

（3）实体结构　结构的长度、宽度和高度尺寸相仿。例如，挡土墙（图 0-5）、水坝等。

杆件及杆件结构是建筑力学的主要研究对象。

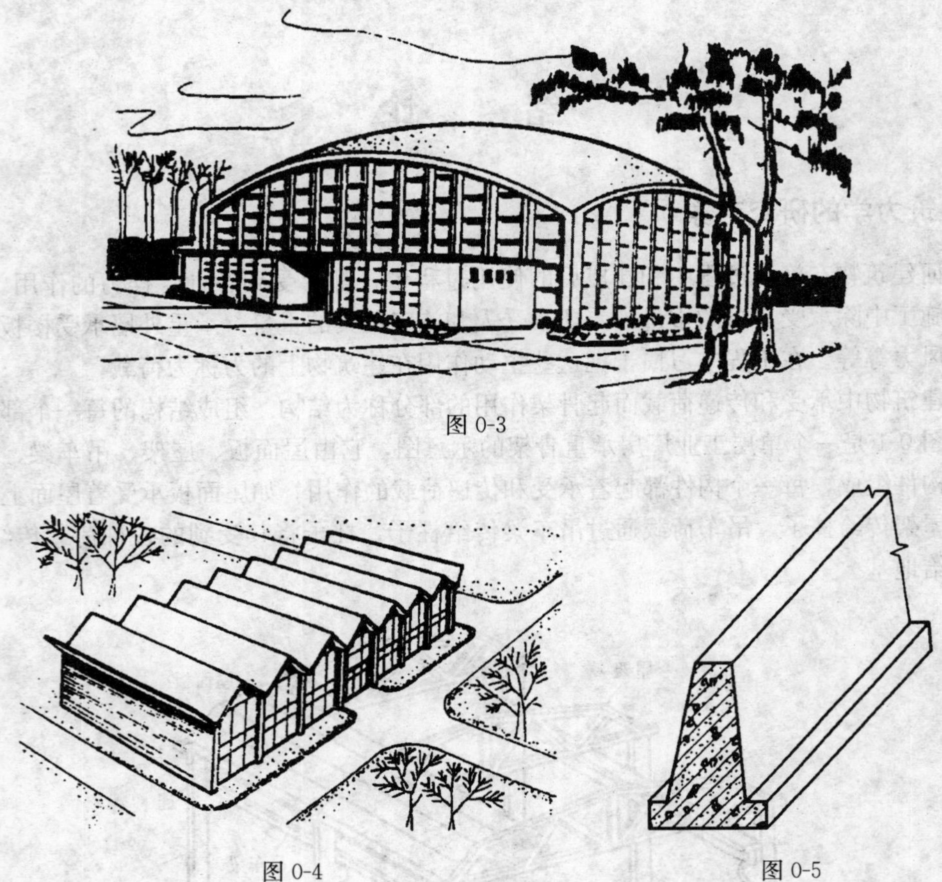

图 0-3

图 0-4

图 0-5

在工程实际中，杆件可能受到各种各样力的作用，因此，杆件的变形也是多种多样的，但是这些变形总不外乎是以下四种基本变形中的一种，或者是它们中几种的组合。

（1）轴向拉伸与压缩　在一对大小相等、方向相反的轴向外力作用下，杆件主要发生沿轴向的伸长或缩短［图 0-6（a）、（b）］。

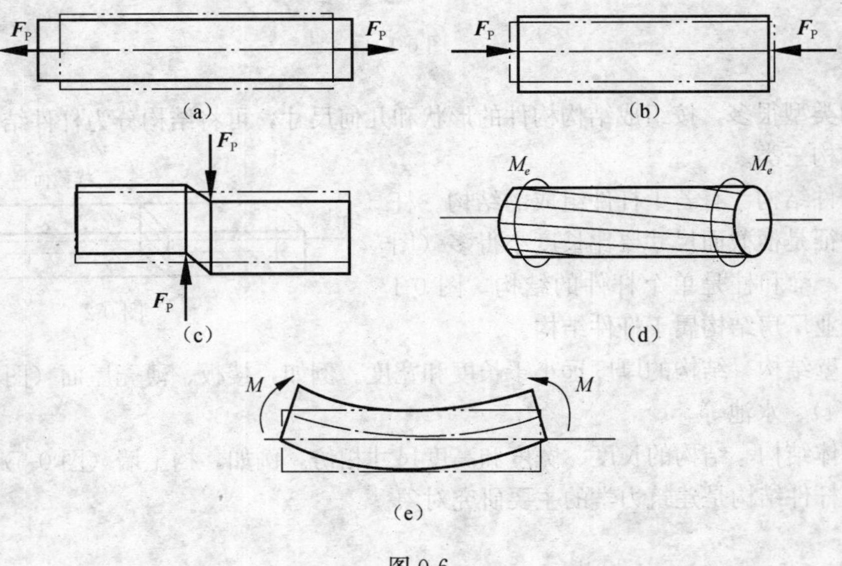

图 0-6

(2) 剪切　在一对大小相等、方向相反、作用线相距很近的横向外力作用下，杆件的相邻横截面发生相对错动［图 0-6 (c)］。

(3) 扭转　在一对大小相等、转向相反、作用面垂直于杆轴的外力偶作用下，杆件的任意两个横截面发生相对转动［图 0-6 (d)］。

(4) 弯曲　在一对大小相等、方向相反、位于杆的纵向对称面内的外力偶作用下，杆件将在纵向对称面内发生弯曲［图 0-6 (e)］。

二、建筑力学的主要任务

结构的主要作用是承受荷载和传递荷载。由于荷载的作用，构件产生变形，并存在着发生破坏的可能性。要使结构能安全正常地工作，组成结构的构件必须满足以下基本要求：

(1) 构件必须按一定的几何组成规律组成结构，以确保结构各部分之间不发生相对运动，使之可以承担荷载并维持平衡。

(2) 构件必须具有一定的抵抗破坏的能力，即构件应具有足够的强度。构件能安全地承受荷载而不破坏，我们就认为它满足了强度要求。

(3) 构件必须具有一定的抵抗变形的能力，即构件应具有足够的刚度。在一定的荷载作用下，刚度越小，构件的变形就越大。工程上，根据用途不同，对构件的变形给予一定的限制。如果构件的变形在被限制的允许范围内，我们就认为它满足了刚度要求。

(4) 构件承受压力作用时，必须具有保持原有平衡状态的能力，即构件应具有足够的稳定性。受压力作用的构件突然偏离原有平衡状态而破坏的现象称为失稳。构件失稳会产生严重的后果。如果建筑物的承重柱过细而又过高，柱子一旦失稳就会导致整个建筑物的倒塌。因此，必须保证构件具有足够的稳定性。

构件的强度、刚度和稳定性，统称为构件的承载能力。构件承载能力的高低，与构件的材料性质、截面的几何形状及尺寸、受力性质、工作条件及构造情况等因素有关。在结构设计中，如果把构件截面设计得过小，构件会因刚度不足导致变形过大而影响正常使用，或因强度不足而迅速破坏；如果构件截面设计得过大，其能承受的荷载过分大于所受的荷载，则又会不经济，造成人力、物力上的浪费。因此，结构和构件的安全性与经济性是矛盾的。建筑力学的任务，就在于力求合理地解决这种矛盾。即：研究和分析作用在结构（或构件）上力与平衡的关系，结构（或构件）的内力、应力、变形的计算方法以及构件的强度、刚度和稳定条件。为保证结构或构件既安全、可靠又经济、合理，提供计算理论依据。

三、学习建筑力学的目的及学习方法

建筑力学是研究建筑结构的力学计算理论和方法的一门科学，为建筑结构、建筑施工技术、地基与基础等后续课程奠定基础，为将来进入结构设计和解决施工现场许多力学问题的打开大门。

作为建筑业生产第一线的技术、质量、现场施工管理人员，都要具备一定的建筑力学知识，才能正确理解设计图纸的意图与要求，科学地组织施工，制定出合理的安全和质量保证措施，保证工程质量，避免工程事故的发生。另外，在施工过程中，要将设计图变成实际建筑物，往往要搭设一些临时设施和机具，如对一些重要的梁板结构施工时，为了保证梁板的形状、尺寸和位置的正确性，对安装的模板及其支架系统必须要进行设计或验算等，这些工作都是由现场施工技术人员来完成。这时，懂得建筑力学知识，就可以合理、经济地完成设计任务，确保建筑施工正常进行。

本课程作为高等院校建筑类各专业必修的专业基础课，是相关职业岗位群所必需的知识和技能，并有较强的理论性和实用性。所以，学习本课程，一是要注意理解它的基本概念、基本理论和基本方法；二是要加强练习，不做一定数量的练习题很难掌握本课程的概念、原理和分析方法，另外对做题中出现的错误应认真分析，找出原因，加以纠正；三是要理论联系实际，遇到实际问题，尽量用学到的理论加以定性或定量的解释；四是要注意培养自己综合分析问题的能力。

第一章　力学的基础知识

【本章提要】

本章介绍力学研究的物体模型——刚体和变形固体的概念；组成力系的基本元素——力和力偶的概念以及它们的性质，这些都是进一步研究力学问题的基础知识，为分析物体受力和解决工程实际问题打下基础。

【学习目标】

1. 理解刚体和变形固体的概念。

2. 深刻理解力、力矩和力偶的概念，对静力学公理要有更透彻的理解。

3. 掌握力对点的矩的计算以及合力矩定理的应用。

第一节　刚体和变形固体

一、刚体

在任何外力作用下大小和形状都保持不变的物体，称为刚体。刚体的基本特征是在任何情况下，刚体内任意两点间的距离始终保持不变。

特别要强调，刚体是描述物体运动特征的一个理想模型。实际上物体受力后都会引起大小和形状的改变，即产生变形，真正的理想刚体在现实生活中是不存在的。一般当物体受力后的变形对力学分析的影响很小时，通常可将该物体近似地视为刚体。例如，我们用手指按住课桌，虽然课桌产生了变形，但这个变形值太小了，因此，在这类情况下进行受力分析时，我们可将该课桌近似地按刚体对待。

二、变形固体及其基本假设

（一）变形固体

变形固体指受力后会产生变形的物体。变形固体的基本特征是受力后变形固体内两点间的距离会发生改变。

变形固体的模型比刚体的模型更加接近现实生活中的物体。所以，变形固体在建筑力学中比刚体模型应用得更加广泛。一般情况下，在建筑力学讨论范围内，物体都视为变形固体。

变形固体在外力作用下发生的变形可分为弹性变形和塑性变形两类。在外力撤去后能消失的变形称为弹性变形，不能消失而遗留下的变形称为塑性变形。在一般情况下，物体受力后，既有弹性变形，又有塑性变形。但工程中所用的材料，在所受外力不超过一定限度时，塑性变形很小，可忽略不计，认为材料只发生弹性变形而不产生塑性变形。这种只有弹性变形的物体称为理想弹性体或完全弹性体。只产生弹性变形的外力范围称为弹性范围。在弹性范围内，构件的变形量与外力的情况有关，变形量可能较大，也可能很小，当变形量与构件本身尺寸相比特别微小时，我们称这种变形为小变形。建筑力学将只研究杆件在弹性范围内的小变形问题。

(二）变形固体的基本假设

工程中使用的固体材料是多种多样的，而且其微观结构和力学性能也各不相同。为了使问题得到简化，通常对变形固体作如下基本假设：

(1) 均匀连续性假设　认为在变形固体在整个体积内毫无任何空隙地充满了物质，并且各部分材料性质完全相同。实际上变形固体是由许许多多的微粒或晶体组成的，而粒子或晶体之间存在着空隙，材料在一定程度上沿各方向的力学性能都会有所不同。由于这些空隙与构件尺寸相比极其微小，因此这些空隙的存在以及由此而引起性质上的差异，在研究构件受力和变形时都可以略去不计。

(2) 各向同性假设　认为从物体的任何部位取出任一部分，不计其体积大小如何，其在各个方向上的力学性能都是完全一样的。

实际上，组成固体的微粒或晶体在不同方向上有着不同的性质，但构件所包含的晶体数量极多，且晶粒的排列也是没有任何规律的。变形固体的性质就是这些晶粒性质的平均值，这样就可以把构件看成是各向同性的。工程中常使用的建筑材料，如浇筑好的混凝土、钢材等，都可以认为是各向同性材料；但是也有一些材料，如木材、一些复合材料等，沿其各方向的力学性能显然是不同的，则称为各向异性材料。

总之，建筑力学把所研究的构件看成是均匀连续、各向同性，在小变形范围内的理想弹性体。

第二节　力及力的基本性质

一、力的概念

(一）力的运动效应和变形效应

力是物体之间的相互作用。这种作用的效应一般分为两个方面：一方面是使物体的运动状态发生变化，另一方面是使物体发生变形。通常将前者称为力的运动效应或力的外效应，后者称为力的变形效应或力的内效应。

例如，自由落体由于受到地球的引力（即重力）作用而越坠越快；楼面梁需要有墙或柱的支持力作用保持稳定的静止状态（即平衡状态），这属于力的运动效应。又例如，楼板受到人群或家具压力的作用而产生弯曲变形等，属于力的变形效应。

(二）集中力和分布力

力作用在物体上都有一定的范围。当力的作用范围与物体相比很小时，可以近似地看作是一个点，该点就是力的作用点。作用于一点的力称为集中力。而当力作用的范围不能看作一个点时，则该力称为分布力。

一般情况下，我们在讨论力的运动效应时，分布力通常可以用一个与之等效的集中力来代替。

实践证明，力对物体的作用效果，取决于三个要素，即力的大小、方向和作用点。这三个要素通常称为力的三要素。当这三个要素中的任何一个改变时，力的效应也将发生变化。

在国际单位制中，力的单位是 N（牛顿）或 kN（千牛顿）。

$$1\ \text{kN} = 1\ 000\ \text{N}$$

力是一个既有大小，又有方向的量，所以力是矢量。力通常可用一段带箭头的线段来表示，如图 1-1 所示，线段的长度表示力的大小；线段与某确定直线的夹角表示力的方位，箭头表示力的指向；线段的起点或终点表示力的作用点。

用字母符号表示力矢量时，常用黑体字如 $\boldsymbol{F}$，或上加一横线的细体字如 $\overline{F}$。而 F 只表示力矢量的大小。

对于分布力来说，我们可以将其理解为单位长度或单位面积上的力，用力的线集度 q 或力的面集度 p 来度量（图 1-2），其单位相应变为 kN/m、kN/m^2 或 N/m、N/m^2。

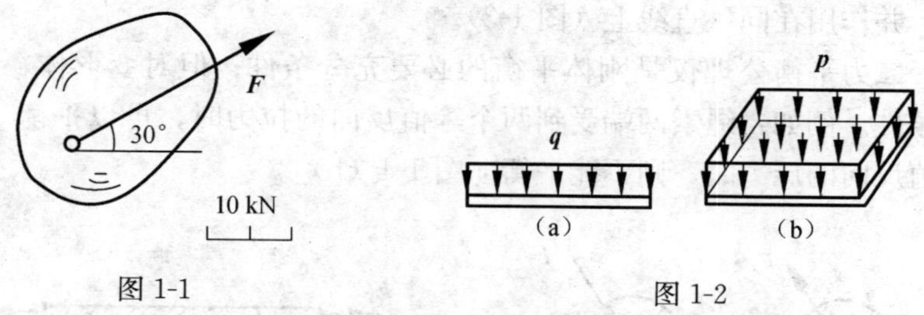

图 1-1　　图 1-2

二、力系

作用在物体上的一组力，称为力系。

（一）力系的分类

按照力系中各力作用线分布的形式不同，力系可分为：

（1）汇交力系　力系中各力作用线汇交于一点。

（2）力偶系　力系中各力可以组成若干力偶，或力系由若干力偶组成。

（3）平行力系　力系中各力作用线相互平行。

（4）一般力系　力系中各力作用线既不完全交于一点，也不完全相互平行。

按照各力作用线是否位于同一平面内，上述力系又可以分为平面力系和空间力系两大类，而平面力系是本书研究的重点。

（二）等效力系

如果某一力系对物体产生的效应，可以用另外一个力系来代替，则这两个力系称为等效力系。当一个力与一个力系等效时，则称该力为此力系的合力；而该力系中的每一个力，称为这个力的分力。把力系中的各个分力代换成合力的过程，称为力系的合成；反过来，把合力代换成若干分力的过程，称为力的分解。

（三）平衡力系

若刚体在某力系作用下保持平衡，则该力系称为平衡力系。使刚体保持平衡时力系所需要满足的条件，称为力系的平衡条件。这种条件有时是一个，有时是几个，它们是建筑力学分析的基础。

三、力的基本性质

力的基本性质是人们在长期的生产和生活实践中的经验总结，又经过实践反复检验，是符合客观实际的最普遍、最一般的规律。它们不可能用更简单的原理来代替，也不能从其他原理来推导出，所以通常称它们为静力学公理。静力学公理是研究力系简化和平衡问题的基础。

（一）二力平衡公理

作用在同一刚体上的两个力，使刚体处于平衡状态的必要与充分条件是：这两力大小相等，方向相反，并作用在同一直线上（图 1-3）。

应该指出：二力平衡公理仅是刚体平衡的必要充分条件；但对变形体，它只是必要条件，而非充分条件。例如：绳索两端受到两个等值反向的拉力时，可以平衡［图 1-4（a）］，但受到两个等值反向的压力时，则不能平衡［图 1-4（b）］。

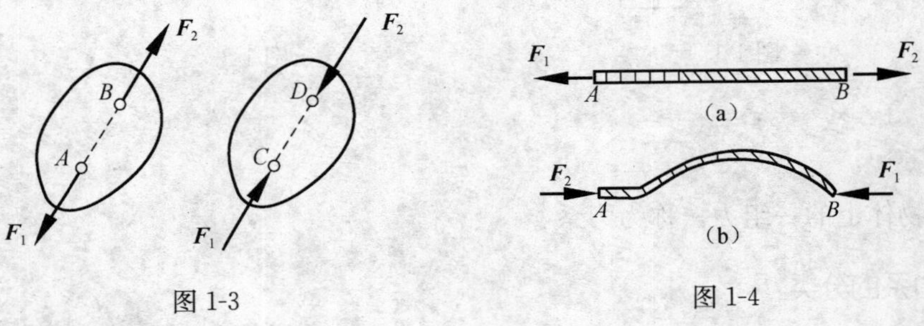

图 1-3　　图 1-4

（二）加减平衡力系公理

在一个受任意力系作用的刚体上，加上或减去一个平衡力系，并不改变原力系对刚体的作用效果。

因为平衡力系不会改变物体的运动状态（静止或匀速直线运动），所以在刚体上加上或减去任意平衡力系，是不会改变刚体的运动状态的。这个公理对于研究力系的简化问题很重要。

推论　力的可传性原理

作用在刚体上的力，可以沿其作用线滑移到该刚体上的任意一点，而不改变它对刚体的作用效果。

证明：设有力 $\boldsymbol{F}$ 作用在刚体上的 A 点，如图 1-5（a）所示。根据加减平衡力系公理，可在力的作用线上任一点 B 处，沿力的作用线加一对等值反向的平衡力 $\boldsymbol{F}_1$ 和 $\boldsymbol{F}_2$，并使 $F_1=-F_2=-F$，如图 1-5（b）所示。由加减平衡力系公理知，这样并不影响原力 $\boldsymbol{F}$ 对刚体作用的效应，即力系（$\boldsymbol{F}$，$\boldsymbol{F}_1$，$\boldsymbol{F}_2$）与原力 $\boldsymbol{F}$ 等效。而力 $\boldsymbol{F}$ 和 $\boldsymbol{F}_1$ 也是一个平衡力系，可以减去，则剩下的力 $\boldsymbol{F}_2$ 与原力 $\boldsymbol{F}$ 等效。这就相当于力 $\boldsymbol{F}$ 沿其作用线就由 A 点移动到了 B 点，但其效应不变，如图 1-5（c）所示。

由力的可传性原理可知：对于刚体来说，力的作用点已不是决定力的作用效果的要素，它已被作用线所取代。所以，力的三要素可改为：力的大小、方向和作用线。

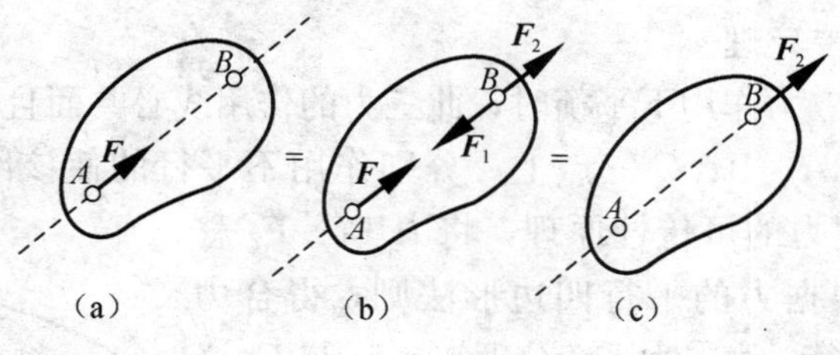

图 1-5

（三）作用与反作用公理

两物体间的作用力与反作用力总是大小相等、方向相反、沿同一直线，并且分别作用在这两个物体上。

这个公理概括了两个物体间相互作用的关系，它表明力总是成对出现的，有作用力必定有反作用力，且总是同时产生又同时消失的。

必须注意：不能把作用与反作用公理与二力平衡公理混淆。虽然作用力与反作用力大小相等、方向相反、沿同一直线，但分别作用于两个物体上。所以，不能认为作用力与反作用力相互平衡，组成平衡力系。

（四）力的平行四边形法则

作用于物体上同一点的两个力，可以合成为一个合力。合力的作用点也在该点，合力的大小和方向，由这两个力为边构成的平行四边形的对角线确定，如图 1-6 所示。其矢量表达式为：

$$\boldsymbol{F}_R = \boldsymbol{F}_1 + \boldsymbol{F}_2 \tag{1-1}$$

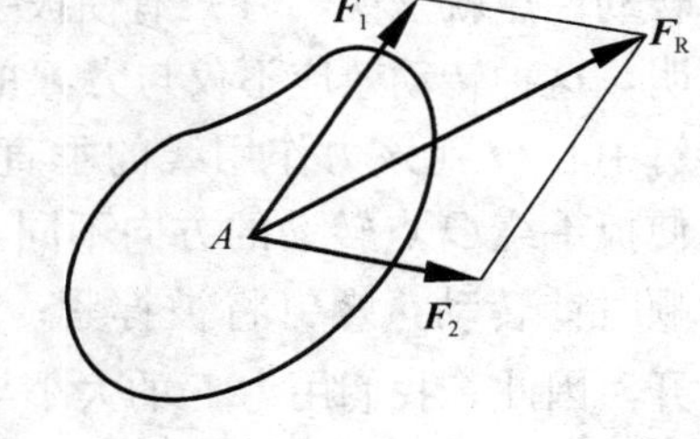

图 1-6

运用这个公理可以将两个共点的力合成为一个力；同样，一个已知力也可以分解为两个力。但需注意，一个已知力分解为两个分力可有无数个解，这是因为以一个力的矢量为对角线的平行四边形可作无数个。图 1-7（a）所示力 $\boldsymbol{F}$ 既可分解为 $\boldsymbol{F}_1$ 和 $\boldsymbol{F}_2$，也可分解为 $\boldsymbol{F}_3$ 和 $\boldsymbol{F}_4$ 及 $\boldsymbol{F}_5$ 和 $\boldsymbol{F}_6$ 等等。若想得出唯一解答，必须有限定条件。如给定一分力的大小和方向求另一分力，或给定两分力的方向求其大小等等。在实际问题中，常需将力沿某两指定的方向分解，特别是沿两互相垂直的方向分解，如图 1-7（b）所示。

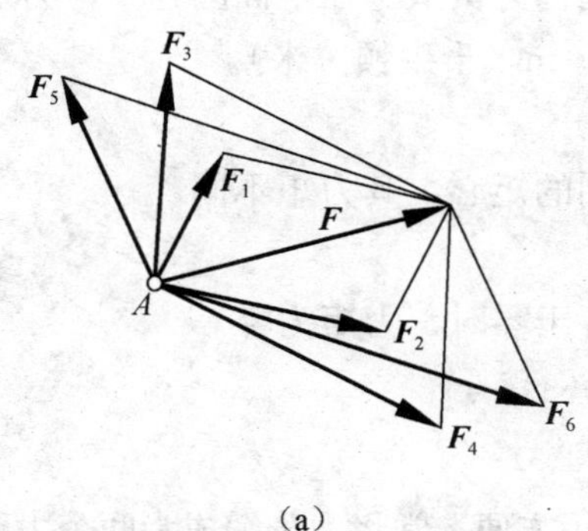

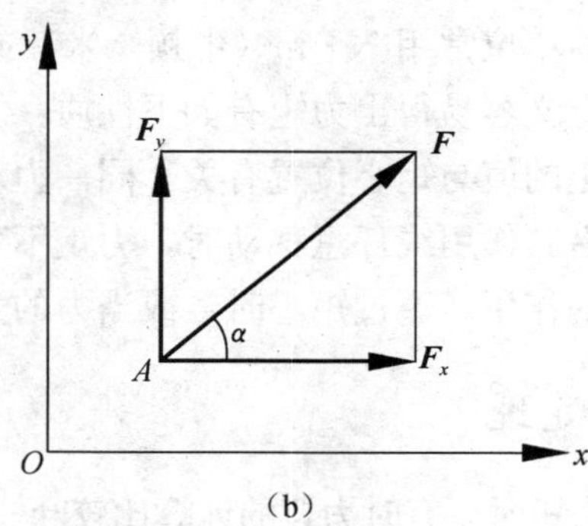

图 1-7

推论　三力平衡汇交定理

一刚体在不平行的三力作用下平衡时，此三力的作用线必共面且汇交于一点。

证明：设在刚体的 A、B、C 三点上，分别作用不平行的使该刚体平衡的三个力 $\boldsymbol{F}_1$、$\boldsymbol{F}_2$、$\boldsymbol{F}_3$（图 1-8）。根据力的可传性原理，将力 $\boldsymbol{F}_1$、$\boldsymbol{F}_2$ 移到其汇交点 O，然后根据力的平行四边形法则，得合力 $\boldsymbol{F}_R$。则力 $\boldsymbol{F}_3$ 应与 $\boldsymbol{F}_R$ 平衡。由二力平衡公理知，$\boldsymbol{F}_3$ 与 $\boldsymbol{F}_R$ 必共线。因此力 $\boldsymbol{F}_3$ 的作用线必通过 O 点并与力 $\boldsymbol{F}_1$、$\boldsymbol{F}_2$ 共面。

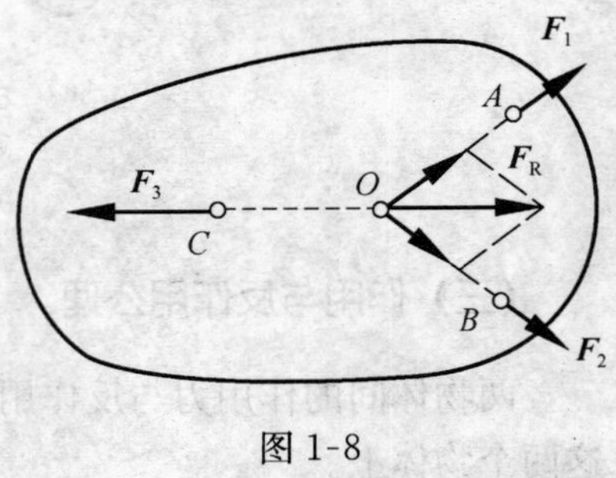

图 1-8

应当指出，三力平衡汇交定理只说明了不平行的三力平衡的必要条件，而不是充分条件。它常用来确定刚体在共面不平行的三个力作用下平衡时，其中某个未知力的方向。

第三节　力对点的矩

一、力对点的矩的概念

力对点的矩是很早以前人们在使用杠杆、滑车、绞盘等机械搬运或提升重物时所形成的一个概念，现以拧螺母的扳手（图 1-9）为例来说明。在扳手的 A 点施一力 $\boldsymbol{F}$，将使扳手和螺母一起绕螺钉中心 O 转动。这就是说，力 $\boldsymbol{F}$ 有使扳手产生转动的效应。实践证明，这种转动效应不仅与力 $\boldsymbol{F}$ 的大小成正比，而且还与螺钉中心 O 到该力作用线的垂直距离成正比。另外，力 $\boldsymbol{F}$ 使扳手绕 O 点转动的方向不同，作用效果也不同。通常，顺时针转动，螺钉将被拧紧；逆时针转动，螺钉将被松开。因此，我们用力 $\boldsymbol{F}$ 的大小与 O 点到力 $\boldsymbol{F}$ 作用线的垂直距离 h 的乘积 Fh，再冠以适当的正负号，来度量力 $\boldsymbol{F}$ 使物体绕 O 点转动的效应，称为力 $\boldsymbol{F}$ 对 O 点的矩，简称力矩，用符号 M_O（$\boldsymbol{F}$）表示，即：

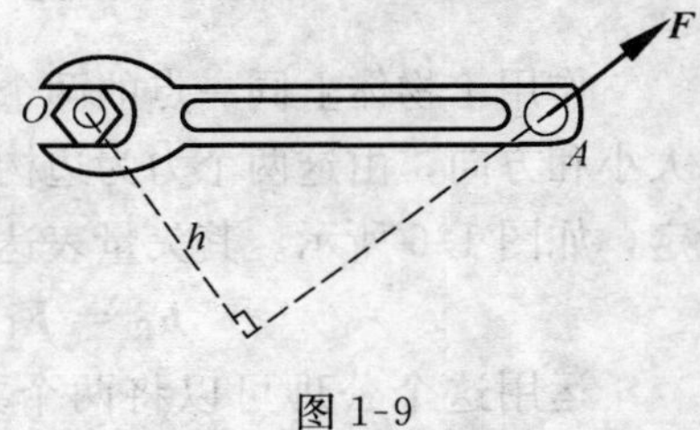

图 1-9

$$M_O(\boldsymbol{F}) = \pm Fh \tag{1-2}$$

式中，O 点称为力矩中心，简称矩心，h 称为力臂，正负号表示力矩的转向。通常规定力使物体绕矩心作逆时针方向转动时力矩为正值，反之则为负值。在平面问题中，力矩是一个代数量。力矩的单位常用 N·m（牛顿·米）或 kN·m（千牛顿·米）。

由力矩定义容易得出力矩有如下性质：

(1) 力矩的值与矩心位置有关，同一力对不同的矩心，其力矩不同。

(2) 力沿其作用线任意移动时，力矩不变。

(3) 力的作用线通过矩心时，或当力的大小等于零时，力矩为零。

二、合力矩定理

在计算力矩时，有时力臂的计算比较麻烦，为了方便，常将力分解成为两个力臂已知的分力来简化计算。因此，就需要建立合力对某点的力矩与其分力对同一点的力矩之间的关系。

如图 1-10 中所示，在 A 点作用一力 $\boldsymbol{F}$，其沿坐标轴的分力为 $\boldsymbol{F}_x$ 和 $\boldsymbol{F}_y$，按式（1-2），合力 $\boldsymbol{F}$ 对 O 点的矩为：

$$\begin{aligned} M_O(\boldsymbol{F}) &= Fh = Fr\sin(\alpha-\theta) \\ &= Fr(\sin\alpha\cos\theta - \cos\alpha\sin\theta) \end{aligned}$$

应用三角函数关系，可知每个分力的大小为：

$$F_x = F\cos\alpha,\quad F_y = F\sin\alpha$$

且 $\quad x = r\cos\theta,\quad y = r\sin\theta$

所以

$$M_O(\boldsymbol{F}) = F_y x - F_x y = M_O(\boldsymbol{F}_y) + M_O(\boldsymbol{F}_x)$$

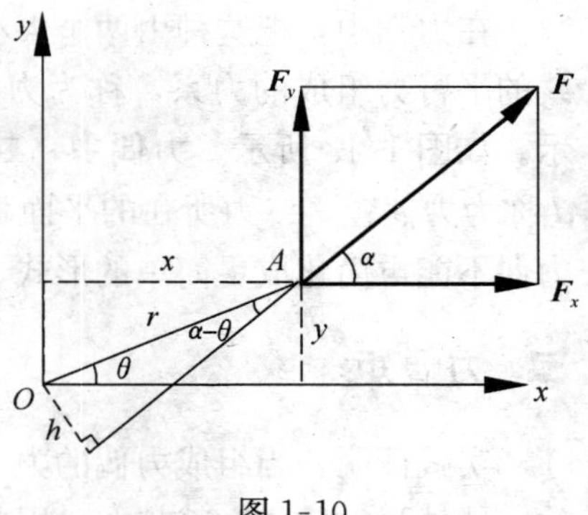

图 1-10

上式结果表明，合力对平面内任一点的矩等于其各分力对同一点的矩的代数和。这就是合力矩定理。

需注意的是，上述结论具有普遍意义。它适用于任意两个或两个以上的力，无论是何种力系，只要存在合力，那么就存在合力矩定理。

例 1-1　试计算图 1-11 中力 $\boldsymbol{F}$ 对 A 点的矩。

解　本题直接利用式（1-2），计算力 $\boldsymbol{F}$ 对 A 点的力矩，力臂 h 不易求出。现将力 $\boldsymbol{F}$ 分解为互相垂直的两个分力 $\boldsymbol{F}_x$ 和 $\boldsymbol{F}_y$，如图 1-11 所示，利用合力矩定理可方便地计算出力 $\boldsymbol{F}$ 对 A 点的矩为：

$$\begin{aligned} M_A(\boldsymbol{F}) &= M_A(\boldsymbol{F}_x) + M_A(\boldsymbol{F}_y) \\ &= -F_x b + F_y a = -F\cos\alpha\cdot b + F\sin\alpha\cdot a \\ &= Fa\sin\alpha - Fb\cos\alpha \end{aligned}$$

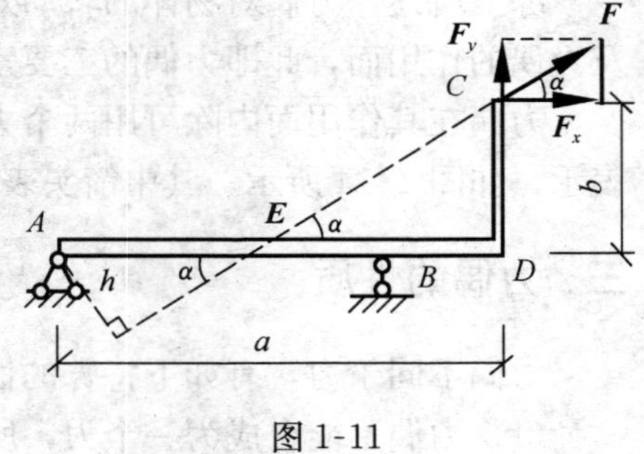

图 1-11

第四节　力　　偶

一、力偶的概念

在生产实践和日常生活中，常看见到物体同时受到大小相等、方向相反，作用线相互平行但不共线的两个力作用的现象。例如，拧水龙头时，人手作用在开关上的力 $\boldsymbol{F}$ 和 $\boldsymbol{F}'$［图 1-12（a）］；汽车司机用双手转动方向盘时，作用在方向盘上的力 $\boldsymbol{F}$ 和 $\boldsymbol{F}'$［图 1-12（b）］；两人推动绞盘横杆的力［图 1-12（c）］。

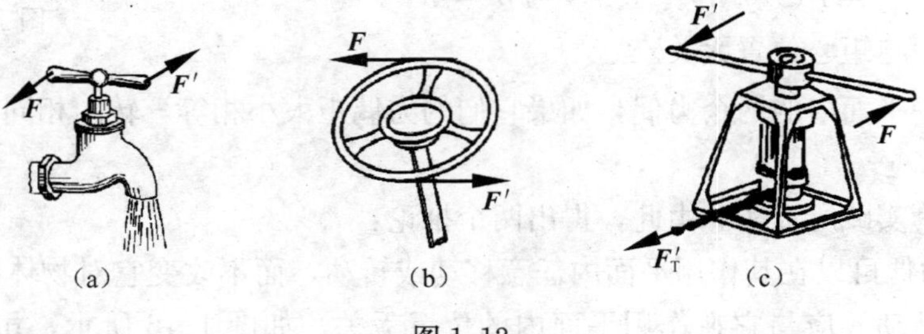

图 1-12

在力学中，把这种由两个大小相等、方向相反、不共线的平行力组成的力系，称为力偶，用符号（$\boldsymbol{F}$，$\boldsymbol{F}'$）表示。如图 1-13 所示。力偶中，二力作用线间的垂直距离 d 称为力偶臂，二力所在的平面称为力偶的作用面。由于力偶不能再简化成更简单的形式，所以力偶与力是组成力系的两个基本元素。

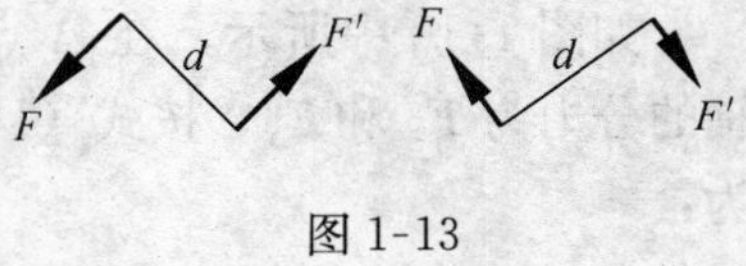

图 1-13

二、力偶矩

实践证明：当组成力偶的力 $\boldsymbol{F}$（或 $\boldsymbol{F}'$）越大，或力偶臂 d 越大，则力偶使物体的转动效应就越强；反之，就越弱。因此，与力矩类似，用力偶中力的大小与力偶臂的乘积 Fd 来度量力偶在其作用面内对物体的转动效应，并把这一乘积冠以适当的正负号，称为此力偶的力偶矩，用符号 M（$\boldsymbol{F}$，$\boldsymbol{F}'$）表示，可简记为 M。即：

$$M(\boldsymbol{F},\boldsymbol{F}') = M = \pm Fd \tag{1-3}$$

式中，正负号表示力偶转向。通常规定：若力偶使物体逆时针转动时，力偶矩为正，反之为负。在平面力系中，力偶矩是代数量。力偶矩的单位与力矩的单位相同，也是 N·m 或 kN·m。

综上所述，力偶对物体的转动效应取决于力偶矩的大小、力偶的转向及力偶的作用面，此即力偶的三要素。

力偶在其作用面内除可用两个力表示外，通常还用一带箭头的弧线来表示，如图 1-14 所示，其中箭头表示力偶的转向，M 表示力偶矩的大小。

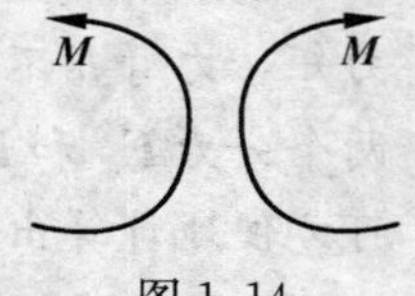

图 1-14

三、力偶的性质

力偶不同于力，有如下特殊的性质。

（1）力偶不能合成为一个力，所以不能用一个力来代替。由力偶的定义可知，力偶中的两个力只会使物体产生转动效应，不会产生移动效应。而力可以使物体产生移动效应，可见力偶不能和一个力等效，因此力偶不能合成为一个力，不能用一个力与之平衡，力偶只能和力偶平衡。

（2）力偶对其作用平面内任一点的矩都等于力偶矩，与矩心位置无关。

设有一力偶（$\boldsymbol{F}$，$\boldsymbol{F}'$），力偶臂为 d（图 1-15）。今在其作用面内任取一点 O 为矩心，设 O 点到 $\boldsymbol{F}'$ 的距离为 x，则该力偶对 O 点的矩为

$$\begin{aligned} M_O(\boldsymbol{F},\boldsymbol{F}') &= M_O(\boldsymbol{F}) + M_O(\boldsymbol{F}') \\ &= F(x+d) - F'x = Fd = M \end{aligned}$$

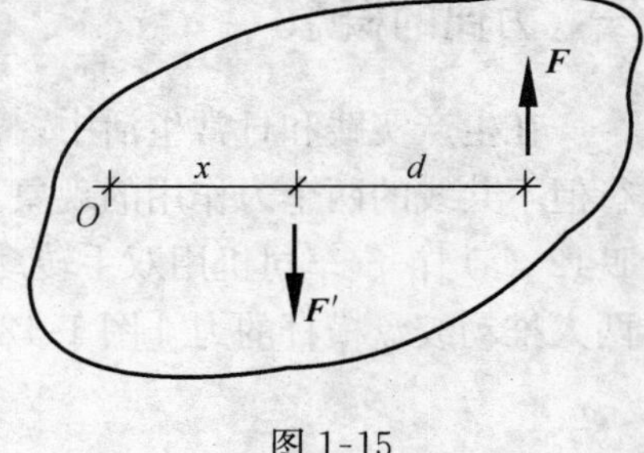

图 1-15

结果表明力偶矩与矩心位置无关。

（3）在同一平面内的两个力偶，如果它们的力偶矩大小相等，转向相同，则这两个力偶是等效的。

此性质已为实践所证实。由此，得出两个推论：

推论 1 力偶可以在其作用平面内任意移动或转动，而不改变它对物体的转动效应，即力偶对物体的转动效应与它在作用平面内的位置无关。如图 1-16 所示，司机操纵驾驶盘，只要转向相同，（$\boldsymbol{F}_1$，$\boldsymbol{F}_1'$）与（$\boldsymbol{F}_2$，$\boldsymbol{F}_2'$）的力偶矩相同时，作用位置虽然不同，但作用效应

是相同的。

推论 2　只要保持力偶矩的大小和力偶的转向不变，可同时相应地改变组成力偶的力的大小和力偶臂的长度，而不改变它对物体的转动效应。如图 1-17 所示，攻螺纹时，虽所加的力的大小和力偶臂不同，但（$\boldsymbol{F}$，$\boldsymbol{F}'$）与（$2\boldsymbol{F}$，$2\boldsymbol{F}'$）的力偶矩相同，故对扳手的转动效应一样。

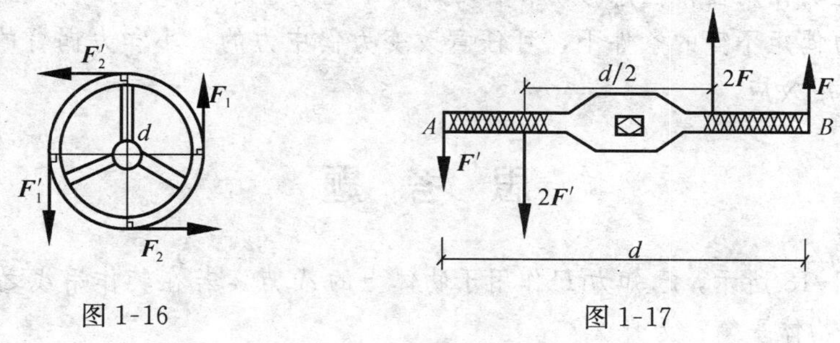

图 1-16　　图 1-17

小　结

1. 刚体和变形固体的概念

刚体可以是抽象的物体，也可以是具体的物体；可以是单个的工程构件，也可以是工程结构整体。例如，建筑工地上常见的塔式吊车。当设计其某一部件或零件时，都不能看成刚体，而必须视为变形体，这时的零件或部件就是变形体模型。但是，当需要确定保证塔式吊车在各种工作状态下都不发生倾覆所需的配重时，整个塔式吊车又可以视为刚体。

2. 力和力系的概念

力是物体间的相互作用，使物体产生运动效应或变形效应。

力可分为集中力和分布力。

对于平面力系，按各力作用线的分布情况分为平面汇交力系、平面力偶系、平面平行力系和平面一般力系；按作用效果分为等效力系和平衡力系。

3. 静力学分析基础

(1) 静力学公理　研究力系合成与荷载问题的基础。

① 最简单的平衡力系是二力平衡，其平衡条件是此二力等值、共线、反向。

② 对刚体力具有可传性。

③ 两物体之间的作用力和反作用力等值，共线、反向，且分别作用在此二物体上。

④ 力的合成和分解，均服从力的平行四边形法则。

(2) 力对点的矩　力的大小与力臂的乘积并冠以适当的正负号，记作 $M_O(\boldsymbol{F}) = \pm Fh$。其性质有：

① 力矩的值与矩心位置有关，同一力对不同的矩心，力矩不同。

② 力沿其作用线任意移动时，力矩不变。

③ 力的作用线通过矩心时，力矩为零。

④ 合力对平面内任一点的矩，等于各分力对同一点的矩的代数和。

(3) 力偶　等值、反向、不共线的一对平行力。力偶对物体转动效应的三要素为力偶矩的大小、力偶的转向和力偶的作用面。其性质有：

① 力偶只能与力偶平衡。

② 力偶对其作用面内的任一点的矩都等于其力偶矩。

③ 力偶可在其作用面内任意移动和转动，而不改变它对刚体的作用效应。

④ 在保持力偶矩不变的条件下，可任意改变力偶中力的大小和力偶臂的长短，而不改变它对刚体的作用效应。

思考题

1-1　如图 1-18 所示，已知力 $\boldsymbol{F}$ 作用于物体上的 A 点，若在其作用线之外的 B 点施加一力，能否使该物体平衡？为什么？

1-2　二力平衡公理与作用与反作用定律中，都是说二力等值、共线、反向，其区别在哪里？

1-3　试比较力矩与力偶矩的异同点。

1-4　合力矩定理的内容是什么？它有什么用途？

1-5　二力平衡中的两个力，作用与反作用公理中的两个力，与构成力偶的两个力各有什么不同？

1-6　力偶不能用一个力来平衡，图 1-19 所示的物体为何能平衡？

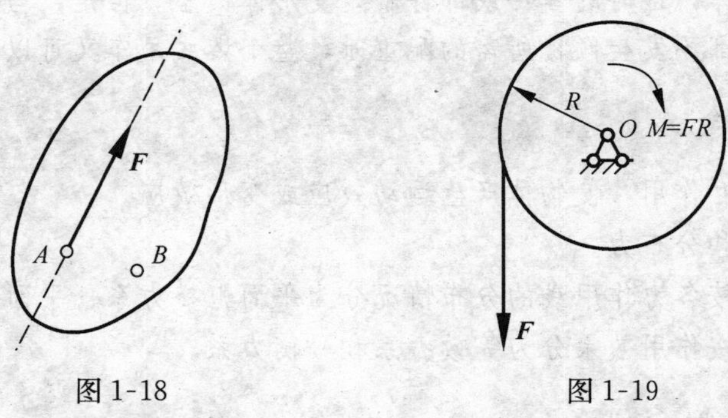

图 1-18　　图 1-19

习　题

1-1　计算图 1-20 所示各力 $\boldsymbol{F}$ 对点 O 的矩。

1-2　如图 1-21 所示挡土墙。已知其重 $W=75$ kN，铅垂土压力 $F_1=120$ kN，水平土压力 $F_2=90$ kN，试求这三个力对前趾点 A 的矩，并指出哪些力矩有使墙绕 A 点倾倒的趋势？哪些力矩使墙趋于稳定？它们的值各为若干？

1-3　钢筋混凝土雨篷如图 1-22 所示。雨篷梁和雨篷板的长度（垂直纸平面）为 4 m，悬挑长 1 m，雨篷梁上砌体高 3 m，墙厚 240 mm，已知钢筋混凝土单位体积重 $\gamma_1=25$ kN/m^3，砖砌体单位体积重 $\gamma_2=19$ kN/m^3。试验算在此情况下雨篷会不会绕 A 点倾覆。验算时，需要考虑有一检修荷载 $F_P=1$ kN 作用在雨篷边缘上。

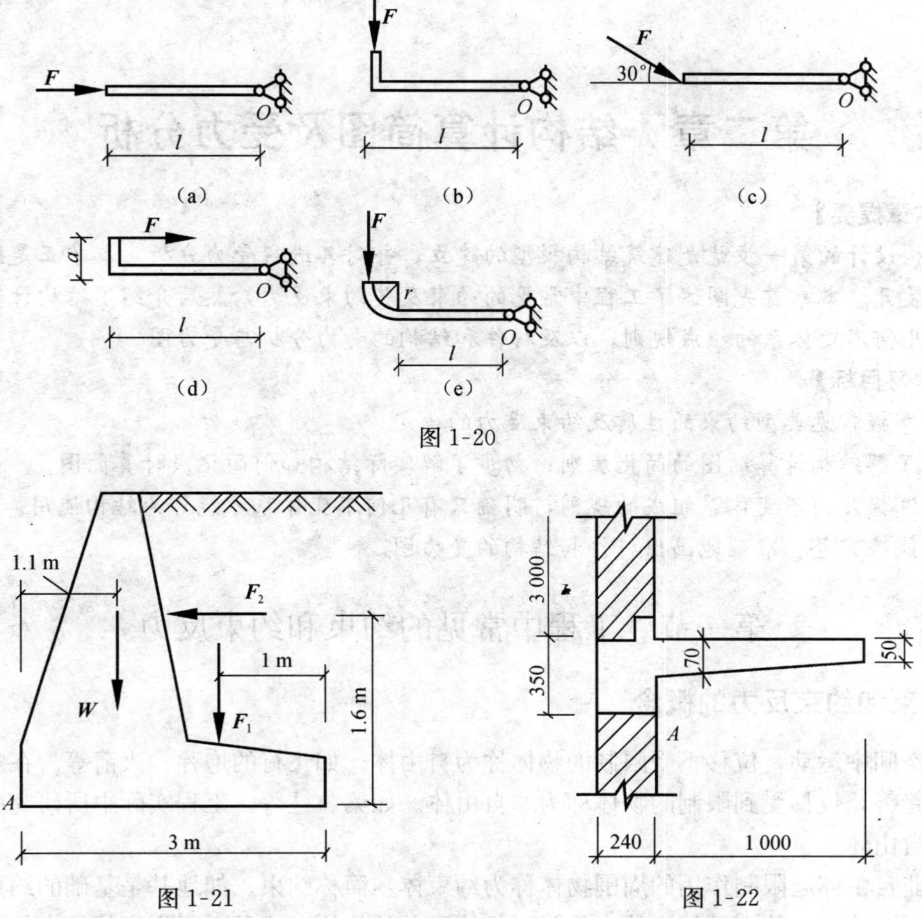

图 1-20

图 1-21

图 1-22

第二章　结构计算简图及受力分析

【本章提要】

结构设计的第一步就是建筑结构模型的建立，并对其进行受力分析。本章正是围绕这两个内容展开。本章首先阐述了工程中常见的约束及其约束反力，然后介绍了结构计算简图的选取，几何不变体系的组成规则，以及杆件和结构的受力分析与受力图。

【学习目标】

1. 掌握常见典型约束的性质及约束反力的确定。
2. 了解结构计算简图的简化原则；初步了解实际结构如何简化成计算简图。
3. 掌握几何不变体系组成的规则，明确只有几何不变体系才能作为结构使用。
4. 能够完整、准确地画出杆件和结构的受力图。

第一节　工程中常见的约束和约束反力

一、约束和约束反力的概念

在空间中运动，位移不受限制的物体称为自由体。如飞行的炮弹、火箭等。在空间中只有运动趋势，位移受到限制的物体称为非自由体。如梁、柱等。工程实际中所研究的构件都属于非自由体。

对非自由体起限制作用的周围物体称为约束体，简称约束。如地基是基础的约束；基础是柱子（或墙）的约束等等。约束是阻碍物体运动的物体，这种阻碍作用就是力的作用。阻碍物体运动的力称为约束反力，简称反力。所以，约束反力的方向总是与物体运动或运动趋势的方向相反。这也是确定约束反力的方向或作用线位置的主要依据。

物体受到的力一般可以分为两类：一类是使物体运动或使物体有运动趋势的力，称为主动力，即前述的荷载；另一类是约束对物体的约束反力，又称为被动力。一般主动力是已知的，而约束反力是未知的。在受力分析计算中，约束反力和已知的主动力共同作用使物体平衡，利用平衡条件就可以求解出约束反力来。

二、工程中常见的约束和约束反力

（一）柔体约束

由绳索、链条、皮带等柔性物体形成的约束，称为柔体约束。柔体只能承受拉力，不能承受压力，所以作为约束，它们只能限制物体沿柔体中心线且离开柔体的运动，而不能限制物体沿其他方向的运动。因此，柔体约束的约束反力是通过接触点，沿柔体中心线且背离物体的拉力，常用 $\boldsymbol{F}_{\mathrm{T}}$ 表示，如图 2-1 所示。

（二）光滑接触面约束

不计摩擦的光滑平面或曲面构成对物体运动限制时，称为光滑接触面约束。这类约束无论是平面还是曲面，都不能限制物体沿接触面切线方向的运动，只能限制物体沿接触面公法线方向向约束内部的运动。因此，光滑接触面约束的约束反力是作用于接触点，沿接触面公法线方向指向物体的压力，常用 $\boldsymbol{F}_{\mathrm{N}}$ 表示，如图 2-2 所示。

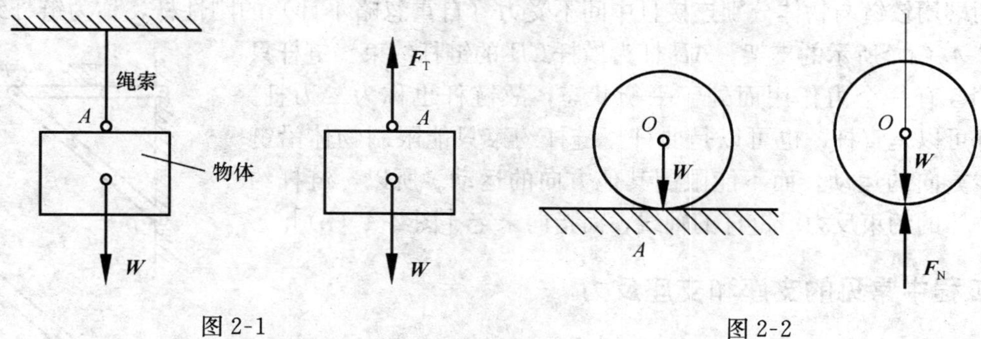

图 2-1　　图 2-2

（三）圆柱铰链约束

圆柱铰链简称铰链，是由一个圆柱形销钉插入两个物体的圆孔中构成，并且认为销钉和圆孔的表面都是光滑的［图 2-3（a）、（b）］。销钉只能限制物体在垂直于销钉轴线平面内任意方向的相对移动，而不能限制物体绕销钉的转动。当物体相对于另一物体有运动趋势时，销钉与圆孔壁将在某点接触，约束反力通过销钉中心与接触点，由于接触点的位置是未知的，所以，圆柱铰链的约束反力是垂直于销钉轴线并通过销钉中心的，但方向未定［图 2-3（d）］。圆柱铰链的简图，如图 2-3（c）所示。圆柱铰链的约束反力可用一个大小与方向均未知的力表示，也可用两个相互垂直的未知分力来表示，如图 2-3（e）、（f）所示。

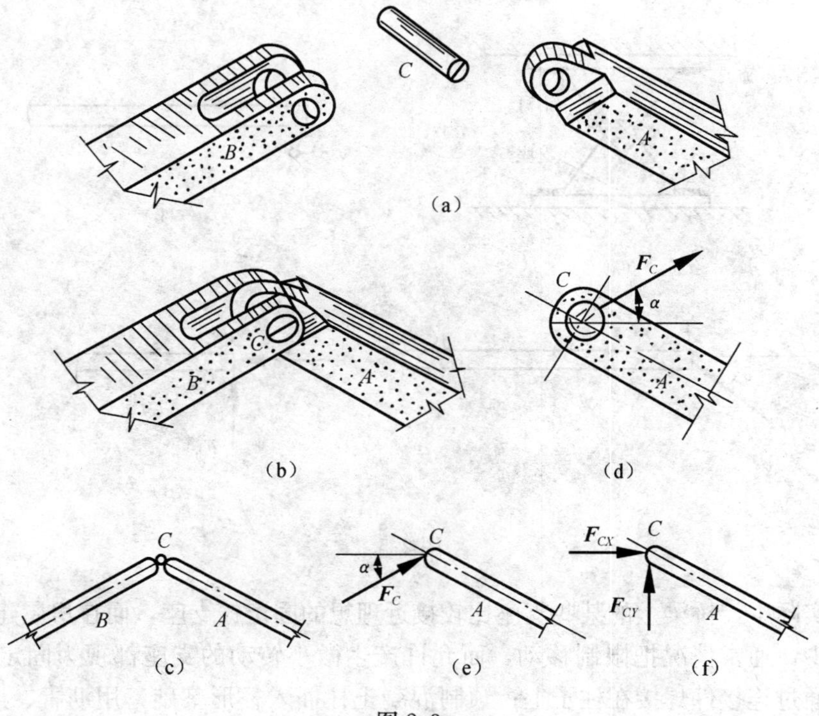

图 2-3

(四) 链杆约束

两端用铰链与物体分别连接且中间不受力（自重忽略不计）的刚性杆，称为链杆约束。如图 2-4（a）所示的支架，AB 杆为横杆 CB 的链杆约束。链杆只在两端各有一个力作用而处于平衡状态，故链杆也称为二力杆。二力杆可以是直杆，也可以是曲杆。链杆约束只能限制物体沿链杆轴线方向的运动，而不能限制其他方向的运动。所以，链杆约束对物体的约束反力沿链杆的轴线，而指向未定［图 2-4（b）］。

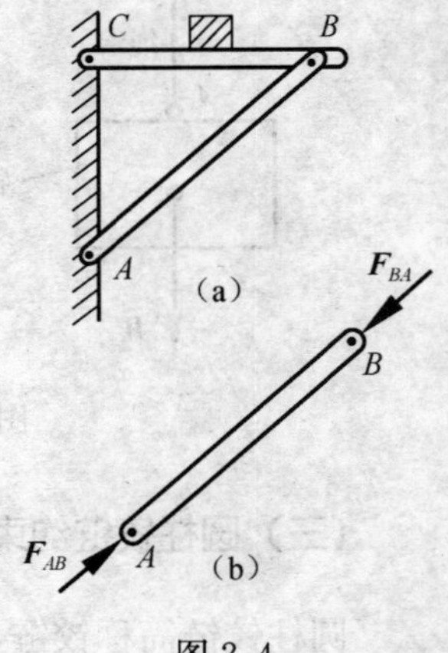

图 2-4

三、工程中常见的支座和支座反力

工程中，将结构或构件支承在基础或另一静止构件上的装置，称为支座。支座也是约束。支座对它所支承的构件的约束反力，也称支座反力。现将工程中常见的支座介绍如下：

(一) 固定铰支座

用圆柱铰链把结构或构件与支座底板连接，并将底板固定在支承物上构成的支座，称为固定铰支座［图 2-5（a）］，其计算简图如图 2-5（b）所示。固定铰支座只能限制构件在垂直于销钉平面内任意方向的移动，而不能限制构件绕销钉的转动，可见其约束性能与圆柱铰链相同。所以，固定铰支座对构件的支座反力也通过铰链中心，而方向未定。其支座反力如图 2-5（c）、（d）所示。

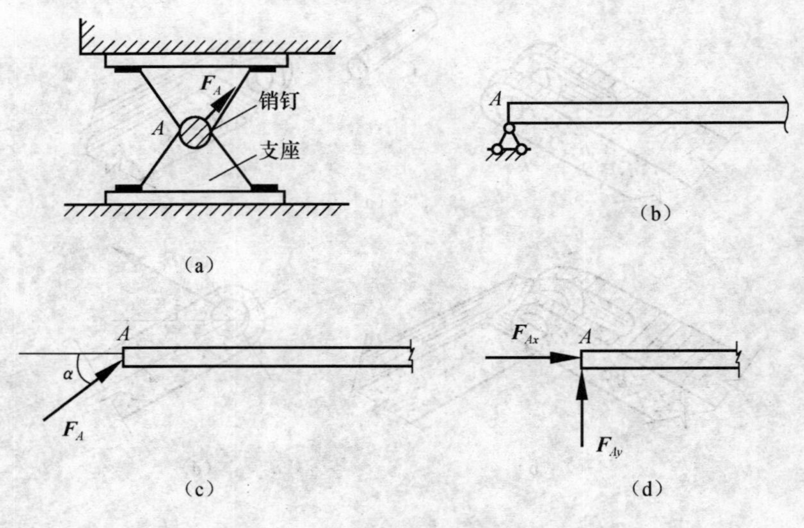

图 2-5

在工程实际中，桥梁上的某些支座比较接近理想的固定铰支座，而在房屋建筑中这种理想的支座很少，通常情况把限制移动，而允许产生微小转动的支座都视为固定铰支座。例如：将屋架通过连接件焊接在柱子上；预制混凝土柱插入杯形基础，用沥青、麻丝填实后，便可视为固定铰支座。

（二）可动铰支座

在固定铰支座下面加几个辊轴支承于平面上，就构成可动铰支座［图 2-6（a）］，其计算简图如图 2-6（b）所示。可动铰支座只能限制构件沿垂直于支承面方向的移动，而不能限制构件绕销钉转动和沿支承面方向的移动，其约束性能与链杆的约束性能相同。所以，可动铰支座对构件的支座反力通过销钉中心，且垂直于支承面，指向未定。其支座反力如图 2-6（c）所示。

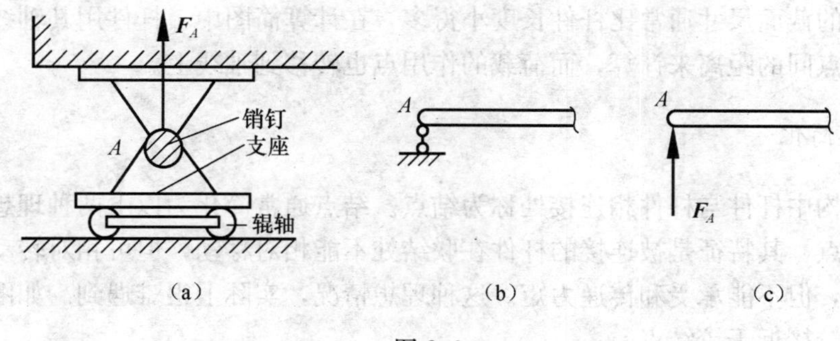

图 2-6

在工程实际中，如钢筋混凝土梁搁置在砖墙上，就可将砖墙简化为可动铰支座。

（三）固定端支座

把构件和支承物完全连接为一整体，构件在固定端既不能沿任意方向移动，也不能转动的支座，称为固定端支座［图 2-7（a）］。其计算简图如图 2-7（b）所示。由于固定端支座既限制构件的移动，又限制构件的转动，所以，它的支座反力包括水平力、竖向力和一个阻止转动的约束反力偶，如图 2-7（c）所示。

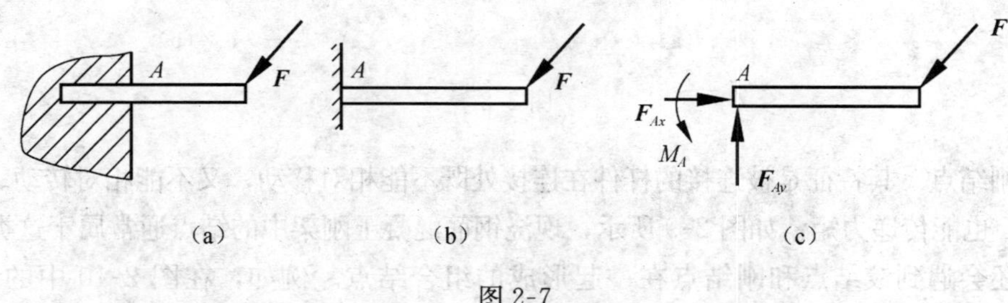

图 2-7

在工程实际中，插入地基中的电线杆、阳台的挑梁等，其根部的约束均可视为固定端支座。

第二节　结构的计算简图

一、结构的计算简图

实际结构是很复杂的，完全按照结构的实际情况进行力学分析是不可能的，也是不必要的。因此，在对实际结构进行力学分析以前，必须加以简化，略去不重要的细节，显示其基本特点，用一个简化的图形来代替实际结构，这种简化了的图形，称为结构的计算简图。

选取计算简图的原则是：

(1) 尽可能反映实际结构的主要受力特征。

(2) 略去次要因素，尽量使分析计算过程简单。

计算简图的选取是力学计算的基础，是十分重要的。在遵循上述两个原则的前提下，对实际结构需要从以下几个方面进行简化。

1. 杆件的简化

由于杆件的截面尺寸通常比杆件长度小得多，在计算简图中，杆件用其轴线来表示，杆件的长度用结点间的距离来计算，而荷载的作用点也转移到轴线上。

2. 结点的简化

在杆件结构中杆件与杆件相连接处称为结点。结点通常简化为以下两种理想情形：

(1) 铰结点　其特征是被连接的杆件在联结处不能相对移动，但可相对转动。铰结点能承受和传递力，但不能承受和传递力矩。这种理想情况，实际上很难遇到。如图 2-8 所示木屋架的结点比较接近于铰结点。

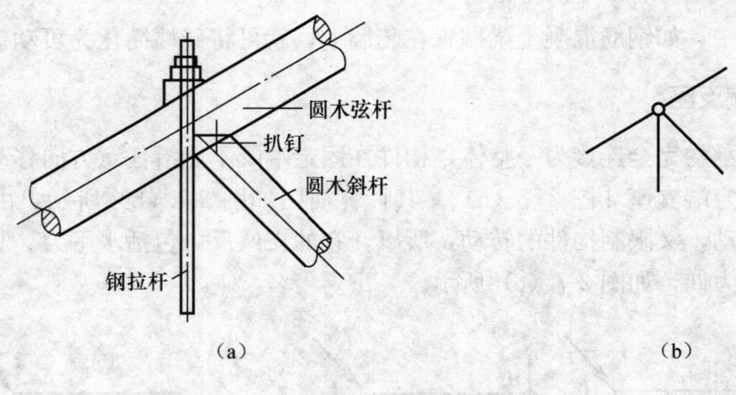

图 2-8

(2) 刚结点　其特征是被连接的杆件在连接处既不能相对移动，又不能相对转动。刚结点能传递力，也能传递力矩。如图 2-9 所示，现浇钢筋混凝土刚架中的结点通常属于这类情形。

有时还会遇到铰结点和刚结点在一起形成的组合结点。例如，在图 2-10 中的结点 A，其中 BA 杆与 CA 杆以刚结点相连，DA 杆与其他两杆以铰结点相连。组合结点处的铰，又称为不完全铰。

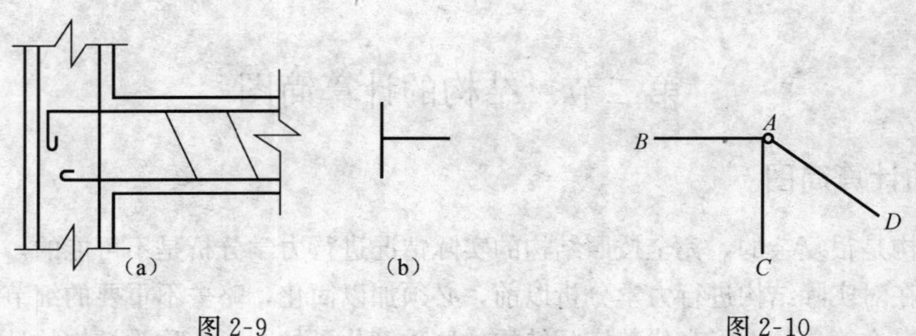

图 2-9　　图 2-10

3. 支座的简化

支座可根据实际构造和约束情况，对照上一节所述的内容进行简化。

4. 荷载的简化

实际结构所承受的荷载一般是作用在结构内各处的体荷载（如构件的自重）及作用在某一表面积上的面荷载（如风压力）。因此，在计算简图中，通常将这些荷载简化到作用在杆件轴线上的线分布荷载、集中荷载和力偶。

5. 结构体系的简化

实际的工程结构，一般都是若干构件或杆件按照某种方式组成的空间结构。因此，首先要把这种空间形式的结构，根据实际受力情况，简化为平面形式。

图 2-11（a）为多跨多层房屋的框架结构体系，梁与柱组成一个空间刚架体系。从抵抗侧移来看，结构的横向刚度较小，纵向刚度较大。为了保证结构的承载能力，通常取横向刚架［图 2-11（b)］进行计算，这时要考虑竖向荷载和横向水平荷载（风荷载和地震作用）的作用。对于纵向刚架［图 2-11（c)］，一般只验算地震作用的影响；由于迎风面积小，风荷载较小，抵抗的柱子又多，故风荷载所产生的内力可以忽略。

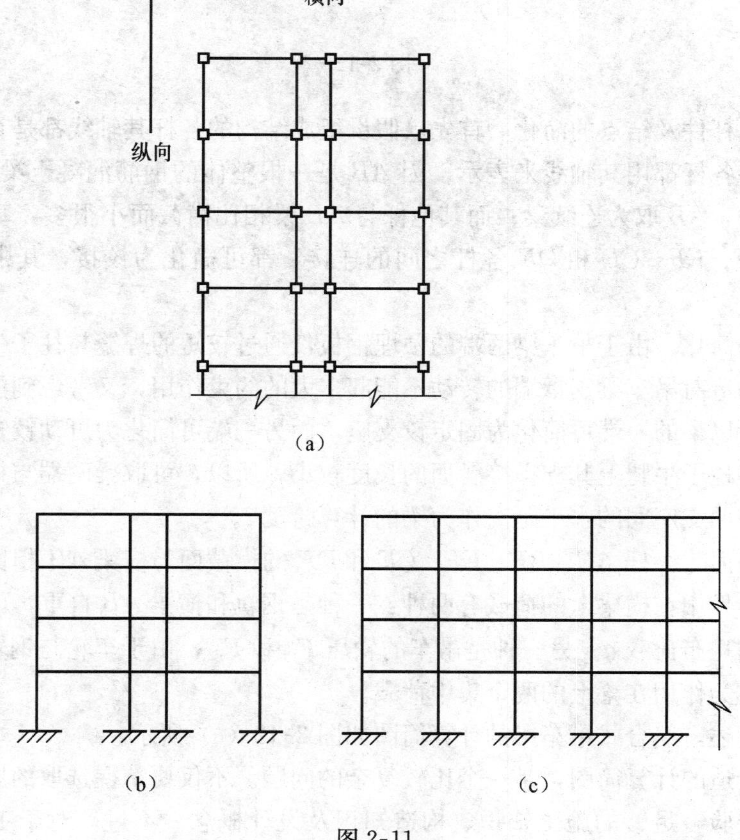

图 2-11

下面举例说明如何选取结构的计算简图。

图 2-12 (a)、(b) 所示，为工业建筑厂房内的组合式吊车梁，上弦为钢筋混凝土 T 形截面梁，下面的杆件由角钢和钢板组成，结点处为焊接。梁上铺设钢轨，吊车在钢轨上可左右移动，最大吊车轮压 $F_{P1}=F_{P2}$，吊车梁两端由柱子上的牛腿支撑。对该结构，现从下面几个方面来考虑选取其计算简图。

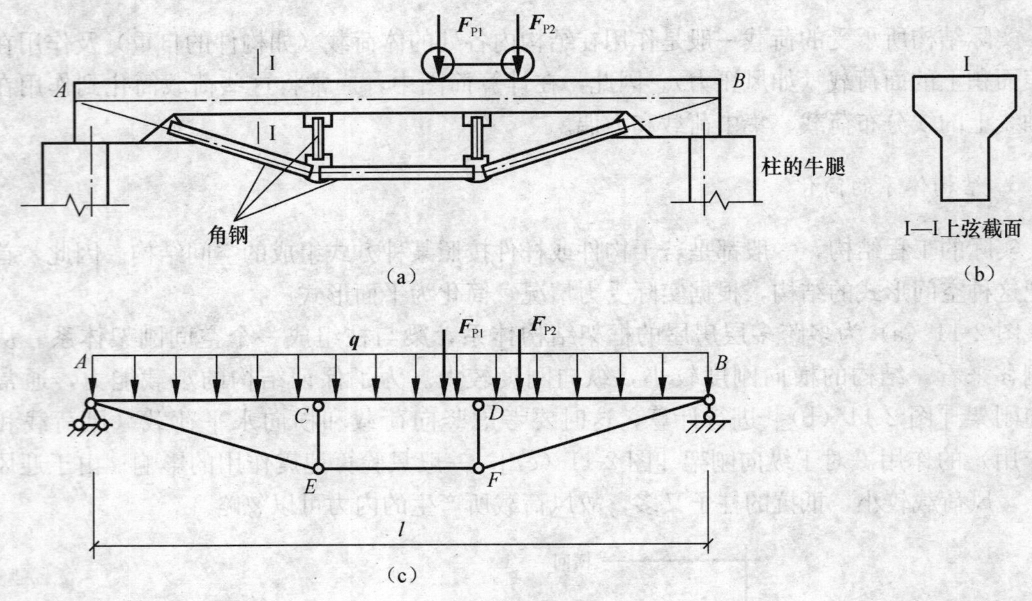

图 2-12

(1) 体系、杆件及结点的简化　首先，假设组成结构的各杆其轴线都是直线，并且位于同一平面内，将各杆都用其轴线来表示，因 AB 是一根整体的钢筋混凝土梁，横截面较大，故在计算简图中，AB 取为连续梁；而其他杆与 AB 梁相比横截面小很多，基本上只受到轴力，故 AE、BF、EF、CE 和 DF 各杆之间的连接，都可简化为铰接，其中 C、D 铰链在 AB 梁的下方。

(2) 支座的简化　由于吊车梁两端的预埋钢板仅通过较短的焊缝与柱子牛腿上的预埋钢板相连，这种构造对吊车梁支承端的转动不能起多大的约束作用，又考虑到梁的受力情况和计算的简便，所以梁的一端可简化为固定铰支座，而另一端可简化为可动铰支座。由于吊车梁的两端搁置在柱子牛腿上其支撑接触面的长度较小，所以，可取梁两端与柱子牛腿接触面中心的间距，即两支座间的水平距离作为梁的计算跨度 l。

(3) 荷载的简化　杆 AE、BF、EF、CE 和 DF 的横截面与横梁 AB 相比小很多，可不计它们的自重。作用在横梁上的荷载有两种：一种是钢轨和横梁 AB 自重，可简化为作用在沿梁纵向轴上的均布荷载 $\boldsymbol{q}$；另一种是吊车的轮压 $\boldsymbol{F}_{P1}$ 和 $\boldsymbol{F}_{P2}$，由于车轮与钢轨的接触面积很小，所以可简化为作用在梁上的两个集中荷载。

综合以上所述，组合式吊车梁的计算简图如图 2-12 (c) 所示。

如何选取合适的计算简图，是一个比较复杂的问题。不仅要掌握选取的原则，而且还要有较多的实践经验，足够的施工知识、构造知识及设计概念。不过，对于工程中常用的结构，已经有了成熟的计算简图，大家可以直接采用。对于一些新型结构，往往需要反复试验和实践才能确定。

二、平面杆件结构的分类

凡组成结构的所有杆件的轴线都位于某一平面内，并且荷载也作用于该平面内的结构，称为平面杆件结构。

常见的平面杆件结构有以下几种类型：

(1) 梁　梁是一种最常见的结构，其轴线一般为直线，梁可以是单跨的［图 2-13 (a)］，也可以是多跨的［图 2-13 (b)］。

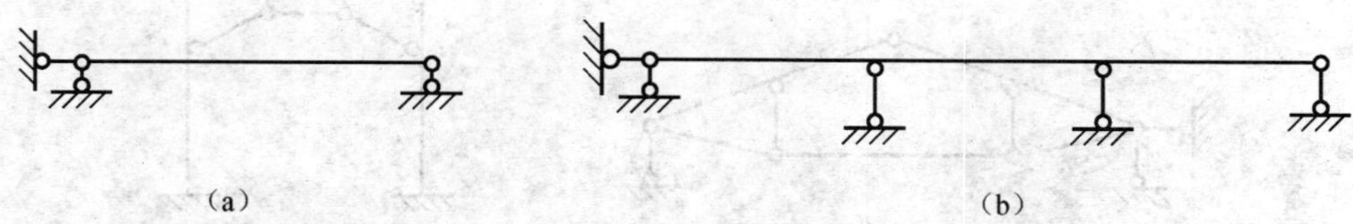

图 2-13

(2) 拱　拱的轴线为曲线。拱在竖向荷载作用下能产生水平反力。在一定条件下，拱能够实现以压缩变形为主，各截面主要产生轴力（图 2-14）。

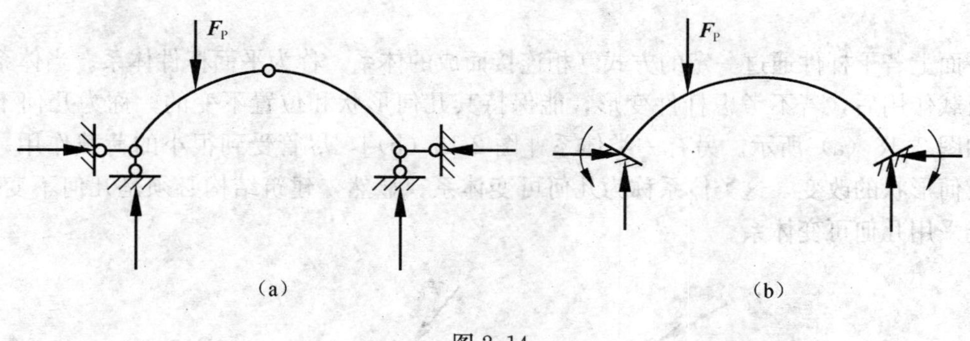

图 2-14

(3) 刚架　刚架是由直杆组成，结点大多数为刚结点，各杆主要受弯（图 2-15）。

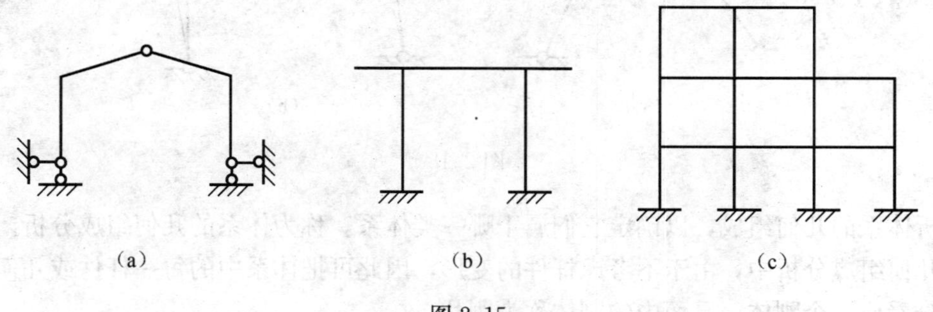

图 2-15

(4) 桁架　桁架也是由直杆组成，所有结点都为铰结点（图 2-16）。当荷载只作用在结点上时，各杆只产生轴力。

(5) 组合结构　组合结构是桁架和梁或刚架组合在一起形成的结构，其中含有组合结点（图 2-17）。

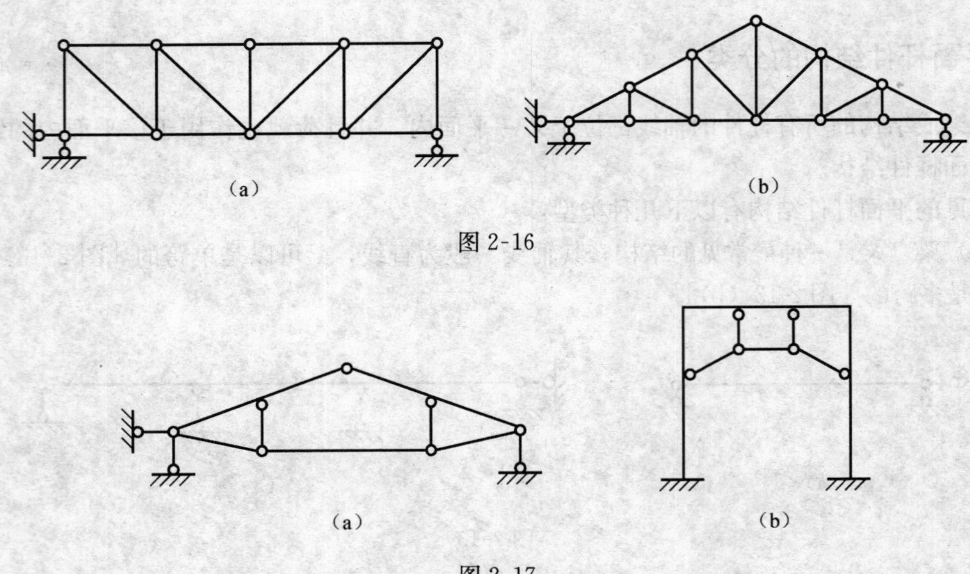

图 2-16

图 2-17

第三节　平面杆件体系的几何组成分析

平面上若干杆件通过一定的方式互相连接而成的体系，称为平面杆件体系。当体系受到任意荷载作用后，若不考虑杆件变形，能保持其几何形状和位置不变的，称为几何不变体系，如图 2-18（a）所示。另有一类体系［图 2-18（b）］，尽管受到很小的荷载作用，也将引起几何形状的改变，这类体系称为几何可变体系。显然，建筑结构必须是几何不变体系，而不能采用几何可变体系。

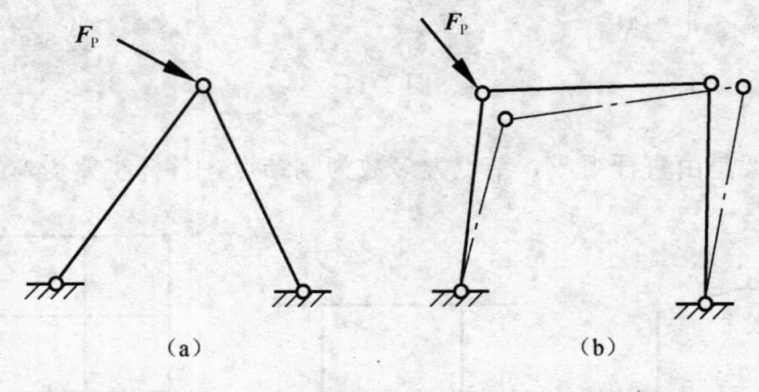

图 2-18

分析体系的几何组成，以确定它们属于哪一类体系，称为体系的几何组成分析。

在几何组成分析中，由于不考虑杆件的变形，因此可把体系中的每一杆件或几何不变的某一部分看作一个刚体。平面内的刚体称为刚片。

一、平面体系的自由度

（一）自由度

所谓平面体系的自由度，是指该体系运动时可以独立变化的几何参数的数目，即确定体系的位置所需的独立坐标的数目。

在平面内，一个点的位置要由两个坐标 x 和 y 来确定［图 2-19（a）］，所以，平面内一个点的自由度是 2。至于一个刚片的位置将由它上面的任一点 A 的坐标 x、y 和过 A 点的任一直线 AB 的倾角 φ 来确定［图 2-19（b）］，所以一个刚片在平面内的自由度是 3。

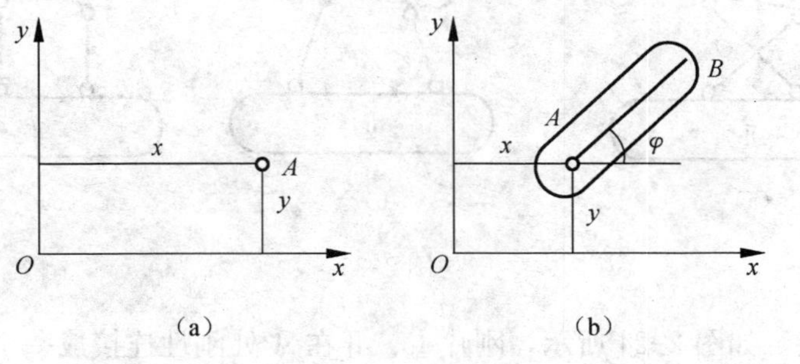

图 2-19

（二）约束对体系自由度的影响

对一个具有自由度的刚片，当加入某些约束装置时，它的自由度将减少。凡能减少一个自由度的装置，称为一个约束。

（1）链杆约束　如图 2-20 所示，用一链杆将一刚片与基础相连，刚片将不能沿链杆方向移动，因而减少了一个自由度，所以一根链杆相当于一个约束。

（2）单铰　连接两个刚片的圆柱铰称为单铰。如图 2-21 所示，用一单铰将刚片Ⅰ、Ⅱ在 A 点连接起来，对于刚片Ⅰ，其位置可由三个坐标来确定，对于刚片Ⅱ，因为它与刚片Ⅰ连接，所以除了能保存独立的转角外，只能随着刚片Ⅰ移动，也就是说，已经丧失了自由移动的可能，因而减少了两个自由度。所以，一个单铰相当于两个约束。

（3）复铰　连接三个或三个以上刚片的圆柱铰，称为复铰。图 2-22 所示的复铰连接三个刚片，它的连接过程可想象为：先有刚片Ⅰ，然后用单铰将刚片Ⅱ连接于刚片Ⅰ，再以单铰将刚片Ⅲ连接于刚片Ⅰ。这样，连接三个刚片的复铰相当于两个单铰。同理，连接 n 个刚片的复铰相当于 $n-1$ 个单铰，也相当于 $2(n-1)$ 个约束。

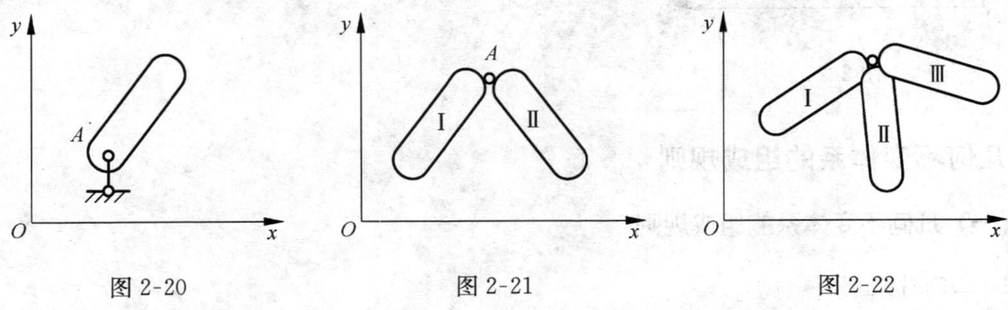

图 2-20　　图 2-21　　图 2-22

（4）虚铰　如果两个刚片用两根链杆连接（图 2-23（a）），则这两根链杆的作用就和一个位于两杆交点的铰的作用完全相同。我们常称连接两个刚片的两根链杆的交点为虚铰。如果连接两个刚片的两根链杆并没有相交，则虚铰在这两根链杆延长线的交点上，如图 2-23（b）所示；若这两根链杆是平行的，则认为虚铰的位置在沿链杆方向的无穷远处，如图 2-23（c）所示。

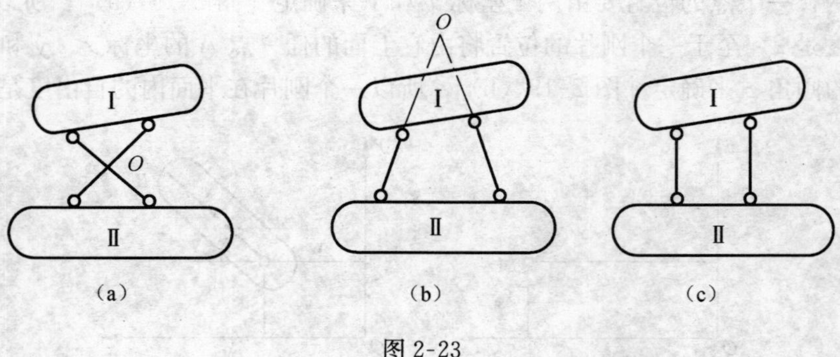

图 2-23

(5) 刚性连接　如图 2-24 所示，刚片Ⅰ、Ⅱ在 A 处刚性连接成一个整体，原来两个刚片在平面内具有 6 个自由度，现刚性连接成整体后减少了 3 个自由度，所以，一个刚性连接相当于三个约束。

（三）多余约束

如果在一个体系中增加一个约束，而体系的自由度并不因此而减少，则此约束称为多余约束。

例如，平面内一个自由点 A 原来有两个自由度，如果用两根不共线的链杆 1 和 2 把 A 点与基础相连［图 2-25（a）］，则 A 点即被固定，因此减少了两个自由度。如果用三根不共线的链杆把 A 点与基础相连［图 2-25（b）］，实际上仍只是减少了两个自由度，有一根是多余约束（可把三根链杆中的任何一根视为多余约束）。

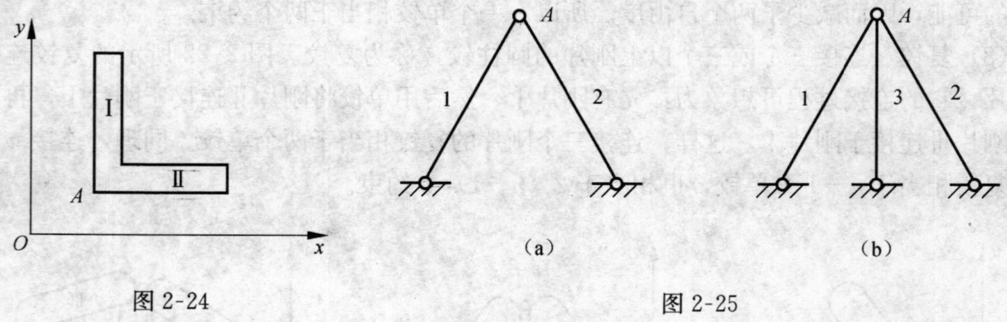

图 2-24　　图 2-25

二、几何不变体系的组成规则

（一）几何不变体系的组成规则

1. 三刚片规则

三个刚片用不在同一直线上的三个铰两两相连，则所组成的体系是没有多余约束的几何不变体系。

如图 2-26 所示，刚片Ⅰ、Ⅱ、Ⅲ用不在同一直线上的 A、B、C 三个单铰两两相连。若将刚片Ⅰ固定，则刚片Ⅱ将只能绕点 B 转动，其上点 A 必在半径为 BA 的圆弧上运动；而刚片Ⅲ只能绕点 C 转动，其上点 A 又必在半径为 CA 的圆弧上运动。现因在点 A 用铰将刚片Ⅱ、Ⅲ连接，点 A 不可能同时在两个不同的圆弧上运动，故知各刚片之间不可能发生相对运动，因此，这样组成的体系是无多余约束的几何不变体系。

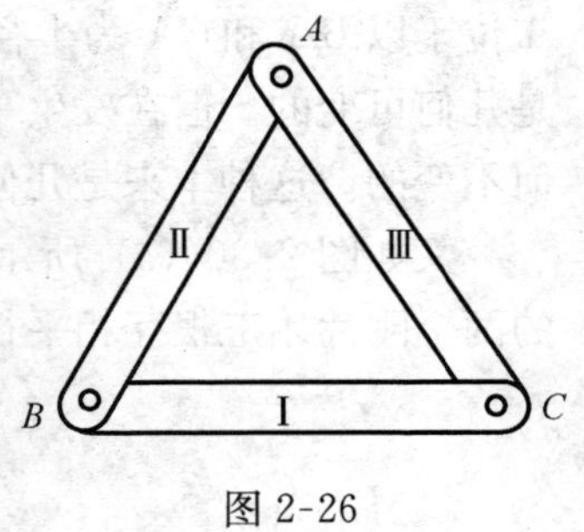

图 2-26

2. 两刚片规则

两个刚片用一个铰和一根不通过该铰的链杆相连，则所组成的体系是没有多余约束的几何不变体系。

与图 2-26 相比较，图 2-27（a）所示体系，显然也是按三刚片规则构成的，只是把刚片Ⅲ视为一根链杆时就成为两刚片规则，有时用两刚片规则来分析问题更方便些。

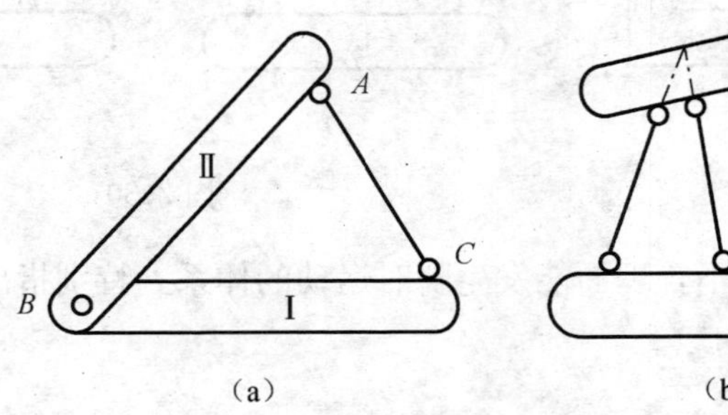

图 2-27

前面已指出，两根链杆的约束作用相当于一个铰的约束作用。因此，若将图 2-27（a）所示体系中的铰 B 用两根链杆来代替［图 2-27（b）］，则两刚片规则可叙述为：两个刚片用三根不全平行也不全交于一点的链杆相连，则所组成的体系是没有多余约束的几何不变体系。

3. 二元体规则

在体系中增加一个或拆除一个二元体，不改变体系的几何不变性或可变性。

所谓二元体是指由两根不在同一直线上的链杆连接一个新结点的装置，如图 2-28 所示 BAC 部分。由于在平面内新增加一个点就会增加两个自由度，而新增加的两根不共线的链杆，恰能减去新结点 A 的两个自由度，故对原体系来说，自由度的数目没有变化。因此，在一个已知体系上增加一个二元体不会影响原体系的几何不变性或可变性。同理，若在已知体系中拆除一个二元体，不会影响体系的几何不变性或可变性。

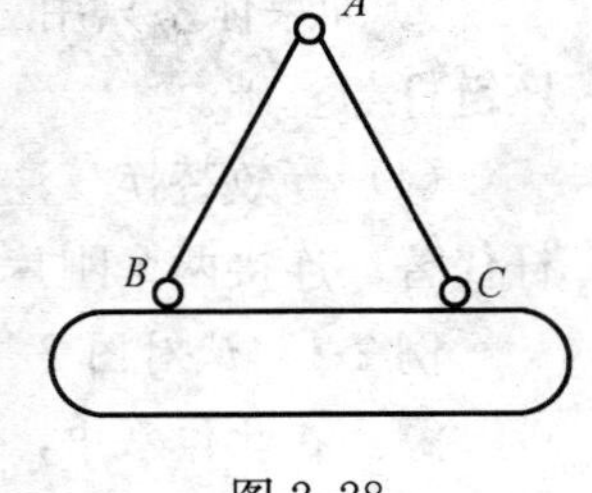

图 2-28

（二）瞬变体系

在上述组成规则中，对刚片间的连接方式都提出了一些限制条件，如连接三刚片的三个铰不能在同一直线上；连接两刚片的三根链杆不能全交于一点也不能全平行等。如果不满足这些条件，将会出现下面所述的情况。

如图 2-29 所示的三个刚片，它们之间用位于同一直线上的三个铰两两相连。此时，点

A 位于以 BA 和 CA 为半径的两个圆弧的公切线上，故点 A 可沿此公切线作微小运动，体系是几何可变的。但在发生一微小移动后，三个铰就不再位于同一直线上，因而体系又成为几何不变的。这种本来是几何可变的，经微小位移后又成为几何不变的体系，称为瞬变体系。

又如图 2-30（a）所示的两个刚片用全交于一点 O 的三根链杆相连，图 2-30（b）所示的两个刚片用三根互相平行但不等长的链杆相连，形成的体系也是瞬变体系。

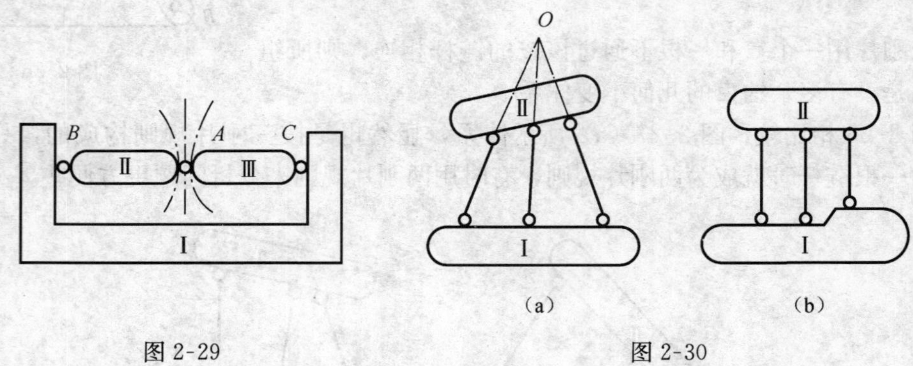

图 2-29　　图 2-30

瞬变体系是由于约束布置不合理而能发生瞬时运动的体系。特别指出，瞬变体系是不能作为结构使用的。

三、几何组成分析举例

几何不变体系的组成规则，是进行几何组成分析的依据。对体系灵活使用这些规则，就可以判定体系是否是几何不变体及有无多余约束等问题。分析时，方法如下：

（1）选择刚片　在体系中任一杆件或某个几何不变的部分（例如基础、铰接三角形），都可选作刚片。在选择刚片时，要考虑哪些是连接这些刚片的约束。

（2）扩大刚片　先从能直接观察出的几何不变的部分开始，应用几何组成规则，逐步扩大几何不变部分直至整体。

（3）简化体系　对于复杂体系可以采用以下方法简化体系：

① 当体系上有二元体时，应依次拆除二元体。

② 如果体系只用三根不全交于一点也不全平行的支座链杆与基础相连，则可以拆除支座链杆与基础。

（4）等效替换　注意利用约束的等效替换。如只有两个铰与其他部分相连的刚片用直链杆代替；连接两个刚片的两根链杆可用其交点处的虚铰代替。

例 2-1　试对图 2-31 所示体系进行几何组成分析。

解：在此体系中，将基础视为刚片，AB 杆视为刚片，两个刚片用三根不全交于一点也不全平行链杆 1、2、3 相连，根据两刚片规则，此部分组成几何不变体系，且没有多余约束。然后，将其视为一个大刚片，它与 BC 杆再用铰 B 和不通过该铰的链杆 4 相连，又组成几何不变体系，且没有多余约束。所以，整个体系为几何不变体系，且没有多余约束。

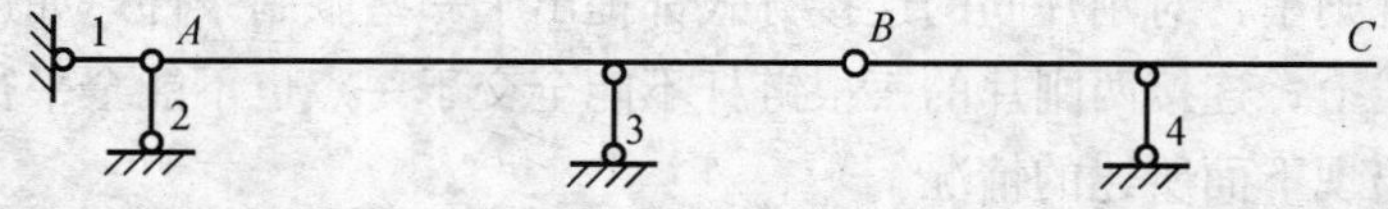

图 2-31

例 2-2　试对图 2-32（a）所示体系进行几何组成分析。

解：首先，依次拆除二元体 IJK、HIL、HKL、DHE 和 FLG，得到如图 2-32（b）所示体系。剩下的部分 $ADEC$ 和 $BGFC$ 可分别看作刚片Ⅰ、Ⅱ，基础为刚片Ⅲ，则三刚片用不在同一直线上的三个铰 A、B、C 两两相连。所以，整个体系为几何不变体系，且没有多余约束。

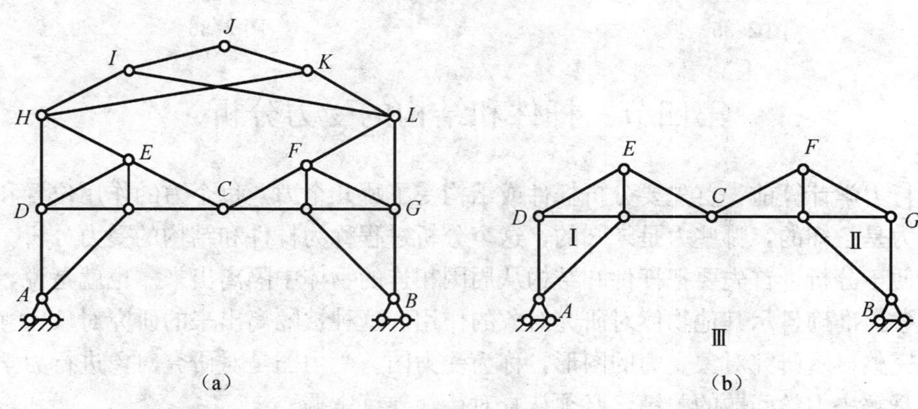

图 2-32

例 2-3　试对图 2-33 所示体系进行几何组成分析。

解：在此体系中，刚片 AC 只有两个铰与其他部分相连，其作用相当于一根用虚线表示的链杆 1。同理，刚片 BD 也相当于一根链杆 2。于是，刚片 CDE 与基础之间用三根链杆 1、2、3 连接，这三根链杆的延长线交于一点 O。所以，此体系为瞬变体系。

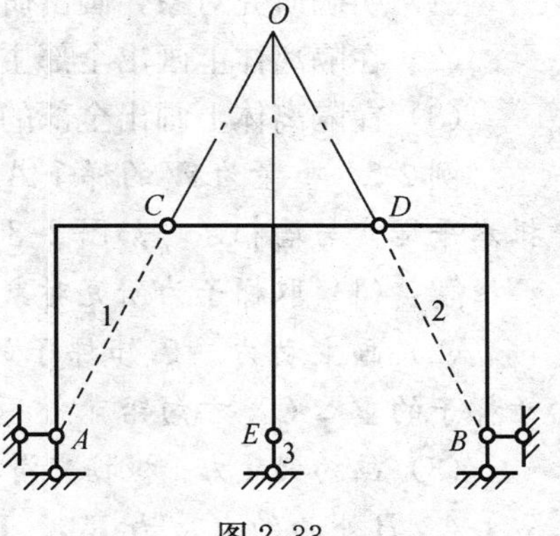

图 2-33

例 2-4　试对图 2-34（a）所示体系进行几何组成分析。

解：因为该体系只用三根不全交于一点也不全平行的支座链杆与基础相连，故可直接取内部体系［图 2-34（b）］进行几何组成分析。将 AB 视为刚片，再在其上增加二元体 ACE 和 BDF，组成几何不变体系，链杆 CD 是添加在几何不变体系上的约束，故此体系为具有一个多余约束的几何不变体系。

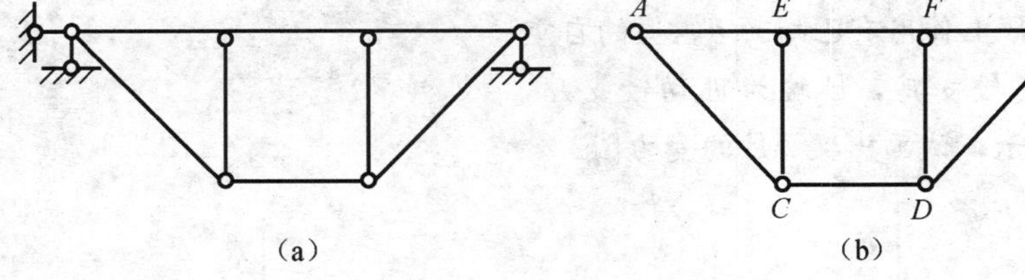

图 2-34

四、静定与超静定的概念

前面已经提到，结构必须是几何不变体系。而对于几何不变体系，按照约束的数目又可分为无多余约束和有多余约束。因此，实际工程中的结构也分为无多余约束和有多余约束两类。

对于无多余约束的几何不变体系，称为静定结构。如图 2-35 所示结构。对于具有多余约束的几何不变体系，称为超静定结构。如图 2-36 所示的结构。

图 2-35　　图 2-36

第四节　杆件和结构的受力分析

在进行力学计算前，首先要分析杆件或结构受了哪几个力，每个力的作用位置和方向如何，哪些力是已知的，哪些力是未知的，这个分析过程称为杆件和结构的受力分析。

为了便于分析，首先要把杆件和结构从周围相连的物体中隔离出来。也就是说，需要明确研究对象，准确显示其他物体对研究对象的作用。这种被隔离出来的研究对象，称为隔离体。用于完整显示研究对象受力的图形，称为受力图。受力图是对研究对象进行力学计算的依据，也是解决力学问题的关键，必须认真对待，熟练掌握。

画受力图的一般步骤为：

(1) 明确研究对象，画出研究对象的隔离简图。

(2) 在隔离体上画出全部主动力。

(3) 在隔离体上画出全部的约束反力，注意约束反力一定要与约束的类型相对应。

例 2-5　重量为 $\boldsymbol{W}$ 的梯子 AB，放置在光滑的水平地面上并靠在铅直墙上，在 D 点用一根水平绳索与墙相连，如图 2-37 (a) 所示，试画出梯子的受力图。

解：(1) 取梯子为研究对象。

(2) 画主动力。已知梯子的重力 $\boldsymbol{W}$，作用于梯子的重心 C，方向铅直向下。

(3) 画约束反力。根据光滑接触面约束的特点，A、B 处的约束反力 $\boldsymbol{F}_{NA}$、$\boldsymbol{F}_{NB}$ 分别与墙面、地面垂直并指向梯子；绳索的约束反力 $\boldsymbol{F}_{TD}$ 应沿着绳索的方向背离梯子为拉力，图 2-37 (b) 即为梯子的受力图。

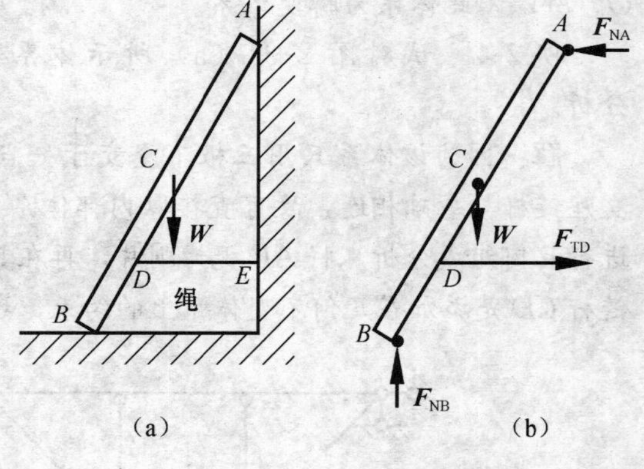

图 2-37

例 2-6　梁 AB 上作用有已知力 $\boldsymbol{F}$，梁的自重不计，A 端为固定铰支座，B 端为可动铰支座，如图 2-38 (a) 所示，试画出梁 AB 的受力图。

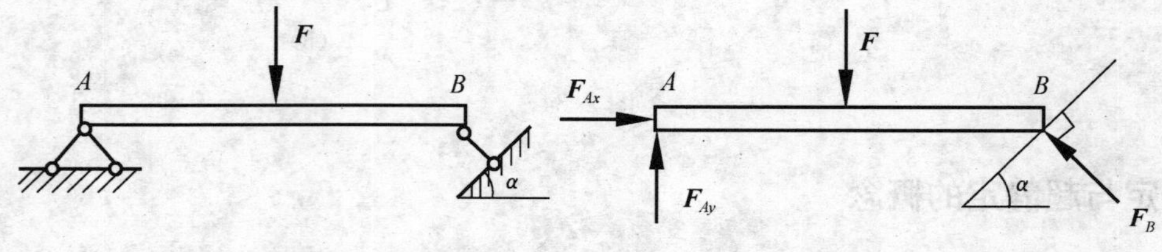

图 2-38

解：(1) 取梁 AB 为研究对象。

(2) 画出主动力 $\boldsymbol{F}$。

(3) 画出约束反力。梁 B 端是可动铰支座，其约束反力是 $\boldsymbol{F}_B$，与斜面垂直，指向可设为斜向上，也可设为斜向下，此处假设斜向上。A 端为固定铰支座，其约束反力为一个大小与方向不定的 $\boldsymbol{F}_A$，可用水平与垂直反力 $\boldsymbol{F}_{Ax}$、$\boldsymbol{F}_{Ay}$ 表示，如图 2-38 (b) 所示。

例 2-7 一水平梁 AB 受已知力 $\boldsymbol{F}$ 作用，A 端是固定端支座，梁 AB 的自重不计，如图2-39 (a) 所示，试画出梁 AB 的受力图。

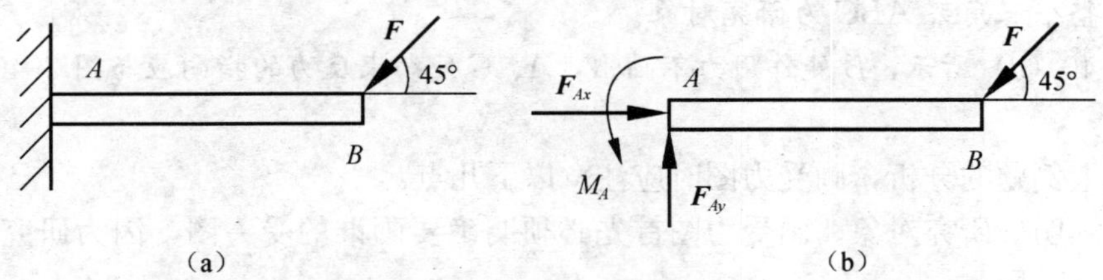

图 2-39

解：(1) 取梁 AB 为研究对象。

(2) 画出主动力 $\boldsymbol{F}$。

(3) 画出约束反力。A 端是固定端支座，其约束反力为水平和垂直的未知力 $\boldsymbol{F}_{Ax}$、$\boldsymbol{F}_{Ay}$，以及未知的约束反力偶 M_A，受力图如图 2-39 (b) 所示。

例 2-8 图 2-40 (a) 所示的三角形托架中，A、C 处是固定铰支座，B 处为铰链连接，各杆的自重及各处的摩擦不计，试画出水平杆 AB、斜杆 BC 及整体的受力图。

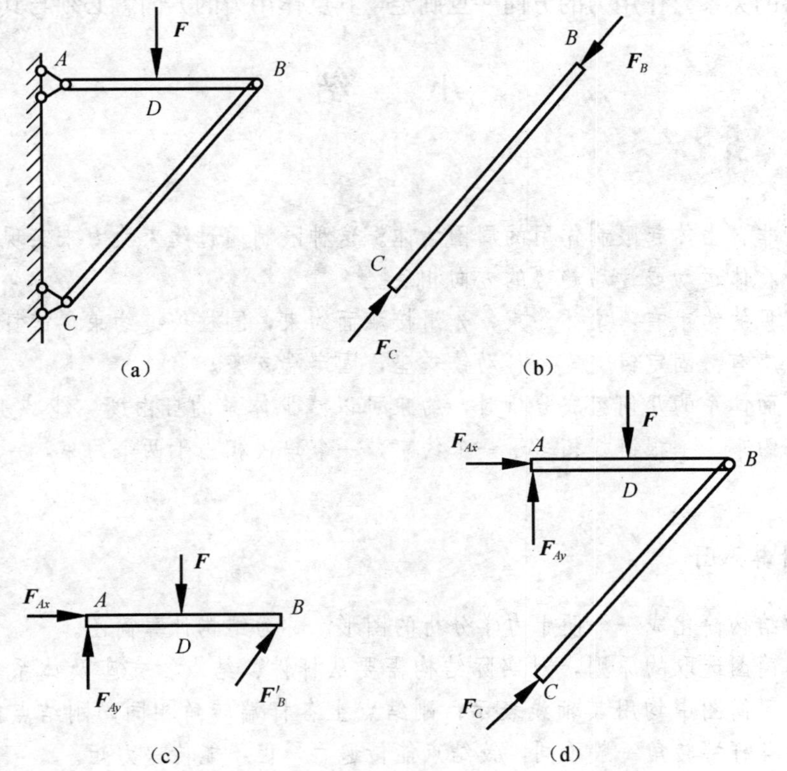

图 2-40

解：(1) 取斜杆 BC 为研究对象。

BC 杆只在 B 点、C 点受力的作用，所以为二力杆。BC 杆的受力图如图 2-40 (b) 所示，图中假设 BC 杆受压。

(2) 取水平杆 AB 为研究对象。

杆上作用有主动力 $\boldsymbol{F}$；A 处是固定铰支座，其约束反力用 $\boldsymbol{F}_{Ax}$、$\boldsymbol{F}_{Ay}$ 表示；B 处铰链连接，其约束反力用 $\boldsymbol{F}'_B$ 表示，F'_B 与 $\boldsymbol{F}_B$ 应为作用力与反作用力关系，即 $\boldsymbol{F}'_B$ 与 $\boldsymbol{F}_B$ 等值、共线、反向。如图 2-40 (c) 所示。

(3) 取整个三角架 ABC 为研究对象。

如图 2-40 (d) 所示，B 处作用力不画出，A、C 处约束反力的指向应与图 2-40 (b)、(c) 所示相符合。

通过以上例题的分析，画受力图时应注意以下几点：

(1) 必须明确研究对象。画受力图首先必须明确要画谁的受力图，因为研究对象不同，其受力图也会不同。

(2) 明确约束反力的个数。凡是研究对象与周围物体相接触的地方，都一定有约束反力，不可随意增加或减少。

(3) 注意约束反力与约束类型相对应。要根据约束的类型画约束反力。即按约束的性质确定约束反力的作用位置和方向，不能主观臆断。另外，同一约束反力在不同的受力图中假定的指向应一致。

(4) 二力杆要优先分析。

(5) 注意作用力与反作用力之间的关系。当分析两物体之间的相互作用时，要注意作用力与反作用力的关系。作用力的方向一旦确定，其反作用力的方向就必须与其相反。

小　结

1. 约束

约束是对非自由体起限制作用的周围物体。这种限制通过约束反力来实现。约束反力的方向，总是与物体运动或运动趋势的方向相反。

工程中常见的约束有：柔体约束，光滑接触面约束，圆柱铰链约束，链杆约束。

常见的支座有：固定铰支座，可动铰支座，固定端支座。

在进行平面体系的几何组成分析时，约束可以减少体系的自由度。能减少一个自由度，就相当于一个约束。一根链杆相当于一个约束，一个单铰相当于两个约束，一个刚性连接相当于三个约束。

2. 结构计算简图

把实际的结构简化成一个便于力学分析的图形，称为结构计算简图。

按照计算简图选取的原则，对实际结构需要从杆件、结点、支座及体系等方面进行简化。杆件在计算简图中均用其轴线表示；刚结点上各杆端转角相同，刚结点能传递力和力矩；铰结点上各杆端转角一般不同，铰结点能传递力，但不能传递力矩。

平面杆件结构分为梁、拱、刚架、桁架和组合结构五种类型。

3. 几何不变体系的组成规则

无多余约束的几何不变体系的基本组成规则有三个，即三刚片规则、两刚片规则和二元体规则。这三个规则的实质都是三角形的稳定性，所不同的是将其中某不变部分看作是刚片还是链杆。三个规则又是可以互相转化的。同一体系，按三个规则分析所得的结论一定是相同的。

4. 杆件或结构受力图

要对杆件或结构进行力学分析，就必须首先正确画出受力图。以此作为计算的依据。所谓画好受力图，就是要正确画出研究对象的全部主动力和约束反力。一定要注意约束反力与约束类型相对应，同一约束反力在不同的受力图中应一致，要注意作用力与反作用力之间的关系。

思 考 题

2-1 什么叫约束？工程中常见的约束类型有哪些？各约束反力的方向如何确定？

2-2 什么是结构计算简图？为什么要将实际结构简化为计算简图？

2-3 结构计算简图选取的原则是什么？简化内容有哪些？

2-4 刚结点和铰结点有什么特征？

2-5 什么是几何不变体系、几何可变体系和瞬变体系？哪些体系不能作为工程中的结构使用？

2-6 什么是多余约束？体系有多余约束是否一定是几何不变体系？

2-7 几何不变体系的三个组成规则有何联系？你能否将其归结为一个最基本的规则？

2-8 在几何组成分析中，如何判别瞬变体系？

2-9 什么是物体的受力图？画受力图的步骤是什么？指出图 2-41 各结构中哪些杆是二力杆？

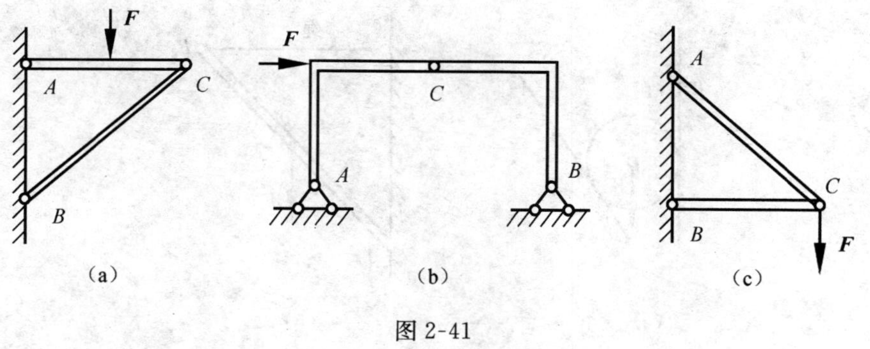

图 2-41

练 习 题

2-1 如图 2-42 所示为房屋建筑中楼面的梁板结构，梁的两端支承在砖墙上，梁上的板用以支承楼面上的人群、设备重量等，试画出梁的计算简图。

2-2 图 2-43 所示为钢筋混凝土预制阳台挑梁，试画出梁的计算简图。

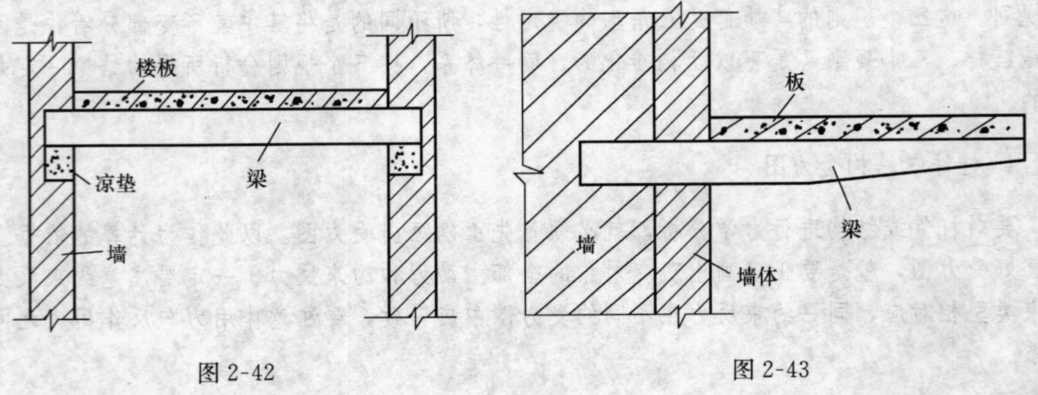

图 2-42

图 2-43

2-3 图 2-44 所示楼梯沿长度作用有竖向均布荷载（自重），试画出该楼梯的计算简图。

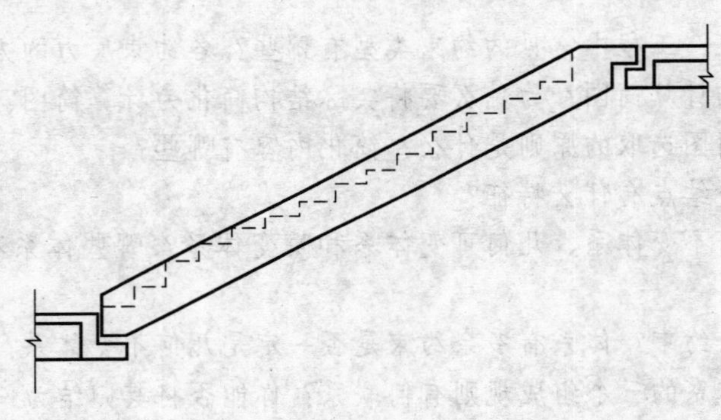

图 2-44

2-4 画出图 2-45 所示各物体的受力图。假定各接触面光滑。

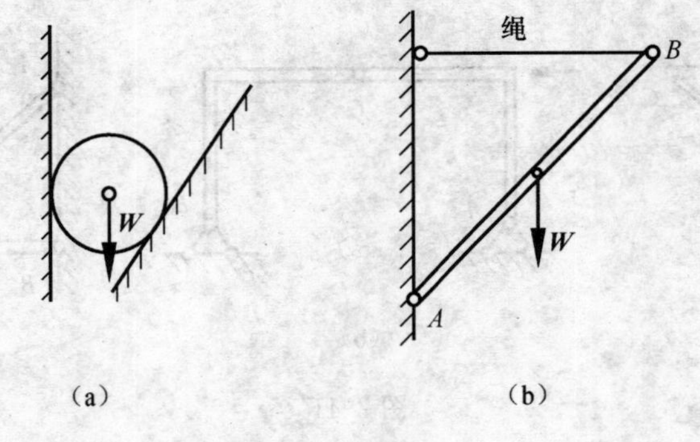

图 2-45

2-5 画出图 2-46 所示各梁的受力图。梁的自重不计。

2-6 画出图 2-47 中杆 AB 的受力图。各杆自重不计。

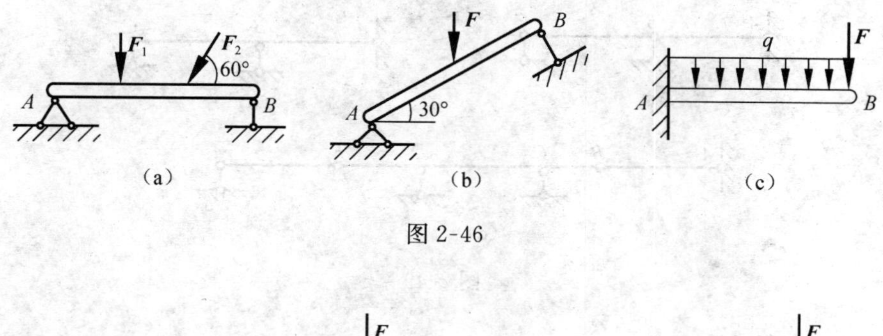

图 2-46

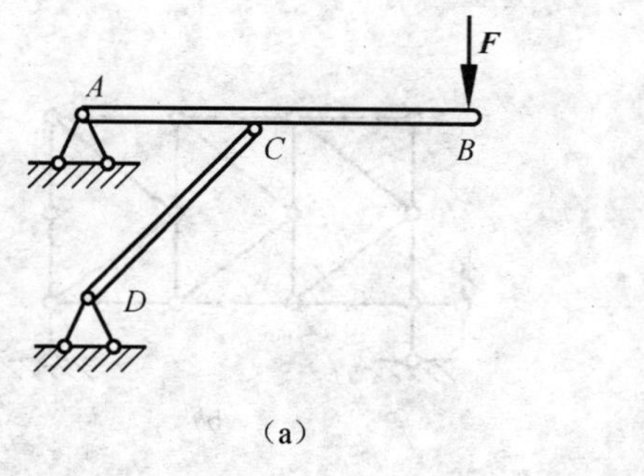

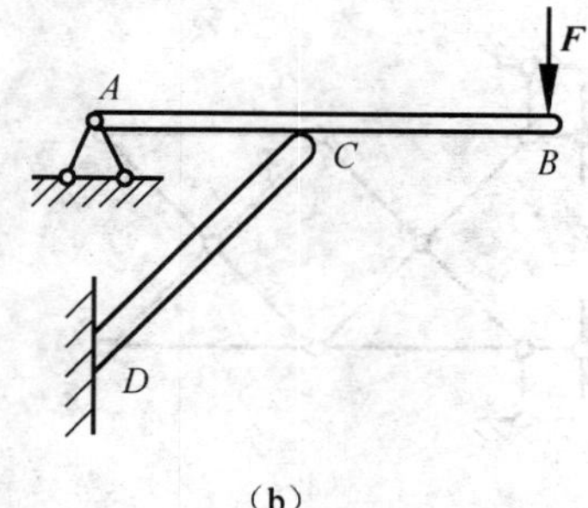

图 2-47

2-7　画出图 2-48 中各部分及整体的受力图。各杆自重不计。

2-8　试对图 2-49 所示各体系进行几何组成分析。

2-9　试对图 2-50 所示各体系进行几何组成分析。

2-10　试对图 2-51 所示各体系进行几何组成分析。

2-11　试对图 2-52 所示各体系进行几何组成分析。

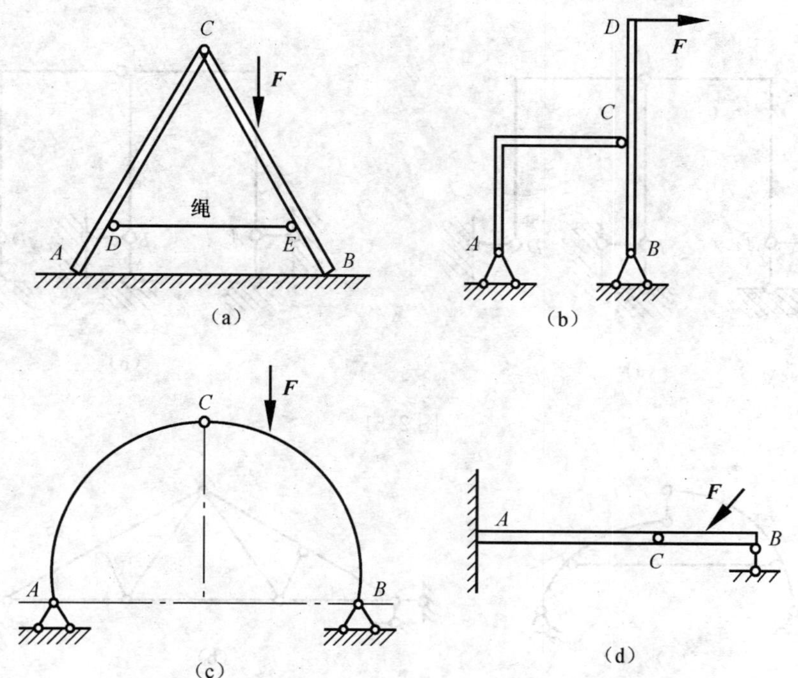

图 2-48

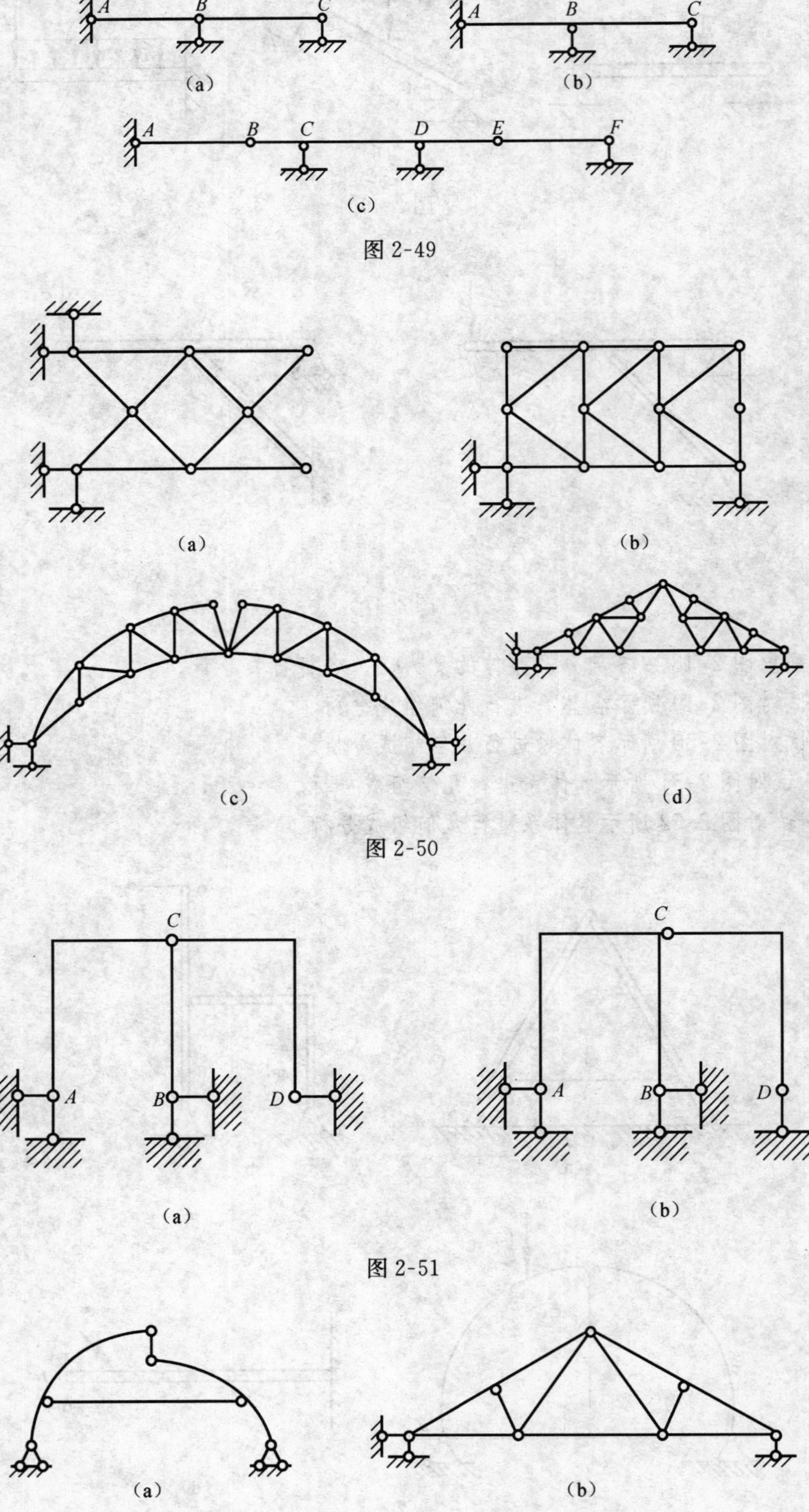

图 2-49

图 2-50

图 2-51

图 2-52

第三章　平面力系的合成与平衡

【本章提要】

本章讨论的是平面力系的合成与平衡问题，就是要由作用在杆件和结构上已知的荷载情况求出未知的约束反力，从而搞清杆件和结构的整个外力系，为对杆件和结构的内力分析和计算提供依据。

未知力的求解，所依据的是杆件或结构的平衡条件，即其上力系的平衡条件。平衡条件将由投影平衡方程和力矩平衡方程列出，然后求解。因此，物体的受力分析是决定平衡问题成败的重要部分，而力在坐标轴上的投影和力对点的矩是所要计算的两项主要内容。在建立平衡条件前，先要进行平面力系的合成和简化。

【学习目标】

1. 熟练掌握力在坐标轴上投影的计算。

2. 了解平面汇交力系、平面力偶系、平面一般力系的合成方法。

3. 熟悉各种平面力系的平衡方程，掌握各种平面力系平衡问题的解法，会利用平衡方程解决工程实际中的平衡问题。

第一节　平面汇交力系的合成与平衡

一、平面汇交力系的合成

若各力作用线在同一平面内汇交于一点，则该力系称为平面汇交力系。平面汇交力系的合成方法有几何法和解析法两种。

（一）平面汇交力系合成的几何法

1. 两个汇交力的合成

如图 3-1（a）所示，设在物体 A 点上，作用两个力 $\boldsymbol{F}_1$ 和 $\boldsymbol{F}_2$，由平行四边形法则，这两个力可以合成为一个合力 $\boldsymbol{F}_R$，其作用点也在 A 点，大小和方向由平行四边形的对角线来表示。实际上，求合力 $\boldsymbol{F}_R$ 时不必作出整个平行四边形，只需作出平行四边形的一半，即三

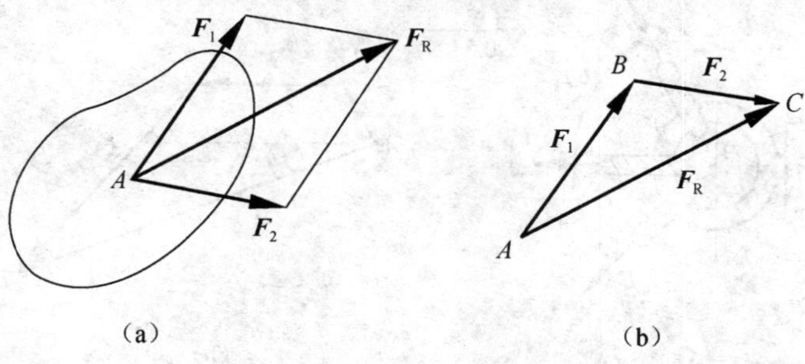

图 3-1

角形便可。其方法是先从点 A 作矢量 $\overrightarrow{AB}$ 等于力矢 $\boldsymbol{F}_1$（即与 $\boldsymbol{F}_1$ 大小相等，作用线相互平行，指向相同），再从 B 点作矢量 $\overrightarrow{BC}$ 等于 $\boldsymbol{F}_2$，连接 AC 两点。显然，矢量$\overrightarrow{AC}$即表示合力 $\boldsymbol{F}_R$ 的大小和方向，如图 3-1（b）所示。这个三角形 ABC 称为力三角形，此作图方法称为力三角形法则。力三角形只是一种矢量运算方法，不完全表示力系的真实作用情况。

2. 多个汇交力的合成

若作用于物体上 A 点的力 $\boldsymbol{F}_1$、$\boldsymbol{F}_2$、$\boldsymbol{F}_3$、$\boldsymbol{F}_4$ 组成平面汇交力系，如图 3-2（a）所示，现求其合力。应用力三角形法则，首先将 $\boldsymbol{F}_1$、$\boldsymbol{F}_2$ 合成得 $\boldsymbol{F}_{R1}$，然后把 $\boldsymbol{F}_{R1}$ 与 $\boldsymbol{F}_3$ 合成得 $\boldsymbol{F}_{R2}$，最后将 $\boldsymbol{F}_{R2}$ 与 $\boldsymbol{F}_4$ 合成得 $\boldsymbol{F}_R$，力 $\boldsymbol{F}_R$ 就是此平面汇交力系的合力，即：

$$\boldsymbol{F}_R = \boldsymbol{F}_1 + \boldsymbol{F}_2 + \boldsymbol{F}_3 + \boldsymbol{F}_4$$

由图 3-2（b）可见，在作图过程中，中间力 $\boldsymbol{F}_{R1}$、$\boldsymbol{F}_{R2}$ 不必画出，只需将各力的矢量，依次首尾相接得到一条矢量折线 $ABCDE$，然后将其始端 A 与终端 E 相连，得到一个封闭的矢量多边形，则由 A 点指向 E 点的封闭边 AE，即表示该力系的合力 $\boldsymbol{F}_R$ 的大小和方向［图 3-2（c）］。该多边形 $ABCDE$ 称为已知力系的力多边形。这种求合力的方法称为力多边形法则，又称为几何法。作图时一般变换力的次序，可画出形状不同的力多边形，但合力 $\boldsymbol{F}_R$ 的大小和方向仍然不变［图 3-2（d）］。

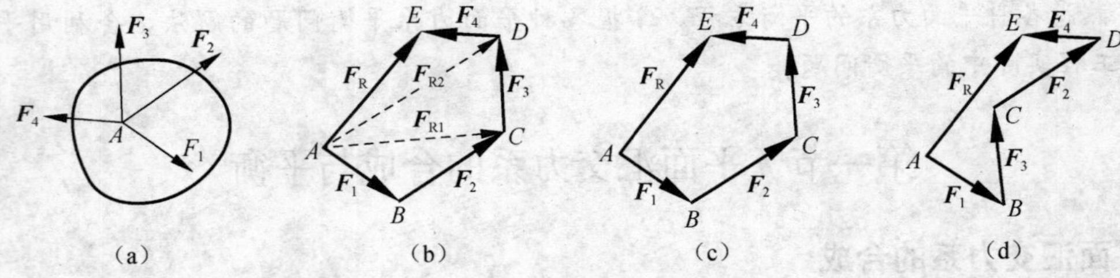

图 3-2

将上述方法推广到由 n 个力组成的平面汇交力系可得结论：平面汇交力系合成的结果为一合力，合力的大小和方向由该力系力多边形的封闭边表示，其合力作用线通过原力系汇交点。用矢量式可表示为：

$$\boldsymbol{F}_R = \boldsymbol{F}_1 + \boldsymbol{F}_2 + \cdots + \boldsymbol{F}_n = \sum \boldsymbol{F} \qquad (3\text{-}1)$$

即：平面汇交力系的合力等于各分力的矢量和。

例 3-1 吊环上套有三根绳，其位置如图 3-3（a）所示。已知三绳的拉力分别为：$F_{T1}=0.5\ \text{kN}$，$F_{T2}=1\ \text{kN}$，$F_{T3}=2\ \text{kN}$，试用几何法求其合力。

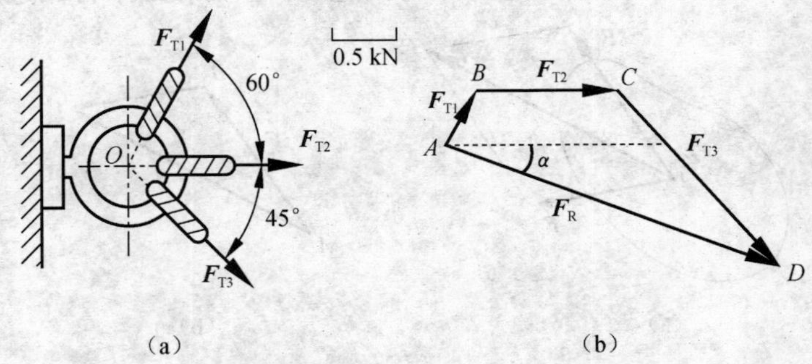

图 3-3

解：拉力 $\boldsymbol{F}_{T1}$、$\boldsymbol{F}_{T2}$、$\boldsymbol{F}_{T3}$ 作用线相交于固定环中心 O，构成平面汇交力系。选单位长度表示 0.5kN（图 3-3），然后按比例尺画出力多边形 $ABCD$，由 A 点指向 D 点的封闭边 AD 即为所求合力 $\boldsymbol{F}_R$［图 3-3（b）］。然后，按所选比例尺量得合力的大小为 $F_R=2.8$ kN，合力 $\boldsymbol{F}_R$ 与水平线之间的夹角用量角器量得为 $\alpha=20°$。

（二）平面汇交力系合成的解析法

1. 力在坐标轴上的投影

设力 $\boldsymbol{F}$ 作用于物体上的 A 点，如图 3-4 所示。在直角坐标系 Oxy 平面内，从力 $\boldsymbol{F}$ 的两端点 A 和 B 分别向 x 轴作垂线，得垂足 a 和 b，带有正负号的线段 ab 称为力 $\boldsymbol{F}$ 在 x 轴上的投影，用 F_x 表示。同理，自 A 和 B 分别向 y 轴作垂线，得垂足 a' 和 b'。带有正负号的线段 $a'b'$ 称为力 $\boldsymbol{F}$ 在 y 轴上的投影，用 F_y 表示。

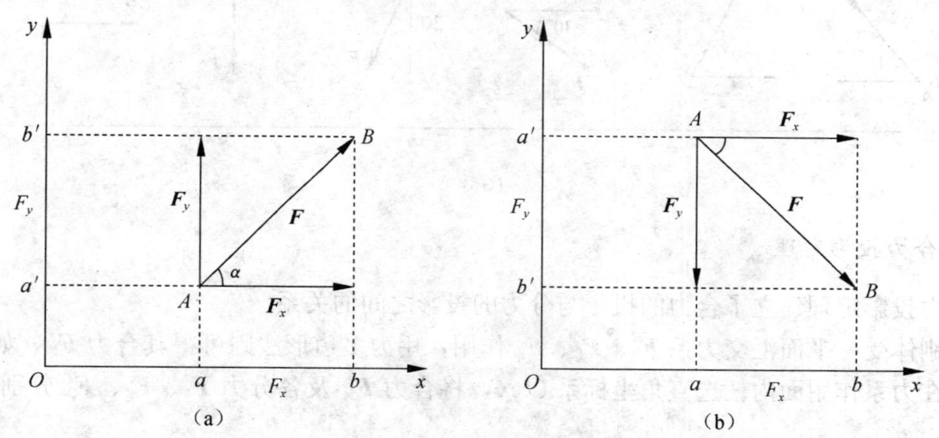

图 3-4

力在坐标轴上的投影是代数量，其正负号的规定为：如力的投影从始端 a（或 a'）到末端 b（或 b'）的指向与坐标轴 x（或 y）的正向相同，则 F_x（或 F_y）为正，反之为负。显然，除了图 3-4（b）中的 F_y 为负值外，两图中其余各投影均为正值。

通常采用力 $\boldsymbol{F}$ 与坐标轴 x 所夹的锐角来计算投影，其正、负号可由上述规定直观判断得出。由图 3-4（a）、（b）可见，投影 F_x 和 F_y 可用下列式子计算：

$$F_x=\pm F\cos\alpha$$
$$F_y=\pm F\sin\alpha \qquad (3\text{-}2)$$

两种特殊情形：

（1）当力与坐标轴垂直时，力在该轴上的投影为零。

（2）当力与坐标轴平行时，力在该轴上的投影的绝对值等于该力的大小。

例 3-2　试分别求出图 3-5 所示的各力在 x 轴和 y 轴上的投影。已知 $F_1=F_2=F_3=F_4=F_5=F_6=100$ kN，各力的方向如图 3-5 所示。

解：由式（3-2）可得出各力在 x、y 轴上的投影为：

F_1 的投影　　$F_{1x}=F_1\cos 45°=100\times0.707=70.7$（kN）

　　　　　　　$F_{1y}=F_1\sin 45°=100\times0.707=70.7$（kN）

F_2 的投影　　$F_{2x}=-F_2\cos 60°=-100\times0.5=-50$（kN）

$F_{2y}=F_2\sin 60°=100\times 0.866=86.6$（kN）

F_3 的投影　$F_{3x}=-F_3\cos 30°=-100\times 0.866=-86.6$（kN）

$F_{3y}=-F_3\sin 30°=-100\times 0.5=-50$（kN）

F_4 的投影　$F_{4x}=F_4\cos 60°=100\times 0.5=50$（kN）

$F_{4y}=-F_4\sin 60°=-100\times 0.866=-86.6$（kN）

F_5 的投影　$F_{5x}=F_5\cos 90°=0$

$F_{5y}=-F_5\sin 90°=-100\times 1=-100$（kN）

F_6 的投影　$F_{6x}=-F_6\cos 0°=-100\times 1=-100$（kN）

$F_{6y}=F_6\sin 0°=0$

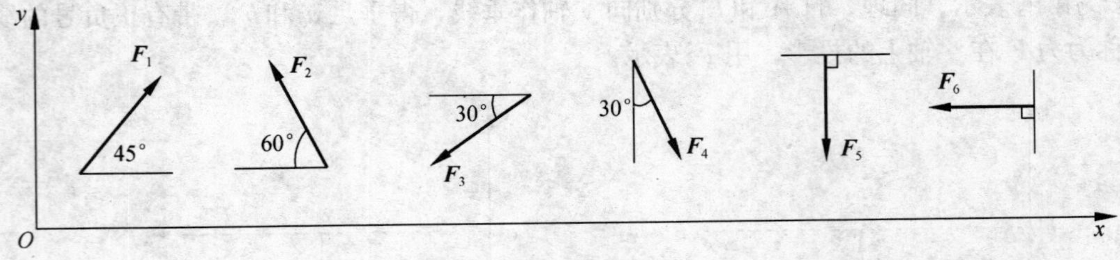

图 3-5

2. 合力投影定理

合力投影定理建立了合力的投影与分力的投影之间的关系。

设刚体受一平面汇交力系 $\boldsymbol{F}_1$、$\boldsymbol{F}_2$、$\boldsymbol{F}_3$ 作用，用力多边形法则可得其合力 $\boldsymbol{F}_R$，如图 3-6 所示。在力系作用面内任选直角坐标系 Oxy，将合力 $\boldsymbol{F}_R$ 及各分力 $\boldsymbol{F}_1$、$\boldsymbol{F}_2$、$\boldsymbol{F}_3$ 分别向 x 轴投影得：

$$F_{Rx}=ad \quad F_{1x}=ab$$

$$F_{2x}=bc \quad F_{3x}=-cd$$

而 $ad=ab+bc-cd$。因而得：

$$F_{Rx}=F_{1x}+F_{2x}+F_{3x}$$

将上述关系式推广至由 n 个力组成的平面汇交力系，可得：

$$F_{Rx}=F_{1x}+F_{2x}+\cdots+F_{nx}=\sum F_x \tag{3-3}$$

即：平面汇交力系的合力在任一轴上的投影等于其各分力在同一轴上的投影的代数和，这就是合力投影定理。

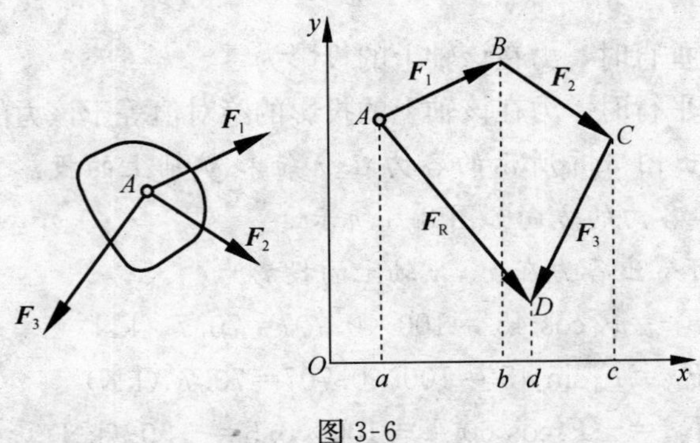

图 3-6

3. 用解析法求平面汇交力系的合力

当平面汇交力系已知时，可选取直角坐标系 Oxy（图 3-7），求出力系中各力在 x 轴和 y 轴上的投影，再根据合力投影定理，求出合力 $\boldsymbol{F}_R$ 的投影 F_{Rx} 和 F_{Ry}，从图中的几何关系可知，合力 $\boldsymbol{F}_R$ 的大小和方向为

$$\left.\begin{aligned} F_R &= \sqrt{F_{Rx}^2+F_{Ry}^2}=\sqrt{\left(\sum F_x\right)^2+\left(\sum F_y\right)^2} \\ \tan\alpha &= \frac{|F_{Ry}|}{|F_{Rx}|}=\left|\frac{\sum F_y}{\sum F_x}\right| \end{aligned}\right\} \tag{3-4}$$

式中 α 为合力 $\boldsymbol{F}_R$ 与 x 轴所夹的锐角，合力的指向由 $\sum F_x$ 和 $\sum F_y$ 的正负号确定（图 3-8），合力的作用线通过原力系汇交点。

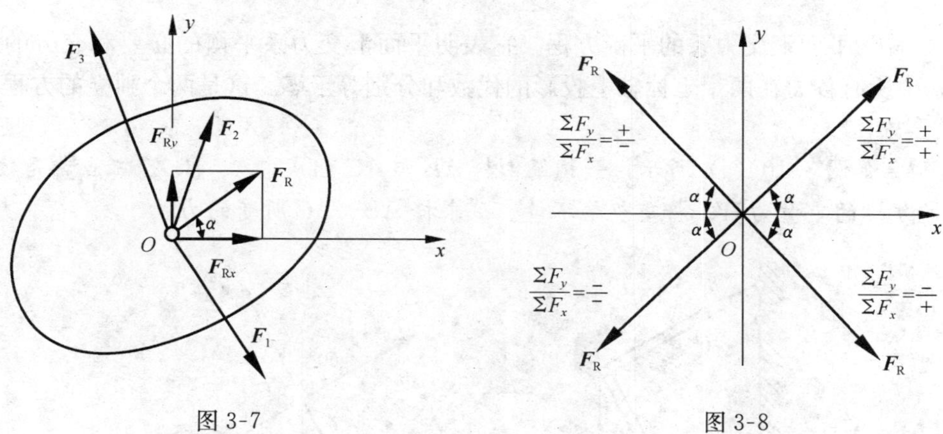

图 3-7　　　　图 3-8

例 3-3　用解析法求例 3-1 所述力系的合力 F_R。

解：设力系的汇交点 O 为坐标原点，建立直角坐标系 Oxy，如图 3-9 所示。

计算合力在坐标轴上的投影

$$F_{Rx}=\sum F_x=F_{T1}\cos 60°+F_{T2}+F_{T3}\cos 45°$$
$$=0.5\times\cos 60°+1+2\times\cos 45°=2.66(\text{kN})$$
$$F_{Ry}=\sum F_y=F_{T1}\sin 60°-F_{T3}\sin 45°$$
$$=0.5\times\sin 60°-2\times\sin 45°=-0.98(\text{kN})$$

图 3-9

由此求得合力 $\boldsymbol{F}_R$ 的大小为

$$F_R=\sqrt{F_{Rx}^2+F_{Ry}^2}=\sqrt{2.66^2+(-0.98)^2}=2.83(\text{kN})$$

合力 $\boldsymbol{F}_R$ 与 x 轴间所夹的锐角 α 为

$$\tan\alpha=\frac{|F_{Ry}|}{|F_{Rx}|}=\left|\frac{-0.98}{2.66}\right|=0.368$$
$$\alpha=20.2°$$

由 F_{Rx}、F_{Ry} 的正负号可判断合力 F_R 应指向右下方，如图 3-9 所示。

三、平面汇交力系平衡条件

由于平面汇交力系可合成为一个合力 $\boldsymbol{F}_R$，即合力 $\boldsymbol{F}_R$ 与原力系等效，显然平面汇交力系平衡的必要和充分条件是该力系的合力等于零。

用式子表示为

$$\boldsymbol{F}_R = \sum \boldsymbol{F} = 0 \tag{3-5}$$

根据式（3-4）的第一式可知：

$$F_R = \sqrt{F_{Rx}^2 + F_{Ry}^2} = \sqrt{\left(\sum F_x\right)^2 + \left(\sum F_y\right)^2} = 0$$

上式中 $\left(\sum F_x\right)^2$ 与 $\left(\sum F_y\right)^2$ 恒为正数，若使 $\boldsymbol{F}_R=0$，必须同时满足

$$\left.\begin{aligned}\sum F_x = 0\\ \sum F_y = 0\end{aligned}\right\} \tag{3-6}$$

式（3-6）称为平面汇交力系的平衡方程。它表明平面汇交力系平衡的必要和充分的解析条件是力系中所有各力在两个坐标轴上投影的代数和分别等于零。这是两个独立的方程，可以求解两个未知量。

例 3-4 如图 3-10（a）所示，一构架由杆 AB 与 AC 组成，A、B、C 三点都是铰结。A 点悬挂重物 D 的重量为 $\boldsymbol{W}$。杆重忽略不计。试求杆 AB、AC 所受的力。

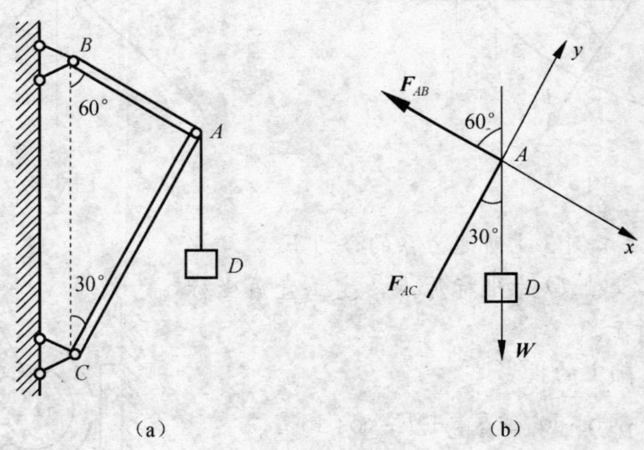

图 3-10

解：选取销钉 A 连同重物 D 一起作为研究对象，其受力如图 3-10（b）所示。其中重物所受重力 $\boldsymbol{W}$ 是已知的主动力。AB 和 AC 都是二力杆，它们对销钉 A 的约束反力应分别沿 AB 和 AC，其指向一般都假设为拉力。选取坐标系 Axy，如图 3-10（b）所示。

由 $\sum F_x = 0$ 得
$$-F_{AB} + W\sin 30° = 0$$
$$F_{AB} = W\sin 30° = \frac{W}{2}$$

由 $\sum F_y = 0$ 得
$$-F_{AC} - W\cos 30° = 0$$
$$F_{AC} = -W\cos 30° = -\frac{\sqrt{3}}{2}W$$

这里所求结果，F_{AB} 为正值，表示力 F_{AB} 的实际方向与假设方向相同，即杆 AB 受拉。F_{AC} 为负值，表示 F_{AC} 的实际方向与假设的方向相反，即 AC 杆受压。

用解析法求解平面汇交力系平衡问题时的步骤归纳如下：

(1) 选取研究对象，画出研究对象的受力图。当约束反力的指向未定时，可先假设其指向。

(2) 选取适当的坐标系。最好使某一坐标轴与某一个未知力垂直，以便简化计算。

(3) 建立平衡方程求解未知力。列方程时注意各力的投影的正负号。求出的未知力带负号时，表示该力的实际指向与假设指向相反。

第二节　平面力偶系的合成与平衡

同时作用在物体上的两个或两个以上的力偶，称为力偶系。作用在同一平面内的力偶系称为平面力偶系。

一、平面力偶系的合成

根据力偶的性质，刚体在平面力偶系作用下，也只能产生转动，其转动效应等于各力偶转动效应之和，这样平面力偶系实际上与一个力偶等效。亦即平面力偶系可以合成为一个合力偶，合力偶矩等于力偶系中各力偶矩的代数和。若合力偶矩用 M 表示，则可写成

$$M = M_1 + M_2 + \cdots + M_n = \sum M \tag{3-7}$$

例 3-5　如图 3-11 所示，有三个力偶同时作用在物体某平面内。已知 $F_1 = 80$ N，$d_1 = 0.8$ m，$F_2 = 100$ N，$d_2 = 0.6$ m，$M_3 = 24$ N·m，求其合成的结果。

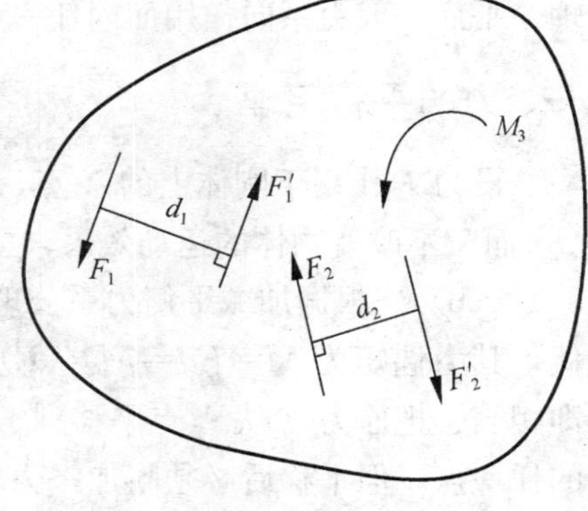

图 3-11

解：三个共面力偶合成的结果是一个合力偶。

各力偶矩为

$$M_1 = F_1 d_1 = 80 \times 0.8 = 64(\text{N} \cdot \text{m})$$

$$M_2 = -F_2 d_2 = -100 \times 0.6 = -60(\text{N} \cdot \text{m})$$

$$M_3 = 24\text{N} \cdot \text{m}$$

由式 (3-7) 得合力偶矩为

$$M = M_1 + M_2 + M_3 = 64 - 60 + 24 = 28(\text{N} \cdot \text{m})$$

合力偶矩大小为 28 N·m，逆时针转向，与原力偶系共面。

二、平面力偶系的平衡方程

平面力偶系合成的结果为一个合力偶，力偶系的平衡就是合力偶的矩等于零。因此，平面力偶系平衡的必要和充分条件是力偶系中所有各力偶矩的代数和等于零。用式子表达为

$$\sum M = 0 \tag{3-8}$$

对于平面力偶系的平衡问题，利用式 (3-8) 可以求解一个未知量。

例 3-6　如图 3-12 (a) 所示简支梁 AB，跨度 $l = 6$ m，梁上作用有两个力偶，其矩分别为 $M_1 = 15$ kN·m，$M_2 = 24$ kN·m，试求 A、B 两端的支座反力。

解：取梁 AB 为研究对象，作用在其上的已知力为 M_1 和 M_2，支座 A、B 处的约束反力

为 $\boldsymbol{F}_{Ay}$ 和 $\boldsymbol{F}_{By}$，其中 $\boldsymbol{F}_{By}$ 过 B 点且垂直于支承面。因为梁上的已知力系是力偶系，根据力偶只能与力偶平衡的性质，$\boldsymbol{F}_{Ay}$ 与 $\boldsymbol{F}_{By}$ 必组成一力偶。梁 AB 的受力图如图 3-12（b）所示。

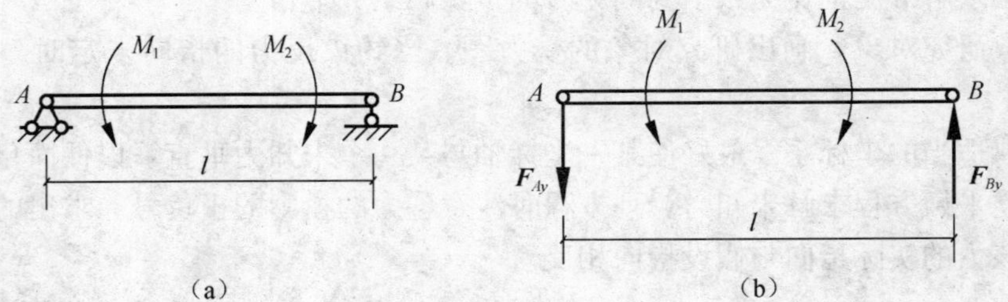

图 3-12

由 $\sum M=0$ 得

$$F_{By}l+M_1-M_2=0$$

$$F_{By}=\frac{M_2-M_1}{l}=\frac{24-15}{6}=1.5\ (\text{kN})$$

$$F_{Ay}=F_{By}=1.5\ \text{kN}$$

第三节　平面一般力系向作用面内任一点简化

若各力的作用线在同一平面内，既不全交于一点，也不全平行，则该力系称为平面一般力系。平面一般力系是工程中最常见的力系，很多实际问题都可简化成平面一般力系问题处理。平面一般力系向作用面内任一点简化的理论基础是力的平移定理。

一、力的平移定理

设力 $\boldsymbol{F}$ 作用于刚体上的 A 点，如图 3-13（a）所示，欲将此力平移到刚体上的任一点 O，而又不改变物体的运动效果，可在 O 点加上一对平衡力 $\boldsymbol{F}'$，$\boldsymbol{F}''$，并使 $\boldsymbol{F}'=-\boldsymbol{F}''=\boldsymbol{F}$（图 3-13（b））。根据加减平衡力系公理，力系 $\boldsymbol{F}$，$\boldsymbol{F}'$，$\boldsymbol{F}''$ 与原力 $\boldsymbol{F}$ 等效。力 $\boldsymbol{F}$ 与 $\boldsymbol{F}''$ 组成一个力偶，其力偶矩为 $M=Fd=M_O(\boldsymbol{F})$，而作用在 O 点的力 $\boldsymbol{F}'$，其大小和方向与原力 $\boldsymbol{F}$ 相同，即相当于把原力 $\boldsymbol{F}$ 从 A 点平移到了 O 点。由此可得，作用于刚体上的力可平移至该刚体上的任一点，但平移后必须附加一力偶，该力偶的矩等于原来的力对平移点 O 的矩，这就是力的平移定理。

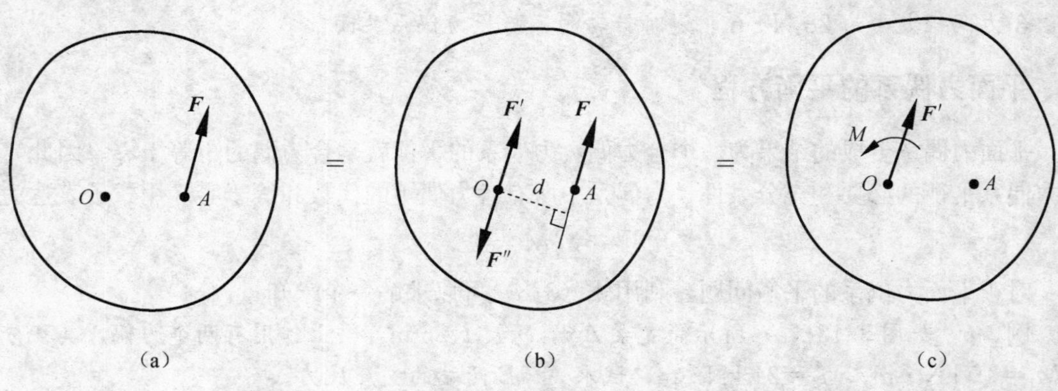

图 3-13

应用力的平移定理时，须注意下列两点：

(1) 平移力 $\boldsymbol{F}'$ 的大小与作用点位置无关，即 O 点可选择在刚体上的一般位置，而 $\boldsymbol{F}'$ 的大小都与原力相同。但附加力偶矩 $M=\pm Fd$ 的大小和转向与作用点的位置有关，因为附加力偶矩的力臂 d 值因作用点位置的不同而变化。

(2) 力的平移定理说明作用于物体上某点的一个力可以和作用于另外一点的一个力和一个力偶等效，反过来也可将同平面内的一个力和一个力偶化为一个合力，如将图 3-13（c）化为图 3-13（a），这个力 $\boldsymbol{F}$ 与 $\boldsymbol{F}'$ 大小相等、方向相同、作用线平行，作用线间的垂直距离为

$$d=\frac{|M|}{F'}$$

在实际工程中，应用力的平移定理，可以更清楚地表示力的效应。图 3-14（a）所示的牛腿上作用有吊车梁传来的荷载 $\boldsymbol{F}$，它与柱轴线间的距离为 e，将力 $\boldsymbol{F}$ 平移到柱轴线上 O 点时，附加力偶的力偶矩为 $M=-Fe$（顺时针转向），如图 3-14（b）所示。可以看出，力 $\boldsymbol{F}'$ 使柱子受压，而附加力偶 M 使柱子产生弯曲，正是由于此力偶的存在，才使得在压力相等的情况下，偏心受压柱比中心受压柱更易发生倾斜或出现裂缝。

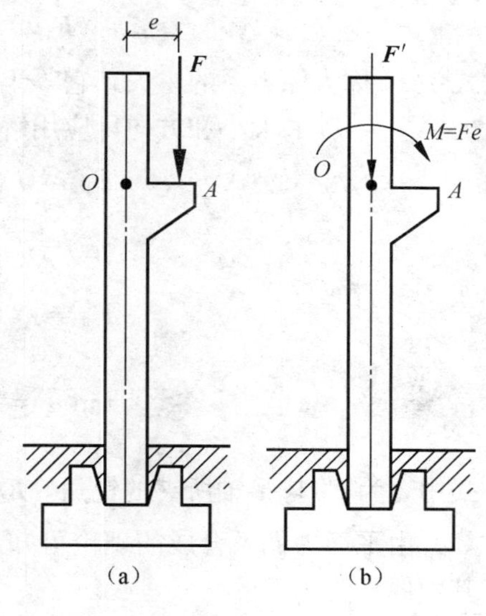

图 3-14

二、力系向平面内任一点简化

设刚体受一平面一般力系 $\boldsymbol{F}_1$，$\boldsymbol{F}_2$，…，$\boldsymbol{F}_n$ 作用，各力的作用点分别为 A_1，A_2，…，A_n，如图 3-15（a）所示。在力系的作用面内任选一点 O，称为简化中心。根据力的平移定理，将各力全部平移到 O 点，并附加相应的力偶，则原力系等效变换为作用在 O 点的平面汇交力系 $\boldsymbol{F}'_1$，$\boldsymbol{F}'_2$，…，$\boldsymbol{F}'_n$ 以及力偶矩分别为 M_1，M_2，…，M_n 的附加力偶系（图 3-15（b））。

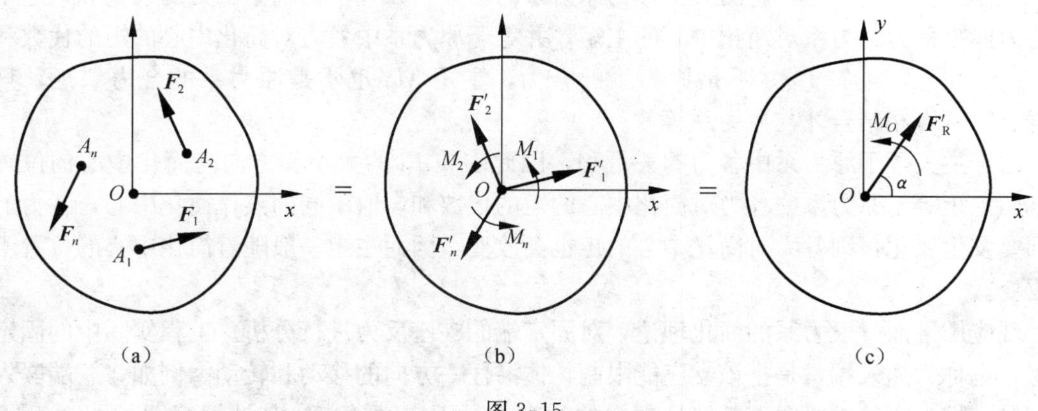

图 3-15

由平面汇交力系合成的理论可知，$\boldsymbol{F}'_1$，$\boldsymbol{F}'_2$，…，$\boldsymbol{F}'_n$ 可合成为作用于 O 点一个力 $\boldsymbol{F}'_R$（图 3-15（c）），即

$$\boldsymbol{F}'_{\mathrm{R}}=\boldsymbol{F}'_1+\boldsymbol{F}'_2+\cdots+\boldsymbol{F}'_n=\sum\boldsymbol{F}'$$

因各力平移时其大小、方向均保持不变，即

$$\boldsymbol{F}'_1=\boldsymbol{F}_1,\boldsymbol{F}'_2=\boldsymbol{F}_2,\cdots,\boldsymbol{F}'_n=\boldsymbol{F}_n$$

故

$$\boldsymbol{F}'_{\mathrm{R}}=\boldsymbol{F}_1+\boldsymbol{F}_2+\cdots+\boldsymbol{F}_n=\sum\boldsymbol{F} \tag{3-9}$$

式中 $\boldsymbol{F}'_{\mathrm{R}}$称为原力系的主矢，它等于原力系各力的矢量和。

主矢 $\boldsymbol{F}'_{\mathrm{R}}$的大小和方向可应用解析法求得

$$\left.\begin{aligned}F'_{\mathrm{R}x}&=F_{1x}+F_{2x}+\cdots+F_{nx}=\sum F_x\\F'_{\mathrm{R}y}&=F_{1y}+F_{2y}+\cdots+F_{ny}=\sum F_y\end{aligned}\right\}$$

$$\left.\begin{aligned}F'_{\mathrm{R}}&=\sqrt{\left(\sum F_x\right)^2+\left(\sum F_y\right)^2}\\\tan\alpha&=\left|\frac{\sum F_y}{\sum F_x}\right|\end{aligned}\right\} \tag{3-10}$$

式中 α 为 $\boldsymbol{F}'_{\mathrm{R}}$与 x 轴所夹的锐角，$\boldsymbol{F}'_{\mathrm{R}}$的指向由 $\sum F_x$、$\sum F_y$ 的正负号确定。

由平面力偶系合成的理论可知，M_1，M_2，…，M_n 可合成为一个力偶（图 3-15（c）)，其力偶矩为

$$M_O=M_1+M_2+\cdots+M_n$$

因各力平移时所附加的力偶矩分别为原力对简化中心的矩，即

$$M_1=M_O(\boldsymbol{F}_1),M_2=M_O(\boldsymbol{F}_2),\cdots,M_n=M_O(\boldsymbol{F}_n)$$

故

$$M_O=M_O(\boldsymbol{F}_1)+M_O(\boldsymbol{F}_2)+\cdots+M_O(\boldsymbol{F}_n)=\sum M_O(\boldsymbol{F}) \tag{3-11}$$

式中 M_O称为原力系对简化中心 O 点的主矩，它等于原力系中各力对简化中心的矩的代数和。

综上所述，平面一般力系向平面内任一点简化的结果是一个力和一个力偶（图 3-15（c）)，这个力作用在简化中心，它的矢量称为原力系的主矢，并等于力系中各力的矢量和；这个力偶的力偶矩称为原力系对简化中心的主矩，并等于原力系中各力对简化中心的矩的代数和。

应当注意，主矢 $\boldsymbol{F}'_{\mathrm{R}}$并不是原力系的合力，主矩 M_O 也不是原力系的合力偶矩，只有 $\boldsymbol{F}'_{\mathrm{R}}$与 M_O 两者相结合才与原力系等效。

由于主矢等于原力系中各力的矢量和，因此主矢 $\boldsymbol{F}'_{\mathrm{R}}$的大小和方向与简化中心的位置无关。而主矩等于原力系中各力对简化中心的矩的代数和，取不同的点作简化中心，各力的力臂都要发生变化，则各力对简化中心的矩也会改变，因而主矩一般随着简化中心的位置不同而改变。

现应用平面一般力系的简化理论，对固定端的支座反力进行分析。工程实际中的固定端支座，也称为插入端，是指该支座能限制物体沿任一方向的移动和转动。例如，一端嵌入墙内，另一端自由的雨篷梁，其墙体对梁的约束就是固定端约束，其计算简图如图 3-16（a）所示；又如与基础浇灌在一起的钢筋混凝土柱，其基础对柱也构成了固定端约束。在主动力作用下，梁的插入部分与墙接触的各点都受到大小和方向都不同的约束反力作用（图 3-16（b)），这些约束反力就构成了一个平面一般力系，将此力系向梁上 A 点简化就得到一个力 $\boldsymbol{F}_A$ 和一

个力偶矩为M_A的力偶（图 3-16（c）），为便于计算，一般把$\boldsymbol{F}_A$用它的水平分力$\boldsymbol{F}_{Ax}$和竖向分力$\boldsymbol{F}_{Ay}$来代替。因此，在平面力系情况下，固定端支座的约束反力包括三个，即阻止梁端向任何方向移动的水平分力$\boldsymbol{F}_{Ax}$和竖向分力$\boldsymbol{F}_{Ay}$，以及阻止梁端绕 A 点转动的反力偶M_A，它们的指向都是假定的（图 3-16（d））。

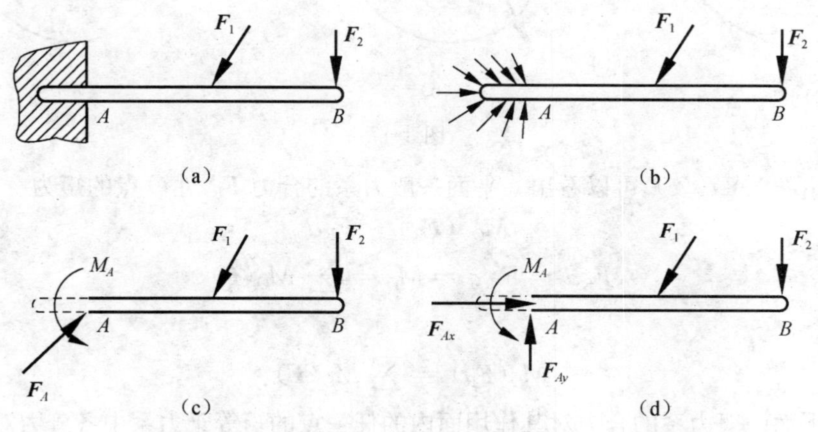

图 3-16

三、简化结果讨论

由以上讨论知，平面一般力系向任一点简化，可得到一主矢$\boldsymbol{F}'_R$和一主矩M_O，根据主矢和主矩是否存在，可能出现的下列四种情况：

1. $\boldsymbol{F}'_R=0$，$M_O\neq0$

说明原力系与一个力偶等效，即原力系合成为一个合力偶，合力偶的力偶矩就等于原力系对简化中心的主矩。

由于力偶对平面内任一点的矩都相同，因此当力系合成为一个力偶时，主矩与简化中心的位置无关。

2. $\boldsymbol{F}'_R\neq0$，$M_O=0$

说明力系与通过简化中心的一个力等效，即原力系合成为一个合力，合力的大小、方向和原力系的主矢$\boldsymbol{F}'_R$相同，作用线通过简化中心。

3. $\boldsymbol{F}'_R\neq0$，$M_O\neq0$

根据力的平移定理的逆过程，可将简化结果进一步合成为一个合力$\boldsymbol{F}_R$，如图 3-17 所示。

将主矩M_O用两个反向的平行力$\boldsymbol{F}_R$和$\boldsymbol{F}''_R$来表示，并使$\boldsymbol{F}'_R$和$\boldsymbol{F}''_R$等值、共线，构成一对平衡力，如图 3-17（b）所示。撤去平衡力从而使原力系简化的最后结果为一作用线过O'点的合力$\boldsymbol{F}_R$（图 3-17（c）），这个力的大小、方向与主矢相同，其作用线并不通过简化中心，其偏离简化中心的垂直距离$d=|M_O|/F_R$，偏离的位置应使得合力对简化中心的矩的转向与主矩M_O的转向相同。

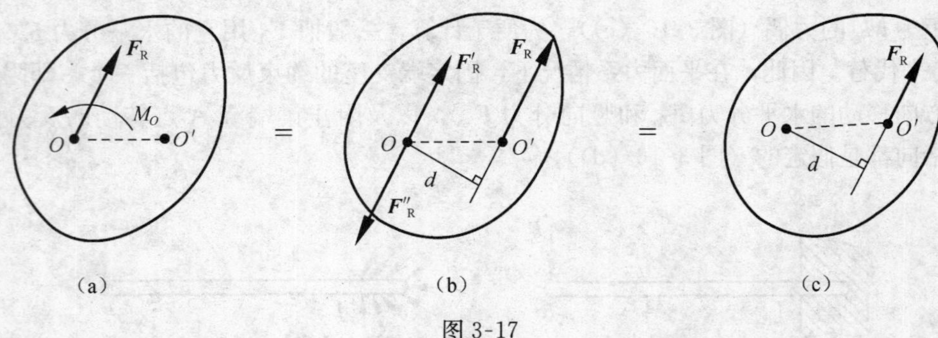

图 3-17

此外，由图 3-17（c）可以看出，平面一般力系的合力 $\boldsymbol{F}_R$ 对 O 点的矩为

$$M_O\ (\boldsymbol{F}_R)\ = F_R d$$

而

$$F_R d = F'_R d = M_O = \sum M_O(\boldsymbol{F})$$

故

$$M_O(\boldsymbol{F}_R) = \sum M_O(\boldsymbol{F}) \tag{3-12}$$

上式表明：平面一般力系的合力对其作用面内的任一点的矩等于力系中各分力对同一点的矩的代数和。这称为平面一般力系的合力矩定理。该定理对任一有合力的平面力系皆成立。利用该定理，可以简化某些情况下的力矩计算，还可以确定平面力系合力作用线的位置。

4. $\boldsymbol{F}'_R=0$，$M_O=0$

表明力系平衡，这种情形将在下节详细讨论。

综上所述，平面一般力系的简化结果，不外乎三种情况，或为一合力，或为一合力偶，或处于平衡。

第五节　平面一般力系的平衡方程及应用

一、平面一般力系的平衡方程

平面一般力系向作用面内任一点简化得到主矢和主矩。当力系的主矢和主矩都为零时，该力系是平衡的。反之，若力系平衡，则其主矢和主矩必定为零。由此可见，平面一般力系平衡的必要和充分条件是力系的主矢和主矩均为零，即

$$\boldsymbol{F}'_R = 0,\quad M_O = 0 \tag{3-13}$$

根据这个平衡条件可导出不同形式的平衡方程。

1. 基本形式

根据式（3-10）和式（3-11），若式（3-13）成立，则必须

$$\left.\begin{aligned} \sum F_x &= 0 \\ \sum F_y &= 0 \\ \sum M_O(\boldsymbol{F}) &= 0 \end{aligned}\right\} \tag{3-14}$$

因此，平面一般力系平衡的必要与充分条件也可以表述为力系中所有各力在两个坐标轴上的投影的代数和都等于零，而且力系中所有各力对任一点的矩的代数和也等于零。式（3-14）

称为平面一般力系平衡方程的基本形式，其中前两式称为投影方程，第三式称为力矩方程。这三个方程是相互独立的，应用这三个独立的平衡方程可求解三个未知量。

平面一般力系的平衡方程除了式（3-14）所示的基本形式外，还有二力矩式和三力矩式。

2. 二力矩式

$$\left.\begin{aligned}\sum F_x = 0\\ \sum M_A(\boldsymbol{F}) = 0\\ \sum M_B(\boldsymbol{F}) = 0\end{aligned}\right\} \tag{3-15}$$

式中 x 轴不与 A、B 两点的连线垂直。

在式（3-15）中，若 $\sum M_A(\boldsymbol{F})=0$、$\sum M_B(\boldsymbol{F})=0$ 两式成立，则力系只能合成为其作用线既通过 A 点又通过 B 点的一个合力 $\boldsymbol{F}_{\mathrm{R}}$（图 3-18），或者平衡。若 $\sum F_x = 0$ 也成立，且连线 AB 不垂直于 x 轴，则由图 3-18 可知，合力 $\boldsymbol{F}_{\mathrm{R}}$ 必为零。由此可见，满足式（3-15）的力系必为平衡力系。

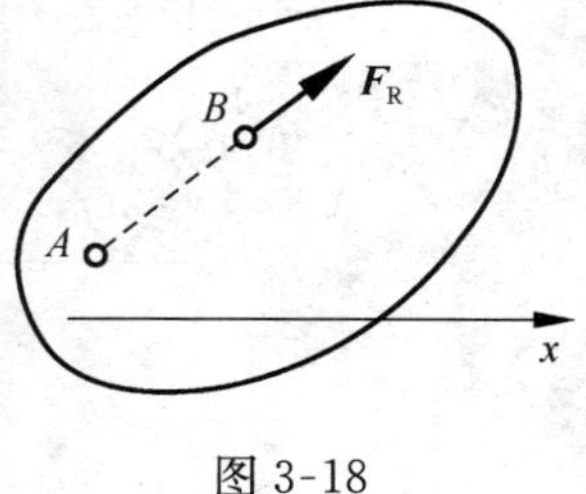

图 3-18

3. 三力矩式

$$\left.\begin{aligned}\sum M_A(\boldsymbol{F}) = 0\\ \sum M_B(\boldsymbol{F}) = 0\\ \sum M_C(\boldsymbol{F}) = 0\end{aligned}\right\} \tag{3-16}$$

式中 A、B、C 三点不共线。

同上面讨论一样，若 $\sum M_A(\boldsymbol{F}) = 0$ 和 $\sum M_B(\boldsymbol{F}) = 0$ 成立，则力系合成结果只能是通过 A、B 两点的一个合力 $\boldsymbol{F}_{\mathrm{R}}$（图 3-19）或者平衡。若 $\sum M_C(\boldsymbol{F}) = 0$ 也成立，则合力 $\boldsymbol{F}_{\mathrm{R}}$ 必然也通过 C 点，而一个力不可能同时通过不在一直线上的三点，因此力系必然平衡，即 $\boldsymbol{F}_{\mathrm{R}}=0$。

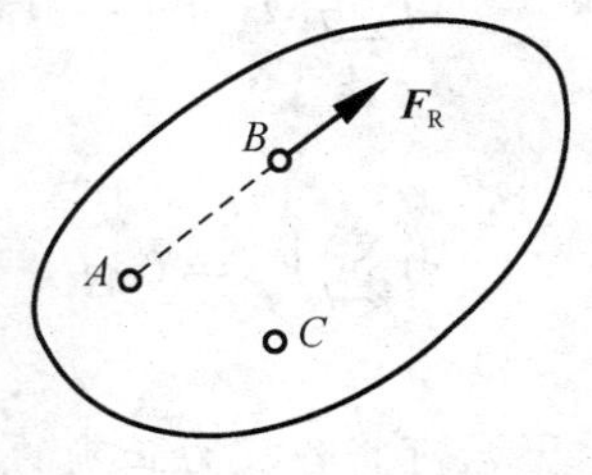

图 3-19

平面一般力系的平衡方程虽有三种形式，但不论采用哪种形式，都只能写出三个独立的平衡方程。因为当力系满足式（3-14）或式（3-15）或式（3-16）的三个平衡方程时，力系必定平衡，任何第四个平衡方程都是力系平衡的必然结果，而不再是独立的，我们可以利用这个方程来校核计算的结果。在实际应用中，采用哪种形式的平衡方程，完全取决于计算是否简便。通常力求在一个平衡方程中只包含一个未知量，避免解联列方程组。

二、平衡方程的应用

应用平面一般力系的平衡方程求解平衡问题的步骤如下：

（1）确定研究对象，分析其受力并画出受力图。在研究对象上画出它受到的所有主动力和约束反力，约束反力根据约束类型来画。当约束反力的方向未定时，一般可用两个互相垂直的分力表示；当约束反力的指向未定时，可以先假设其指向，如果计算结果为正，则表示假设的指向正确；如果计算结果为负，则表示实际的指向与假设的相反。

(2) 列平衡方程求解未知量。为简化计算，避免解联列方程，在应用投影方程时，选取的投影轴应尽量与多个未知力相垂直；应用力矩方程时，矩心应选在多个未知力的交点上，这样可使方程中的未知量减少，使计算工作简化。

例 3-7 钢筋混凝土刚架，受荷载及支承情况如图 3-20 (a) 所示。已知 $F_P=60\text{ kN}$，$q=20\text{ kN/m}$，刚架自重不计，求支座 A、B 的反力。

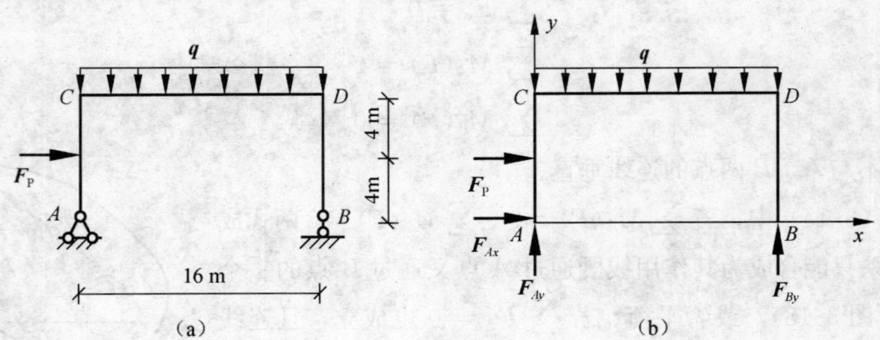

图 3-20

解：取刚架为研究对象，画其受力图如图 3-20 (b) 所示。刚架上作用有集中力 $\boldsymbol{F}_P$ 和均布荷载 $\boldsymbol{q}$，以及支座反力 $\boldsymbol{F}_{Ax}$、$\boldsymbol{F}_{Ay}$ 和 $\boldsymbol{F}_{By}$，各反力的指向都是假定的，它们组成平面一般力系。

列平衡方程时，先将均布荷载合成为合力，其大小为 ql，方向与均布荷载方向相同，作用在 CD 杆的中点，选取坐标系如图 3-20 (b) 所示。

由 $\sum F_x=0$ 得 $\quad F_{Ax}+F_P=0$

$$F_{Ax}=-F_P=-60\text{kN}\ (\leftarrow)$$

由 $\sum M_A(F)=0$ 得 $\quad F_{By}\times16-q\times16\times8-F_P\times4=0$

$$F_{By}=\frac{20\times16\times8+60\times4}{16}=175\ (\text{kN})\ (\uparrow)$$

由 $\sum F_y=0$ 得 $\quad F_{Ay}+F_{By}-q\times16=0$

$$F_{Ay}=-175+20\times16=145\ (\text{kN})\ (\uparrow)$$

最后可将各反力正确的指向表示在答案后面的括号内。

讨论：(1) 由于平衡方程彼此独立，故可先列能解出一个未知量的方程，并视此未知量为已知量，再列其他方程。如本例中也可先列 $\sum M_A(\boldsymbol{F})=0$，再列 $\sum F_x=0$，最后列 $\sum F_y=0$。但如果先列 $\sum F_y=0$，再列后面两个方程，就存在一个回代过程，这种情况应尽量避免。

(2) 本例中，F_{By} 的数值有误差或出错，则必定影响到 F_{Ay}，因此，每个平衡方程最好能单独求解一个未知量。如本例可改用二力矩式的平衡方程，即把最后一个方程 $\sum F_y=0$，改用 $\sum M_B(\boldsymbol{F})=0$，即

$$-F_{Ay}\times16-F_P\times4+q\times16\times8=0\quad(\text{此方程与 }F_{By}\text{ 无关})$$

得 $$F_{Ay}=145\text{kN}\ (\uparrow)$$

平衡方程式 $\sum F_y=0$ 可作校核用。

例 3-8　悬臂梁（一端是固定端约束，另一端无约束的梁）AB 承受如图 3-21（a）所示的荷载作用。已知 $F_P=2ql$，$\alpha=60°$，不计梁的自重，求支座 A 的反力。

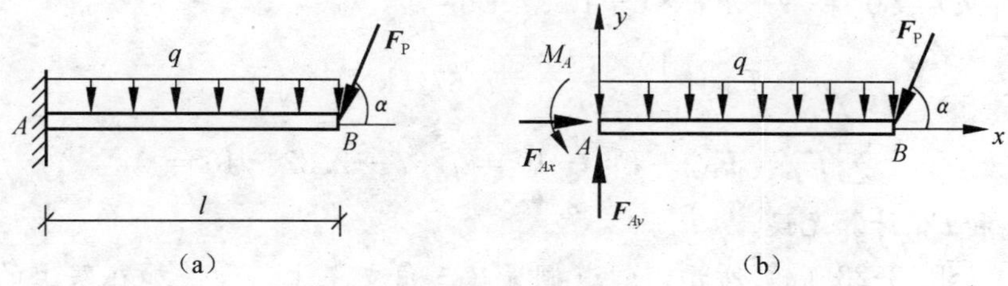

图 3-21

解：取梁 AB 为研究对象，其受力图及坐标系如图 3-21（b）所示。

由 $\sum F_x=0$ 得　　$F_{Ax}-F_P\cos 60°=0$

$$F_{Ax}=F_P\cos 60°=2ql\times\frac{1}{2}=ql\ (\rightarrow)$$

由 $\sum F_y=0$ 得　　$F_{Ay}-ql-F_P\sin 60°=0$

$$F_{Ay}=ql+F_P\sin 60°=ql+2ql\times\frac{\sqrt{3}}{2}=(1+\sqrt{3})\ ql\ (\uparrow)$$

由 $\sum M_A(\boldsymbol{F})=0$ 得　　$M_A-ql\dfrac{l}{2}-F_P\sin 60°\times l=0$

$$M_A=\frac{1}{2}ql^2+2ql\times\frac{\sqrt{3}}{2}l=\left(\frac{1}{2}+\sqrt{3}\right)ql^2\ (\circlearrowleft)$$

校核：$\sum M_B(F)=M_A+ql\dfrac{l}{2}-F_{Ay}l=\left(\dfrac{1}{2}+\sqrt{3}\right)ql^2+\dfrac{1}{2}ql^2-(1+\sqrt{3})ql^2=0$

可见 F_{Ay} 和 M_A 计算无误。

特别注意，固定端的反力偶千万不能漏画。这是初学者常犯的错误。

例 3-9　某房屋中的梁 AB 两端支承在墙内，构造及尺寸如图 3-22（a）所示。该梁简化为图 3-22（b）所示简支梁（两端分别支承在固定铰支座和可动铰支座上的梁），不计梁的自重。求墙壁对梁 A、B 端的约束反力。

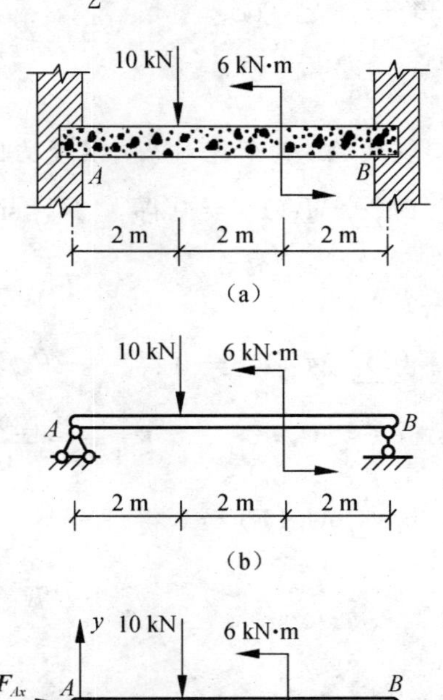

图 3-22

解：取简支梁 AB 为研究对象。画其受力图如图 3-22（c）所示。

本题有一个力偶荷载，由于力偶在任一轴上投影都为零，故力偶在投影方程中不出现。由于力偶对平面内任一点的矩都等于力偶矩，而与矩心的位置无关，故在力矩方程中可直接将力偶矩列入。取坐标系如图 3-33（c）所示。

由 $\sum F_x=0$ 得　　$F_{Ax}=0$

由 $\sum M_A(\boldsymbol{F})=0$ 得　　$F_{By}\times 6+6-10\times 2=0$

$$F_{By}=\frac{10\times2-6}{6}=2.33\ (\text{kN})\ (\uparrow)$$

由$\sum M_B(\boldsymbol{F})=0$得 $-F_{Ay}\times6+10\times4+6=0$

$$F_{Ay}=\frac{10\times4+6}{6}=7.67\ (\text{kN})\ (\uparrow)$$

校核： $\sum F_y=F_{Ay}+F_{By}-10=7.67+2.33-10=0$

可见F_{Ay}和F_{By}计算无误。

例3-10 如图3-23（a）所示，管道搁置在三角支架上，管道加在架上的荷载：大管$F_{P1}=12$ kN，小管$F_{P2}=7$ kN，架重不计，求支座A的约束力和杆CD所受的力。

解：该支架在A、C两处都用混凝土浇筑埋入墙内，D处是利用连接钢板将角钢AB和CD焊接牢。一般近似地可将A、C、D三处视为铰链连接，管道荷载视为集中力，于是画出支架的计算简图如图3-23（b）所示。

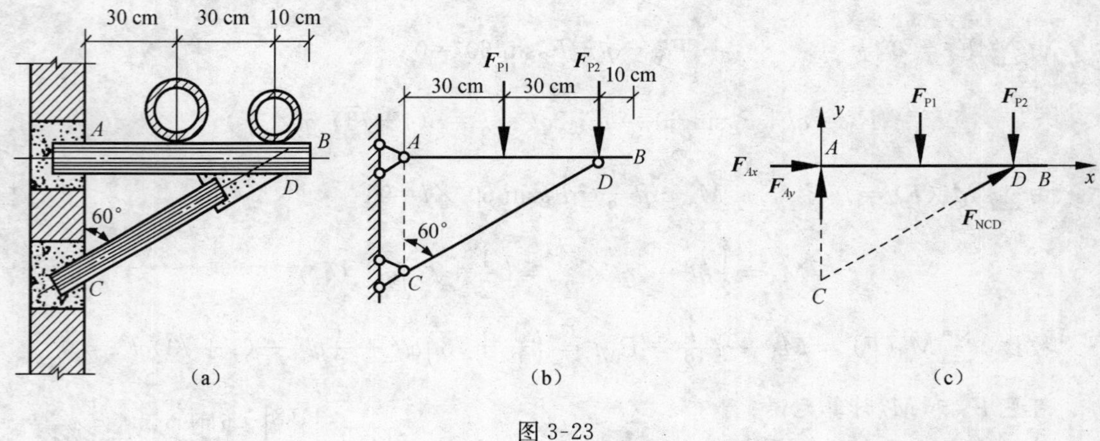

图3-23

取梁AB为研究对象，其受力图如图3-23（c）所示。

由$\sum M_A(\boldsymbol{F})=0$得 $F_{NCD}\sin30°\times60-F_{P1}\times30-F_{P2}\times60=0$

$$F_{NCD}=\frac{12\times30+7\times60}{0.5\times60}=26\ (\text{kN})$$

由$\sum M_C(\boldsymbol{F})=0$得 $-F_{Ax}\times60\times\tan30°-F_{P1}\times30-F_{P2}\times60=0$

$$F_{Ax}=-\frac{12\times30+7\times60}{0.577\times60}=-22.5\ (\text{kN})\ (\leftarrow)$$

由$\sum M_D(\boldsymbol{F})=0$得 $-F_{Ay}\times60+F_{P1}\times30=0$

$$F_{Ay}=\frac{12\times30}{60}=6\ (\text{kN})\ (\uparrow)$$

第六节 平面平行力系的平衡方程

若各力的作用线在同一平面内互相平行时，则该力系称为平面平行力系。

平面平行力系是平面一般力系的一种特殊情况。它的平衡方程可以从平面一般力系的平衡方程导出。如果取 x 轴与平行力系各力的作用线垂直，y 轴与各力平行，如图 3-24 所示。则不论力系是否平衡，各力在 x 轴上的投影恒为零，即 $\sum F_x = 0$，故平面平行力系的平衡方程为

$$\left.\begin{aligned}\sum F_y &= 0\\ \sum M_O(\boldsymbol{F}) &= 0\end{aligned}\right\} \tag{3-17}$$

图 3-24

因为各力与 y 轴平行，所以 $\sum F_y = 0$，就表明各力的代数和等于零。这样，平面平行力系平衡的必要和充分条件是力系中所有各力的代数和等于零；力系中各力对任一点的矩的代数和等于零。

同理，由平面一般力系平衡方程的二力矩形式，可导出平面平行力系平衡方程的另一种形式为

$$\left.\begin{aligned}\sum M_A(\boldsymbol{F}) &= 0\\ \sum M_B(\boldsymbol{F}) &= 0\end{aligned}\right\} \tag{3-18}$$

其中 A、B 两点连线不能与力系中各力的作用线平行。平面平行力系只有两个独立的平衡方程，故只能求解两个未知量。

例 3-11　某房屋的外伸梁构造及尺寸如图 3-25 (a) 所示。该梁的力学简图如图 3-25 (b) 所示。已知 $q_1 = 20$ kN/m，$q_2 = 25$ kN/m。求 A、B 支座的反力。

解：取外伸梁 AC 为研究对象。其上作用有均布线荷载 q_1、q_2 及支座的约束反力 $\boldsymbol{F}_{Ay}$ 和 $\boldsymbol{F}_{By}$。由于 q_1、q_2、$\boldsymbol{F}_{By}$ 相互平行，故 F_{Ay} 必与各力平行，才能保持该力系为平衡力系。梁的受力图如图 3-25 (c) 所示，力 q_1、q_2、$\boldsymbol{F}_{Ay}$ 和 $\boldsymbol{F}_{By}$ 组成平面平行力系。应用二力矩式的平衡方程可求解两个未知力。取坐标系如图 3-25 (c) 所示。

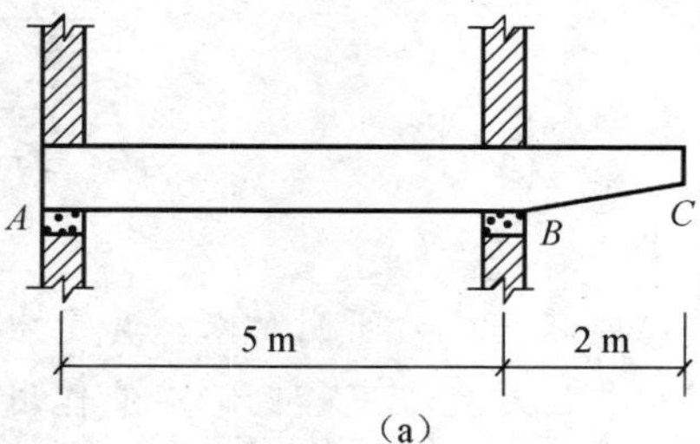

(a)

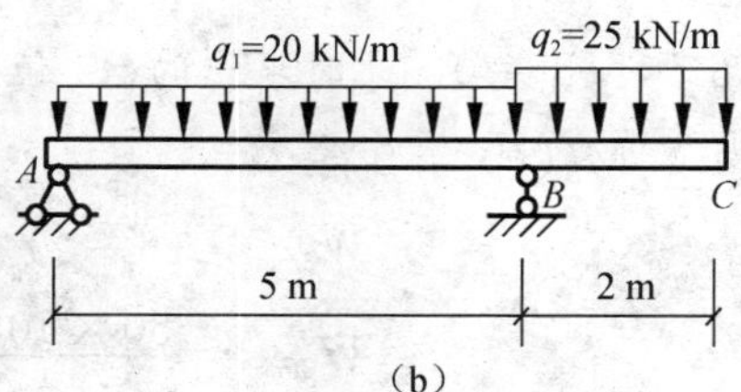

(b)

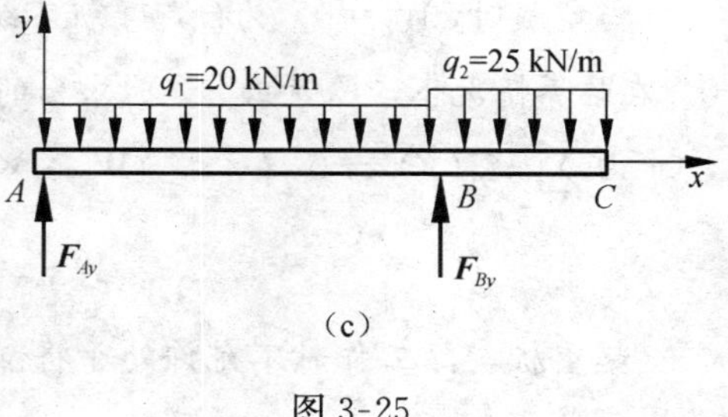

(c)

图 3-25

由 $\sum M_A(\boldsymbol{F}) = 0$ 得

$$F_{By} \times 5 - q_1 \times 5 \times 2.5 - q_2 \times 2 \times 6 = 0$$

$$F_{By} = \frac{20 \times 5 \times 2.5 + 25 \times 2 \times 6}{5} = 110(\text{kN})(\uparrow)$$

由 $\sum M_B(\boldsymbol{F}) = 0$ 得

$$-F_{Ay} \times 5 + q_1 \times 5 \times 2.5 - q_2 \times 2 \times 1 = 0$$

$$F_{Ay} = \frac{20 \times 5 \times 2.5 - 25 \times 2 \times 1}{5} = 40(\text{kN})(\uparrow)$$

校核：

$$\begin{aligned}\sum F_y &= F_{Ay} + F_{By} - q_1 \times 5 - q_2 \times 2\\ &= 110 + 40 - 20 \times 5 - 25 \times 2 = 0\end{aligned}$$

说明计算无误。

例 3-12 塔式起重机如图 3-26 所示。机架重 $W_1=220$ kN，作用线通过塔架的中心。最大起重量 $W_2=50$ kN，最大悬臂长为 12 m，轨道 AB 的间距为 4 m。平衡锤重 $\boldsymbol{W}_3$ 到机身中心线距离为 6 m。试问：(1) 保证起重机在满载和空载时都不致翻倒，平衡锤重 $\boldsymbol{W}_3$ 的范围；(2) 如平衡锤重 $W_3=20$ kN 时，求满载时轨道 A、B 给起重机轮子的反力。

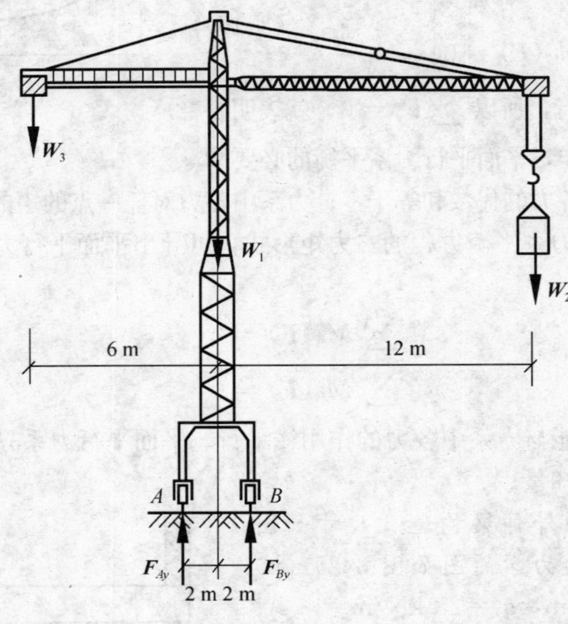

图 3-26

解：取起重机为研究对象，其受力图如图 3-26 所示。

(1) 要使起重机不翻倒，应使作用在起重机上的所有力满足平衡条件。

当满载时，为使起重机不绕 B 点翻倒，这些力必须满足平衡方程 $\sum M_B(\boldsymbol{F})=0$。在临界情况下，$F_{Ay}=0$。此时求出的 $\boldsymbol{W}_3$ 值是所允许的最小值。

由 $\sum M_B(\boldsymbol{F})=0$ 得

$$W_{3\min}\times(6+2)+W_1\times 2-W_2\times(12-2)=0$$

$$W_{3\min}=\frac{50\times 10-220\times 2}{8}=7.5(\mathrm{kN})$$

当空载时，$W_2=0$。为使起重机不绕点 A 翻倒，所受的力必须满足平衡方程 $\sum M_A$ $(\boldsymbol{F})=0$。在临界情况下，$F_{By}=0$。这时求出的 W_3 值是所允许的最大值。

由 $\sum M_A(\boldsymbol{F})=0$ 得 $\qquad W_{3\max}\times(6-2)-W_1\times 2=0$

$$W_{3\min}=\frac{220\times 2}{4}=110\ (\mathrm{kN})$$

起重机实际工作时不允许处于将翻倒的临界状态，要使起重机不翻倒，平衡锤重 W_3 的范围应是

$$7.5\ \mathrm{kN}<W_3<110\ \mathrm{kN}$$

(2) 当 $W_3=20$ kN 且满载时，起重机在力 $\boldsymbol{W}_1$、$\boldsymbol{W}_2$、$\boldsymbol{W}_3$、$\boldsymbol{F}_{Ay}$ 及 $\boldsymbol{F}_{By}$ 的作用下平衡。应用平面平行力系的平衡方程求约束反力。

由$\sum M_B(\boldsymbol{F})=0$得　　$-F_{Ay}\times 4-W_2\times(12-2)+W_3\times(6+2)+W_1\times 2=0$

$$F_{Ay}=\frac{2\times 220-10\times 50+8\times 20}{4}=25\ (\text{kN})$$

由$\sum F_y=0$得　　$F_{Ay}+F_{By}-W_1-W_2-W_3=0$

$$F_{By}=W_1+W_2+W_3-F_{Ay}=220+50+20-25=265\ (\text{kN})$$

小　　结

特别指出：当未知力的数目等于独立平衡方程的数目时，全部未知量均可由平衡方程求出，我们把这样的问题称为静定问题，显然前面列举的例子均属静定问题。在工程实际中，有时为了提高结构的承载能力，常常增加多余约束，从而使结构的未知力的数目多于独立平衡方程的数目，未知量就不能全部由平衡方程求出，这样的问题称为超静定问题。超静定问题将在第八章研究。

1. 平面汇交力系的合成与平衡

平面汇交力系合成的结果为一个作用线通过各力汇交点的合力；如果合力为零，则力系平衡。

方　法	合　成	平衡条件
几何法	根据力的多边形法则求合力，即力的多边形的闭封边代表合力的大小和方向	力的多边形自行闭合
解析法	$\left.\begin{aligned}F_R&=\sqrt{F_{Rx}^2+F_{Ry}^2}=\sqrt{\left(\sum F_x\right)^2+\left(\sum F_y\right)^2}\\ \tan\alpha&=\frac{\lvert F_{Ry}\rvert}{\lvert F_{Rx}\rvert}=\left\lvert\frac{\sum F_y}{\sum F_x}\right\rvert\end{aligned}\right\}$ 合力的指向由$\sum F_x$和$\sum F_y$的正负号确定	$\left.\begin{aligned}\sum F_x=0\\ \sum F_y=0\end{aligned}\right\}$

2. 平面力偶系的合成与平衡

平面力偶系的合成为一个合力偶，合力偶矩等于平面力偶系中各个力偶矩的代数和。用式子表达为

$$M=\sum M$$

平面力偶系的平衡条件是合力偶矩等于零。用式子表达为

$$\sum M=0$$

3. 平面一般力系

(1) 力的平移定理

作用于刚体上的力可平移至该刚体上的任一点，但平移后必须附加一力偶，该力偶的矩等于原来的力对平移点O的矩。

(2) 简化方法与结果

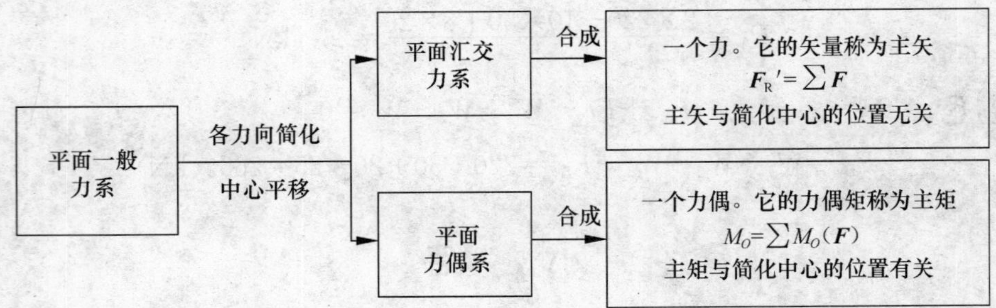

(3) 平面力系的平衡方程

平面力系类别		平衡方程	限制条件	可求未知量数目
一般力系	基本形式	$\Sigma F_x=0$，$\Sigma F_y=0$，$\Sigma M_O=0$		3
	二力矩式	$\Sigma F_x=0$，$\Sigma M_A=0$，$\Sigma M_B=0$	A、B 连线不垂直于 x 轴	3
	三力矩式	$\Sigma M_A=0$，$\Sigma M_B=0$，$\Sigma M_C=0$	A、B、C 三点不共线	3
汇交力系		$\Sigma F_x=0$，$\Sigma F_y=0$		2
平行力系		$\Sigma F_y=0$，$\Sigma M_O=0$	y 轴与各力不垂直	2
		$\Sigma M_A=0$，$\Sigma M_B=0$	A、B 连线与各力不平行	2
力偶系		$\Sigma M=0$		1

思 考 题

3-1　如图 3-27 所示的两个力多边形中各力的关系是否相同？

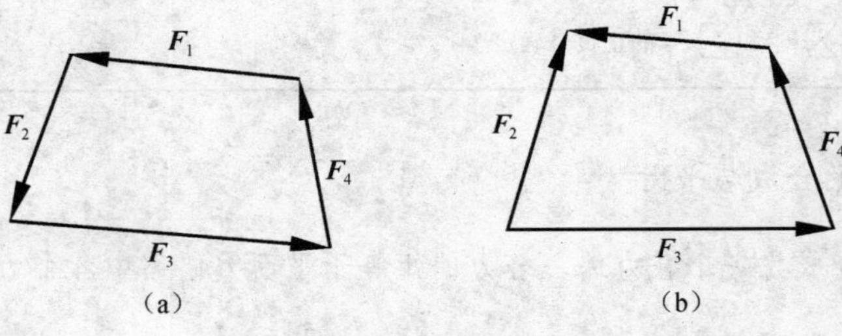

图 3-27

3-2　某物体受平面汇交力系的作用如图 3-28 (a) 所示，试问这两个力多边形求得的合力是否一样？这两个力多边形为何不同？

3-3　合力一定比分力大吗？

3-4　在物体 A、B、C、D 四点作用两个平面力偶，其力多边形封闭，如图 3-29 所示，试问物体是否平衡。

3-5　如图 3-30 (a)、(b) 所示，两轮的半径都是 r，这两种情况下力对轮的作用有何不同？

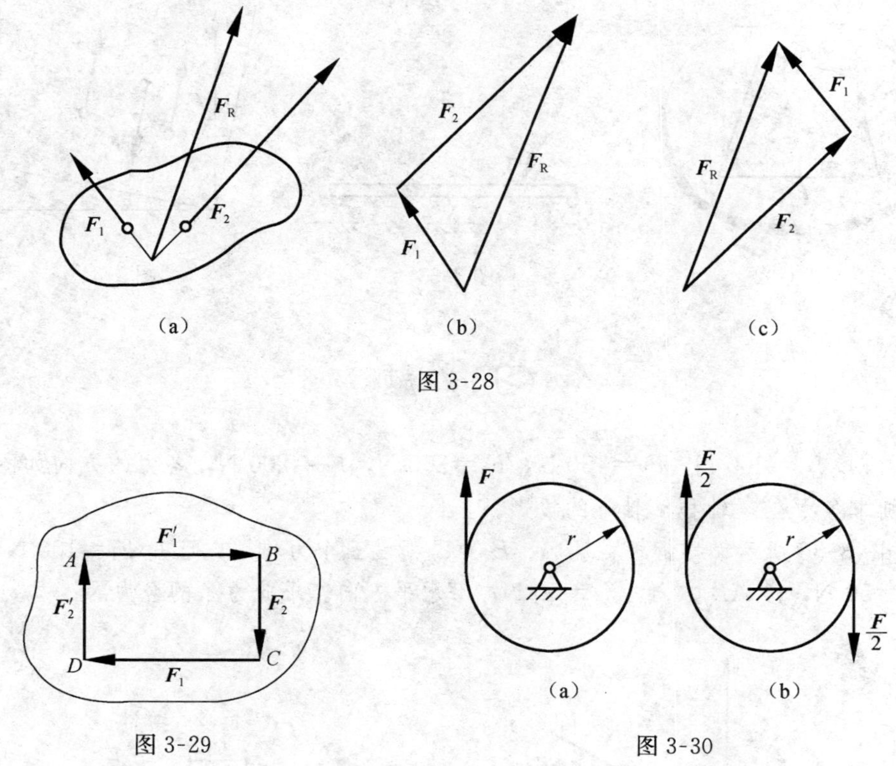

图 3-28

图 3-29

图 3-30

3-6　若平面力系向 O 点简化，得到的主矢 $\boldsymbol{F}_{\mathrm{R}}'$ 的方向和主矩 M_O 的转向如图 3-31 所示的各种情况，试分别确定它们的合力 $\boldsymbol{F}_{\mathrm{R}}$ 作用线的位置。

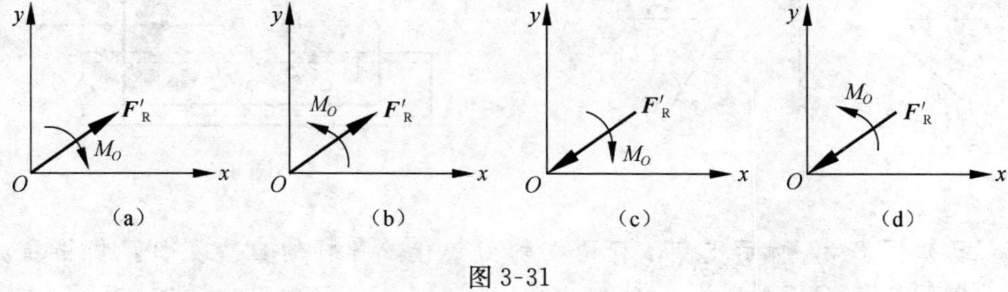

图 3-31

3-7　平面一般力系的合力与其主矢的关系怎样？在什么情况下主矢即为合力。

3-8　在简化一个已知平面力系时，选取不同的简化中心，主矢和主矩是否不同？力系简化的最后结果会不会改变？为什么？

3-9　当力系简化的最后结果为一个力偶时，为什么说主矩与简化中心的选择无关？

3-10　图 3-32 所示分别作用在一平面上 A、B、C、D 四点的四个力 $\boldsymbol{F}_1$、$\boldsymbol{F}_2$、$\boldsymbol{F}_3$、$\boldsymbol{F}_4$，这四个力画出的力多边形刚好首尾相接。问：(1) 此力系是否平衡？(2) 此力系简化的结果是什么？

3-11　为什么说平面一般力系只有三个独立的平衡方程？如图 3-33 所示的梁能否列出四个平衡方程将四个反力 $\boldsymbol{F}_{Ax}$、$\boldsymbol{F}_{Ay}$、$\boldsymbol{F}_{By}$、$\boldsymbol{F}_{Cy}$ 都求出？

3-12　如图 3-34 所示的平面平行力系，如选取的坐标系的 y 轴不与各力平衡，则其平衡方程是否可写出 $\Sigma F_x=0$，$\Sigma F_y=0$ 和 $\Sigma M_O=0$ 三个独立的平衡方程？为什么？

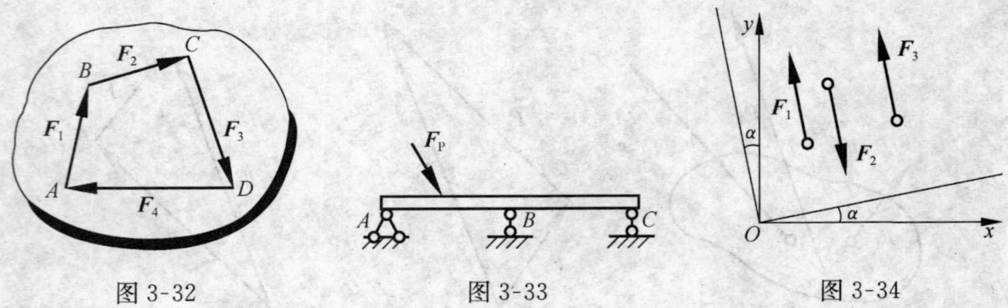

图 3-32　　图 3-33　　图 3-34

习　题

3-1　已知 $F_1=200$ N，$F_2=150$ N，$F_3=200$ N，$F_4=200$ N，各力的方向如图 3-35 所示。试分别求各力在 x 轴和 y 轴上的投影。

3-2　图 3-36 所示铆接钢板在孔 A、B 和 C 处受三个力作用，已知 $F_1=100$ N，沿铅直方向，$F_2=50$ N，沿 AB 方向，$F_3=50$ N，沿水平方向。求此力系的合力。

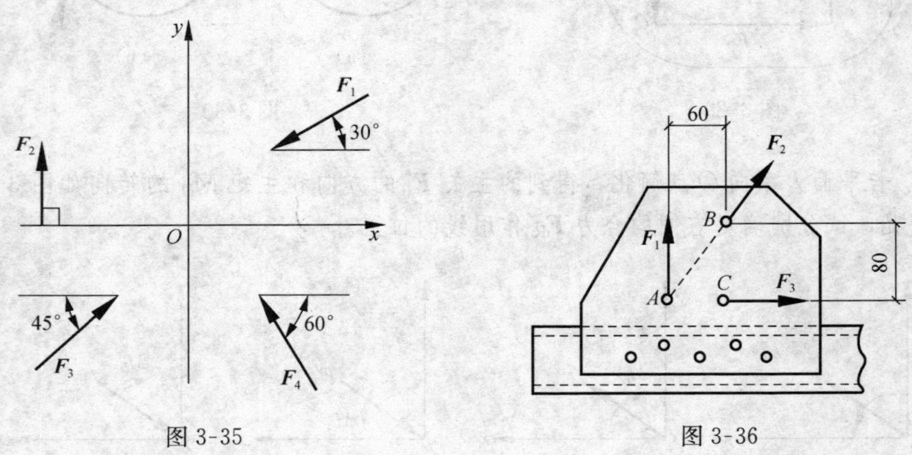

图 3-35　　图 3-36

3-3　已知图 3-37 所示支架，杆两端均为铰接，各杆的自重不计，作用重力 $W=20$ kN，求杆 AB、AC 所受到的力。

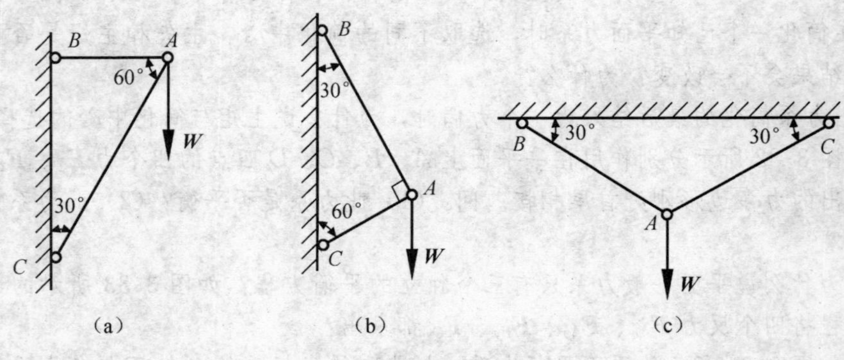

图 3-37

3-3　求图 3-38 所示力偶的合力偶矩。已知 $F_1=F'_1=100$ N，$F_2=F'_2=150$ N，$F_3=F'_3=100$ N，$d_1=80$ cm，$d_2=70$ cm，$d_3=50$ cm。

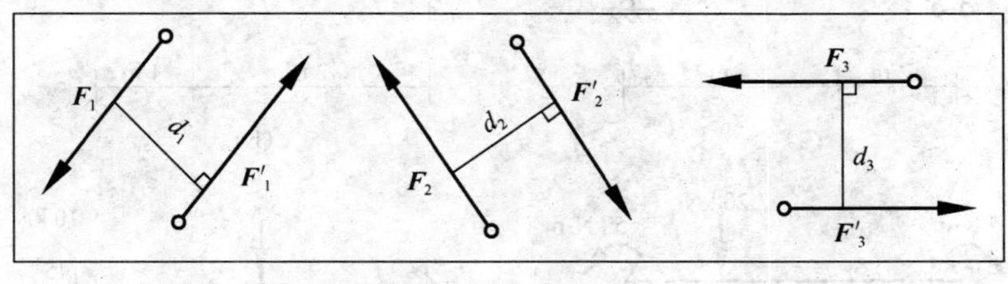

图 3-38

3-4　求图 3-39 所示各梁的支座反力。

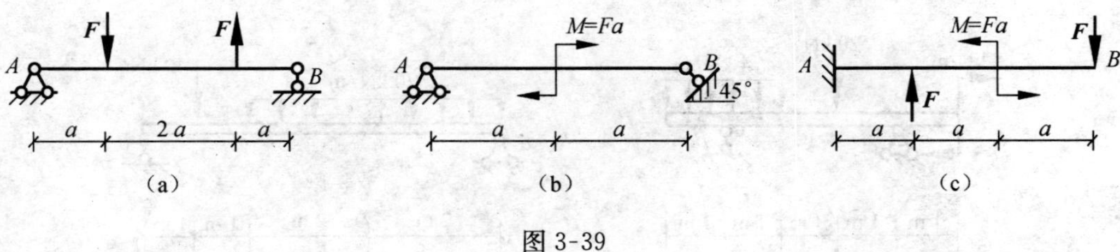

图 3-39

3-5　某厂房柱，高 9 m，柱上段 BC 重 $W_1=8$ kN，下段 CO 重 $W_2=37$ kN，柱顶水平力 $F_P=6$ kN，各力作用位置如图 3-40 所示。试将各力向柱底中心 O 点简化。

3-6　钢筋混凝土构件如图 3-41 所示，已知各部分的重量为 $W_1=2$ kN，$W_2=W_4=4$ kN，$W_3=8$ kN，试求这些重力的合力。

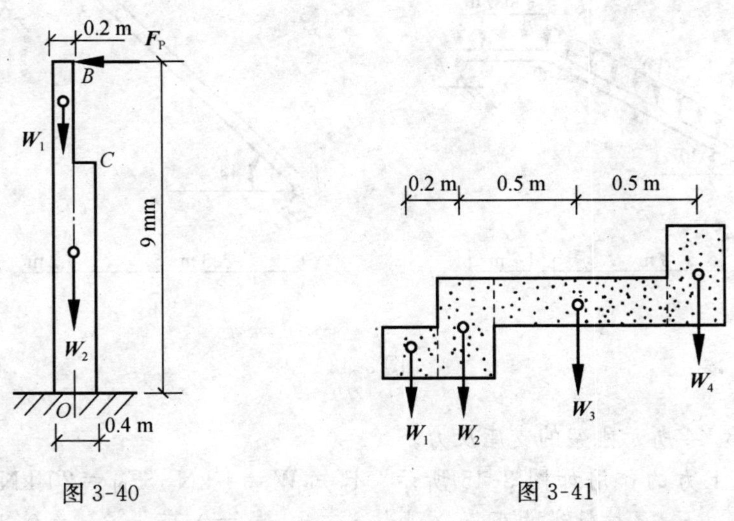

图 3-40　　图 3-41

3-7　求图 3-42 所示各梁的支座反力。

3-8　求图 3-43 所示各梁的支座反力。除图 (a) 斜梁 AC 上的均布荷载沿梁的方向分布外，其余的均布荷载都是沿水平方向分布的。

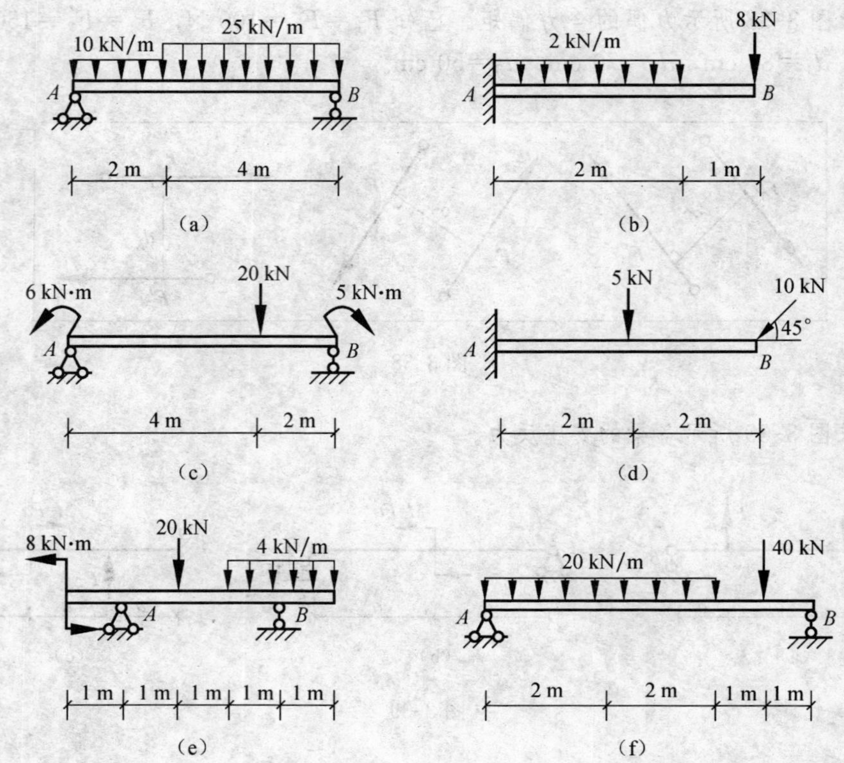

图 3-42

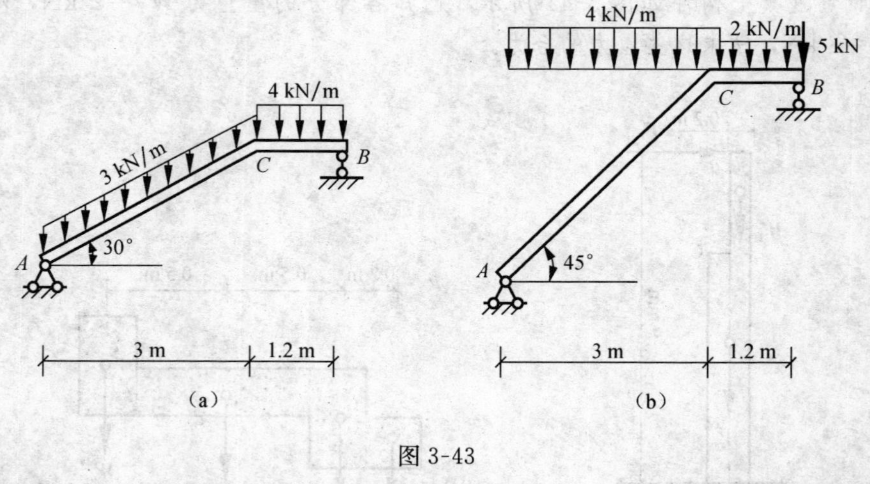

图 3-43

3-9　求图 3-44 所示刚架的支座反力。

3-10　牛腿上力的作用如图 3-45 所示。已知 $W=6$ kN，$F_{P1}=20$ kN，$F_{P2}=40$ kN，$q=4$ kN/m，F_{P1}、F_{P2}至柱轴线的距离分别为 e_1、e_2，$e_1=0.15$ m，$e_2=0.25$ m，试求固定端支座 A 的反力。

3-11　图 3-46 示雨篷结构简图，水平梁 AB 上受均布荷载 $q=10$ kN/m，B 端用斜杆 BC 拉住，求铰链 A、C 处的约束反力。

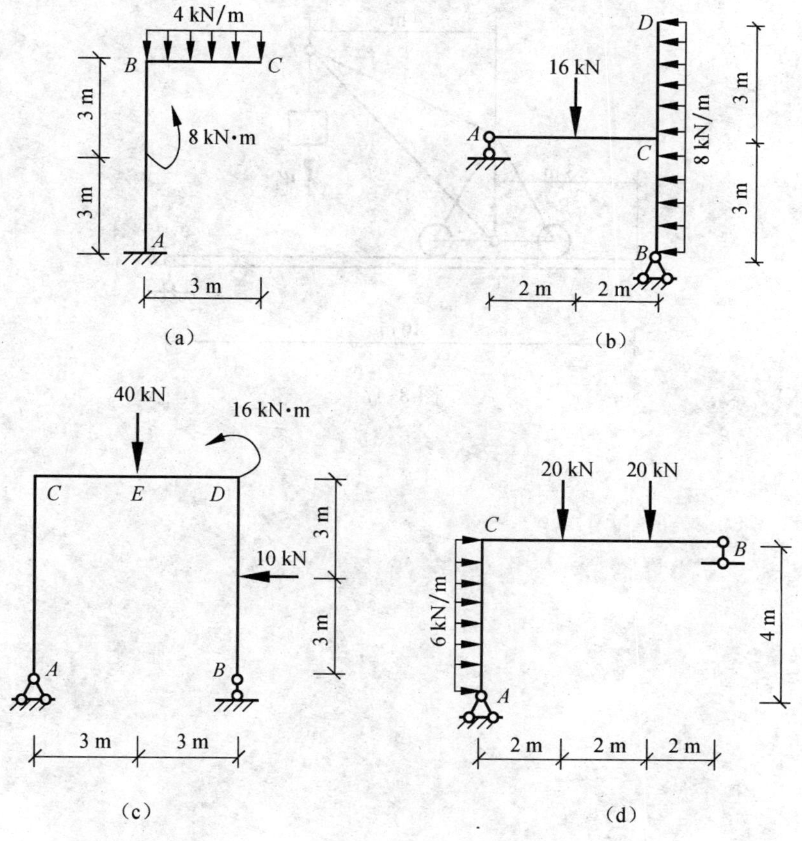

图 3-44

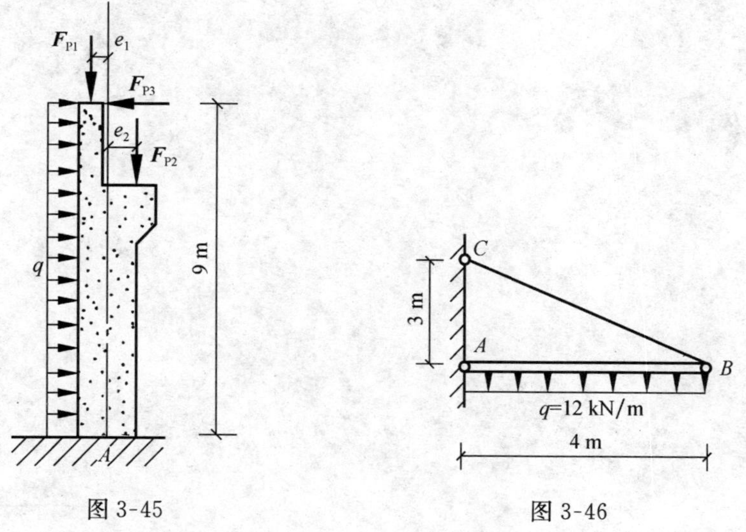

图 3-45　　图 3-46

3-12　如图 3-47 所示，在均质梁 AB 上铺设有起重机轨道，起重机重 50 kN，其重心在铅直线 CD 上，重物的重量为 $W_1=10$ kN，梁重 30 kN。尺寸如图，求当起重机的伸臂和梁 AB 在同一铅直面内时，支座 A 和 B 的反力。

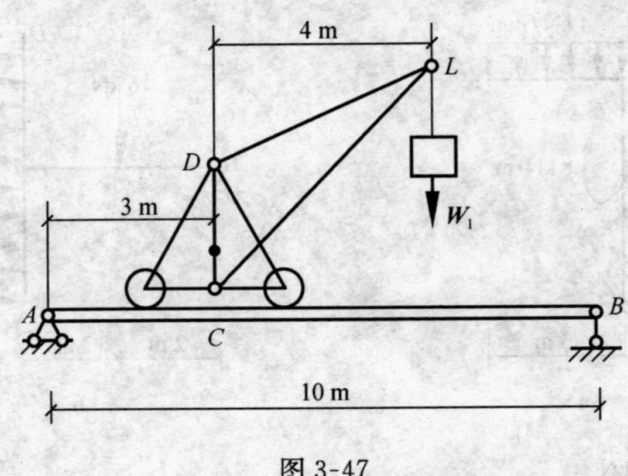

图 3-47

第四章　静定结构的内力计算

【本章提要】

为了保证构件在外力作用下能安全正常工作，构件必须具有足够的抵抗破坏、变形和保持平衡的能力。这些要求都与构件的内力、应力和变形有关。本章首先讨论内力，包括轴向拉（压）杆、扭转轴及平面弯曲梁的内力，各种静定结构的内力，为进一步对构件进行计算提供基本数据。

【学习目标】

1. 弄清轴向拉（压）杆、扭转轴及平面弯曲梁的受力特点和变形特点。
2. 理解四种内力（轴力、剪力、弯矩和扭矩）的概念、正负号规定。
3. 熟练掌握计算轴向拉（压）杆和平面弯曲梁内力的方法，并能正确作出内力图。
4. 掌握静定平面刚架和静定平面桁架的内力计算。

第一节　内力的概念

一、内力的概念

构件在未受外力作用时，其内部各部分之间存在着相互作用力，以维持它们之间的联系，保持构件的形状。当构件受到外力的作用而变形时，其内部各部分之间的相对位置发生变化，因而它们的相互作用力也发生改变。这种由于外力作用而引起的构件内部各部分之间的相互作用力的改变，称为附加内力，简称内力。显然该内力是由外力引起的，并随外力的增加而增大，当到达某一限度时就会引起构件的破坏，因而它与构件的强度是密切相关的。

二、截面法

求构件的内力的基本方法是截面法，如图 4-1 所示。截面法的步骤如下：

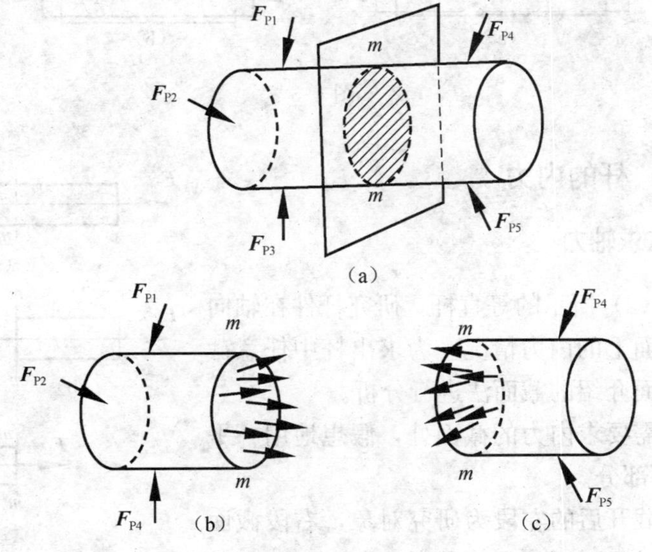

图 4-1

(1) 截开　沿需要求内力的截面假想地把构件截开，分成两部分。

(2) 代替　任取其中的一部分（一般取受力较简单的部分）为研究对象，并把弃去部分对留下部分的作用以截面上的内力来代替。

(3) 平衡　列出留下部分的平衡方程，根据其上的已知外力来计算构件在截面上的未知内力。

第二节　轴向拉（压）杆的内力

一、轴向拉（压）杆实例

轴向拉（压）杆是工程实际中常见的构件。例如，图 4-2（a）所示三角形托架中的斜撑杆 BC；图 4-2（b）所示组合屋架结构中的水平拉杆 AB；图 4-2（c）所示桁架中的拉杆和压杆；肋形楼盖的中柱，轴压砌体等。通过分析可知它们的共同特点是作用于杆件上的外力作用线与杆轴线重合。在这种受力情况下，杆件将沿轴线方向伸长或缩短，这种变形形式称为轴向拉伸和压缩。这类杆件称为轴向拉（压）杆。轴向拉（压）杆都可以简化成图 4-3 所示的计算简图。

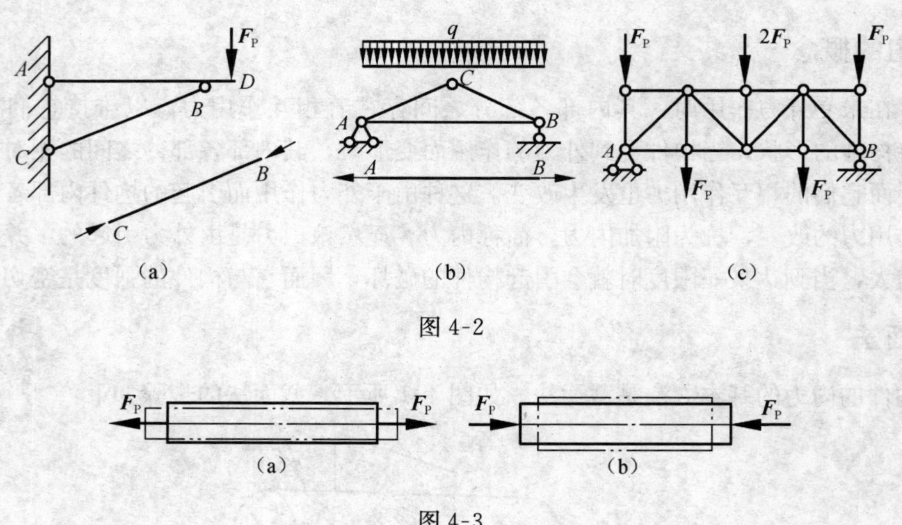

图 4-2

图 4-3

二、轴向拉（压）杆的内力

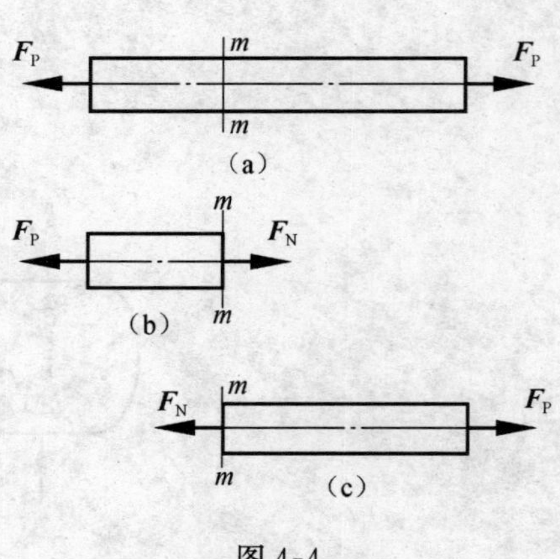

图 4-4

（一）用截面法求轴力

我们以图 4-4（a）所示的等直杆，研究杆件在轴向外力作用下其横截面上的内力情况。为求出杆中任意截面的内力，采用前面介绍的截面法进行分析。

(1) 截开　沿需要求内力的截面处，假想地用一平面 m-m 将杆截成两部分。

(2) 代替　取截开后的左段为研究对象，右段截面对左段截面的作用力用合力 $\boldsymbol{F}_{\mathrm{N}}$ 来代替。如图 4-4（b）

所示。

(3) 平衡　对左段建立平衡方程

$$\sum F_x = 0,\quad F_N - F_P = 0$$

可求得内力

$$F_N = F_P$$

若取截面的右段研究，列平衡方程，同样可求得 $F_N = F_P$，如图 4-4（c）所示。

由图 4-4（b）、（c）可知：轴向拉（压）杆的内力是一个作用线与杆件轴线重合的力，所以，将这个内力称为轴力。

通常规定：拉力（轴力 $\boldsymbol{F}_N$ 的方向背离该力的作用截面）为正；压力（轴力 $\boldsymbol{F}_N$ 的方向指向该力的作用截面）为负，如图 4-5 所示。

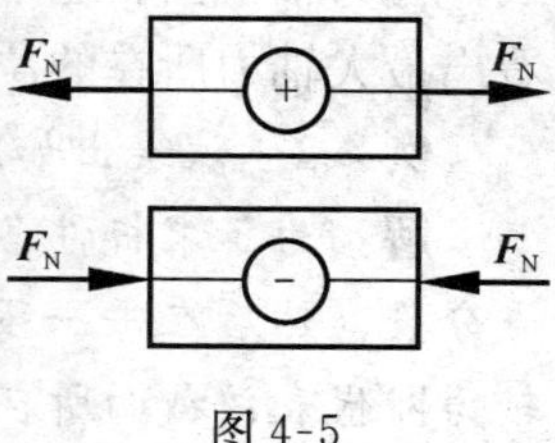

图 4-5

例 4-1　一直杆承受外力作用，如图 4-6（a）所示，求横截面 1—1 和 2—2 上的轴力。

解：(1) 用截面法求横截面 1—1 和 2—2 上的轴力。

沿 1—1 截面将杆件假想地截开，取截面的左侧为研究对象，如图 4-6（b）所示，在 1—1 截面上假设轴力为拉力（正轴力），并用 $\boldsymbol{F}_{N1}$ 表示。以杆轴线方向为 x 轴，列平衡方程

$$\sum F_x = 0 \qquad F_{N1} + 5 = 0$$

得　　$F_{N1} = -5\ \text{kN}$

计算结果为负，说明 $\boldsymbol{F}_{N1}$ 的实际方向与图中假设相反，即 1—1 截面上的轴力不是图中假设的拉力，而是压力。又因为 AB 段内任意截面上的轴力都是 -5 kN，即 AB 段处于受压状态。

再沿 2—2 截面将杆件假想地截开，仍取截面的左侧为研究对象，如图 4-6（c）所示，以 $\boldsymbol{F}_{N2}$ 表示 2—2 截面上的轴力，并设为拉力。列平衡方程

$$\sum F_x = 0 \qquad F_{N2} + 5 - 8 = 0$$

得　　$F_{N2} = 3\ \text{kN}$

计算结果为正，说明 2—2 截面上的轴力与图 4-6（c）中假设的方向一致，即 2—2 截面上的轴力为拉力。BC 段处于受拉状态。

如取 2—2 截面右侧研究，如图 4-5（d）所示，则由平衡方程

$$\sum F_x = 0 \qquad -F_{N2} + 3 = 0$$

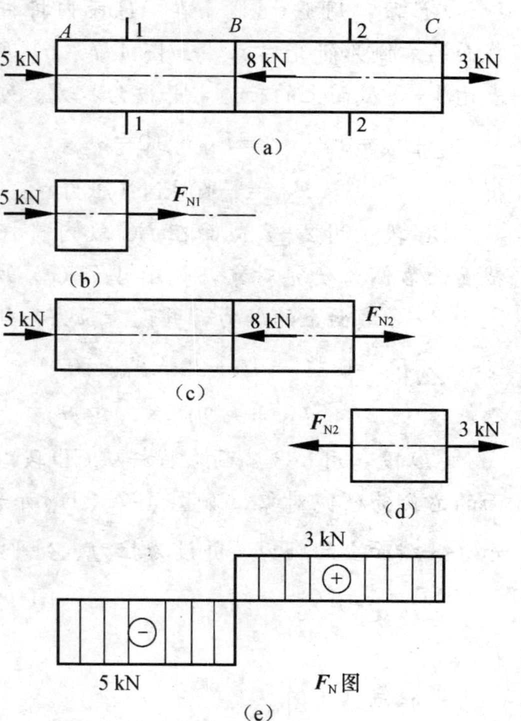

图 4-6

得　　$F_{N2} = 3\ \text{kN}$

结果相同，所以计算轴力时，应选择受力比较简单的部分作为研究对象。

必须指出：在计算杆件内力时，将杆截开之前，不能使用力的可传性原理以及力偶的可移性原理。例如，图 4-6（a）所示的杆件，由计算可知：$F_{N1} = -5$ kN，$F_{N2} = 3$ kN，若按力的可传性原理将作用于 C 点的力沿其作用线移到 A 点，则计算结果变为：$F_{N1} = -8$ kN，

$F_{N2}=0$。可见外力使物体产生内力和变形，与外力的作用位置有关。

(二) 轴力图

当杆件受到多于两个轴向外力作用时，在杆件的不同截面上轴力将各不相同。为了直观地表达轴力随横截面位置的变化情况，可按选定的比例尺，用平行于杆轴线的坐标 x 表示横截面位置，以垂直于杆轴线的坐标表示轴力的数值，绘制出表示轴力与截面位置关系的图线，称为轴力图。通常规定正值的轴力画在上侧，负值画在下侧。从轴力图上可以很直观地看出最大轴力所在的位置及最大轴力的数值。

例 4-2 试绘出如图 4-7 (a) 所示阶梯形杆的轴力图。

解：为了求杆件各段上的轴力，首先从外力变化点分段，然后在每一段上各取一截面计算其轴力，此轴力即代表该截面所在杆段的轴力。

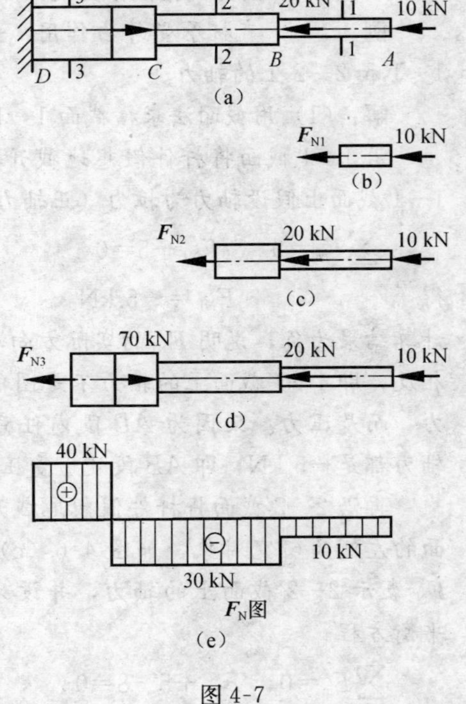

图 4-7

(1) 分段。阶梯形杆 AD 可分为 AB、BC、CD 三段。

(2) 计算各段的轴力。

AB 段：用 1—1 截面在 AB 段内将杆截开，并取截面的右侧为研究对象，如图 4-7 (b) 所示，以 $\boldsymbol{F}_{N1}$ 表示 1—1 截面上的轴力，并设为拉力。列平衡方程

$$\sum F_x=0 \qquad -F_{N1}-10=0$$

得

$$F_{N1}=-10\ \text{kN}\ (\text{压力})$$

BC 段：用 2—2 截面在 BC 段内将杆截开，并取截面的右侧为研究对象，如图 4-7 (c) 所示，以 $\boldsymbol{F}_{N2}$ 表示 2—2 截面上的轴力，并设为拉力。列平衡方程

$$\sum F_x=0 \qquad -10-20-F_{N2}=0$$

得

$$F_{N2}=-30\ \text{kN}\ (\text{压力})$$

CD 段：用 3-3 截面，将杆从 CD 段截开，并取截面的右侧为研究对象，如图 4-7 (d) 所示，以 $\boldsymbol{F}_{N3}$ 表示 3-3 截面上的轴力，并设为拉力。列平衡方程

$$\sum F_x=0 \qquad -10-20+70-F_{N3}=0$$

得

$$F_{N3}=40\ \text{kN}\ (\text{拉力})$$

(3) 画轴力图。

为了方便起见，通常在画轴力图时，可以不画坐标轴，将轴力图画成图 4-7 (e) 所示的形式，不过此时一定要写出图名 (F_N 图)，标清楚轴力的数值、单位及正负。

由图 4-7 (e) 可以看出：该杆的最大轴力发生在 CD 段，数值为 40 kN，并且为拉力。

例 4-3 已知矩形截面轴压柱的计算简图如图 4-8 (a) 所示，其截面尺寸为 $b\times h$，高 H，材料重度为 γ，柱顶承受集中荷载 $\boldsymbol{F}_P$，求各截面的内力并绘出轴力图。

解：该柱的自重需要考虑。在距柱顶 x 的位置处取截面 m-m 将柱截开，取 m-m 截面的上侧研究，如图 4-8 (b) 所示。列平衡方程：

$\sum F_x = 0$　　　　$F_N(x) + F_P + \gamma bhx = 0$

得　　　　$F_N(x) = -F_P - \gamma bhx \quad (0 \leqslant x \leqslant H)$

由上式可知：轴力 $\boldsymbol{F}_N$ 与横截面位置坐标 x 成线性关系，轴力图为一斜直线。

当 $x=0$ 时，$F_{NA} = -F_P$

当 $x=H$ 时，$F_{NB} = -F_P - \gamma bhH$

作出该柱的轴力图，如图 4-8（c）所示。由轴力图可以看出最大轴力作用在柱底，其值为 $-F_P - \gamma bhH$。

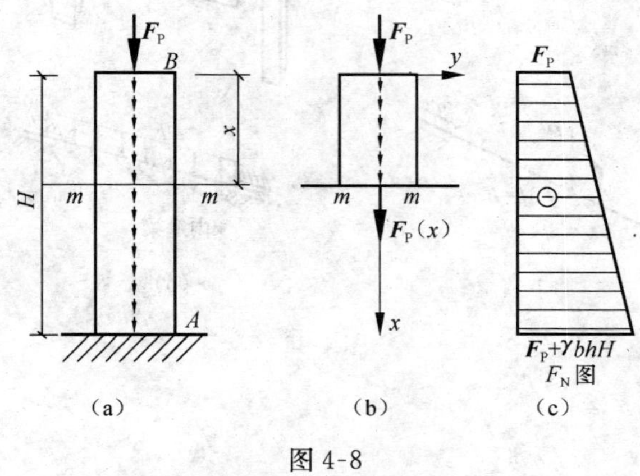

图 4-8

第三节　扭转轴的内力

一、扭转轴实例

图 4-9 所示的杆件在一对大小相等、转向相反、作用面垂直于杆件轴线的力偶作用下，杆件任意两横截面绕杆的轴线发生相对转动，这种变形称为扭转变形。

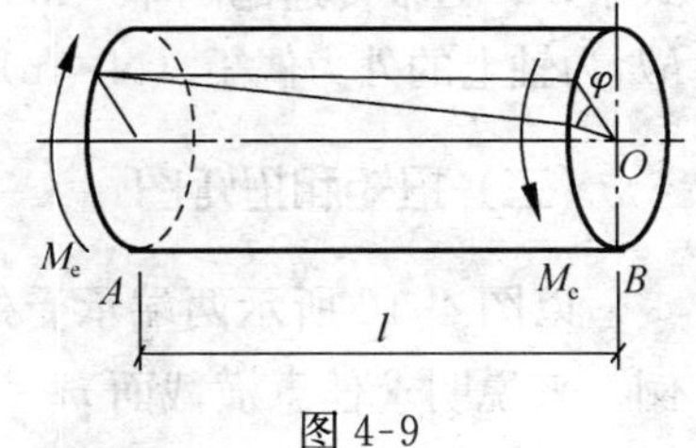

图 4-9

在工程中，以扭转变形为主的杆件是很多的。例如，汽车方向盘的操纵杆（图 4-10（a））；搅拌器的主轴（图 4-10（b））；钻探机的钻杆（图 4-10（b））等。凡以扭转变形为主的杆件，通常称为轴。

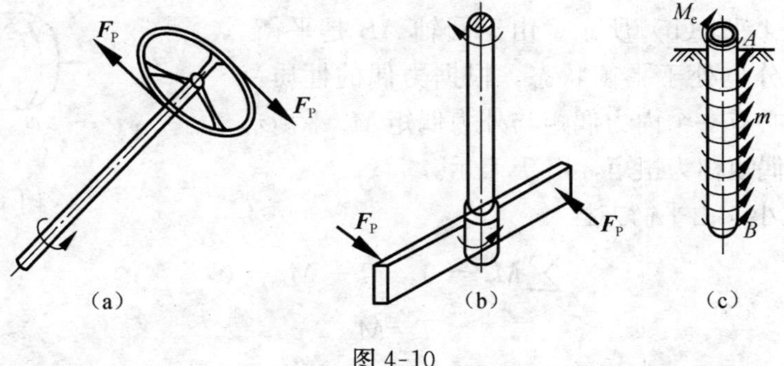

图 4-10

在建筑工程中，单纯受扭转作用的杆件很少，在扭转的同时常伴有其他变形，例如，图

4-11 所示的框架结构边梁和雨篷梁等。在发生扭转变形的同时还受到弯曲变形。

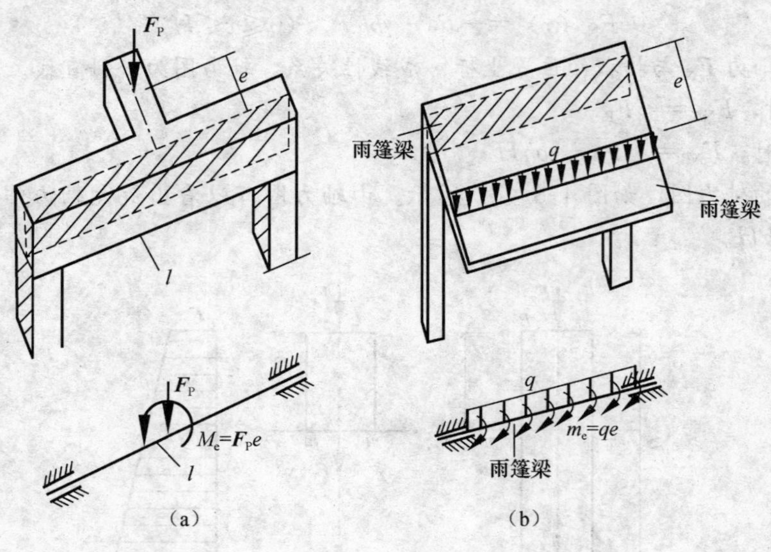

图 4-11

二、扭转轴的内力

(一) 外力偶矩的计算

作用于轴上的外力偶，在工程中常常并不直接给出，而是已知轴所传递的功率和轴的转速，然后由下式可求出外力偶矩，即

$$M_e = 9549\frac{P}{n} \tag{4-1}$$

式中，P 为轴传递的功率（kW）；n 为轴的转速（r/min）；M_e 为轴上的外力偶矩（N·m）。

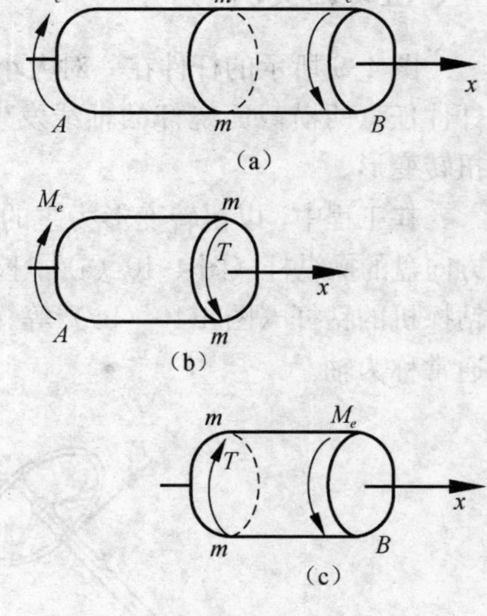

图 4-12

(二) 扭矩和扭矩图

以图 4-12 所示两端承受外力偶矩 M_e 作用的圆轴为例，来说明求任意横截面 $m—m$ 上内力的方法。

用假想截面沿截面 $m—m$ 处将轴截开，任取一段（如左段），如图 4-12（b）所示。由于圆轴 AB 是平衡的，因此截取部分也处于平衡状态，根据力偶的性质，横截面 $m—m$ 上必有一个内力偶矩与外力偶矩 M_e 平衡，我们把这个内力偶矩称为扭矩，用 T 表示。

扭矩 T 的大小，由平衡方程

$$\sum M_x = 0, \quad T - M_e = 0$$

得

$$T = M_e$$

若取右段为研究对象，也可得到相同的结果，但转向相反，如图 4-12（c）所示。这是由于作用与反作用的关系。为了使从左右两段轴上求得同一截面的扭矩不但数值相等，符号相同，用右手螺旋法则确定扭矩的正负号，即以右手四指表示扭矩的转向，则大拇指的指向与横截面的外法线 n 方向一致时，扭矩为正，反之，扭矩为负，如图 4-13 所示。当横截面上扭矩的实际转向未知时，一般先假设扭矩为正。若求得结果为正，表示扭矩实际转向与假设相同；若求得结果为负，则表示扭矩实际转向与假设相反。

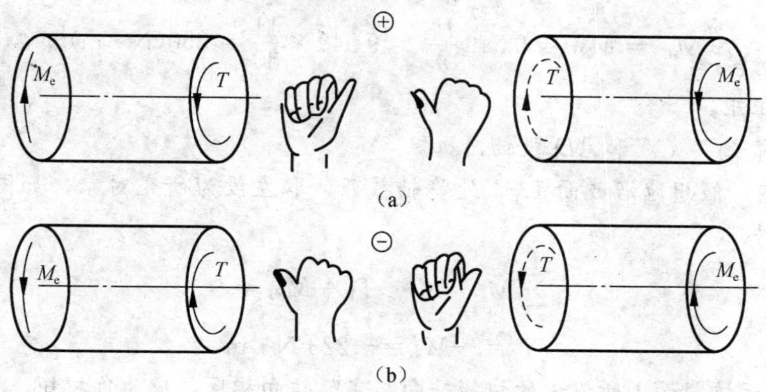

图 4-13

当轴上同时作用两个以上的外力偶时，横截面上的扭矩随截面位置的不同而变化。反映轴各横截面上扭矩随截面位置不同而变化的图形称为扭矩图。根据扭矩图可以确定最大扭矩值及其所在截面的位置。

扭矩图的绘制方法与轴力图相似。

例 4-4　传动轴如图 4-14（a）所示，主动轮 A 输入功率 $P_A=29$ kW，从动轮 B、C、D 输出功率分别为 $P_B=7$ kW，$P_C=P_D=11$ kW，轴的转速 $n=300$ r/min。试作出该轴的扭矩图。

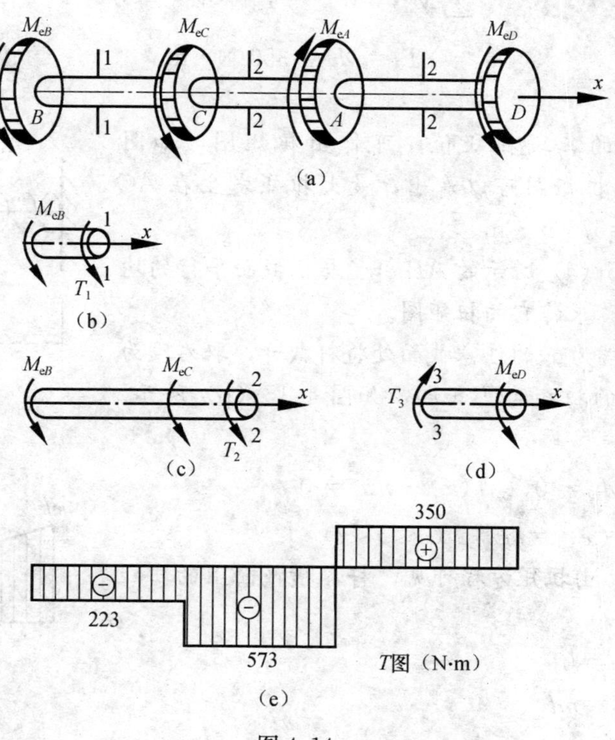

图 4-14

解：(1) 计算外力偶矩。

$$M_{eA}=9\,549\frac{P_A}{n}=9\,549\times\frac{29}{30}=923(\mathrm{N\cdot m})$$

$$M_{eB}=9\,549\frac{P_B}{n}=9\,549\times\frac{7}{30}=223(\mathrm{N\cdot m})$$

$$M_{eC}=M_{eD}=9\,549\frac{P_C}{n}=9\,549\times\frac{11}{30}=350(\mathrm{N\cdot m})$$

(2) 计算扭矩。

现分别计算 BC、CA 和 AD 段轴内扭矩

在 BC 段内，假想地沿截面 1—1 处将轴截开，取左段为研究对象，如图 4-14 (b) 所示，由平衡条件

$$\sum M_x=0,\quad T_1+M_{eB}=0$$

得

$$T_1=-M_{eB}=-223\ \mathrm{N\cdot m}$$

T_1 为负值，表示该截面上所假设的扭矩转向与实际转向相反，应为负扭矩。

在 CA 段内，假想地沿截面 2—2 处将轴截开，取左段为研究对象，如图 4-14 (c) 所示，由平衡条件

$$\sum M_x=0,\quad T_2+M_{eB}+M_{eC}=0$$

得

$$T_2=-M_{eC}-M_{eB}=-573\ \mathrm{N\cdot m}$$

在 AD 段内，假想地沿截面 3-3 处将轴截开，取右段为研究对象，如图 4-14 (d) 所示，由平衡条件

$$\sum M_x=0\quad -T_3+M_{eD}=0$$

得

$$T_3=M_{eD}=350\ \mathrm{N\cdot m}$$

(3) 作扭矩图。

根据上述算得的各段扭矩值，可作出扭矩图，如图 4-14 (e) 所示。从扭矩图可以看出，最大扭矩发生在 AC 段内，且 $|T|_{max}=573\ \mathrm{N\cdot m}$。

例 4-5　图 4-15 (a) 所示的 AB 杆受与横截面平行的均布外力偶矩 m 作用，求作它的扭矩图。

解：在距杆 B 端为 x 的任意截面处将杆截开，取右段为隔离体，设 x 截面的扭矩为 $T(x)$，如图 4-15 (b) 所示。由平衡方程

$$\sum M_x=0,\quad T(x)-mx=0$$

得

$$T(x)=mx\quad(0\leqslant x<l)$$

上式称为扭矩方程。由扭矩方程可见，杆各横截面上的扭矩随 x 而变化。

当 $x=0$ 时，$T_B=0$

当 $x=l$ 时，$T_A^R=ml$

作扭矩图，如图 4-15 (c) 所示。

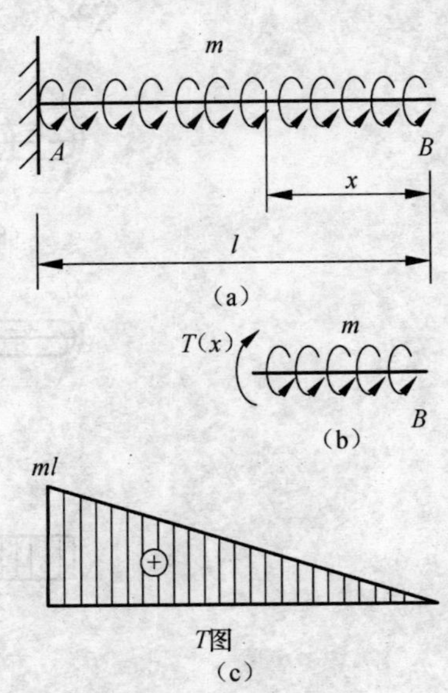

图 4-15

第四节　平面弯曲梁的内力

一、平面弯曲梁

杆件在纵向平面内受到力偶或垂直于杆轴线的横向力作用时，杆件的轴线将由直线变成曲线，这种变形称为弯曲。实际上，杆件在荷载作用下产生弯曲变形时，往往还伴随有其他变形。我们把以弯曲变形为主的杆件称为梁。如图 4-16 所示，房屋建筑中的楼（屋）面梁、挑梁，梁式桥的主梁，机车的轮轴等都是工程实际中典型的受弯杆件。

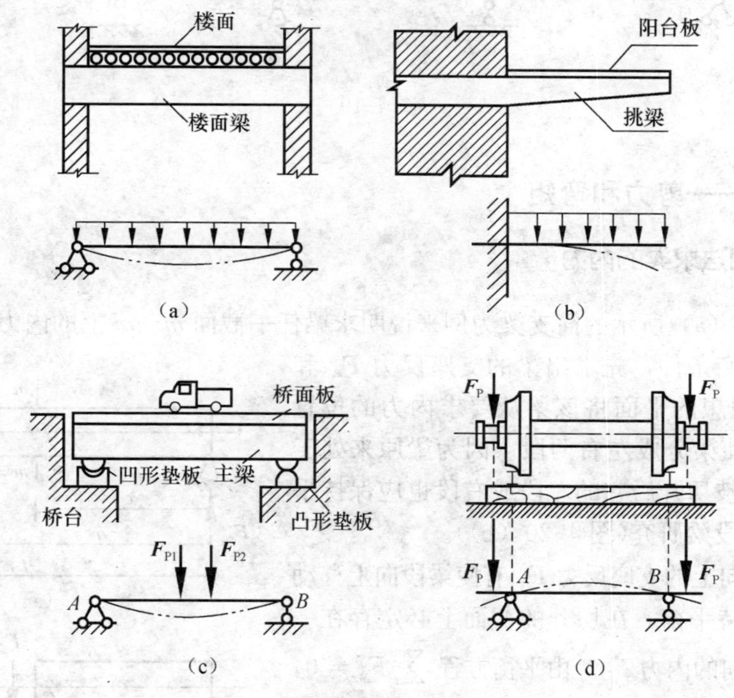

图 4-16

实际工程中常见的梁，其横截面大多为矩形、工字形、T 形、十字形、槽形等，它们都有对称轴（图 4-17），梁横截面的对称轴和梁的轴线所组成的平面通常称为纵向对称平面。当所有外力都作用在梁的纵向对称平面内时，梁的轴线将弯成位于同一纵向对称平面内的一条平面曲线，这种弯曲变形称为平面弯曲（图 4-18）。

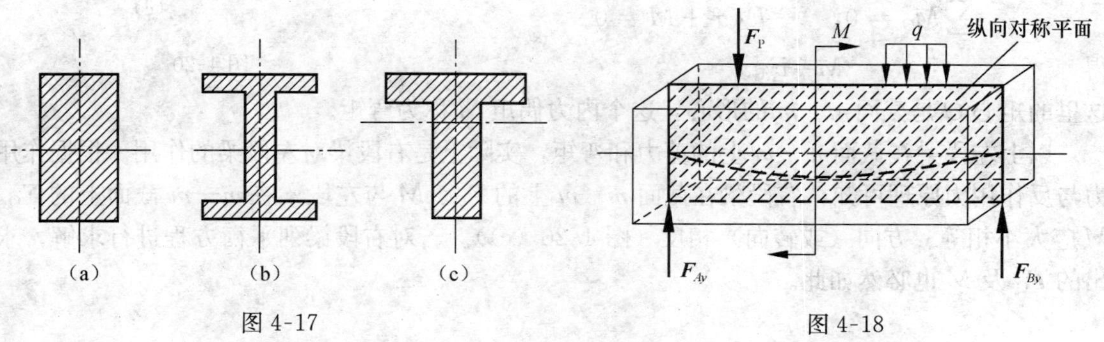

图 4-17　　图 4-18

按支座情况的不同，工程中的单跨静定梁一般分为三类：

(1) 悬臂梁　一端为固定端支座，另一端为自由端的梁（图 4-19 (a)）。

(2) 简支梁　一端为固定铰支座，另一端为可动铰支座的梁（图 4-19 (b)）。

(3) 外伸梁　梁身的一端或两端伸出支座的简支梁（图 4-19 (c)、(d)）。

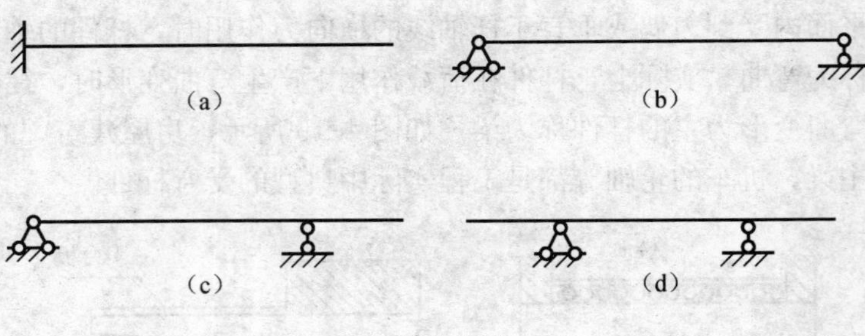

图 4-19

二、梁的内力——剪力和弯矩

（一）用截面法求梁的内力

现以图 4-20 (a) 所示的简支梁为例来说明求梁任一截面 $m—m$ 上的内力方法。

根据梁的平衡条件，先求出梁的支座反力 $\boldsymbol{F}_{Ay}$ 和 $\boldsymbol{F}_{By}$，然后用一假想的平面将该梁从要求内力的位置 $m—m$ 处切开，使梁分成左右两段。因为梁原来处于平衡状态，所以被切开后它的左段或右段也应保持平衡状态。现取左段梁研究(图 4-20 (b))。

在左段梁上向上的支座反力 $\boldsymbol{F}_{Ay}$ 有使梁段向上移动的可能，为了维持平衡，在切开的截面上必定存在一个平行于截面方向的内力 $\boldsymbol{F}_{Q}$。由平衡方程 $\sum F_y = 0$，求得

$$F_Q = F_{Ay}$$

$\boldsymbol{F}_{Q}$ 称为剪力。因剪力 $\boldsymbol{F}_{Q}$ 与支座反力 $\boldsymbol{F}_{Ay}$ 组成一力偶，要保证左段梁不发生转动，在切开的截面上还必定存在一个与上述力偶大小相等、转向相反的力偶 M 与之平衡。由平衡方程

$$\sum M_O = 0,\quad -F_{Ay}x + M = 0$$

得

$$M = F_{Ay}x$$

这里的矩心 O 是截面 $m—m$ 的形心，这个内力偶矩 M 称为弯矩。

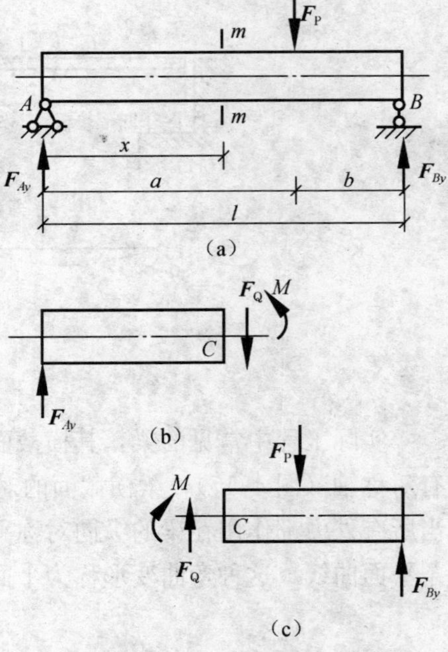

图 4-20

以上左段梁在截面 $m—m$ 上的剪力和弯矩，实际上是右段梁对左段梁的作用。根据作用力与反作用力原理可知，右段梁在截面 $m—m$ 上的 $\boldsymbol{F}_{Q}$、M 与左段梁在 $m—m$ 截面上的 $\boldsymbol{F}_{Q}$、M 应大小相等、方向（或转向）相反（图 4-20 (c)）。若对右段梁列平衡方程进行求解，求出的 $\boldsymbol{F}_{Q}$ 及 M 也必然如此。

(二) 剪力和弯矩的正负号规定

由上述分析可知：分别取左、右梁段所求出的同一截面上的内力数值虽然相等，但方向(或转向)却正好相反，为了使根据两段梁的平衡条件求得的同一截面(如 $m—m$ 截面)上的剪力和弯矩具有相同的正、负号，这里对剪力和弯矩的正负号作如下规定。

1. 剪力的正负号规定

当截面上的剪力 $\boldsymbol{F}_Q$ 使所研究的梁段有顺时针方向转动趋势时，剪力为正；有逆时针方向转动趋势时剪力为负(图 4-21)。

2. 弯矩的正负号规定

当截面上的弯矩 M 使所研究的水平梁段产生向下凸的变形时(即该梁段的下部受拉，上部受压)弯矩为正；产生向上凸的变形时(即该梁段的上部受拉，下部受压)弯矩为负(图 4-22)。

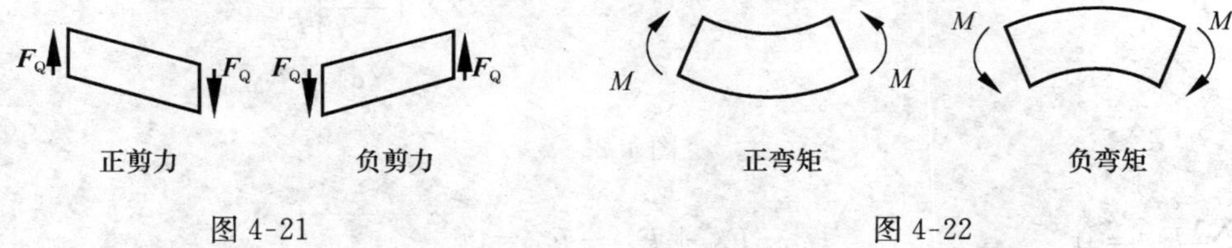

图 4-21　　图 4-22

下面举例说明如何按截面法求梁指定截面上的内力——剪力和弯矩。

例 4-6　简支梁如图 4-23 (a) 所示。试求 1—1、2—2、3—3 截面上的剪力和弯矩。

解：(1) 求支座反力。

由梁的整体平衡条件，求得支座的反力为

$$F_{Ay}=F_{By}=10\ \text{kN}(\uparrow)$$

(2) 求 1—1 截面的剪力和弯矩。

假想地沿横截面 1—1 把梁截成两段，取左段为研究对象，并设截面上的剪力和弯矩均为正(图 4-23 (b))。由平衡方程

$$\sum F_y=0,\quad -F_{Q1}+F_{Ay}=0$$

得
$$F_{Q1}=F_{Ay}=10\ \text{kN}$$

$$\sum M_1=0,\quad M_1-F_{Ay}\times 1=0$$

得
$$M_1=F_{Ay}\times 1=10\ \text{kN}\cdot\text{m}$$

求得的 F_{Q1} 为正，说明 1—1 截面上剪力的实际方向与图中假定的方向一致，即 1—1 截面上的剪力为正值。M_1 为正，说明 1—1 截面上弯矩的实际方向与图中假定的方向一致，即 1—1 截面上的弯矩为正值。

(3) 求 2—2 截面上的剪力和弯矩。

假想地沿横截面 2—2 把梁截为两段，取左段为研究对象，并设截面上的剪力和弯矩均为正(图 4-23 (c))。

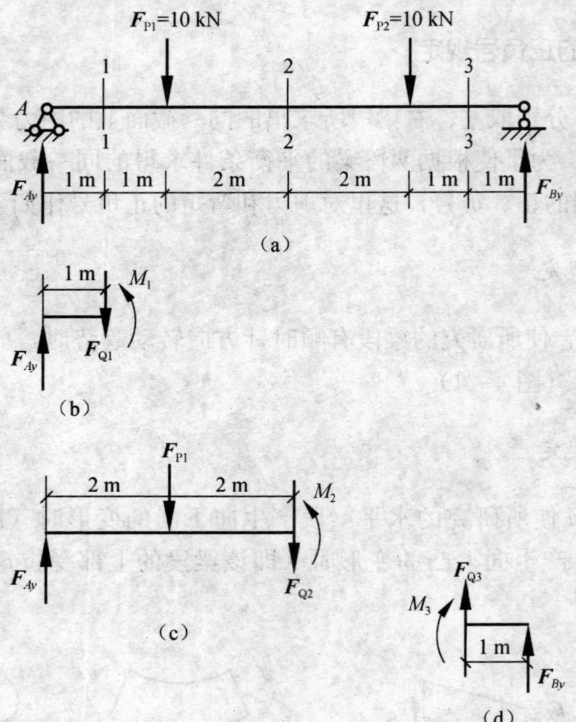

图 4-23

由$\sum F_y = 0$　　　　$-F_{Q2}+F_{Ay}-F_{P1}=0$

得　　　　$F_{Q2}=F_{Ay}-F_{P1}=10-10=0$

由$\sum M_2 = 0$　　　　$M_2-F_{Ay}\times 4+F_{P1}\times 2=0$

得　　　　$M_2=F_{Ay}\times 4-F_{P1}\times 2=10\times 4-10\times 2=20\ (\text{kN}\cdot\text{m})$

(4) 求横截面 3—3 上的剪力和弯矩。

假想地沿横截面 3—3 把梁截成两段，取右段为研究对象，并设截面上的剪力和弯矩均为正（图 4-23 (d)）。由$\sum F_y = 0$，$\sum M_2 = 0$可得

$$F_{Q3} = -10\ \text{kN},\quad M_3 = 10\ \text{kN}\cdot\text{m}$$

求得的F_{Q3}为负，说明 3—3 截面上剪力的实际方向与图中假定的方向相反，即 3—3 截面上的剪力为负值。

例 4-7　试求图 4-24 (a) 所示悬臂梁 1—1 截面的内力。

解：本例可不必计算固定端的支座反力。

假想地沿横截面 1—1 把梁截成两段，取右段为研究对象，按正向假设剪力F_Q和弯矩M，如图 4-24 (b) 所示。

由$\sum F_y = 0$得　$F_Q-q\times 2-F_P=0$

$F_Q=q\times 2+F_P=8\times 2+20=36\ (\text{kN})$

由$\sum M_1 = 0$得　$-M_1-q\times 2\times 1-F_P\times 2=0$

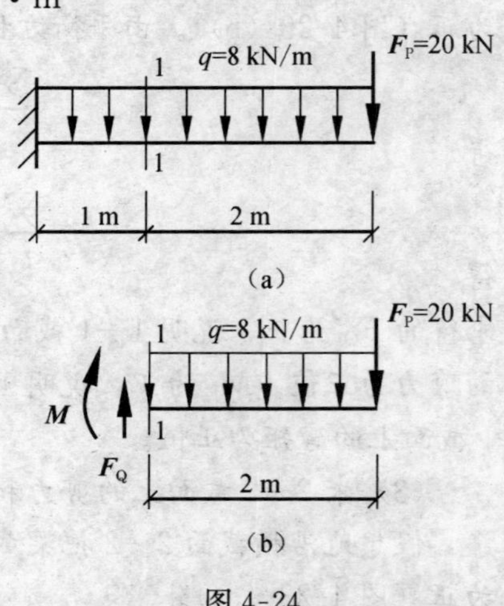

图 4-24

$$M_1 = -\ (8\times2+20\times2)\ = 56\ (\text{kN}\cdot\text{m})$$

总结：

(1) 用截面法求梁的内力时，可取截面任一侧研究，但为了简化计算，通常取外力比较少的一侧来研究。

(2) 作所取隔离体的受力图时，在切开的截面上，未知的剪力和弯矩通常均按正方向假定。这样能够把计算结果的正、负号和剪力、弯矩的正负号相统一，即计算结果的正负号就表示内力的正负号。

(3) 在列梁段的静力平衡方程时，要把剪力、弯矩当作隔离体上的外力来看待，因此，平衡方程中剪力、弯矩的正负号应按静力计算的习惯而定，不要与剪力、弯矩本身的正、负号相混淆。

(三) 直接用外力计算截面上的剪力和弯矩

由以上例题可知：截面上的内力和该截面一侧外力之间存在一种关系（规律），因此，可利用规律直接从截面的任一侧梁上的外力来求出该截面上的剪力和弯矩，省去作梁段的受力图和列平衡方程，使计算内力的过程简单化，我们称这种方法为直接用外力计算截面上的剪力和弯矩，简称用规律求剪力和弯矩。

1. 用外力直接求截面上剪力的规律

梁内任一横截面上的剪力 F_Q，在数值上等于该截面一侧（左侧或右侧）所有垂直于梁轴线的外力的代数和，即

$$F_Q = \sum F^L \quad 或\ F_Q = \sum F^R$$

根据对剪力符号的规定可知，在左侧梁上所有向上的外力会在截面上产生正剪力，而所有向下的外力会在截面上产生负剪力；在右侧梁上所有向下的外力会在截面上产生正剪力，而所有向上的外力会在截面上产生负剪力。即：左上右下正，反之负。

2. 用外力直接求截面上弯矩的规律

梁内任一截面上的弯矩 M，在数值上等于该截面一侧（左侧或右侧）所有外力对该截面形心的力矩的代数和。即

$$M = \sum M_O(\boldsymbol{F}^L) \quad 或\ M = \sum M_O(\boldsymbol{F}^R)$$

根据对弯矩符号的规定得知，在左侧梁上的外力（包括外力偶）对截面形心的力矩为顺时针时，在截面上产生正弯矩，为逆时针时在截面上产生负弯矩；在右侧梁上的外力（包括外力偶）对截面形心的力矩为逆时针时，在截面上产生正弯矩，为顺时针时在截面上产生负弯矩。即：左顺右逆正，反之负。

例 4-8　求图 4-25 所示简支梁指定截面上的剪力和弯矩。已知：$M=8\ \text{kN}\cdot\text{m}$，$q=2\ \text{kN/m}$。

解：(1) 求支座反力。

由 $\sum M_B = 0$ 得　$F_{Ay} = 1\ \text{kN}(\downarrow)$

由 $\sum M_A = 0$ 得　$F_{By} = 5\ \text{kN}(\uparrow)$

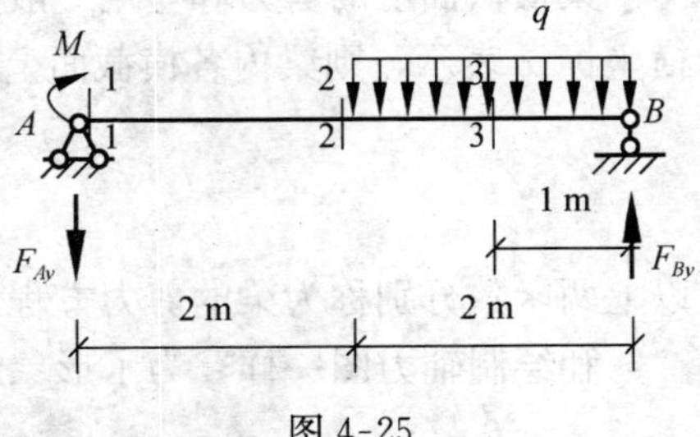

图 4-25

(2) 求指定截面上的剪力和弯矩。

1—1 截面：根据截面左侧梁上的外力，可得

$$F_{Q1} = -F_{Ay} = -1\ \text{kN}$$
$$M_1 = 8\ \text{kN}\cdot\text{m}$$

2—2 截面：根据截面右侧梁上的外力，可得

$$F_{Q2} = q\times 2 - F_{By} = 2\times 2 - 5 = -1(\text{kN})$$
$$M_2 = -q\times 2\times 1 + F_{By}\times 2 = -2\times 2\times 1 + 5\times 2 = 6(\text{kN}\cdot\text{m})$$

3—3 截面：根据截面右侧梁上的外力，可得

$$F_{Q3} = q\times 1 - F_{By} = 2\times 1 - 5 = -3(\text{kN})$$
$$M_3 = -q\times 1\times 0.5 + F_{By}\times 1 = -2\times 1\times 0.5 + 5\times 1 = 4(\text{kN}\cdot\text{m})$$

例 4-9 求图 4-26 所示简支梁指定截面上的剪力和弯矩。

解：(1) 求支座反力。

由 $\sum M_B = 0$ 得 $F_{Ay} = 5\ \text{kN}(\uparrow)$

由 $\sum M_A = 0$ 得 $F_{By} = 4\ \text{kN}(\uparrow)$

图 4-26

(2) 求指定截面上的剪力和弯矩。

1—1 截面：根据截面左侧梁上的外力，可得

$$F_{Q1} = F_{Ay} - q\times 2 = 5 - 2\times 2 = 1(\text{kN})$$
$$M_1 = F_{Ay}\times 2 - q\times 2\times 3 = 5\times 2 - 2\times 2\times 3 = -2(\text{kN}\cdot\text{m})$$

2—2 截面：根据截面左侧梁上的外力，可得

$$F_{Q2} = F_{Ay} - q\times 2 = 5 - 2\times 2 = 1(\text{kN})$$
$$M_2 = F_{Ay}\times 2 - q\times 2\times 3 + M = 5\times 2 - 2\times 2\times 3 + 8 = 6(\text{kN}\cdot\text{m})$$

3—3 截面：根据截面右侧梁上的外力，可得

$$F_{Q3} = -F_{By} + F_P = -4 + 5 = 1(\text{kN})$$
$$M_3 = F_{By}\times 2 = 4\times 2 = 8(\text{kN}\cdot\text{m})$$

4—4 截面：根据截面右侧梁上的外力，可得

$$F_{Q4} = -F_{By} = -4\ \text{kN}$$
$$M_4 = F_{By}\times 2 = 4\times 2 = 8(\text{kN}\cdot\text{m})$$

三、梁的内力图

(一) 用写方程法作梁的内力图

梁横截面上的剪力和弯矩一般是随横截面的位置而变化的。若横截面沿梁轴线的位置用横坐标 x 表示，则梁内各横截面上的剪力和弯矩就都可以表示为坐标 x 的函数，即

$$F_Q = F_Q(x)$$
$$M = M(x)$$

以上两函数分别称为梁的剪力方程和弯矩方程。

和绘制轴力图一样，为了形象地表明沿梁轴线各横截面上剪力和弯矩的变化情况，通常

将剪力和弯矩在全梁范围内变化的规律用图形来表示，这种图形称为剪力图和弯矩图。作剪力图和弯矩图最基本的方法是：根据剪力方程和弯矩方程分别绘出剪力图和弯矩图。

绘图时，以平行于梁轴线的横坐标 x 表示梁横截面的位置，以垂直于 x 轴的纵坐标（按适当的比例）表示相应横截面上的剪力或弯矩。在土建工程中，对于水平梁而言，习惯将正剪力作在 x 轴的上面，负剪力作在 x 轴的下面，并标明正、负号；正弯矩作在 x 轴的下面，负弯矩作在 x 轴的上面，即弯矩图总是作在梁受拉的一侧，不标正、负号。

例 4-10　作图 4-27（a）所示悬臂梁在集中力作用下的剪力图和弯矩图。

解：(1) 列剪力方程和弯矩方程。

将坐标原点假定在左端点 A 处，并取距 A 端为 x 的任意截面的左侧研究。就可避免支座反力的运算。

根据截面左侧梁上的外力，得剪力方和程弯矩方程为

$$F_Q = -F_P \quad (0 < x < l)$$

$$M = -F_P x \quad (0 \leqslant x < l)$$

(2) 作剪力图和弯矩图。

剪力方程为 x 的常函数，所以不论 x 取何值，剪力恒等于 $-F_P$，剪力图为一条与 x 轴平行的直线，而且在 x 轴的下侧。剪力图如图 4-27（b）所示。

弯矩方程为 x 的一次函数，所以弯矩图为一条斜直线，计算出两个截面的弯矩值，即可作出弯矩图。

当 $x=0$ 时，$M_{AB}=0$

当 $x=l$ 时，$M_{BA}=-F_P l$

作出的弯矩图如图 4-27（c）所示。

例 4-11　作图 4-28（a）所示简支梁在满跨向下均布荷载作用下的剪力图和弯矩图。

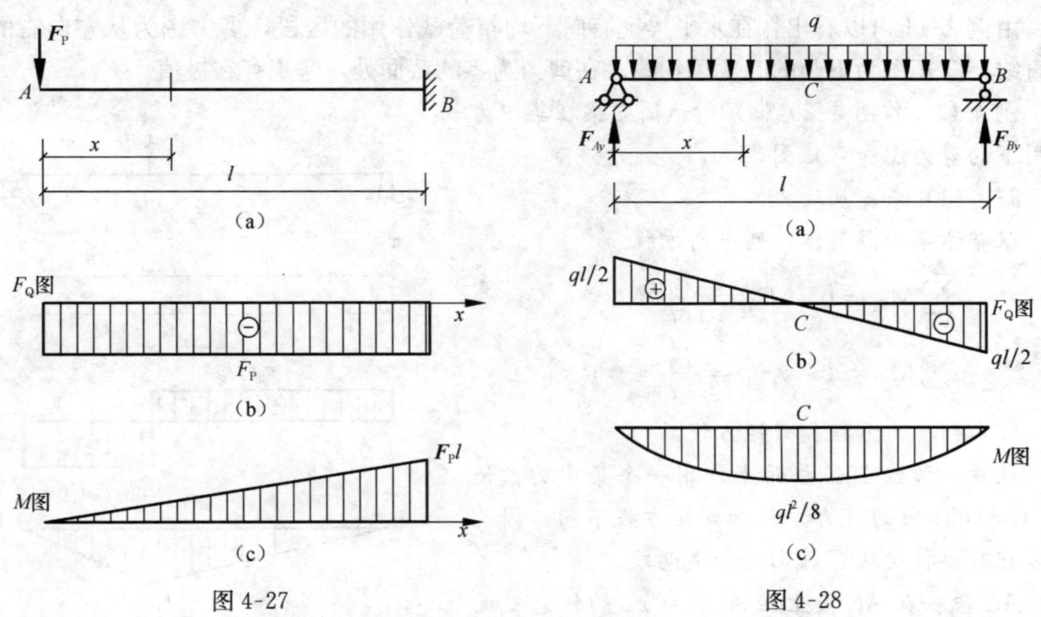

图 4-27　　　　图 4-28

解：(1) 求支座反力。

由对称关系可知

$$F_{By}=F_{Ay}=\frac{ql}{2}(\uparrow)$$

(2) 列剪力方程和弯矩方程。

在距左端点为 x 的位置取任意截面，并取截面左侧梁研究，由该侧梁上的外力可得剪力方和程弯矩方程为

$$F_Q(x)=F_{Ay}-qx=\frac{ql}{2}-qx \quad (0<x<l)$$

$$M(x)=F_{Ay}x-\frac{qx^2}{2}=\frac{ql}{2}x-\frac{qx^2}{2} \quad (0\leqslant x\leqslant l)$$

(3) 作剪力图和弯矩图。

由剪力方程可知：剪力图为一条斜直线，计算出两个截面的剪力值。

当 $x=0$ 时，$F_{QAB}=\frac{ql}{2}$

当 $x=l$ 时，$F_{QBA}=-\frac{ql}{2}$

作出剪力图如图 4-31 (b) 所示。

由弯矩方程可知：弯矩为 x 的二次函数，弯矩图为一条二次抛物线，至少需要计算出三个截面的弯矩值。

当 $x=0$ 时，$M_{AB}=0$

当 $x=l$ 时，$M_{BA}=0$

当 $x=l/2$ 时，$M_C=\frac{ql^2}{8}$

作出的弯矩图，如图 4-28 (c) 所示。

由例 4-11 可以看出：在水平梁上有向下均布荷载作用的区段，剪力图为从左向右的下斜直线，弯矩图为下凸的二次抛物线；在剪力为零的截面处，弯矩存在极值。

例 4-12 作图 4-29 (a) 所示简支梁在集中力作用下的剪力图和弯矩图。

解：(1) 求支座反力。

取整体梁为隔离体，列平衡方程

$$\sum M_B=0,\quad F_{Ay}=\frac{F_Pb}{l}(\uparrow)$$

$$\sum M_A=0,\quad F_{By}=\frac{F_Pa}{l}(\uparrow)$$

(2) 列剪力方程和弯矩方程。

注意：该梁在 C 截面上作用一个集中力，使 AC 段和 CB 段的剪力方程和弯矩方程不同，因此列方程时要将梁从 C 截面处分成两段。

AC 段：在 AC 段上距 A 端为 x_1 的任意截面处将梁截开，取左侧梁研究，根据左侧梁上的外力可得剪力方和程弯矩方程为

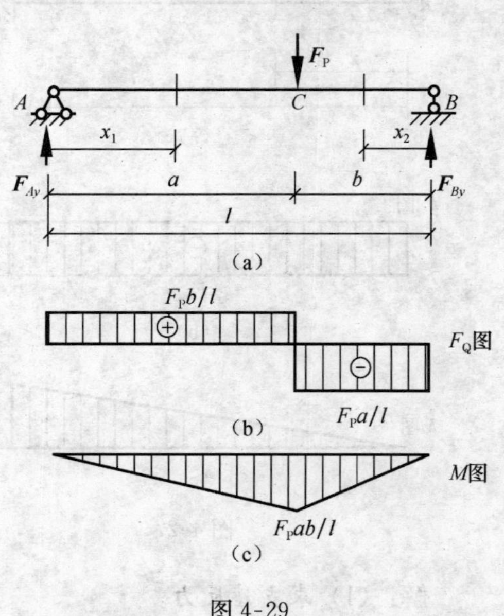

图 4-29

$$F_{Q1}=F_{Ay}=\frac{F_Pb}{l}\quad(0<x_1<a)$$

$$M_1=F_{Ay}x_1=\frac{F_Pb}{l}x_1\quad(0\leqslant x_1\leqslant a)$$

CB 段：在 CB 段上距 B 端为 x_2 的任意截面处将梁截开，取右侧梁研究，根据右侧梁上的外力可得剪力方和程弯矩方程为

$$F_{Q2}=-F_{By}=-\frac{F_Pa}{l}\quad(0<x_2<b)$$

$$M_2=F_{By}x_2=\frac{F_Pa}{l}x_2\quad(0\leqslant x_2\leqslant b)$$

(3) 作剪力图和弯矩图。

剪力图：不论 AC 段还是 CB 段的剪力方程均是 x 的常函数，所以 AC 段、CB 段的剪力图都是与 x 轴平行的直线，每段上只计算一个截面的剪力值。

AC 段：剪力值为 $\frac{F_Pb}{l}$，图形在 x 轴的上方。

CB 段：剪力值为 $-\frac{F_Pa}{l}$，图形在 x 轴的下方。

弯矩图：不论 AC 段的弯矩方程还是 CB 段的弯矩方程均是 x 的一次函数，所以 AC 段、CB 段的弯矩图都是一条斜直线，每段上分别需要计算两个截面的弯矩值。

AC 段：当 $x_1=0$ 时，$M_{AC}=0$

当 $x_1=a$ 时，$M_{CA}=\frac{F_Pab}{l}$

CB 段：当 $x_2=0$ 时，$M_{BC}=0$

当 $x_2=b$ 时，$M_{CB}=\frac{F_Pab}{l}$

作出的剪力图、弯矩图如图 4-29 (b)、(c) 所示。

由例 4-12 可以看出：在梁上无荷载作用的区段，其剪力图都是水平线，在集中力作用处，剪力图是不连续的，称之为剪力图突变，突变的绝对值等于集中力的数值，而弯矩图是斜直线，在集中力作用处，弯矩图发生转折，出现尖角现象。

例 4-13　作图 4-30 (a) 所示简支梁在集中力偶作用下的剪力图和弯矩图。

解：(1) 求支座反力。

$$\sum M_B=0,\quad F_{Ay}=\frac{M}{l}(\downarrow)$$

$$\sum F_y=0,\quad F_{By}=F_{Ay}=\frac{M}{l}(\uparrow)$$

(2) 列剪力方程和弯矩方程。

在梁的跨间 C 截面上作用一个集中力偶时，应从 C 截面处将梁分成两段列方程。

AC 段：在 AC 段上距 A 端为 x_1 的任意截面处将梁截开，取左侧梁研究，根据左侧梁上的外力可得剪力方程和弯矩方程为

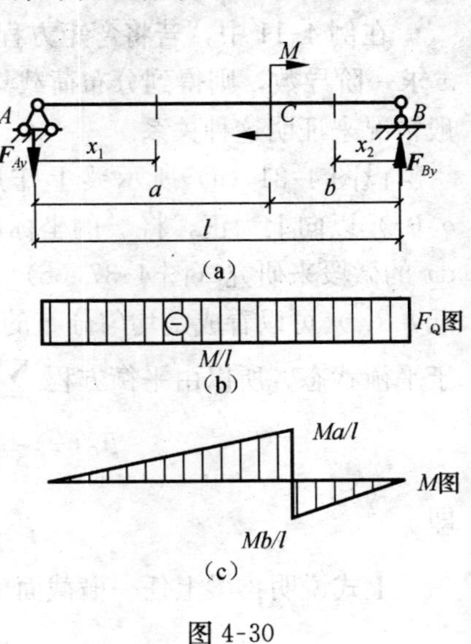

图 4-30

$$F_{Q1}=-F_{Ay}=-\frac{M}{l}\quad (0<x_1\leqslant a)$$

$$M_1=-F_{Ay}x_1=-\frac{M}{l}x_1\quad (0\leqslant x_1<a)$$

CB 段：在 CB 段上距 B 端为 x_2 的任意截面处将梁截开，取右侧梁研究，根据右侧梁上的外力可得剪力方程和弯矩方程为

$$F_{Q2}=-F_{By}=-\frac{M}{l}\quad (0<x_2<b)$$

$$M_2=-F_{By}x_2=-\frac{M}{l}x_2\quad (0\leqslant x_2\leqslant b)$$

(3) 画剪力图和弯矩图。

剪力图：不论在哪一段梁上，剪力方程均为 x 的常函数，剪力值恒等于 $-M/l$，所以在全梁范围内剪力图为一条平行于 x 轴的直线，且在 x 轴的下侧，剪力图如图 4-30 (b) 所示。

弯矩图：AC 段、CB 段的弯矩方程均为 x 的一次函数，弯矩图均是斜直线，各段需要分别计算两个截面的弯矩值。

AC 段：当 $x_1=0$ 时，$M_{AC}=0$

当 $x_1=a$ 时，$M_{CA}=-\dfrac{Ma}{l}$

CB 段：当 $x_2=b$ 时，$M_{CB}=\dfrac{Mb}{l}$

当 $x_2=0$ 时，$M_{BC}=0$

作出的弯矩图如图 4-30 (c) 所示。

由例 4-13 可以看出：在集中力偶作用处，剪力图无变化；弯矩图不连续，发生突变，突变的绝对值等于集中力偶的力偶矩数值。

（二）荷载集度、剪力和弯矩之间的微分关系

在例 4-11 中，若将弯矩方程对 x 求一阶导数，正好得到剪力方程；而将剪力方程再对 x 求一阶导数，则得到分布荷载集度。实际上，上述关系也普遍存在于其他梁上。下面从一般情况来证明这种关系。

设图 4-31 (a) 所示梁上作用有任意分布荷载 $q(x)$，它是 x 的连续函数，并假设 $q(x)$ 以向上为正，将 x 的坐标原点取在梁的左端点，在分布荷载作用的梁段上取一长为 $\mathrm{d}x$ 的微段来研究（图 4-37 (b)）。由于微段的长度 $\mathrm{d}x$ 很小，因此，在微段上作用的分布荷载 $q(x)$ 可以看成是均匀分布的。设微段两侧截面上的剪力和弯矩都是正值。因为微段处于平衡状态，所以由平衡方程 $\sum F_y=0$，得

$$F_Q(x)+q(x)\mathrm{d}x-[F_Q(x)+\mathrm{d}F_Q(x)]=0$$

即

$$\frac{\mathrm{d}F_Q(x)}{\mathrm{d}x}=q(x)$$

上式说明：梁上任一横截面的剪力对 x 的一阶导数等于作用在梁上该截面处的分布荷

载集度。这一微分关系的几何意义是剪力图上某点切线的斜率等于该点对应截面处的荷载集度。

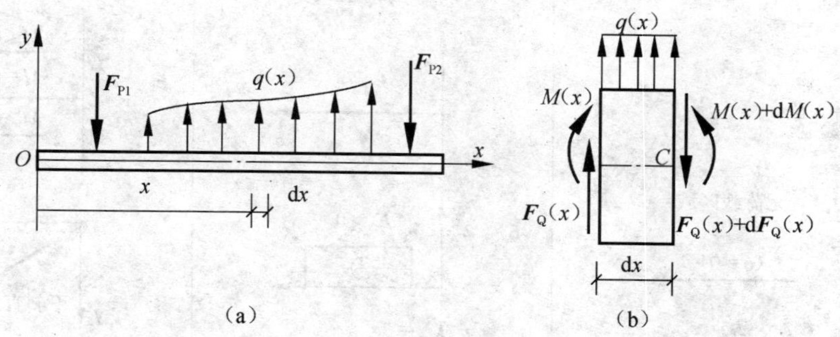

图 4-31

再由 $\sum M_C = 0$（C 点为微段右侧截面的形心），得

$$-M(x) - F_Q(x)\mathrm{d}x - q(x)\mathrm{d}x\frac{\mathrm{d}x}{2} + [M(x) + \mathrm{d}M(x)] = 0$$

略去高阶微量，简化后得

$$\frac{\mathrm{d}M(x)}{\mathrm{d}x} = F_Q(x)$$

上式说明：梁上任一横截面的弯矩对 x 的一阶导数等于该截面上的剪力。这一微分关系的几何意义是：弯矩图上某点切线的斜率等于该点对应横截面上的剪力。可见，根据剪力的符号可以确定弯矩图的倾斜趋向。

再将 $\frac{\mathrm{d}M(x)}{\mathrm{d}x} = F_Q(x)$ 两边求导，得

$$\frac{\mathrm{d}^2M(x)}{\mathrm{d}x^2} = q(x)$$

上式说明：梁上任一截面的弯矩对 x 的二阶导数等于该截面处的荷载集度。这一微分关系的几何意义是：弯矩图上某点的曲率等于该点对应截面处的分布荷载集度。可见，根据分布荷载的正负可以确定弯矩图的凹凸方向。

根据上述微分关系，由梁上荷载的变化即可推知剪力图和弯矩图的形状。例如：

(1) 某段梁上无分布荷载，即 $q(x)=0$，则该段梁的剪力 $F_Q(x)$ 为常量，剪力图为平行于 x 轴的直线；而弯矩 $M(x)$ 为 x 的一次函数，弯矩图为斜直线。

(2) 若某段梁上的分布荷载 $q(x)=q$（常量），则该段梁的剪力 $F_Q(x)$ 为 x 的一次函数，剪力图为斜直线；而 $M(x)$ 为 x 的二次函数，弯矩图为抛物线，当 $q>0$（q 向上）时，弯矩图为向上凸的曲线；当 $q<0$（q 向下）时，弯矩图为向下凸的曲线。

(3) 若某截面的剪力 $F_Q(x)=0$，根据 $\frac{\mathrm{d}M(x)}{\mathrm{d}x}=0$，该截面的弯矩为极值。

现将有关弯矩、剪力与荷载间的关系及内力图的一些特点列于表 4-1。

表 4-1 梁上荷载与剪力图、弯矩图的关系

	梁上荷载情况	剪力图	弯矩图
1	无荷载区域 ($q=0$)	F_Q图为水平直线 $F_Q=0$ $F_Q>0$ ⊕ $F_Q<0$ ⊖	M图为斜直线 $M<0$ $M=0$ $M>0$ 下斜直线 上斜直线
2	均布荷载向上作用 $q>0$	上斜直线	上凸曲线
3	均布荷载向下作用 $q<0$	下斜直线	下凸曲线
4	集中力作用 F_P C	C截面有突变 F_P	C截面有转折
5	集中力偶作用 C	C截面无变化	C截面有突变 M
6		$F_Q=0$截面	M有极值

利用剪力、弯矩和荷载集度之间的微分关系，不仅能用来校核剪力图和弯矩图的正确性，避免作图时出现的错误，同时也能便捷地作梁的剪力图和弯矩图。

利用微分关系作剪力图和弯矩图步骤为

(1) 求支座反力。

(2) 将梁进行分段。集中力、集中力偶的作用截面、分布荷载的起止截面都是梁分段时的界线截面。

(3) 由各梁段上的荷载情况，判断其对应的剪力图和弯矩图的形状。

(4) 确定控制截面，求控制截面的剪力值、弯矩值，并作剪力图和弯矩图。

控制截面是指对内力图形状起控制作用的截面。比如当图形为平行直线时，只要确定一个控制截面就行了；当图形为斜直线时就需要确定两个控制截面；而当图形为抛物线时就需要至少要找到三个控制截面；一般情况下，选梁段的界线截面、剪力等于零的截面、跨中截面为控制截面。

例 4-14　作图 4-32（a）所示外伸梁的剪力图和弯矩图。

解：(1) 求支座反力。

$$\sum M_A = 0,\quad F_{By} = 20\ \text{kN}(\uparrow)$$

$$\sum F_y = 0,\quad F_{Dy} = 8\ \text{kN}(\uparrow)$$

(2) 将梁进行分段。

根据梁上的外力情况将梁分成 AB、BC、CD 三段。

(3) 作剪力图。先由各段荷载情况判断剪力图的形状，再求控制截面的剪力值，然后作出剪力图，如表 4-2、图 4-32（b）所示。注意 B、C 截面剪力有突变，突变值为集中力的大小，突变方向与集中力方向一致。

(4) 作弯矩图。先由各段荷载情况和剪力图判断弯矩图的形状，再求控制截面的弯矩值，然后作出弯矩图，如表 4-3、图 4-32（c）所示。

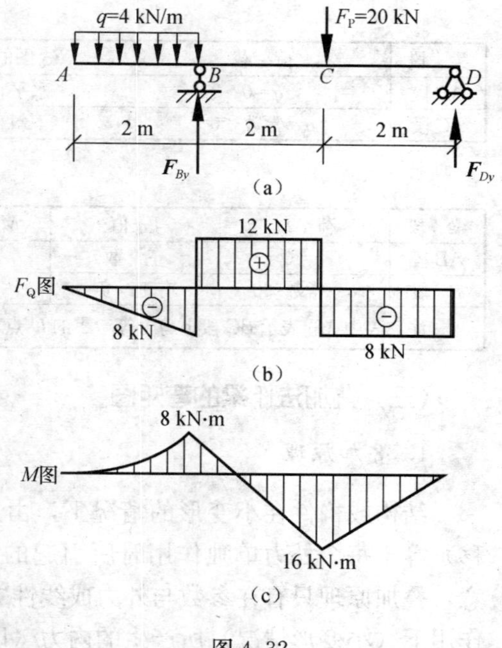

图 4-32

表 4-2

梁　段	荷　载	F_Q 图的形状	控制截面值	
AB 段	q=常数<0	下斜直线	$F_{QAB}=0$	$F_{QBA}=-8$ kN
BC 段	$q=0$	水平直线	$F_{QBC}=12$ kN	
CD 段	$q=0$	水平直线		$F_{QDC}=-8$ kN

表 4-3

梁　段	荷　载	F_Q 值	M 图的形状	控制截面值	
AB 段	q=常数<0	有零→负	下凸曲线	$M_{AB}=0$	$M_{BA}=-8$ kN·m
BC 段	$q=0$	正常数	下斜直线	$M_{BC}=-8$ kN·m	$M_{CB}=16$ kN·m
CD 段	$q=0$	负常数	上斜直线	$M_{CD}=16$ kN·m	$M_{DC}=0$

例 4-15　利用微分关系，作图 4-33（a）所示简支梁的剪力图和弯矩图。

解：(1) 求支座反力

$$F_{Ay} = 6\ \text{kN}(\uparrow),\quad F_{Cy} = 18\ \text{kN}(\uparrow)$$

(2) 将梁进行分段。根据梁上的外力情况将梁分成 AB、BC 两段。

(3) 作剪力图。先由各段荷载情况判断剪力图的形状，再求控制截面的剪力值，然后作出剪力图，如表 4-4、图 4-33（b）所示。

(4) 作弯矩图。先由各段荷载情况和剪力图判断弯矩图的形状，再求控制截面的弯矩值，然后作出弯矩图，如表 4-5、图 4-33（c）所示。注意在 B 截面弯矩有突变，突变值为 12 kN·m，在 $F_Q=0$ 的截面弯矩有极值。

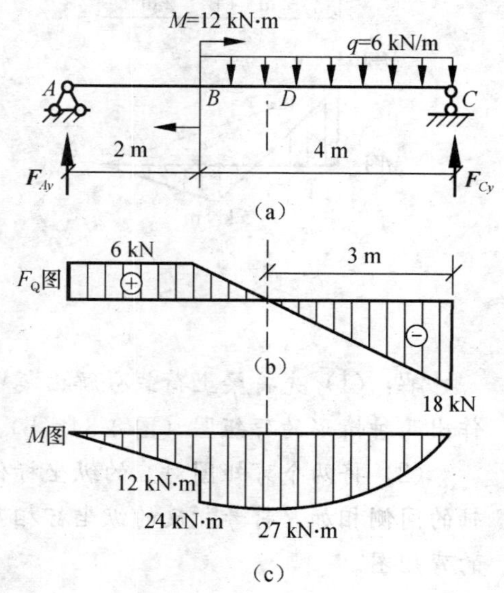

图 4-33

表 4-4

梁 段	荷 载	F_Q 图的形状	控制截面值	
AB 段	$q=0$	水平直线	$F_{QAB}=6$ kN	
BC 段	$q=$常数<0	下斜直线	$F_{QBC}=6$ kN	$F_{QCB}=-18$ kN

表 4-5

梁 段	荷 载	F_Q 值	M 图的形状	控制截面值		
AB 段	$q=0$	正常数	下斜直线	$M_{AB}=0$	$M_{BA}=12$ kN · m	
BC 段	$q=$常数<0	有正→负	下凸曲线	$M_{BC}=24$ kN · m	$M_D=0$	$M_{CB}=27$ kN · m
注：表中 M_D 表示 BC 段上剪力等于零的 D 点对应截面上的弯矩。						

（三）叠加法作梁的弯矩图

1. 叠加原理

结构或构件在小变形的情况下，由几个外力所引起的某一参数（支座反力、内力、位移）等于每个外力单独作用时所引起的该参数的代数和，这个结论称为叠加原理。应该注意，叠加原理只有在参数与外力成线性关系时才能成立。由前面的例子可以看出，梁在外力作用下（小变形情况）所产生的内力（以及支座反力、位移）满足这一关系，所以梁在多个外力作用下所引起的内力可以利用叠加原理来求。

2. 用叠加法作梁的弯矩图

按叠加原理，首先分别作出梁在各个简单荷载作用下的弯矩图，然后将其相应的纵坐标叠加，即得梁在所有荷载共同作用下的弯矩图，这种方法称为叠加法。

例 4-16 试作出图 4-34（a）所示简支梁的弯矩图。

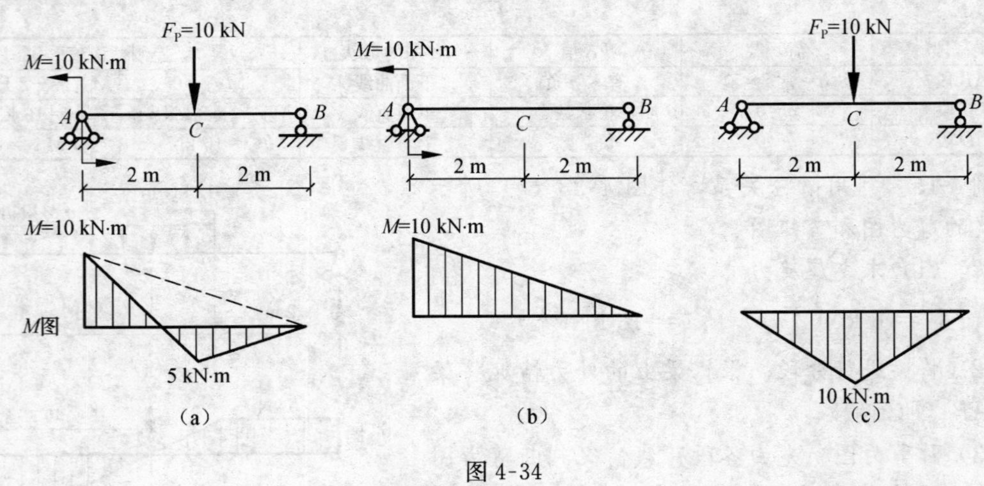

图 4-34

解：（1）先将梁上荷载分解由集中力偶 M 和集中力 $\boldsymbol{F}_P$ 单独作用的情形，然后分别作出作出两种情形的弯矩图（图 4-34（b），（c））。

（2）将两个弯矩图对应的纵坐标代数相加，如图 4-34（a）所示，符号相同的画在坐标轴的同侧相加，符号相反的纵坐标相互抵消，即得到简支梁在所有荷载共同作用下的弯矩图的弯矩图。

例 4-17 试作出图 4-35（a）所示简支梁的弯矩图

解：(1) 先将梁上荷载分解成由集中力偶矩 M_A、M_B 作用和均布荷载 $\boldsymbol{q}$ 单独作用的情形，再分别作出两种情形的弯矩图，如图 4-35 (b)、(c) 所示。

(2) 将两个弯矩图对应的纵坐标代数相加，如图 4-35 (a) 所示。叠加时因端力偶矩 M_A、M_B 作用时梁的弯矩图为一条斜直线，故以它为基线叠加上均布荷载 $\boldsymbol{q}$ 单独作用下的弯矩图，即可得荷载共同作用下的弯矩图，如图 4-35 (a) 所示。

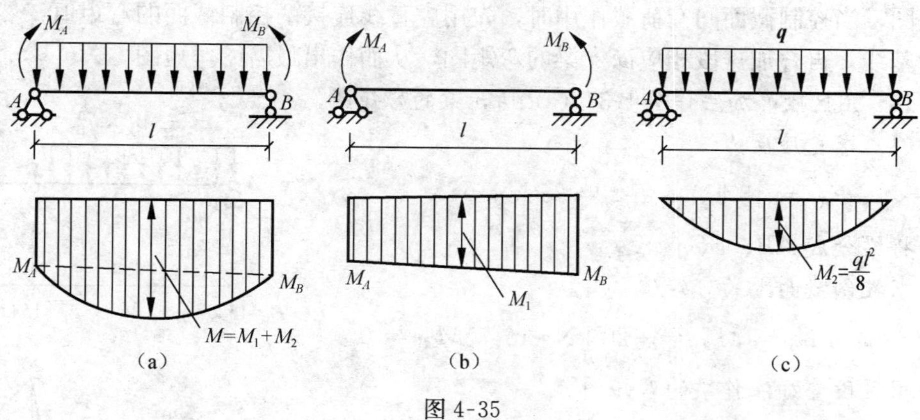

图 4-35

说明：

① 直线和直线叠加后为直线，直线与曲线或曲线和曲线叠加后仍为曲线。

② 叠加是指将两个弯矩图相应的纵坐标叠加起来，而不是弯矩图的简单拼合。

③ 叠加时先画直线或折线的弯矩图线，后画曲线，且第一条图线用虚线画出，在此基础上叠加第二条弯矩图线，且最后一条弯矩图线用实线画出。

④ 用叠加法画图一般不能求出最大弯矩的精确值，若需要确定最大弯矩的精确值，应找出剪力 $F_Q=0$ 的截面位置，求出该截面的弯矩，即得到最大弯矩的精确值。

3. 用区段叠加法作弯矩图

上面介绍了利用叠加法作全梁的弯矩图。现在进一步把叠加法推广到作某一段梁的弯矩图。

图 4-36 (a) 所示梁，取 AB 段为研究对象，其上作用的力除均布荷载 $\boldsymbol{q}$ 以外，还在 A、B 两端截面上有内力，如图 4-36 (b) 所示。比较图 4-36 (c) 所示简支梁，与 AB 段梁的受力完全相同，因而两者的弯矩也应相同。于是，绘制梁 AB 段弯矩图就归结成了绘制相应简支梁的弯矩图的问题。按照例 4-17 所述作简支梁弯矩图的叠加方法，可先求出区段两端的弯矩竖标，并将这两个竖标的顶点用虚线相连；然后以此虚线为基线，将简支梁在均布荷载 $\boldsymbol{q}$ 作用下的弯矩图叠加上去；则最后所得曲线与水平基线之间所包含的图形即为实际的弯矩图（见图 4-36 (d)）。此时，图 4-36 (c) 所示简支梁称为 AB 梁段的相应简

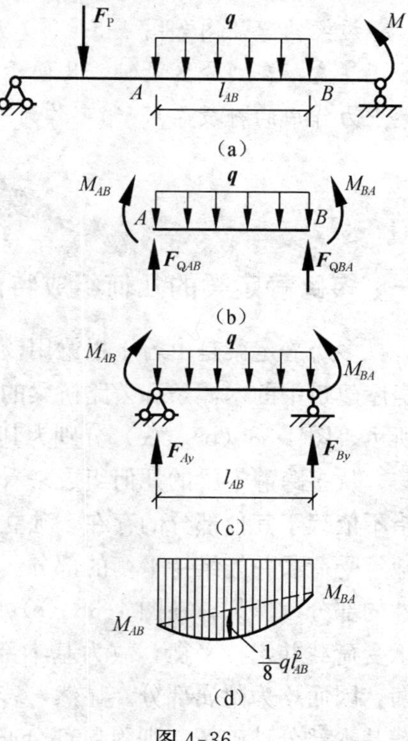

图 4-36

支梁。这种利用相应简支梁弯矩图的叠加来作直杆某一区段弯矩图的方法，称为区段叠加法。

用区段叠加法作 M 图的作图步骤归纳如下：

(1) 将梁适当分段，求梁的分段点所在截面即控制截面上的弯矩值。

(2) 分段作弯矩图。当控制截面间无荷载时，用直线连接两控制截面的弯矩值，即得该段的弯矩图；当控制截面间有荷载作用时，先用虚直线连接两控制截面的弯矩值，然后以此虚直线为基线，再叠加这段相应简支梁的弯矩图，从而作出最后的弯矩图。

例 4-18 用区段叠加法作图 4-37 (a) 所示梁的弯矩图。

解：(1) 求支座反力。

$$F_{Ay}=15\ \text{kN},\quad F_{By}=35\ \text{kN}$$

(2) 将梁分成 AB、BC 两段。

(3) 求控制截面上的弯矩值

$$M_{AB}=0,\quad M_{BA}=M_{BD}=-20\ \text{kN}\cdot\text{m},\quad M_{CB}=0$$

(4) 用区段叠加法作梁的弯矩图。

AB 段：在截面 B 处按比例画出弯矩竖标，并将该竖标顶端与端点 A 用虚线相连，然后以此虚线为基线，叠加这段相应简支梁受满跨均布荷载的弯矩图，即由 AB 段所对应虚线的中点向下画出竖标，其值为 $ql^2/8=10\times4^2/8=20$ (kN·m)，则最后所得曲线与水平基线之间所包含的图形即为 AB 段的弯矩图。

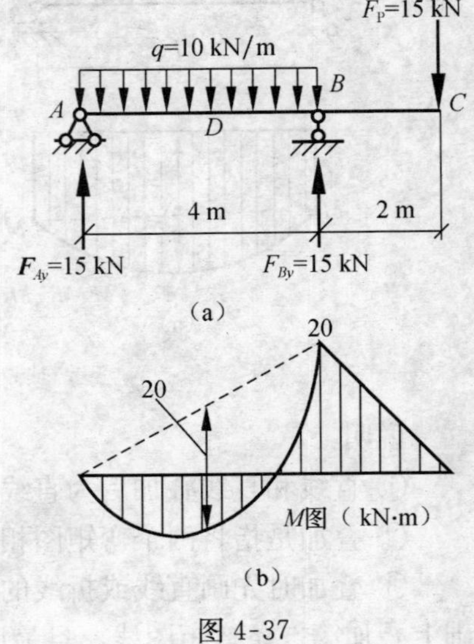

图 4-37

BC 段：该段中间不受荷载作用，因此将 B 和 C 截面弯矩竖标顶端用直线相连即可。

该梁的弯矩图如图 4-37 (b) 所示。

注意：在划分区段时，凡便于按区段叠加法作弯矩图的杆段（例如只有均布荷载或一个集中力作用的杆段等），均可作为一个区段来处理，以减少区段的数目而简化计算。

第五节　多跨静定梁

一、多跨静定梁的几何组成特点

多跨静定梁是由若干根梁用铰相连，并用若干支座与基础相连而组成的静定结构。例如房屋建筑中的木檩条和公路桥梁的主要承重结构常采用这种结构形式，如图 4-38 (a)、(d) 所示。图 4-38 (b)、(e) 分别为其计算简图。

从多跨静定梁的几何组成来看，它们都可分为基本部分和附属部分。所谓基本部分，是指不依赖于其他部分的存在，独立地与基础组成一个几何不变的部分，或者说本身就能独立地承受荷载并能维持平衡的部分。所谓附属部分是指需要依赖基本部分才能保持其几何不变性的部分。例如，在图 4-38 (e) 中，①是外伸梁，它本身就是一个几何不变体系，可单独承受荷载并维持平衡，故为基本部分；而②、③、④只有依赖于①才能承受荷载，维持平衡，因而均为附属部分。显然，若附属部分被破坏或撤除，基本部分仍为几何不变；反之，若基本部分被破坏，则附属部分必随之连同倒塌。为了更清晰地表示各部分之间的支承关系，可以把基本部分画在下层，而把附属部分画在上层，如图 4-38（f）所示，这称为层次图。对图 4-38（b）所示的梁，如果仅承受竖向荷载作用，则不但①能独立承受荷载维持平衡，②也能独立承受荷载维持平衡，①和②都可分别视为基本部分，③为附属部分，其层次图如图 4-38（c）所示。

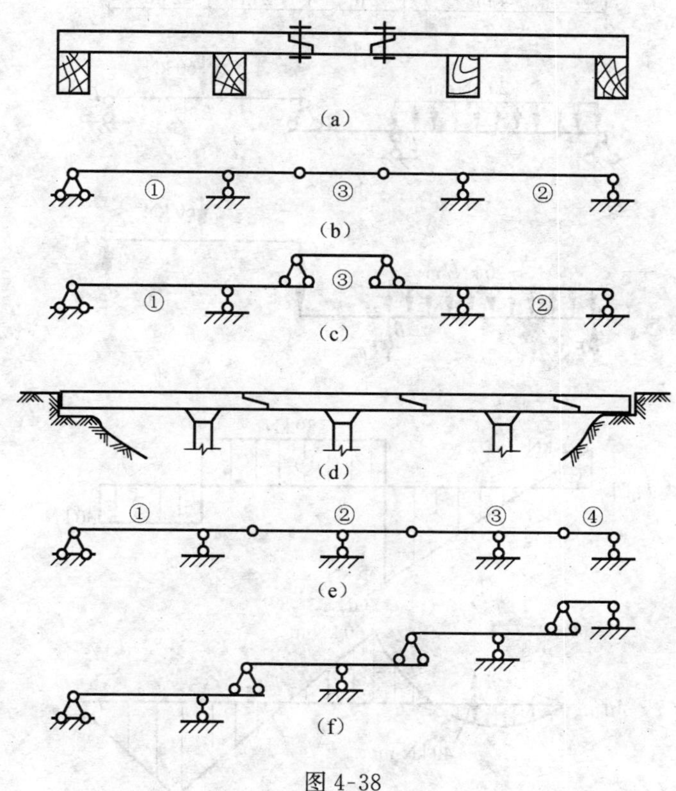

图 4-38

二、分析多跨静定梁的步骤

把多跨静定梁的基本部分和附属部分用层次图表示后，多跨静定梁就被拆成了若干单跨静定梁。从力的传递来看，荷载作用在基本部分时，将只有基本部分受力，附属部分不受力。当荷载作用于附属部分时，则不仅附属部分受力，而且由于它是支承在基本部分上的，其反力将通过铰接处反方向传给基本部分，因而使基本部分也受力。因此，多跨静定梁的计算顺序应该是先附属部分，后基本部分，也就是说与几何组成的分析顺序相反。遵循这样的顺序进行计算，则每次的计算都与单跨静定梁相同，最后把各单跨静定梁的内力图连在一起，就得到了多跨静定梁的内力图。

由上述可知，分析多跨静定梁的步骤可归纳为

(1) 先确定基本部分，再确定附属部分，然后按照附属部分依赖于基本部分的原则，作出层次图。

(2) 根据所作层次图，先从最上层的附属部分开始，依次计算各梁的反力（包括支座反力和铰接处的约束反力）。

(3) 按照作单跨梁内力图的方法，分别作出各根梁的内力图，然后再将其连在一起，即得多跨静定梁的内力图。

例 4-19 作图 4-39 (a) 多跨静定梁的弯矩图和剪力图。

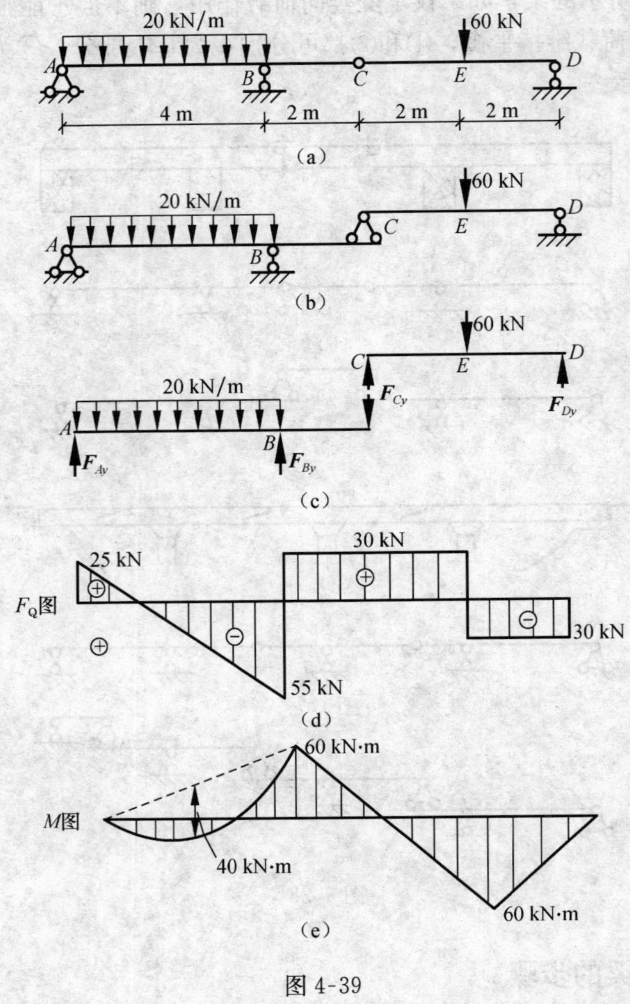

图 4-39

解：(1) AC 为基本部分，CD 为附属部分，作层次图如图 4-39 (b) 所示。计算时应从附属部分 CD 梁开始，然后再计算 ABC 梁。

(2) 按照上述顺序，依次计算各单跨梁的支座反力和约束反力，它们各自的隔离体的受力图如图 4-39 (c) 所示。整个计算过程不再详述，结果都表示在图 4-39 (c) 中。

(3) 作内力图。根据各梁的荷载及反力情况，分段画出各梁的剪力图和弯矩图，最后把它们连成一体，即得多跨静定梁的剪力图和弯矩图，如图 4-39 (d)、(e) 所示。

第六节 静定平面刚架

刚架是指由直杆（梁和柱）组成的具有刚结点的结构。如果组成刚架的各杆的轴线都在同一平面，且所受的荷载也作用在该平面，则称此刚架为平面刚架。具有刚结点是刚架的主要特征。刚架结构在建筑工程中被广泛使用。如图 4-40 (a) 所示为加油站或者火车站站台的雨篷，它是由三根直杆用刚结点相连接而组成，柱子固定于基础中，由于横梁倾斜坡度不大，可近似地以水平直杆来代替，其计算简图如图 4-40 (b) 所示。当刚架受力而变形时，汇交于刚结点的各杆之间夹角保持不变，如图 4-40（c）所示。平面刚架的内力往往是弯矩为主。所以刚架中的杆件都是梁式杆件。

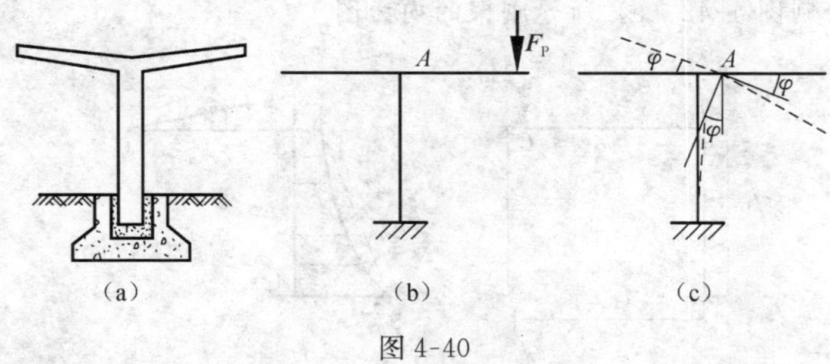

图 4-40

工程中常见的静定平面刚架的类型有：悬臂刚架（图 4-40（a）所示站台雨棚）、简支刚架（图 4-41（a）所示渡槽的横向计算简图）及三铰刚架（图 4-41（b）所示小型仓库结构）。

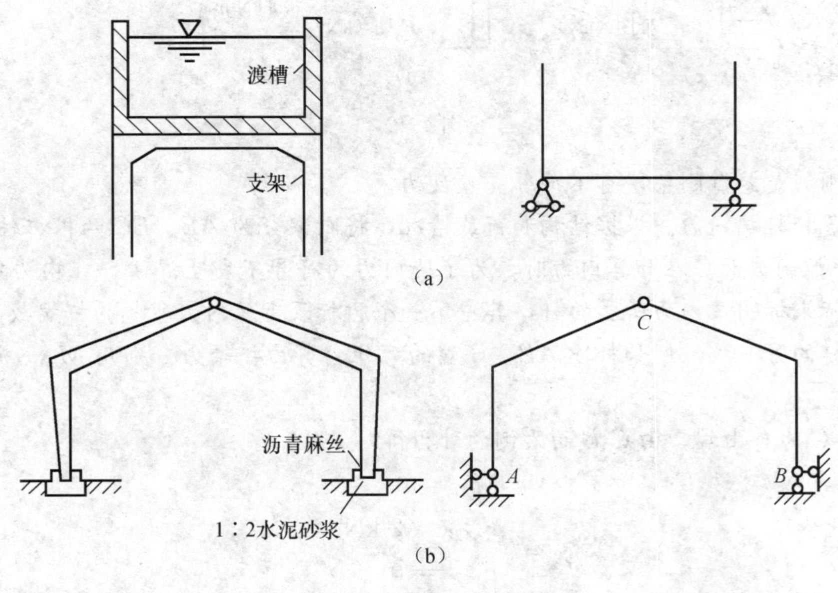

图 4-41

在静定刚架的内力的计算时，通常可由以下四步完成：

（1）求出各支座反力　取刚架整体为研究对象，利用静力平衡方程求出刚架支座反力。

（2）计算杆截面的内力　杆截面内力可以取隔离体由平衡条件求得，也可根据截面法的规律，由截面任一侧的外力直接写出各控制截面的内力。值得注意的是各杆内力正负号规定，其中轴力 $\boldsymbol{F}_N$ 和剪力 $\boldsymbol{F}_Q$ 的正负号规定与以前相同，而弯矩 M 不再规定正负号，只是在绘制弯矩图时，把弯矩画在杆件的受拉一侧。

（3）绘制刚架的内力图　绘制刚架内力图的方法与绘制静定梁的内力图的方法一样。对刚架来说，杆件两端一般作为控制截面，剪力图可以作在杆轴线的任一侧，并标明正、负号；弯矩图作在杆受拉的一侧。特别强调，刚架的弯矩图最好用区段叠加法作出。

（4）内力图校核　刚架的内力图必须满足静力平衡方程，也就是说，从刚架中任意取一个隔离体，其上面的外荷载和截面上的内力应构成一平衡力系，即应满足平衡方程。通常情况下，截取刚结点为隔离体，并根据已作出的 M、$\boldsymbol{F}_Q$ 和 $\boldsymbol{F}_N$ 图，标出截面上的内力的方向和数值，再由静力平衡方程校核内力。

例 4-20 试绘制图 4-42（a）所示刚架的内力图。

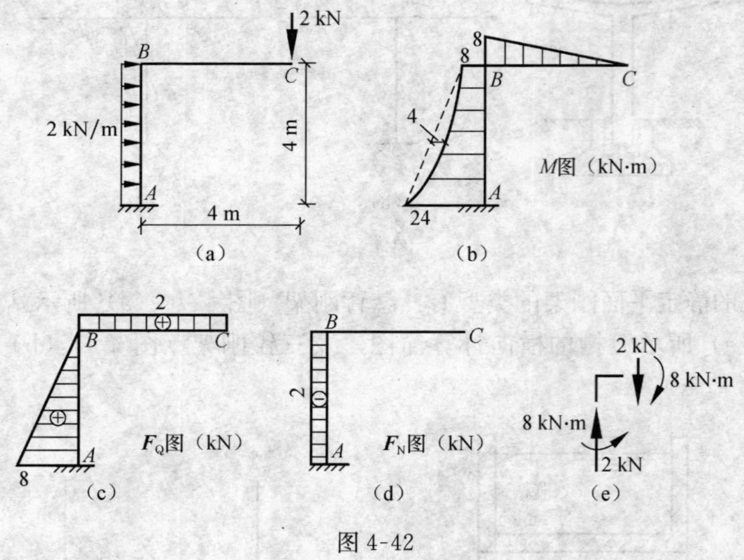

图 4-42

解：此刚架是悬臂刚架，可不计算支座反力。

(1) 求各杆杆端内力。根据结构和荷载情况，将刚架分为 AB、BC 两根杆件，并取 A、B、C 为三个控制截面。在计算内力时，为了使内力的符号不发生混淆，在内力符号的右下方用两个脚标来标明该内力所属的杆，其中第一个脚标表示该内力所属的杆端截面，第二脚标表示同一杆的另一端。例如杆段 AB，B 端的弯矩、剪力、轴力分别用 M_{BA}、F_{QBA}、F_{NBA} 表示。

BC 杆：C 为自由端，由 C 截面右侧的外力得

$$M_{CB}=0$$
$$F_{QCB}=2\ \text{kN}$$
$$F_{NCB}=0$$

B 端内力，由 B 截面右侧的外力得

$$M_{BC}=2\times4=8(\text{kN}\cdot\text{m})(\text{上侧受拉})$$
$$F_{QBC}=2\ \text{kN}$$
$$F_{NBC}=0$$

AB 杆：B 端内力，由 B 截面上侧的外力得

$$M_{BA}=2\times4=8(\text{kN}\cdot\text{m})(\text{左侧受拉})$$
$$F_{QBA}=0$$
$$F_{NBA}=-2\ \text{kN}$$

A 端内力，由 A 截面上侧的外力得

$$M_{AB}=2\times4+2\times4\times2=24(\text{kN}\cdot\text{m})(\text{左侧受拉})$$
$$F_{QAB}=2\times4=8(\text{kN})$$
$$F_{NAB}=-2\ \text{kN}$$

(2) 作内力图。

① 作弯矩图。逐杆考虑。BC 杆上无荷载，其 M 图为斜直线；AB 杆上作用均布荷载，可用区段叠加法作 M 图。最后弯矩图如图 4-42 (b) 所示。

② 作剪力图。同样逐杆考虑。每一杆件两端剪力都已求出，结合上荷载，按单跨静定梁的方法作出剪力图。整个刚架剪力图如图 4-42 (c)。

③ 作轴力图。依然逐杆进行。根据已求的杆端轴力，直接作出各杆轴力图，如图 4-42 (d)。

(3) 校核。现取结点 C 为隔离体，如图 4-42 (e) 所示。由

$$\sum M_C = 8 - 8 = 0$$

$$\sum F_y = 2 - 2 = 0$$

及 $\sum F_x$ 恒为零，可知结点 C 满足平衡条件。

值得指出，刚结点处力矩平衡，凡只有两杆汇交的刚结点，若结点上无外力偶作用，则两杆端弯矩必大小相等且同侧受拉。在以后画刚架弯矩图时可利用这个特点，简化计算。

例 4-21　试绘制图 4-43 (a) 所示刚架的内力图。

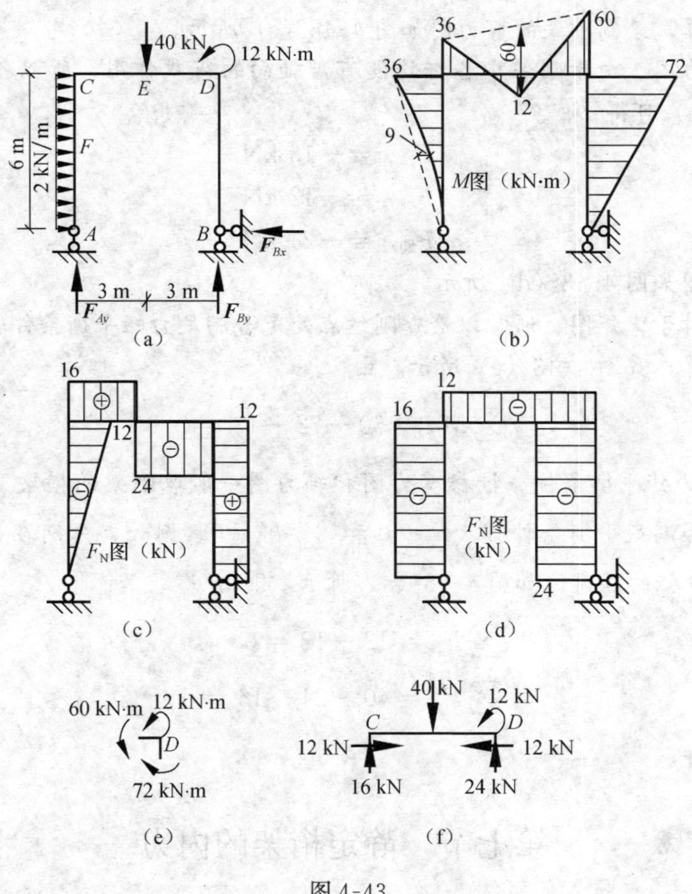

图 4-43

解：(1) 求支座反力。由刚架的整体平衡方程可求得

$$F_{Bx} = 12\ \text{kN}(\leftarrow),\quad F_{By} = 24\ \text{kN}(\uparrow),\quad F_{Ay} = 16\ \text{kN}(\uparrow)$$

(2) 绘制弯矩图。

AC 杆：$M_{AC}=0$

$$M_{CA}=2\times6\times\frac{6}{2}=36\ (\mathrm{kN\cdot m})\ (\text{左侧受拉})$$

BD 杆：$M_{BD}=0$

$$M_{DB}=12\times6=72\ (\mathrm{kN\cdot m})\ (\text{右侧受拉})$$

CD 杆：$M_{CD}=M_{CA}=36\ \mathrm{kN\cdot m}$ (上侧受拉)

$$M_{DC}=12\times6-12=60\ (\mathrm{kN\cdot m})\ (\text{上侧受拉})$$

根据以上各杆端弯矩，绘制刚架弯矩图如图 4-43 (b) 所示。

(3) 绘制剪力图。

AC 杆：$F_{QAC}=0$

$$F_{QCA}=-2\times6=-12\ (\mathrm{kN})$$

BD 杆：$F_{QBD}=F_{QDB}=12\ \mathrm{kN}$

CD 杆：$F_{QCD}=16\ \mathrm{kN}$

$$F_{QDC}=-24\ \mathrm{kN}$$

根据以上计算，绘制刚架的剪力图如图 4-43 (c) 所示。

(4) 绘制轴力图。由于刚架中各杆均没有沿轴向的荷载作用，所以各杆的轴力均为常数。由图 4-43 (a) 可得

$$F_{NCA}=-16\ \mathrm{kN}$$

$$F_{NCD}=-12\ \mathrm{kN}$$

$$F_{NDB}=-24\ \mathrm{kN}$$

刚架的轴力图如图 4-43 (d) 所示。

(5) 校核。对于弯矩图，通常以检查刚结点处是否满足力矩平衡条件较方便。取刚结点 D 作为隔离体计算，如图 4-43 (e) 所示。由

$$\sum M_D=60-72+12=0$$

可见结点 D 满足力矩平衡条件。校核剪力图和轴力图一般取刚架的横梁为隔离体，检查柱顶剪力和轴力是否满足平衡条件 $\sum F_x=0$ 和 $\sum F_y=0$。例如，分别在 AC 和 BD 两柱顶端处截开，取 CD 杆的隔离体如图 4-43 (a) 所示，则由

$$\sum F_x=12-12=0$$

$$\sum F_y=40-24-16=0$$

可知满足平衡条件。

第七节　静定桁架的内力

桁架结构是指各杆两端都是铰连接并承受结点荷载的结构。这种结构在土木工程中有着广泛的应用。如图 4-44 (a) 所示的钢屋架，图 4-44 (b) 所示的钢筋混凝土屋架。另外，建筑施工中不可缺少的起重设备构架、塔架等都离不开桁架结构。

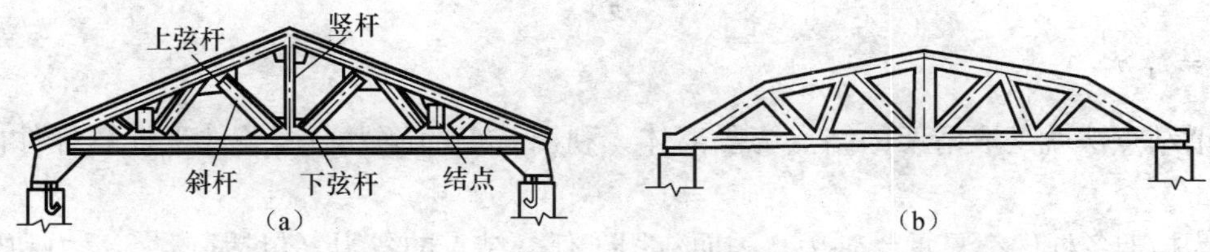

图 4-44

实际的桁架结构形式，各杆之间的连接以及所用的材料是多种多样的，它们的实际受荷载情况也非常复杂，严格说起来是属于复杂的超静定结构，要对它们进行精确的分析是困难的。因此，在分析桁架时必须抓住主要矛盾，选择既能反映这种结构的本质又能便于计算的力学简化模型。根据桁架的实际工作情况和对桁架的实验及理论分析表明，各种桁架有着共同的特点：在结点荷载作用下，桁架的内力主要是轴力。因此，为了简化计算，在取桁架的计算简图时，作如下假设：

(1) 各杆在两端用绝对光滑的理想铰相互连接。

(2) 所有各杆的轴线都是直线，且处于同一平面内，并通过铰的中心。

(3) 荷载和支座反力都作用在结点上并位于桁架的平面内。

通常把符合上述假定条件的桁架称为理想桁架。根据以上三条假设，图 4-44 (a)、(b) 所示的钢屋架和钢筋混凝土屋架的计算简图分别为图 4-45 (a)、(b) 所示。从该桁架中任取出一根杆，因在结点荷载作用下处于平衡状态，即杆件在两端力作用下处于平衡，故每根杆件均为二力杆，在杆的横截面上只会产生轴力。

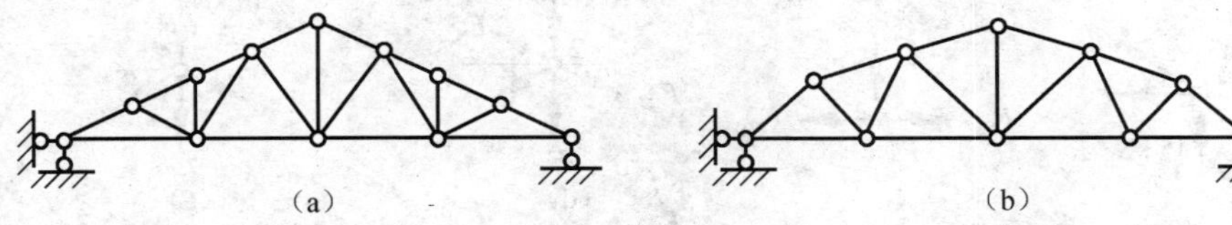

图 4-45

因为理想桁架的结点都是铰结点，所以桁架的杆件布置必须满足几何不变体系的组成规则。根据桁架的几何组成特点，一般把桁架分为三类：

(1) 简单桁架　由一个简单铰接三角形开始，依次增加二元体所组成的桁架 (图 4-46 (a))。

(2) 联合桁架　由几个简单桁架按两刚片规则或三刚片规则所组成的桁架 (图 4-46 (b))。

(3) 复杂桁架　不按上述两种方式所组成的其他桁架 (图 4-46 (c))。

桁架内力计算的基本方法有结点法和截面法。

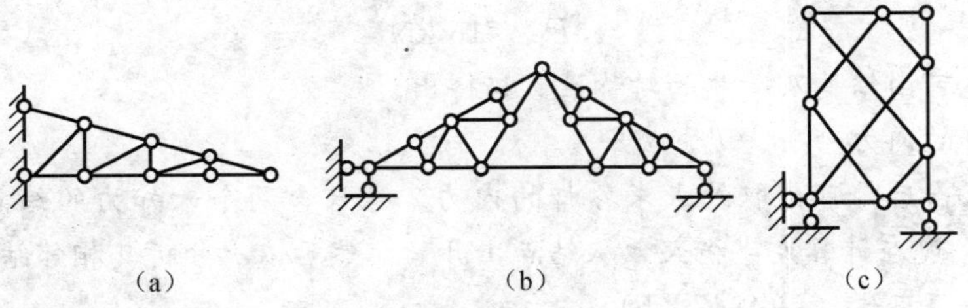

图 4-46

1. 结点法

所谓结点法就是取桁架的结点为隔离体，利用结点的静力平衡条件来计算杆件内力的方法。

因为桁架各杆件都只承受轴力，因而作用于任一结点的各力（包括荷载、反力和杆件轴力）组成了一个平面汇交力系。平面汇交力系可以建立两个独立的平衡方程 $\sum F_x = 0$ 和 $\sum F_y = 0$，解算两个未知量。

在实际应用中，可先由整体平衡方程求出各支座反力，然后从未知力不超过两个的结点开始，依次就可以算出桁架中所有杆的轴力。计算时，通常都先假设各个杆件的轴力为拉力，若计算结果为负，则说明为压力。

例 4-22 试用结点法求图 4-47（a）所示桁架各杆的内力。

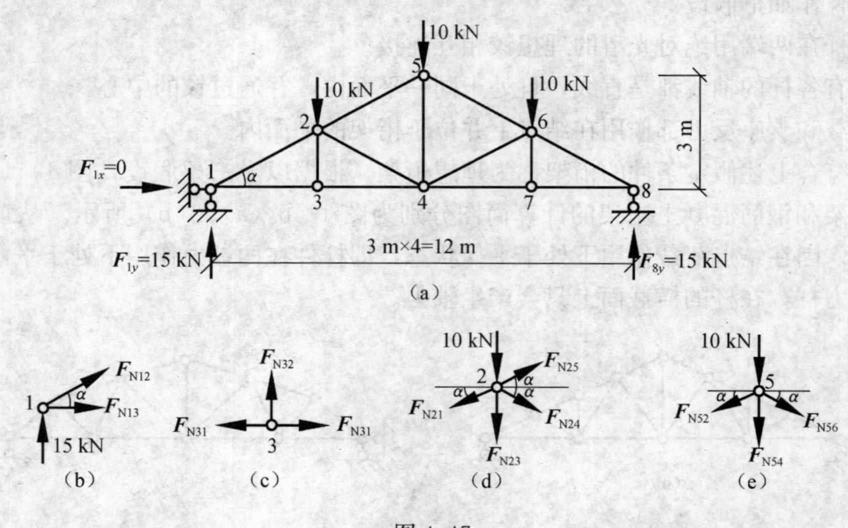

图 4-47

解：(1) 求支座反力。

考虑桁架整体平衡，由 $\sum F_x = 0$ 得

$$F_{1x} = 0$$

由 $\sum M_1 = 0$ $\qquad F_{8y} \times 12 - 10 \times 3 - 10 \times 6 - 10 \times 9 = 0$

得

$$F_{8y} = 15\ \text{kN}$$

由 $\sum F_y = 0$ $\qquad F_{1y} + F_{8y} - 10 - 10 - 10 = 0$

得

$$F_{1y} = 15\ \text{kN}$$

这个结果也可由结构及荷载的对称性直接得出。

(2) 求各杆的内力。

支座反力求出后，可截取结点求各杆的内力。从只含两个未知力的结点开始，这里有1、8两个结点，现在计算左半桁架，从结点1开始，然后依次分析其相邻结点。

取结点1为隔离体（图 4-47（b））。

由 $\sum F_y = 0$ $\qquad F_{N12} \sin \alpha + 15 = 0$

因 $\sin\alpha=1/\sqrt{5}$，解得 $F_{N12}=-33.54\ \text{kN}$（压）

由 $\sum F_x=0$ $F_{N13}+F_{N12}\cos\alpha=0$

因 $\cos\alpha=2/\sqrt{5}$，解得 $F_{N13}=30\ \text{kN}$（拉）

取结点 3 为隔离体（图 4-47（c））。

由 $\sum F_x=0$ $F_{N34}-F_{N31}=0$

得 $F_{N34}=F_{N31}=F_{N13}=30\ \text{kN}$（拉）

由 $\sum F_y=0$ $F_{N32}=0$

取结点 2 为隔离体（图 4-47（d））。

由 $\sum F_x=0$ $F_{N25}\cos\alpha+F_{N24}\cos\alpha-F_{N21}\cos\alpha=0$

由 $\sum F_y=0$ $(F_{N25}-F_{N24})\sin\alpha-F_{N21}\sin\alpha-10=0$

联立求解得 $F_{N24}=-11.26\ \text{kN}$， $F_{N25}=-22.36\ \text{kN}$

取结点 5 为隔离体（图 4-47（e））。

由 $\sum F_x=0$ $F_{N56}\cos\alpha-F_{N52}\cos\alpha=0$

得 $F_{N56}=F_{N52}=F_{N25}=-22.36\ \text{kN}$

由 $\sum F_y=0$ $-F_{N52}\sin\alpha-F_{N56}\sin\alpha-F_{N54}-10=0$

得 $F_{N54}=10\ \text{kN}$

至此桁架左半边各杆的内力均已求出。继续取 8、7、6 等结点为隔离体，可求得桁架右半边各杆的内力。

为了清晰起见，将该桁架各杆的内力标注在图 4-48 上。由该图可以看出，对称桁架在对称荷载作用下，对称位置杆件的内力也是对称的。因此，今后在求解这类桁架时，只需计算半边桁架的内力即可。

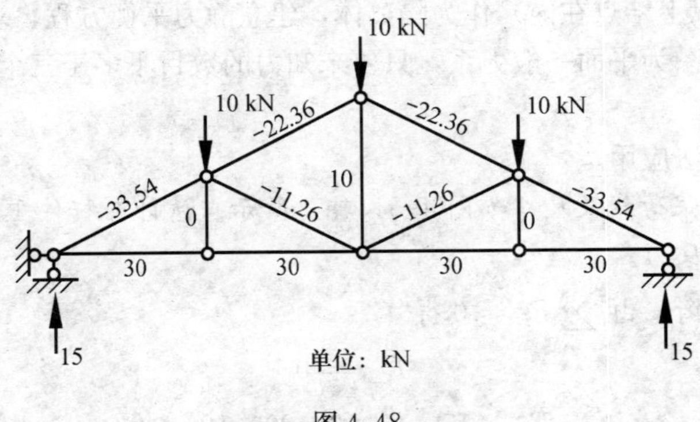

图 4-48

在例 4-22 桁架各杆的内力计算中，发现有些杆件的轴力为零，例如 2-3 杆，6-7 杆。此类轴力为零的杆，我们称它为零杆。在计算桁架的内力之前，如果能找出桁架中的零杆，将会使计算得到简化。出现零杆的情况可归结如下：

（1）不在一直线上的两杆相交于一个结点，且此结点无荷载作用时，此两杆为零杆，如图 4-49（a）所示。

（2）三杆相交一个结点，其中两杆在一直线上，且结点上无荷载作用，则第三杆为零杆，如图 4-49（b）所示。

(3) 不在同一直线上的两杆组成的结点上，若荷载沿某个杆件的方向作用时，则另一杆必为零杆，如图 4-49（c）所示。

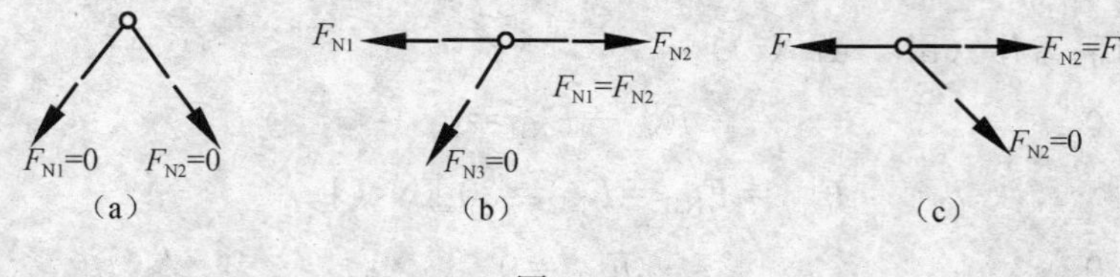

图 4-49

利用上述结论，判断出图 4-50 所示桁架中，虚线所示的各杆均为零杆。

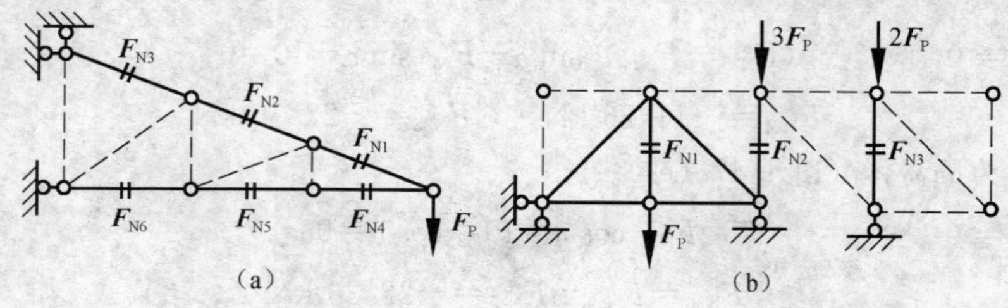

图 4-50

2. 截面法

从结点法计算桁架内力时，它是按一定顺序逐个结点进行计算，并且后一结点的计算要用到前一结点的计算结果。当桁架的结点数目较多，而又只需求桁架中某几根杆件的内力时，用结点法就会显得很繁琐。为此，介绍另外一种求桁架内力的方法——截面法。

所谓截面法就是用一个截面截断若干根杆件，将整个桁架分为两部分，取其中任一部分(它包含两个或两个以上结点在内）作为隔离体，建立静力平衡方程，求出所截杆件的内力。作用于隔离体上的力系为平面一般力系，只要未知力的数目不多于三个，就可把截面上的全部未知力求出。

现举例说明截面法应用。

例 4-23 已知桁架荷载及尺寸如图 4-51（a）所示。试计算杆件 1、2、3 的轴力。

解：(1) 求支座反力。

考虑桁架整体平衡，由 $\sum F_x = 0$ 得

$$F_{Ax} = 0$$

由 $\sum M_A = 0$ $\quad F_{By}\times15-10\times3-20\times12=0$

得

$$F_{By}=18\ \text{kN}$$

由 $\sum F_y = 0$ $\quad F_{Ay}+F_{By}-10-20=0$

得

$$F_{Ay}=12\ \text{kN}$$

(2) 求指定杆件内力。

用截面Ⅰ—Ⅰ假想将 1、2、3 三杆截断，取截面左边部分为隔离体，如图 4-51（b）所示，其中只有 $\boldsymbol{F}_{N1}$、$\boldsymbol{F}_{N2}$、$\boldsymbol{F}_{N3}$ 三个未知量，从而可利用隔离体的三个平衡方程求解。

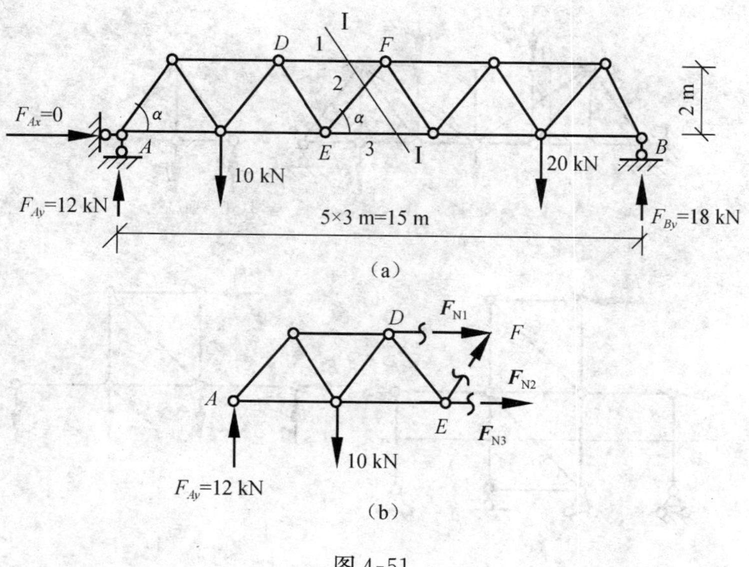

图 4-51

应用平衡方程求内力时，应注意避免解联列方程，尽量作到一个方程求解一个未知量。为求得 $\boldsymbol{F}_{N1}$，可取 $\boldsymbol{F}_{N2}$ 和 $\boldsymbol{F}_{N3}$ 两未知力的交点 E 为矩心，于是

由 $\sum M_E = 0$　　$-F_{N1}\times 2-12\times 6+10\times 3=0$

得　　$F_{N1}=-21$ kN（压力）

为了求得 $\boldsymbol{F}_{N3}$，可取 $\boldsymbol{F}_{N1}$、$\boldsymbol{F}_{N2}$ 两力的交点 F 为矩心。

由 $\sum M_F = 0$　　$F_{N3}\times 2-12\times 7.5+10\times 4.5=0$

得　　$F_{N3}=22.5$ kN（拉力）

由 $\sum F_y = 0$　　$F_{N2}\sin\alpha+12-10=0$

因 $\sin\alpha=4/5$，解得　　$F_{N2}=-2.5$ kN（压力）

值得注意的是，用截面法求桁架内力时，应尽量使所截杆件不超过三根。这样就可直接利用隔离体的三个平衡方程将三根杆件的内力求出。然而，在某些特殊情况下，虽然截面所截断的杆件有三根以上，但只要在被截各杆中，除一杆外，其余各杆均汇交于一点或均平行，则那根不与其他杆件交于一点的或不与其他杆件平行的杆件的内力可首先求得。例如在图 4-52（a）所示的桁架中作截面Ⅰ—Ⅰ，这时，虽然截面上包含有四个未知内力，但除 F_{Na} 外，其余三个未知内力均交于 D 点，故由隔离体图 4-52（b）的平衡条件 $\sum M_D = 0$，可求得 F_{Na}。又如图 4-52（c）所示桁架中，作截面Ⅰ—Ⅰ，这时虽然截断五根杆件，但除 a 杆外，其余四杆互相平行，若取截面以上部分为隔离体，如图 4-52（d）所示，则由 $\sum F_x = 0$ 即可求得 F_{Na}。

结点法和截面法是求解静定平面桁架内力的两种基本方法。其实，这两种方法没有本质的区别，只是用截面截取的研究对象不同而已。什么地方用结点法、什么地方用截面法没有一定规矩，视具体情况而定。一般说来，对于简单桁架，需要求所有杆件内力时，就用结点法较合适。但在工程中有时不需计算全部杆件内力，这时就用截面法，求哪根杆件内力，就在哪个地方用截面截开，取左部或右部为隔离体，利用平衡条件很容易求出杆件内力。另

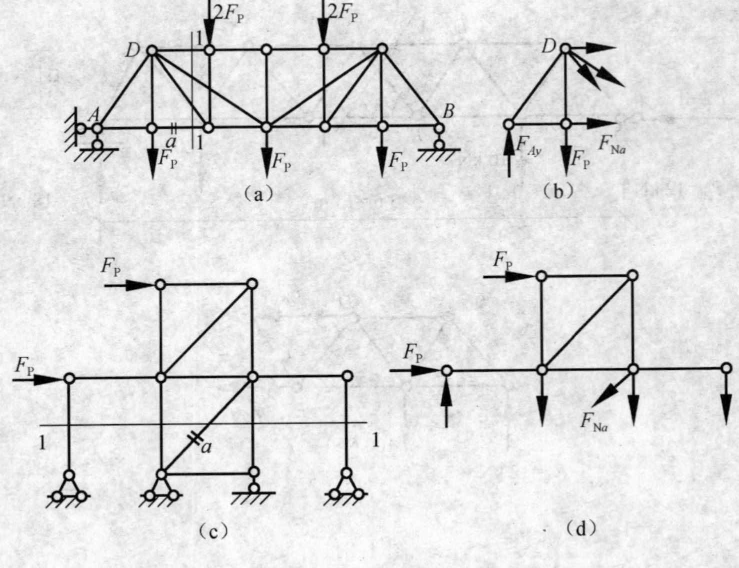

图 4-52

外，在有些桁架中需求几根指定杆件内力时，单一应用结点法或截面法都不能很快求出结果，或无法解决，如果把结点法和截面法联合起来应用，往往能收到良好的效果。在实际运算中，同一个题目往往不必固定用一种方法将计算进行到底，计算过程中哪种方法计算简单就用哪种方法进行。

第八节　静定组合结构

组合结构是承受弯矩的梁式杆件和承受轴力的链杆组成的结构。由于这种结构充分发挥了梁和桁架各自的优点，使具有不同受力特征的杆件协调工作，共同承受较大的荷载，因而在工程中得到了广泛的应用。图 4-53（a）所示下撑式五角形屋架，上弦为钢筋混凝土杆件，下弦和腹杆由型钢制成。结构简图如图 4-53（b）所示，它的几何组成顺序为：先在杆 *AC*、*BC* 上分别加二元体形成刚片，再按两刚片规则由铰 *C*、链杆 *DE* 组成新刚片 *ACBED*，最后简支在基础上。

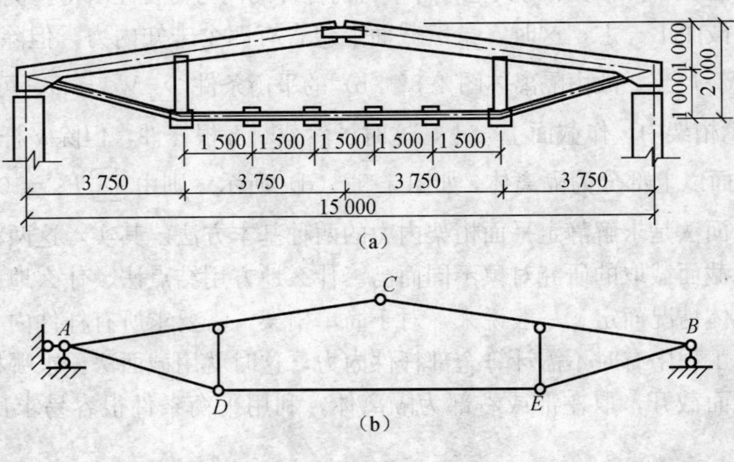

图 4-53

组合结构的内力可用截面法计算。计算时，应注意被截的杆件是链杆还是梁式杆。对于链杆，截面上只有轴力；对于梁式杆，截面上一般有弯矩、剪力和轴力三种内力。组合结构受力分析的顺序仍然与几何组成分析的顺序相反：先算支座反力，再算链杆 DE 的轴力，进而算其他链杆的轴力，最后计算梁式杆的弯矩、剪力和轴力。

例 14-24　对图 4-54（a）组合结构进行内力分析。

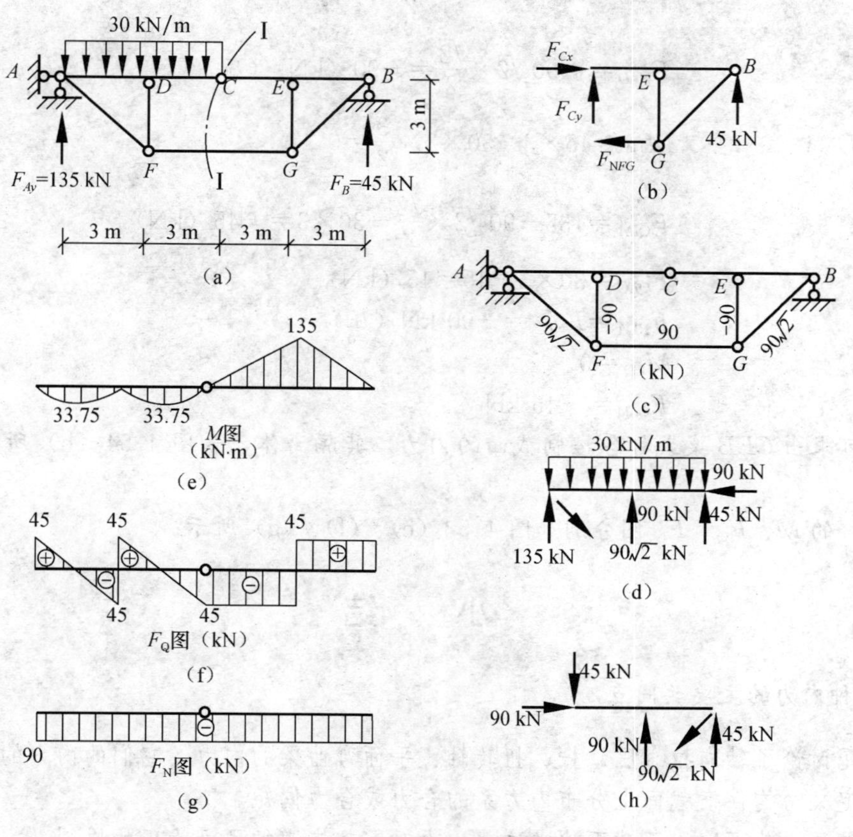

图 4-54

解：(1) 计算支座反力。

先由整体平衡求得支座反力为

$$F_{Ay}=135\ \text{kN}(\uparrow),\quad F_{By}=45\ \text{kN}(\uparrow)$$

(2) 计算链杆的轴力。用Ⅰ—Ⅰ截面截开铰 C 和链杆 FG，取其右部分为隔离体，如图 4-54（b）所示。由 $\sum M_C=0$ 得

$$F_{NFG}\times 3-45\times 6=0$$

$$F_{NFG}=90\ \text{kN（拉力）}$$

由 $\sum F_x=0$ 得
$$F_{Cx}-F_{NFG}=0$$

$$F_{Cx}=90\ \text{kN}\ (\rightarrow)$$

由 $\sum F_y=0$ 得
$$F_{Cy}+45=0$$

$$F_{Cy}=-45\ \text{kN}\ (\downarrow)$$

再分别以结点 F、G 为隔离体，即可求得全部链杆的内力，计算结果见图 4-54（c）所示。

(3) 计算梁式杆的内力。

取 ADC 杆为隔离体，如图 4-54 (d) 所示。如果求出各控制截面的内力，根据静定梁作内力图的方法，很容易作出内力图。各控制截面的内力计算如下：

截面 A　　$M_{AD}=0$

$$F_{QAD}=135-90\sqrt{2}\times\frac{\sqrt{2}}{2}=45\ (\text{kN})$$

$$F_{NAD}=-90\sqrt{2}\times\frac{\sqrt{2}}{2}=-90\ (\text{kN})\ (压)$$

截面 D　　$M_{DA}=45\times3-30\times3\times\frac{3}{2}=0$

$$F_{QDA}=135-90\sqrt{2}\times\frac{\sqrt{2}}{2}-30\times3=-45\ (\text{kN})$$

$$F_{QDC}=30\times3-45=45\ (\text{kN})$$

$$F_{NDA}=F_{NDC}=-90\ \text{kN}\ (压)$$

截面 C　　$M_{CD}=0$

$$F_{QCD}=-45\ \text{kN}$$

同理可求出 CEB 梁式杆各控制截面的内力，其隔离体，如图 4-54 (h) 所示，计算过程从略。

梁式杆的 M、F_Q、F_N 图分别如图 4-53 (e)、(f)、(g) 所示。

小　结

1. 四种内力的主要共同点

本单元讨论了轴向拉（压）杆、扭转轴、平面弯曲梁的内力，它们的内力的共同点为

(1) 定义　构件横截面上分布内力系的合力或合力偶矩。

(2) 求法　截面法。用截面法求这些内力时，都应遵循预设为正的原则。

2. 四种内力的正负规定

(1) 轴力　拉力为正；压力为负。

(2) 扭矩　按右手螺旋法则判断。

(3) 剪力　当截面上的剪力使所研究的梁段有顺时针方向转动趋势时为正；反之为负。

(4) 弯矩　当截面上的弯矩使所研究的梁段产生向下凸的变形时（即该梁段的下部受拉，上部受压）为正；反之为负。

3. 作剪力图和弯矩图的方法

梁的内力图是指梁的剪力图和弯矩图。它们分别表示梁的剪力和弯矩沿梁轴变化的规律。画梁内力图的方法有很多，本章学习了如下三种：

(1) 写方程法　由于有时要用内力方程来作计算，因此，能对各种杆件写出内力方程，是必须掌握的基本知识。列方程时首先要确定坐标原点，坐标原点的位置不同，方程的形式及自变量 x 的取值范围也会随着改变，但是画出的剪力图和弯矩图是相同的。

(2) 用 $M(x)$、$\boldsymbol{F}_Q(x)$、$\boldsymbol{q}(x)$ 之间的微分关系作图　用微分关系画图的基本过程是：在求出支座反力后，以梁的起始截面、终止截面、集中力的作用截面、集中力偶的作用截面、分布荷载的起止截面为界限进行分段，根据微分关系确定各段内力图的形状，求出控制截面的内力值，最后连线画图。用微分关系来绘制校核内力图，是简捷实用的方法。

(3) 区段叠加法画弯矩图　区段叠加法画弯矩图是最常用的方法，必须掌握。一般来说，区段叠加法是以区段两端弯矩竖标的连线为基线，叠加上相应简支梁的弯矩图。其中有两个常见的数据应该记住：满布均布荷载区段的中点弯矩叠加值为 $ql^2/8$；集中力作用区段的集中力作用处的弯矩叠加值为 F_Pab/l。

4. 静定平面刚架内力

具有刚结点是刚架的特点。由于刚结点所连接各杆杆端不能发生相对转动，能传递力和力矩，因此，刚架的内力峰值相对于铰结点时小。静定平面刚架的各杆可当作梁计算。

5. 静定平面桁架内力

静定平面桁架中各杆的内力都是轴向力（拉力或压力）。本章介绍了两种计算桁架内力的方法：结点法和截面法。结点法是以任一结点为研究对象，考虑其平衡，列平衡方程求解未知内力。这种方法适用于求解桁架中所有杆件的内力。而截面法，是用假想截面从桁架中任意部位截开，取其一部分为研究对象，考虑其平衡条件求解未知内力，这种方法适用于求解桁架中某几个指定杆件的内力。

6. 组合结构

组合结构由链杆和梁式杆组成。先计算链杆的轴力，后计算梁式杆的内力

思考题

4-1　试分别叙述轴向拉（压）杆、扭转轴、平面弯曲梁的受力特点和变形特点。

4-2　试判别图 4-55 所示构件中哪些属于轴向拉伸或压缩？

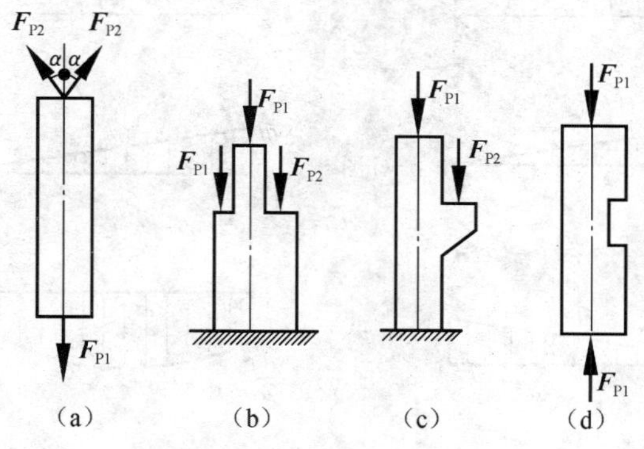

图 4-55

4-3　一根钢杆、一根铜杆，它们的截面面积不同，承受相同的轴向拉力，问它们的内力是否相同?

4-4　判断图 4-56 所示各杆的轴力图是否正确，若有错，指出错在哪里，并将不正确的改正。

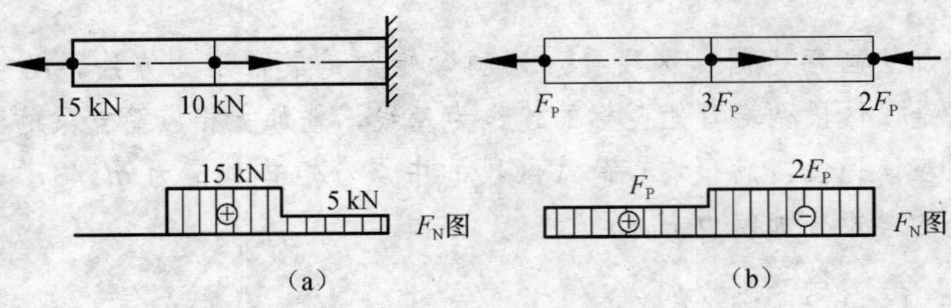

图 4-56

4-5　梁横截面上的剪力和弯矩的正负是怎样规定的?

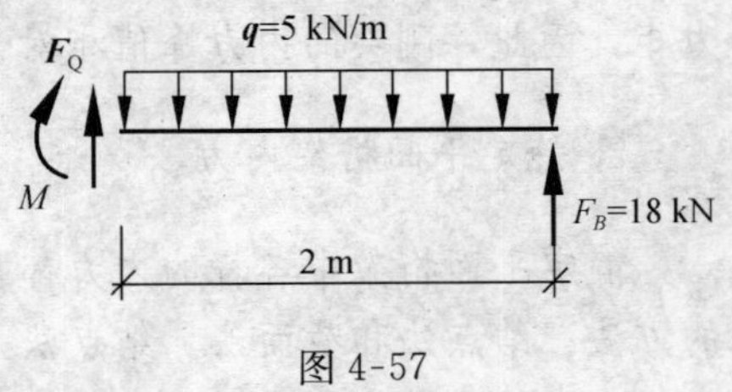

图 4-57

4-6　简述截面法求梁横截面上剪力、弯矩的步骤，并就图 4-57 所示梁段回答下列问题：(1) 计算内力时是取截面的哪侧研究的? 所假定的 $\boldsymbol{F}_Q$、M 是正还是负? (2) 由平衡方程 $\sum F_y = 0$ 求得 $F_Q = -8$ kN，由 $\sum M = 0$ 求得 $M = 26$ kN·m，计算结果的正、负号说明什么?

4-7　何谓弯矩方程和剪力方程? 内力方程中自变量 x 是从哪一点为起点? 适用范围如何?

4-8　在集中力、集中力偶作用截面的剪力 F_Q 和弯矩 M 各有什么特征?

4-9　如何确定弯矩的极值? 弯矩图上极值是否就是梁内的最大弯矩? 一般说，梁的最大弯矩值可能发生在何处?

4-10　写出 $M(x)$、$\boldsymbol{F}_Q(x)$、$\boldsymbol{q}(x)$ 三者之间的微分关系式，解释各式的几何意义。并回答用三者之间的微分关系作剪力图、弯矩图时的步骤。

4-11　判断图 4-58 所示各梁的剪力图、弯矩图是否正确? 若有错加以改正。

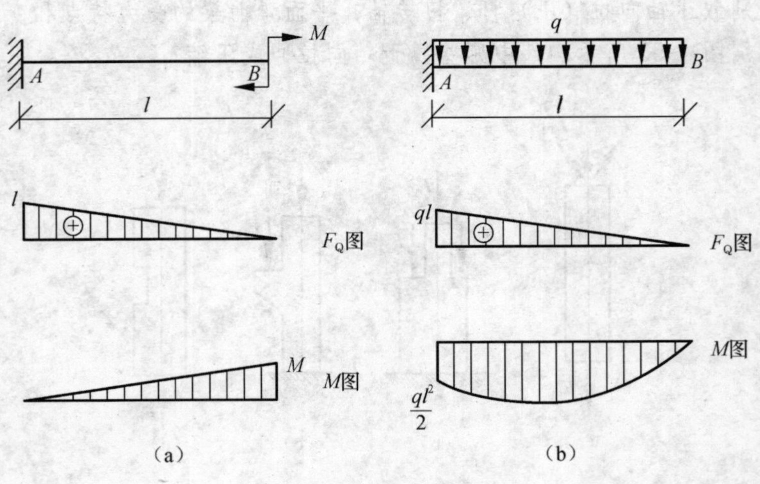

图 4-58

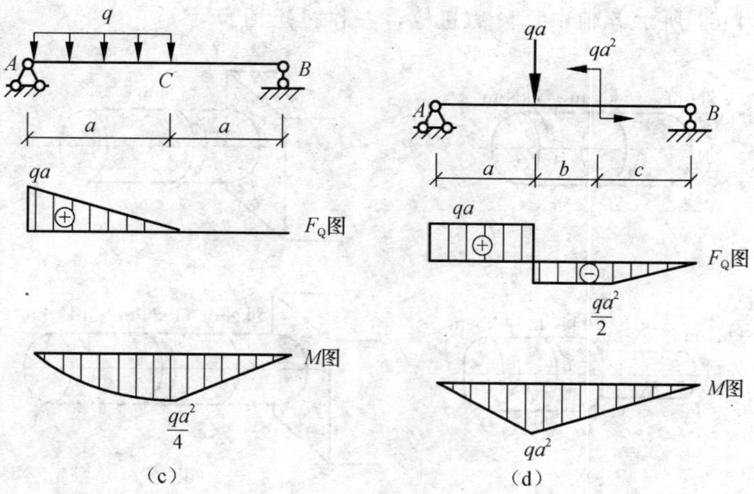

图 4-58（续）

4-12　图 4-59 所示两弯矩图叠加是否有错误？如有，请改正之。

4-13　为什么直杆上任一区段的弯矩图都可以用简支梁叠加法来作？其步骤如何？

4-14　当荷载作用在基本部分时，附属部分是否引起内力；反之，当荷载作用在附属部分时，基本部分是否引起内力？为什么？

4-15　在荷载作用下，刚架的弯矩图在刚结点处有何特点？

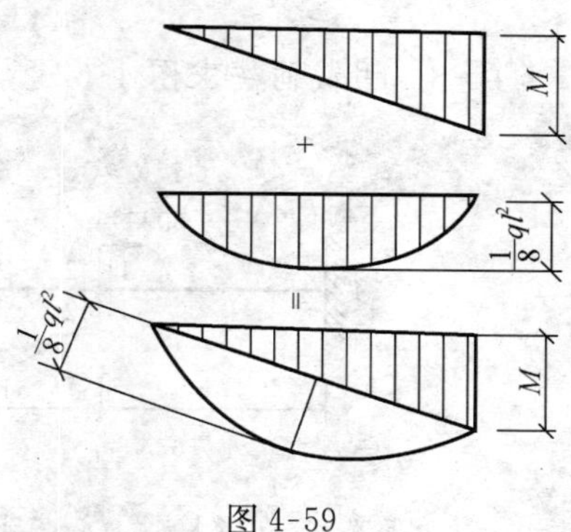

图 4-59

4-16　实际桁架与理想桁架有无区别？为什么能采用理想桁架作为实际桁架的计算简图。

4-17　桁架中既然有些杆件为零杆，是否可将其从实际结构中撤去？为什么？

4-18　截面法中选截面时，平面桁架未知力杆一般不多于三根，例外情况是什么？

4-19　怎样识别组合结构中的链杆（二力杆）和梁式杆件？组合结构的计算与桁架有何不同之处？

习　题

4-1　求图 4-60 所示各杆指定横截面上的轴力，并作轴力图。

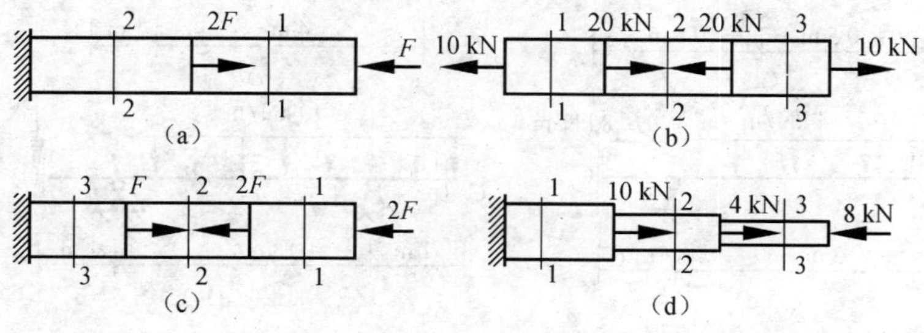

图 4-60

4-2 求图 4-61 所示各轴中每段的扭矩，并作扭矩图。

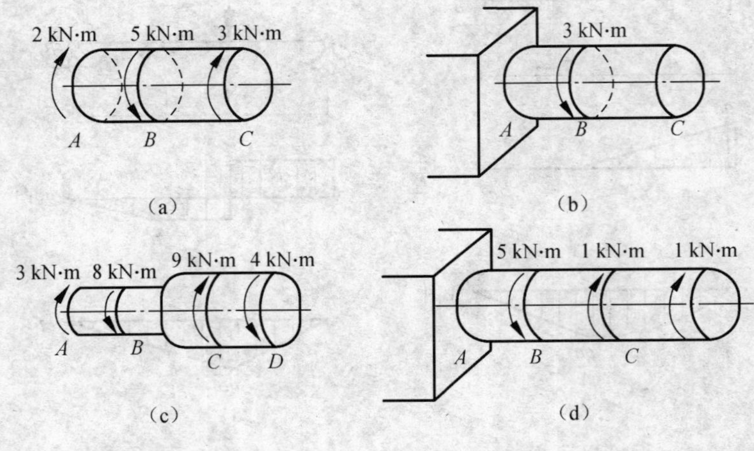

图 4-61

4-3 用截面法求图 4-62 所示各梁指定截面上的剪力和弯矩。

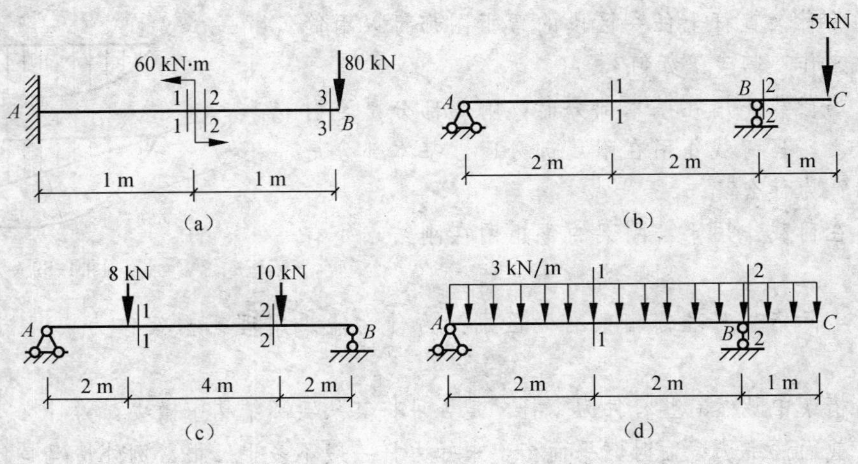

图 4-62

4-4 直接用外力求图 4-63 所示各梁指定截面上的剪力和弯矩。

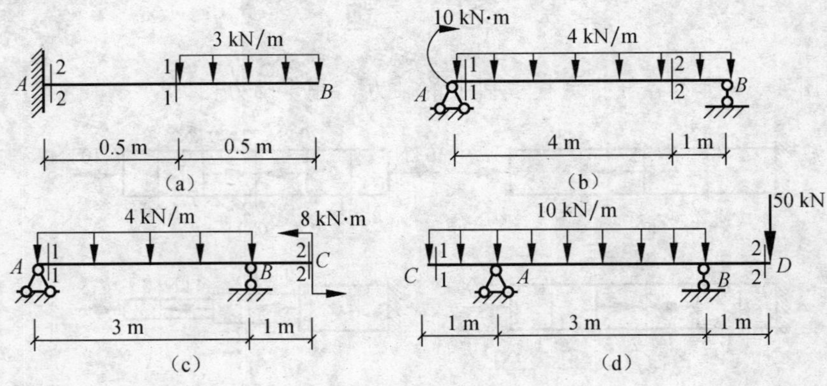

图 4-63

4-5 用列剪力方程、弯矩方程的方法作图 4-64 所示各梁的内力图。

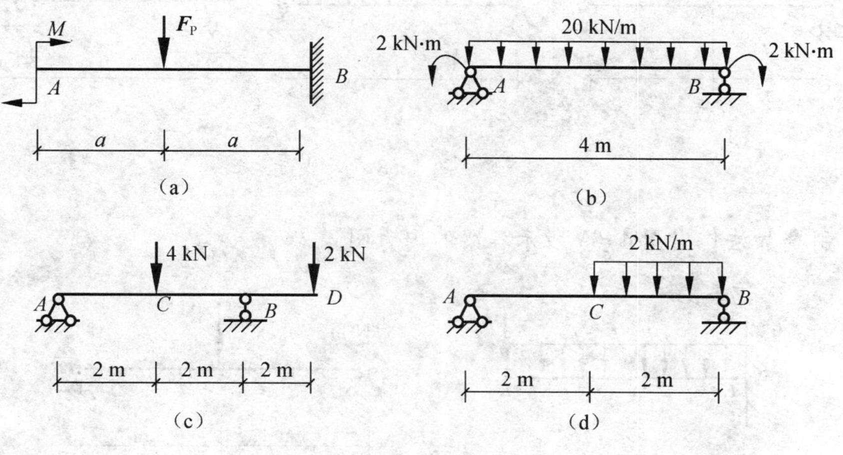

图 4-64

4-6 用微分关系作图 4-65 所示各梁的内力图。

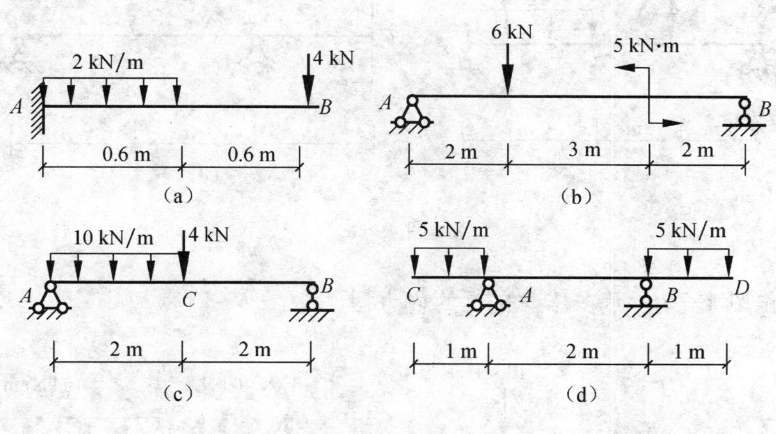

图 4-65

4-7 如图 4-66 所示，起吊一根等截面钢筋混凝土杆，考虑杆自重。问吊装时的起吊点位置 x 应为多少才最合理（最不易使杆折断）？

4-8 如图 4-67 所示，天车梁上小车轮距为 c，其重量为 $\boldsymbol{F}_P$，问小车走到什么位置时，梁的弯矩最大？并求出 M_{max}。

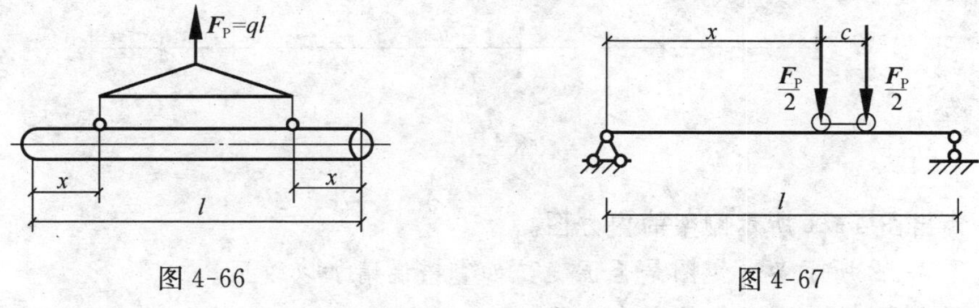

图 4-66　　图 4-67

4-9 如图 4-68 所示，试求出以下三梁的 $|M|_{max}$，并加以比较。

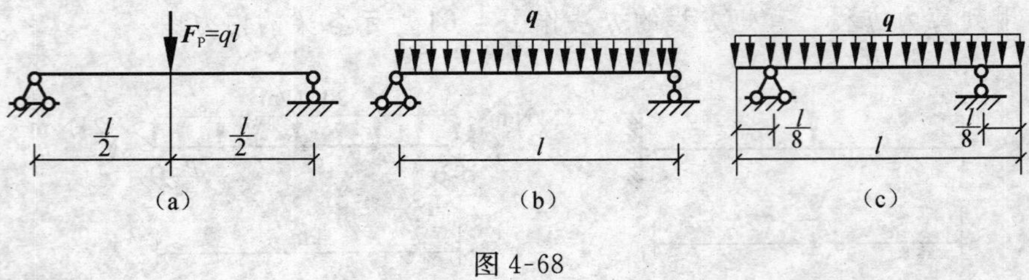

图 4-68

4-10　用叠加法作出图 4-69 所示各梁的内力图。

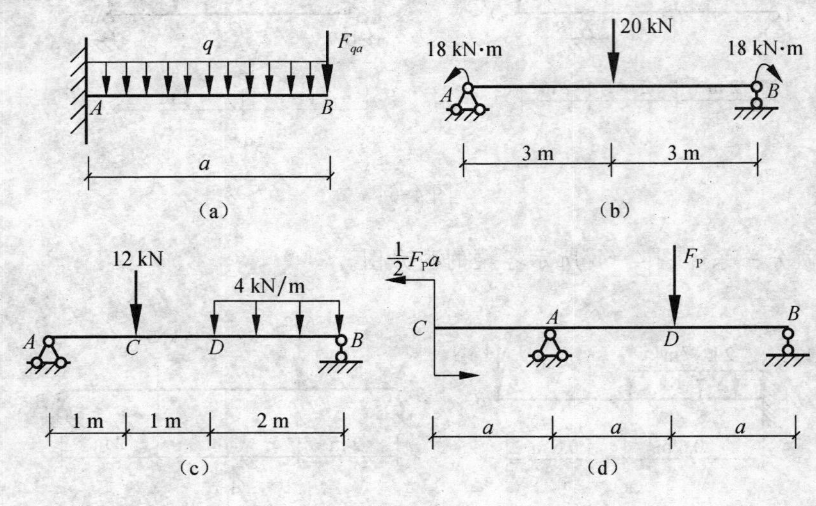

图 4-69

4-11　试作图 4-70 所示多跨静定梁的内力图。

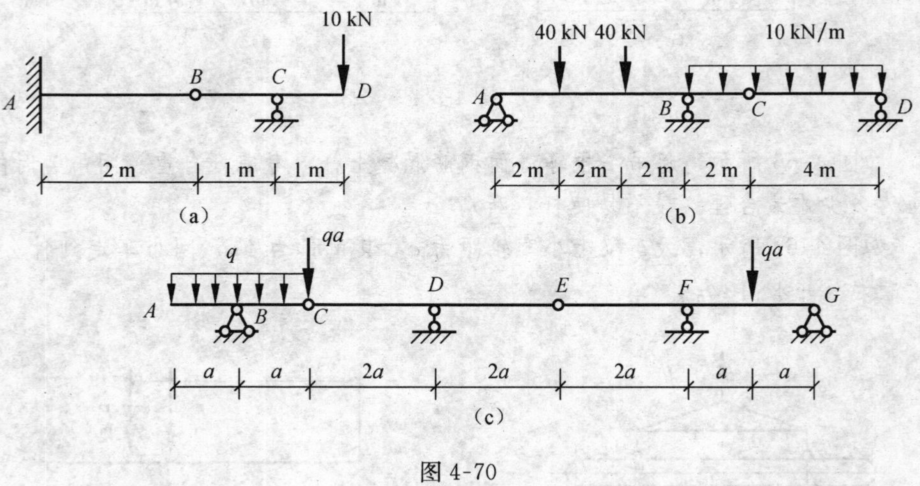

图 4-70

4-12　作出图 4-71 所示刚架的内力图。

4-13　图 4-72 所示各弯矩图是否正确？如有错误请加以改正。

4-14　判定图 4-73 所示各桁架中的零杆。

20 kN/m
40 kN
B
C
D
A
4 m
3 m
3 m
(a)
B
C
10 kN
A
1 m
3 m
D
3 m
(b)
10 kN·m
C
D
20 kN/m
4 m
A
B
4 m
(c)
20 kN/m
C
B
3 m
20 kN
3 m
A
4 m
(d)
B
10 kN/m
A
C
D
3 m
3 m
3 m
(e)
12 kN·m
C
D
F
4 kN
E
A
B
3 m
3 m
6 m
2 m
(f)

图 4-71

F_P
F_P
q
F_P
(a)
(b)
(c)

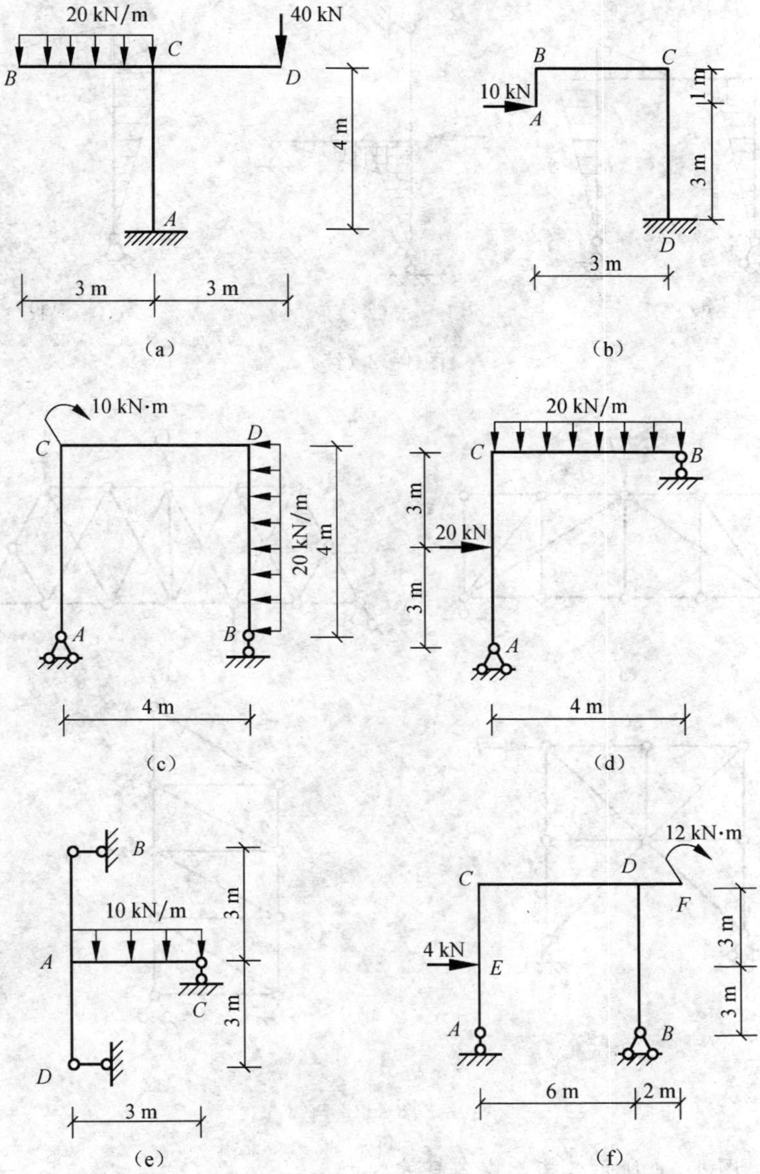

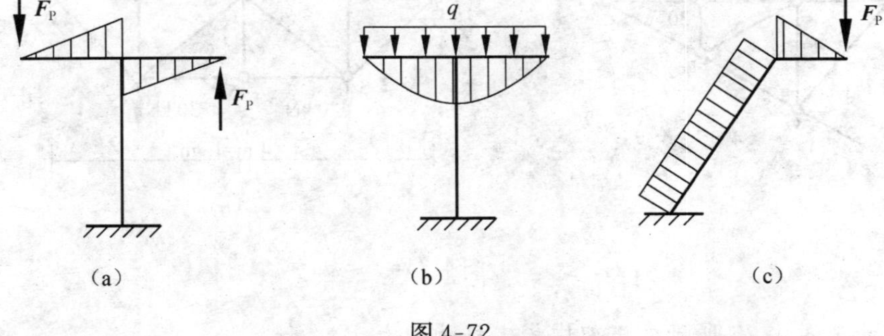

图 4-72

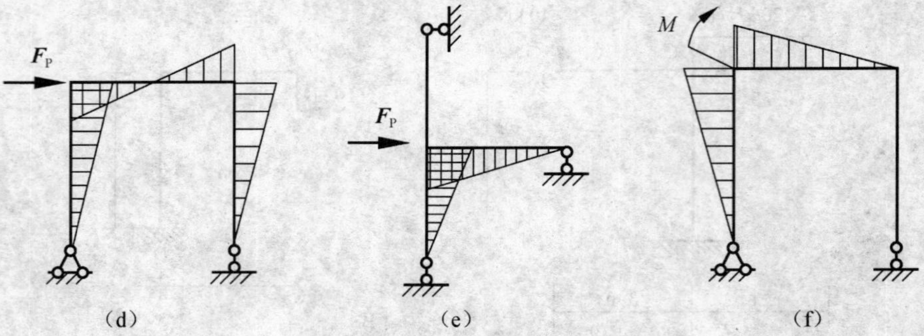

F_P

（d）　（e）　（f）

图 4-72（续）

F_P

（a）　（b）

（c）　（d）

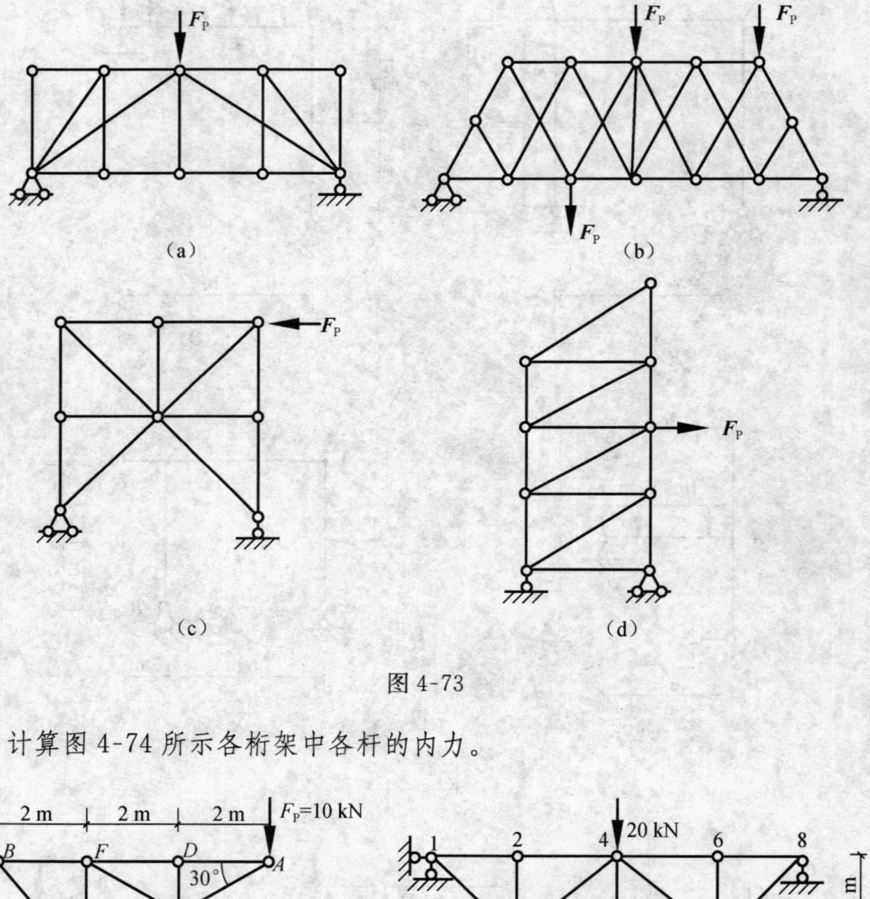

图 4-73

4-15　计算图 4-74 所示各桁架中各杆的内力。

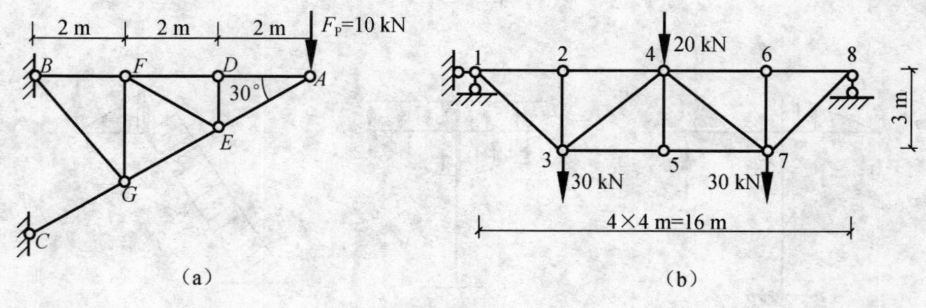

图 4-74

4-16　计算图 4-75 所示各桁架中指定杆的内力。

4-19　试计算图 4-76 所示组合结构，在二力杆旁标明轴力，并作出梁式杆的 M 图。

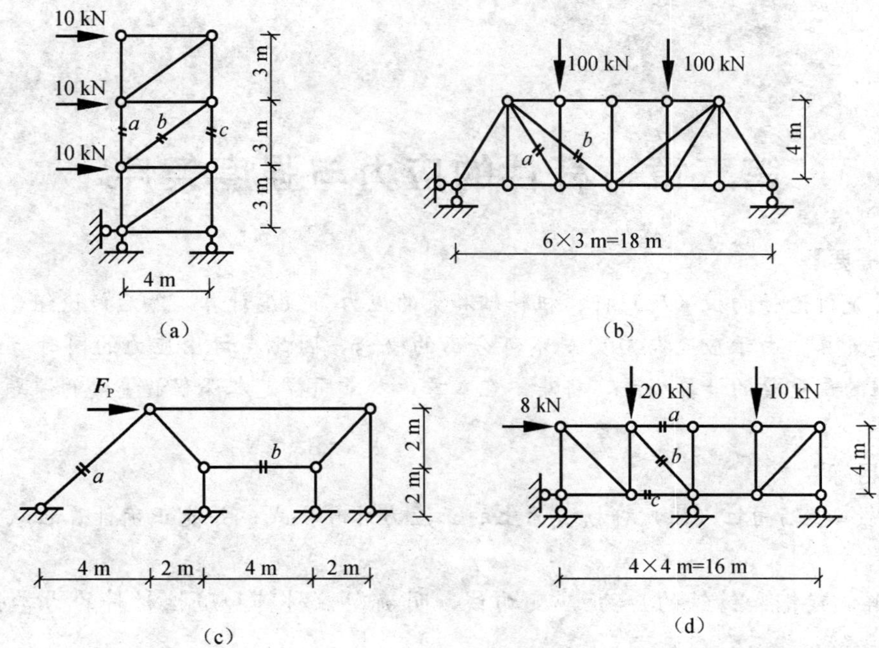

10 kN
10 kN
10 kN
3 m
3 m
3 m
4 m
a
b
c
(a)
100 kN
100 kN
4 m
a
b
6×3 m=18 m
(b)
F_P
a
b
2 m
2 m
4 m
2 m
4 m
2 m
(c)
8 kN
20 kN
10 kN
a
b
c
4 m
4×4 m=16 m
(d)

A
E
F
B
F_P
F_P
C
D
a
a
a
a

图 4-75

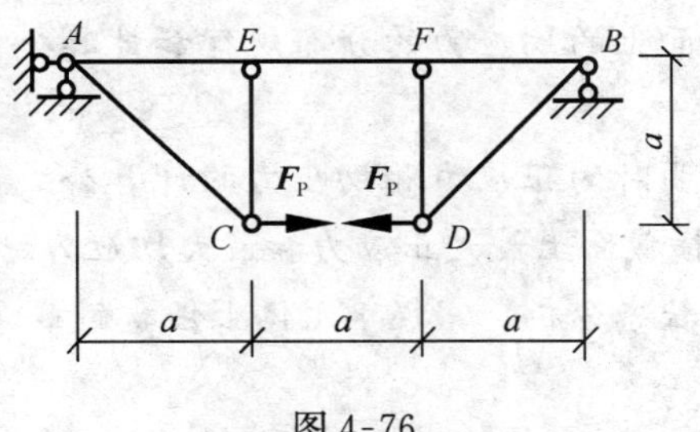

图 4-76

第五章　杆件的应力与强度条件

【本章提要】

本章首先讨论轴向拉（压）杆、扭转轴和梁的应力与强度计算，然后讨论组合变形杆的应力与强度计算。由于应变与应力是不可分离的概念，因此在讨论应力的同时势必讨论应变。本课程的最重要的计算公式，将集中在本章。本章同样是本课程最重要的课题之一，也是难点之一。

【学习目标】

1. 熟练掌握轴向拉（压）杆横截面上的正应力计算公式；并能正确计算拉（压）杆的变形。

2. 了解低碳钢和铸铁的应力-应变曲线，明确塑性材料和脆性材料的力学性质及其差别。

3. 掌握静矩、惯性矩和惯性积的定义；会确定截面形心位置，会应用平行移轴公式计算组合图形对形心轴的惯性矩。

4. 了解圆轴扭转时横截面上的切应力的分布规律和计算公式，会计算横截面上的最大切应力。

5. 正确理解和掌握梁弯曲时的正应力和切应力的计算公式，明确正应力和切应力沿截面高度的分布规律；会求梁横截面上最大正应力和最大切应力。

6. 了解梁上一点处应力状态分析，掌握单元体上任意斜截面上的应力及主应力的计算，了解主应力迹线。

7. 了解组合变形杆的应力计算。

8. 会根据强度条件进行强度的三类计算，解决较简单的工程实际问题。

第一节　应力和应变的概念

一、应力的概念

为了解决杆件的强度问题，只知道杆件的内力是不够的。例如，用同种材料制作两根粗细不同的杆件，并使这两根杆件承受相同的轴向拉力，当拉力达到某一值时，细杆将首先被拉断。这一事实说明：杆件的强度不仅和杆件横截面上的内力有关，而且还与横截面的面积有关。细杆将先被拉断是因为内力在小截面上分布的密集程度（简称集度）大而造成的。因此，为了解决强度问题，应进一步研究内力在横截面上的分布集度。

工程上将内力在一点处的分布集度称为应力。

为了分析图 5-1（a）所示截面上任一点 K 处的应力，可在该截面上 K 点周围取一微小面积 ΔA，设 ΔA 面积上的合内力为 ΔF，则比值为

$$p_{\mathrm{m}}=\frac{\Delta F}{\Delta A}$$

上式中 p_m 称为 ΔA 上的平均应力。由于在一般情况下，分布内力并不一定是均匀的，所以平均应力不能精确地表示 K 点处的内力分布集度。当 ΔA 无限缩小而趋向于零时，平均应力的极限值才能表示 K 点处的内力集度，即

$$p = \lim_{\Delta A \to 0} \frac{\Delta F}{\Delta A} = \frac{dF}{dA}$$

上式中 p 称为 K 点的总应力。总应力 p 是一个矢量，通常情况下，它既不与截面垂直，也不与截面相切。为了研究问题时方便起见，习惯上常将它分解为与截面垂直的分量 σ 和与截面相切的分量 τ。σ 称为正应力，τ 称为切应力（图 5-1（b））。

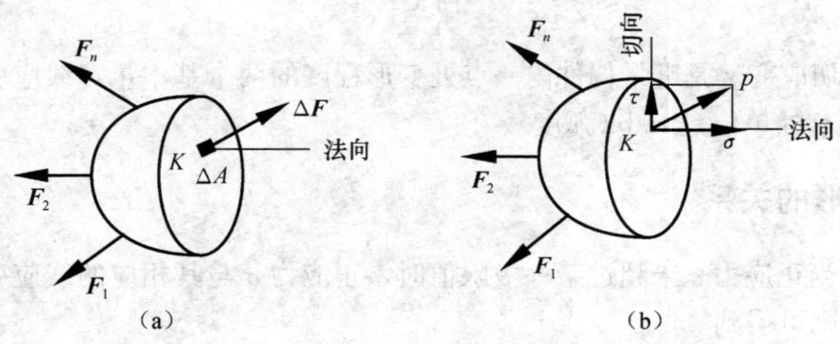

图 5-1

由于 σ、τ 的方位确定，一般将正应力和切应力表示为代数量。对于正应力 σ 通常规定：拉应力为正，压应力为负；切应力 τ 通常规定：顺时针（切应力对研究部分内任一点取矩时，力矩的转向为顺时针）为正，逆时针为负。

工程中应力的常用单位为 Pa（帕）或 MPa（兆帕）。

$$1\ \text{Pa} = 1\ \text{N/m}^2$$

$$1\ \text{MPa} = 1\ \text{N/mm}^2$$

另外，应力的单位有时也用 kPa（千帕）和 GPa（吉帕），各单位的换算情况如下：

$$1\ \text{kPa}=10^3\ \text{Pa},\quad 1\ \text{GPa}=10^9\ \text{Pa}=10^3\ \text{MPa},\quad 1\ \text{MPa}=10^6\ \text{Pa}$$

二、应变

在构件上某点处取一微小的正六面体，如图 5-2（a）所示。当构件受外力作用时，微小的正六面体将产生变形，其变形不外下列两类：

（1）沿棱边方向的伸长或缩短。沿 x 方向原长为 Δx，变形后变为 $\Delta x+\Delta u$（图 5-2（b）），将比值

$$\varepsilon_m = \frac{\Delta u}{\Delta x}$$

称为正六面体沿 x 方向的平均线应变。ε_m 实际上是在 Δx 范围内单位长度上的平均伸长量，仍与所取的 Δx 的长短有关，为了消除尺寸的影响，我们取下列极限：

$$\varepsilon_x = \lim_{\Delta x \to 0} \frac{\Delta u}{\Delta x}$$

ε_x 称为 K 点处沿 x 方向的线应变。

（2）棱边间夹角的改变。如棱边 Oa 和 Oc 间的夹角变形前为直角，变形后该直角减小 γ

(图 5-2 (c))，角度的改变量 γ 则称为切应变。

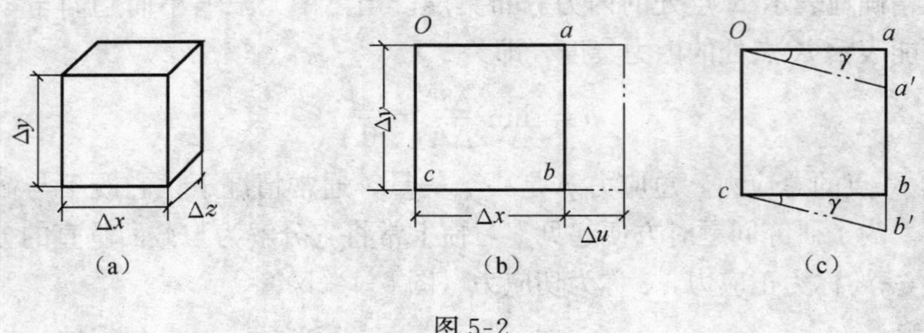

图 5-2

线应变 ε 和切应变 γ 是度量构件内一点处变形程度的两个基本量，线应变 ε 是一个无量纲的量，切应变 γ 的单位是 rad（弧度）。

三、应力和变形的关系

试验表明，当正应力 σ 未超过某一极限值时，正应力 σ 与其相应的线应变 ε 成正比。引入比例常数 E，则可得到

$$\sigma = E\varepsilon \tag{5-1}$$

上式称为胡克定律。式中的比例常数 E 称为弹性模量。它与材料的力学性质有关，是衡量材料抵抗弹性变形能力的一个指标，对同一材料，弹性模量 E 为常数。E 的数值随材料而异，可由试验测定。弹性模量 E 的单位与应力的单位相同。

试验还表明，当切应力 τ 未超过某一极限时，切应力 τ 与其相应的切应变 γ 成正比。引入比例常数 G，则可得到

$$\tau = G\gamma \tag{5-2}$$

上式称为剪切胡克定律。式中的比例常数 G 称为切变模量，它也与材料的力学性质有关。对同一材料，切变模量 G 为常数。G 的单位与应力的单位相同。

四、切应力互等定理

图 5-3 所示为某构件上绕某点所取一微小的正六面体，可以证明

$$\tau = \tau' \tag{5-3}$$

式（5-3）表明：在互相垂直的两个平面上的切应力必然成对存在，且大小相等，方向或共同指向两平面的交线，或共同背离两平面的交线，这一关系称为切应力互等定理。

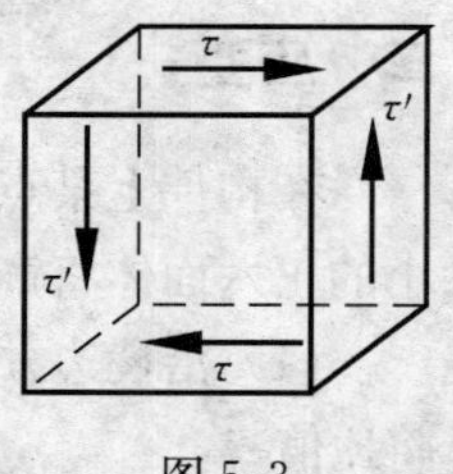

图 5-3

第二节　轴向拉（压）杆的应力和变形

一、轴向拉（压）杆横截面上的应力

由于轴向拉（压）杆横截面上的内力只有轴力，其方向与横截面垂直。因此，由内力与应力的关系很容易推断出：在轴向拉（压）杆横截面上与轴力相应的应力只能是垂直于截面

的正应力。但正应力在横截面上的变化规律不能由主观推断，通常采用的方法是先做实验，根据实验观察到的杆在外力作用下的变形现象，做出一些假设，然后才能推导出应力的计算公式。

取一等截面直杆，在杆的表面均匀地画一些与轴线相平行的纵向线和与轴线相垂直的横向线（图 5-4（a）)，然后在杆的两端加一对与轴线相重合的外力，使杆产生轴向拉伸变形（图 5-4（b)），可以观察到：所有的纵向线都伸长了，而且伸长量都相等，并且仍与轴线平行；所有的横向线仍保持为直线，且仍垂直于轴线，只是相对距离增大了。

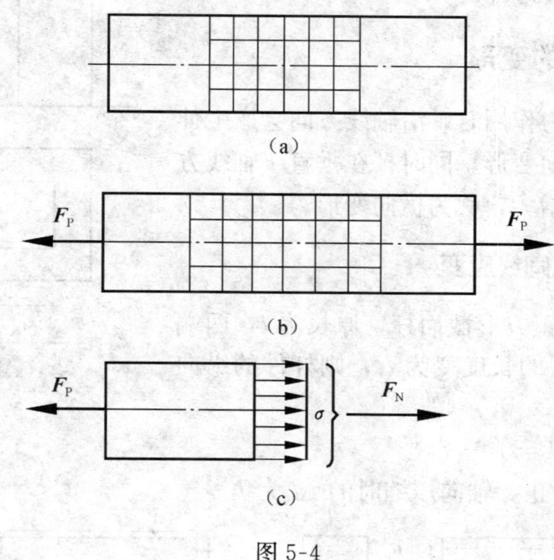

图 5-4

根据上述现象，可以做出如下假设：杆件的横截面变形前是平面，变形后仍保持为平面且与杆件的轴线垂直，这一假设称为平面假设。如果将杆设想成由无数纵向“纤维”所组成，则由平面假设可知，任意两个横截面之间所有纵向纤维的伸长量均相等，又因材料是均匀的，各纵向纤维的变形相同，因而它们所受的力也相等。这表明横截面上的内力是均匀分布的，即横截面上各点处的正应力 σ 都相等，如图 5-4（c）所示。其计算公式为

$$\sigma = \frac{F_N}{A} \tag{5-4}$$

式中，A 为拉（压）杆横截面的面积；F_N 为轴力。

当杆受轴向压缩时，情况完全类似，上式同样适用。由于前面规定了轴力的正负号，由式（5-4）可知，正应力也随轴力有正负之分，若 $\boldsymbol{F}_N$ 为拉力，则 σ 为拉应力；若 $\boldsymbol{F}_N$ 为压力，则 σ 为压应力，拉应力为正，压应力为负。

对于等截面直杆，最大正应力一定发生在轴力最大的截面上。

$$\sigma_{max} = \frac{F_{Nmax}}{A} \tag{5-5}$$

习惯上把杆件在荷载作用下产生的应力，称为工作应力。并且通常把产生最大工作应力的截面称为危险截面，产生最大工作应力的点称为危险点。可见：对于产生轴向拉（压）变形的等直杆，轴力最大的截面就是危险截面，该截面上任一点都是危险点。

例 5-1　如图 5-5（a）所示为正方形截面阶梯形砖柱。已知：荷载 $F_P=60$ kN，试求该柱各段横截面上的应力。

解：首先画出砖柱的轴力图，如图 5-5（b）所示。

由于该柱为阶梯形变截面柱，所以需分段计算应力。

AB 段柱横截面上的正应力为

$$\sigma_{AB}=\frac{F_{NAB}}{A_{AB}}=-\frac{60\times10^{3}}{250\times250}=-0.96(\mathrm{MPa})$$

BC 段柱横截面上的正应力为

$$\sigma_{BC}=\frac{F_{NBC}}{A_{BC}}=-\frac{180\times10^{3}}{500\times500}=-0.72(\mathrm{MPa})$$

（a）（b）

图 5-5

二、轴向拉（压）杆的变形

杆件在受到轴向外力作用时，沿轴线方向会产生伸长或缩短变形，称为纵向变形。同时杆在垂直于轴线方向的横向尺寸将缩小或增大，称为横向变形。

（一）纵向变形和纵向线应变

如图 5-6（a）所示正方形截面杆，原长为 l，两端受到轴向拉力 $\boldsymbol{F}_{\mathrm{P}}$ 作用后的长度变为 l_1，则杆件的纵向变形量为

$$\Delta l=l_1-l$$

轴向拉伸时的 Δl 为正，轴向压缩时的 Δl 为负。

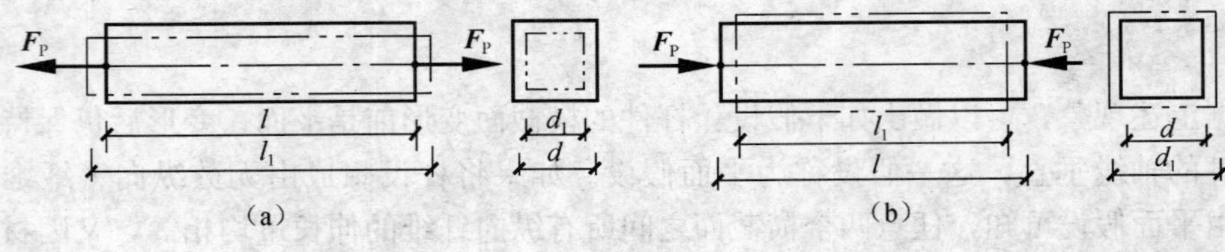

（a）（b）

图 5-6

纵向变形只反映杆件在纵向的总变形量，无法说明杆件的变形程度。由于杆的各段是均匀伸长，所以可用单位长度的变形量来反映杆件的变形程度。单位长度的纵向变形量称为纵向线应变，用 ε 表示。即

$$\varepsilon=\frac{\Delta l}{l} \tag{5-6}$$

ε 的正负号与 Δl 相同，拉伸时为正值，压缩时为负值；ε 是一个无单位的量。

（二）横向变形和横向线应变

设图 5-6 所示正方形截面杆的原横向尺寸为 d，受力后变为 d_1，则杆件的横向变形量为

$$\Delta d=d_1-d$$

而与之相应的横向线应变 ε' 为

$$\varepsilon'=\frac{\Delta d}{d} \tag{5-7}$$

ε' 的正负号与 Δd 相同，压缩时为正值，拉伸时为负值；因此，轴向拉（压）杆的横向线应变 ε' 与纵向线应变 ε 的符号总是相反的。

经实验证明：当轴向拉（压）杆的应力不超过材料的比例极限时，横向线应变 ε' 与纵向线应变 ε 的比值的绝对值为一常数，通常将这一常数称为泊松比或横向变形系数。用 μ 表示。

$$\mu=\left|\frac{\varepsilon'}{\varepsilon}\right| \tag{5-8}$$

泊松比 μ 是一个无单位的量。它的值与材料有关，可由实验测出。常用材料的泊松比见表 5-1。

表 5-1　常用材料的 μ、E 值

材料名称	E/GPa	μ
低碳钢（Q235）	200～210	0.24～0.28
16 锰钢（Q245）	200～220	0.25～0.33
铸铁	115～160	0.23～0.27
铝合金	70～72	0.26～0.33
混凝土	15～36	0.16～0.18
木材（顺纹）	9～12	
砖石料	2.7～3.5	0.12～0.20
花岗岩	49	0.16～0.34

泊松比建立了某种材料的横向线应变与纵向线应变之间的关系。在工程中计算变形时通常是先计算出杆的纵向变形，然后通过泊松比确定横向变形。

（三）轴向拉（压）杆的变形计算公式

按照胡克定律（5-1），可得

$$\varepsilon=\frac{\sigma}{E}$$

将式（5-4）和式（5-6）代入上式得

$$\Delta l=\frac{F_{\mathrm{N}}l}{EA} \tag{5-9}$$

上式即为轴向拉（压）杆的变形计算公式。也是胡克定律的另外一种表现形式。式（5-9）说明：纵向线变形 Δl 与轴力 $\boldsymbol{F}_{\mathrm{N}}$、杆长 l 成正比，而与材料的弹性模量 E 和横截面面积 A 成反比。EA 的乘积越大，纵向线变形 Δl 越小。所以 EA 反映了杆件抵抗变形的能力，称为杆件的抗拉（压）刚度。

例 5-2　图 5-7（a）所示杆，受到轴向外力作用，$F_{\mathrm{P}}=20$ kN，$a=0.4$ m，材料为木材，弹性模量 $E=10$ GPa，杆件的横截面面积 $A=4\times10^{4}$ mm²，求杆的总纵向变形。

解：杆的总纵向变形就是沿着杆的长度方向各段纵向变形之和。

（1）求轴力，画轴力图。

该杆可分为三段计算轴力。

$$F_{\mathrm{N}AB}=2F_{\mathrm{P}}=2\times20=40\text{ kN}$$

$$F_{\mathrm{N}BC}=2F_{\mathrm{P}}-2F_{\mathrm{P}}=0$$

$$F_{\mathrm{N}CD}=2F_{\mathrm{P}}-2F_{\mathrm{P}}+F_{\mathrm{P}}=20\text{ kN}$$

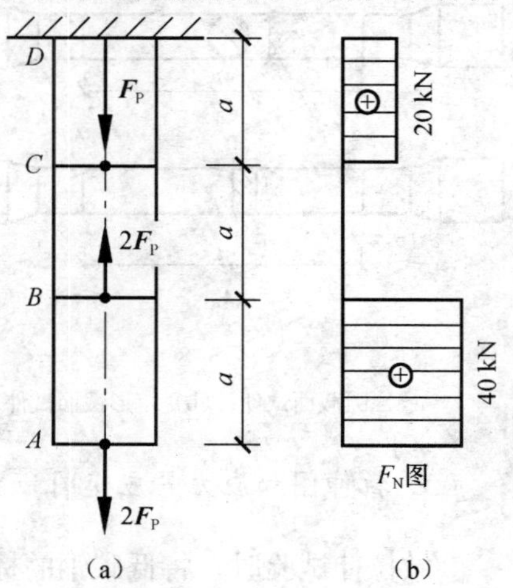

图 5-7

画出的轴力图如图 5-7（b）所示。

（2）求变形。

AB 段：$$\Delta l_{AB}=\frac{N_{AB}l_{AB}}{EA}=\frac{40\times10^3\times0.4\times10^3}{10\times10^3\times4\times10^4}=0.04\ (\text{mm})$$

BC 段：$$\Delta l_{BC}=\frac{N_{BC}l_{BC}}{EA}=0$$

CD 段：$$\Delta l_{CD}=\frac{N_{CD}l_{CD}}{EA}=\frac{20\times10^3\times0.4\times10^3}{10\times10^3\times4\times10^4}=0.02\ (\text{mm})$$

$$\Delta l=\Delta l_{AB}+\Delta l_{BC}+\Delta l_{CD}=0.04+0+0.02=0.06\ (\text{mm})\ (\text{杆受拉})$$

注意：应用胡克定律求变形时，必须保证在长度 l 的范围内轴力 F_N、弹性模量 E 和杆的横截面面积为常数。本题在杆长 $3a$ 范围内，由于轴力有变化，所以应分段计算变形，然后相加才能求得杆的总变形。

第三节　材料在拉伸和压缩时的力学性质

在进行杆件的强度和变形计算时，必须了解并掌握材料的力学性质。所谓材料的力学性质是指材料在外力作用下所表现出的强度和变形方面的性质。材料的力学性质必须通过实验来确定。本节只讨论材料在常温、静荷载情况下的一些力学性质。

工程中使用的材料种类很多，通常根据其断裂时发生变形的大小分为脆性材料和塑性材料两大类。脆性材料如铸铁、混凝土和石料等，在拉断时的塑性变形很小；而塑性材料如低碳钢、铝、合金钢等在拉断时会产生较大的塑性变形。这两种材料的力学性质具有明显的差别，通常以低碳钢和铸铁作为这两类材料的代表，分别介绍它们在拉伸和压缩时的力学性质。

一、低碳钢的力学性质

（一）低碳钢拉伸时的力学性质

试验时采用国家规定的标准试件。常用的试件有圆截面和矩形截面两种，如图 5-8 所示。试件的中间部分是工作长度，称为标距（见图 5-8 中的 l）。通常规定：圆截面标准试件的标距 l 与其直径 d 的关系为

$$l=10d\quad\text{或}\quad l=5d$$

矩形截面标准试件，标距 l 与其横截面面积的关系为

$$l=11.3\sqrt{A}\quad\text{或}\quad l=5.65\sqrt{A}$$

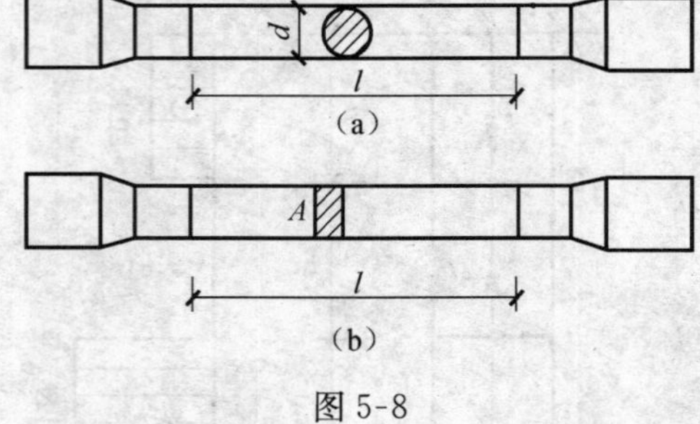

图 5-8
（a）圆截面试件；（b）矩形截面试件

1. 拉伸图和应力—应变图

做拉伸试验时，将低碳钢的标准试件两端夹在万能试验机上，然后开动试验机，给试件由零缓慢地施加拉力。同时，万能试验机上备有自动绘图设备，在试件拉伸过程中，能自动

绘出试件所受拉力 F_P 与标距 l 段相应的伸长量 Δl 的关系曲线，该曲线以伸长量 Δl 为横坐标，拉力 F_P 为纵坐标，通常称它为拉伸图。图 5-9 所示为低碳钢的拉伸图。

拉伸图中拉力 F_P 与伸长量 Δl 的对应关系与试件的尺寸有关。尺寸不同的试件，发生的伸长量 Δl 也将不同。为了消除试件尺寸对试验结果的影响，使图形反映材料本身的性质，通常把横坐标 Δl 除以标距 l，用 $\varepsilon=\frac{\Delta l}{l}$ 表示，把纵坐标 F_P 除以杆件横截面的面积 A，用 $\sigma=\frac{F_P}{A}$ 表示，画出以 ε 为横坐标，σ 为纵坐标的曲线，这种曲线与试件的尺寸无关，只反映材料本身的一些力学性质，该曲线称为应力-应变图，也称 σ-ε 曲线。低碳钢的应力—应变图，如图 5-10 所示，其形状与拉伸图相似。

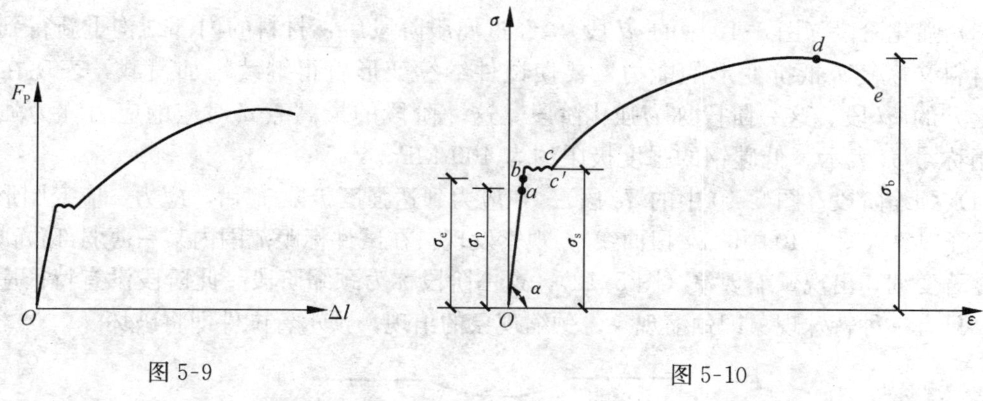

图 5-9　　　　图 5-10

2. 拉伸过程的四个阶段

根据低碳钢的应力—应变图的特点，可以将其拉伸过程分成四个阶段。

(1) 弹性阶段（图 5-10 中曲线的 ob 阶段）　实验表明：在 ob 范围内全部卸除荷载后，试件的变形能完全消失，试件能恢复其原长，材料的变形是完全弹性的。弹性阶段的最高点 b 对应的应力值为弹性极限，用符号 σ_e 表示。

在弹性阶段内，有一段直线 Oa，说明在 Oa 范围内应力与应变成正比例，材料服从胡克定律。通常把 Oa 段的最高点 a 对应的应力值称为比例极限，用符号 σ_p 表示。低碳钢的比例极限约为 200 MPa。

弹性极限 σ_e 与比例极限 σ_p 两者的意义虽然不同，但是，它们的数值非常接近，因此，在实际应用中常不把它们严格区分，近似认为在弹性范围内材料服从胡克定律。

在弹性阶段还可以看出：Oa 段直线的斜率为 $\tan\alpha=\frac{\sigma}{\varepsilon}=E$，可见，在此阶段可以通过测定 Oa 直线的斜率来确定材料的弹性模量。低碳钢的弹性模量约为 200～210 GPa。

(2) 屈服阶段（图 5-10 中曲线的 bc 阶段）　在应力超过弹性极限后，变形进入弹塑性阶段。应力—应变图中出现了一段接近水平的锯齿形线段 bc，在此阶段应力基本不变但应变显著增加，这表明材料此时暂时失去了抵抗变形的能力，这一现象称为“流动”或“屈服”，此阶段称为屈服阶段。屈服阶段内的最低点 c' 对应的应力值称为屈服极限，用符号 σ_s 表示。低碳钢的屈服极限约为 240 MPa。

进入屈服阶段后，由于材料产生了显著的塑性变形，应力-应变关系已不是线性关系了，所以该阶段胡克定律已不能适用。

若试件表面光滑，则材料进入屈服阶段时，可以看到在试件表面出现了一些与杆轴线大约成45°的倾斜条纹（图 5-11），通常称之为滑移线。它是由于轴向拉伸时45°斜面上产生了最大切应力，从而使材料内部晶格间发生相对滑移引起的。到达屈服阶段材料将产生很大的塑性变形，工程结构中的杆件，一般不允许产生很大的塑性变形，所以设计中常取屈服极限 σ_s 为材料的强度指标。

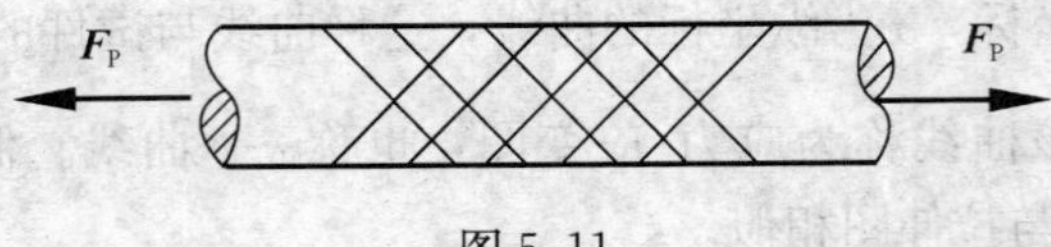

图 5-11

(3) 强化阶段（图 5-10 中的 cd 段） 经过屈服阶段后，材料的内部结构重新得到了调整，材料又恢复了抵抗变形的能力，要使试件继续变形就得继续增加荷载，表现在图中曲线上升的 cd 段。这一阶段称为强化阶段。这一阶段的最高点 d 对应的应力称为强度极限，用称号 σ_b 表示。低碳钢的强度极限约为 400 MPa。

(4) 颈缩阶段（图 5-10 中的 de 段） 在应力到达强度极限 σ_b 后，应力—应变图形开始出现下降现象（图 5-10 中的 de 段曲线），观察发现：在试件标距范围内某一薄弱部位试件将开始显著变细，出现颈缩现象（图 5-12），这一阶段称为颈缩阶段。此阶段没有特征应力极限值，只有一种特殊现象即颈缩现象。颈缩现象的出现，预示着试件即将破坏。

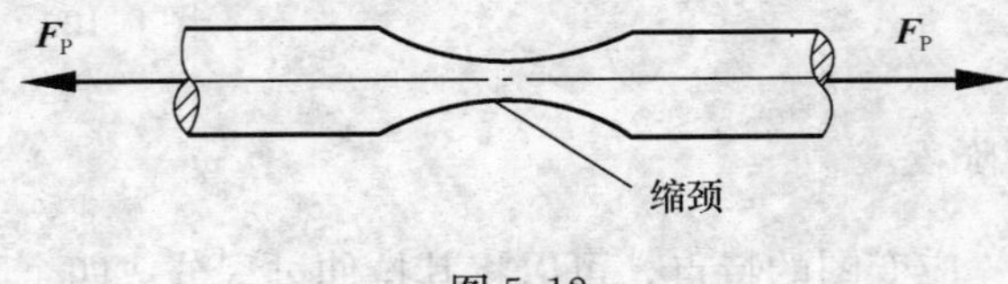

图 5-12

3. 延伸率和截面收缩率

试件拉断后，弹性变形全部消失，而塑性变形保留了下来，工程中常用试件拉断后保留下来的塑性变形大小来表示材料的塑性性质。塑性性质有延伸率和截面收缩率两个指标。

(1) 延伸率 将拉断的试件拼在一起，量出断裂后的标距长度 l_1，习惯上把断裂后的标距长度 l_1 与原标距长度 l 的差值除以原标距长度 l 的百分率称为材料的延伸率，用符号 δ 表示。

$$\delta = \frac{l_1 - l}{l} \times 100\% \tag{5-10}$$

延伸率表示试件直到拉断时塑性变形所能达到的最大程度。δ 的值越大，说明材料的塑性越好。工程中常按延伸率的大小将材料分为两类：$\delta \geqslant 5\%$ 的材料为塑性材料，如低碳钢、低合金钢、铝合金等；$\delta < 5\%$ 的材料为脆性材料，如混凝土、铸铁、砖、石材等。拉伸实验证明：低碳钢的延伸率约为 20%～30%，是一种抗拉能力良好的塑性材料。

(2) 截面收缩率 测出断裂试件颈缩处的最小横截面面积 A_1，原试件的横截面面积 A 与 A_1 的差值除以原试件的横截面面积的百分率称为截面收缩率，用符号 ψ 表示。

$$\Psi = \frac{A - A_1}{A} \times 100\% \tag{5-11}$$

低碳钢的截面收缩率约为 60～70%。

4. 冷作硬化

在试验过程中，若将试件拉伸到强化阶段的某一点 k 时停止加载并逐渐卸载（如图 5-13 所示），可以看到：在卸载过程中应力与应变按直线规律变化，沿直线 kO_1 回到 O_1 点，直线 O_1k 近似平行于直线 Oa，这说明在卸载过程中，卸去的应力与卸去的应变成正比，图 5-13 中卸载后消失的应变 O_1k_1 为弹性应变，保留下的应变 OO_1 为塑性应变。若卸载后立刻再重新加载，则 σ 与 ε 大致沿刚才卸载时的直线 O_1k 上升到 k 点，到 k 点后仍沿原来的曲线 kde 变化。这表明：在重新加载时，直到 k 点之前材料的变形都是弹性变形，k 点对应的应力为重新加载时材料的弹性极限，可见将材料拉伸到强化阶段卸载后再加载，材料的弹性极限提高了；另外重新加载时直到 k 点后才开始出现塑性变形，可见材料的屈服极限也提高了，试件破坏后总的塑性变形量比原来降低了。我们通常把这种将材料预拉到强化阶段，然后卸载，卸载后再重新加载，使材料的弹性极限、屈服极限都得到提高，而塑性变形有所降低的现象称为冷作硬化。工艺过程中辗轧、冲剪处理都会对材料造成不同程度的冷作硬化。工程中常借此来提高某些构件在弹性阶段的承载能力。建筑工程中对受拉钢筋进行冷拉就是为了提高它的弹性极限和屈服极限，提高承载力。

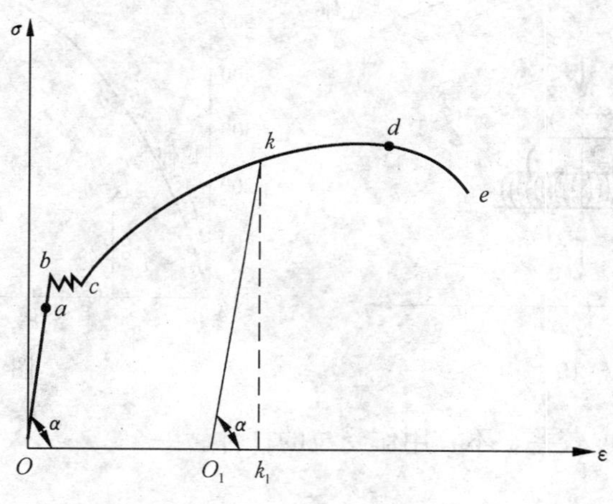

图 5-13

当然利用冷作硬化对钢筋进行冷加工，在提高承载能力的同时也会降低钢材的塑性，使之变脆、变硬，容易断裂，再加工困难等，这些现象在工程实践中应予高度重视，以避免出现工程事故。

（二）低碳钢压缩时的力学性质

金属材料压缩试件，一般做成短圆柱体（图 5-14）。试件高度一般为直径的 1.5～3 倍，高度不能太高，否则受压后容易发生弯曲变形。

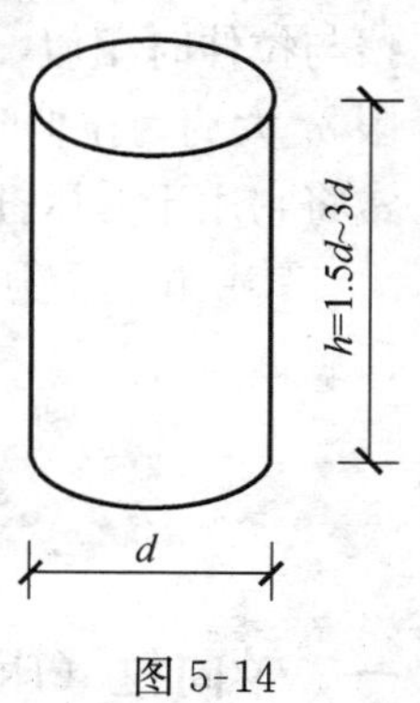

图 5-14

试验时将试件放在万能试验机的两压座间，然后施加轴向压力使其产生轴向压缩变形。与拉伸试验类似，自动绘图装置可以画出低碳钢在压缩时的应力—应变曲线，如图 5-15 所示。

为了便于比较，图中用虚线表示低碳钢在拉伸时的应力—应变曲线。从图 5-15 中可以看出：在屈服阶段以前，拉伸和压缩的应力—应变图线大致重合，这表明：低碳钢压缩时的比例极限、屈服极限、弹性模量都与拉伸时相同。过了屈服阶段后，试件越压越扁平（图5-15），横截面面积增大，抗压能力提高，最后压成饼状但不破坏，因此无法侧出低碳钢的强度极限。由于屈服阶段以前的力学性质基本相同，所以把低碳钢看作拉压性能相同的材料。

二、铸铁的力学性质

1. 拉伸性质

铸铁是一种典型的脆性材料，仿照低碳钢的拉伸试验，即可得到铸铁拉伸时的应力—应变曲线，如图 5-16 中虚线所示，从图中可以看出：曲线没有明显的直线部分，没有屈服阶段。试验表明在较小的应力下铸铁就被突然拉断了，并且在拉断之前没有颈缩现象，拉断前的变形很小。拉断时的应力就是衡量它强度的唯一指标，称为强度极限，用符号 σ_b 表示。工程中通常取应力—应变曲线的一段割线来代替开始段的曲线，从而确定其弹性模量，并称之为割线弹性模量。

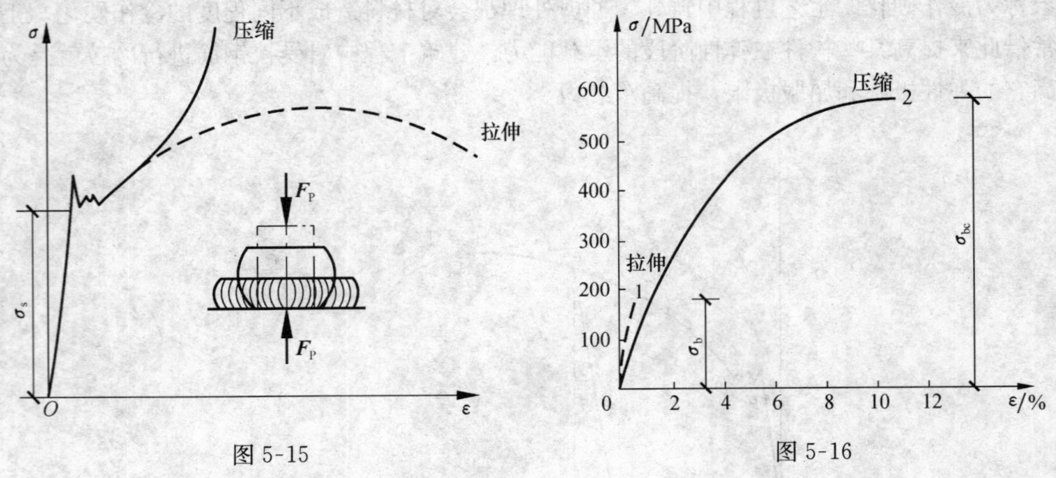

图 5-15　　图 5-16

由于铸铁的抗拉强度较差，不宜用作受拉的杆件。

2. 压缩性质

图 5-16 中实线表示压缩时的应力—应变曲线。不难看出，铸铁压缩时的应力—应变曲线与拉伸时相似，但压缩时的强度极限和延伸率 δ 要比拉伸时大得多。铸铁压缩时的强度极限 σ_{bc} 大约为拉伸时的 4～5 倍。可见，铸铁是一种抗压能力好而抗拉能力差的材料，工程中常将它用于受压杆件。

铸铁试件受压破坏时的断面与轴线大致成 45°角，是由于在 45°斜截面上的最大切应力所致。

第四节　轴向拉（压）杆的强度条件及应用

一、轴向拉（压）杆的强度条件

1. 极限应力

任何一种材料都存在一个能承受应力的固有极限，称为极限应力，常用符号 σ° 表示。当杆件的工作应力超过这一限度时，杆件就会破坏。

通过对材料力学性质的研究，我们知道，对于塑性材料，当构件的工作应力达到屈服极限时，会产生很大的塑性变形而影响构件的正常工作；对于脆性材料，当构件的工作应力达到强度极限时，构件就会断裂而丧失了工作能力。显然，这两种情况在工程中都是绝对不允许的。所以，对于塑性材料取屈服极限为极限应力，即 $\sigma^{\circ}=\sigma_{s}$；对于脆性材料取强度极限为极限应力，即 $\sigma^{\circ}=\sigma_{b}$。

2. 容许应力

为了保证构件能安全正常地工作，必须保证构件在荷载作用下产生的工作应力低于极限应力。但是在实际工程中还有许多无法预计的因素对构件产生影响，如构件上的荷载、应力并非理想中的那样准确，材料也并非假设的那样均匀等。这些因素都会对构件造成偏于不安全的后果。因此，必须使构件有必要的安全储备，为此，规定将极限应力 σ°除以一个大于 1 的系数后作为构件最大工作应力，称为容许应力，用 $[\sigma]$ 表示。

容许应力与极限应力的关系可写为

塑性材料：
$$[\sigma]=\frac{\sigma_s}{n_s}$$

脆性材料：
$$[\sigma]=\frac{\sigma_b}{n_b}$$

式中，n_s与n_b称为安全系数。在静载作用下，由于脆性材料的破坏没有预兆，因此脆性材料的安全系数比塑性材料的大。建筑工程中，一般取 $n_s=1.4\sim1.7$，$n_b=2.5\sim3.0$。

工程中常用材料的安全系数和容许应力可从有关的设计规范中查到。

3. 强度条件

为了保证轴向拉（压）杆在承受外力作用时能安全正常地使用，不发生破坏，必须使杆内的最大工作应力不超过材料的容许应力，即

$$\sigma_{\max}\leqslant[\sigma] \tag{5-12}$$

由于塑性材料的抗拉、抗压能力相同，容许拉、压应力相等。所以对于塑性材料的等截面杆，其强度条件式为

$$\sigma_{\max}=\frac{F_{\mathrm{Nmax}}}{A}\leqslant[\sigma] \tag{5-12a}$$

式中 $\sigma_{\max}$是杆件的最大工作应力，可能是拉应力，也可能是压应力。

由于脆性材料的抗压能力好于抗拉能力，材料的容许拉、压应力不相等。所以，对于脆性材料的等截面杆，其强度条件式为

$$\begin{cases}\sigma_{t\max}\leqslant[\sigma_t]\\ \sigma_{c\max}\leqslant[\sigma_c]\end{cases} \tag{5-12b}$$

式中，$\sigma_{t\max}$及 $[\sigma_t]$ 分别为最大工作拉应力和容许拉应力；$\sigma_{c\max}$及 $[\sigma_c]$ 分别为最大工作压应力和容许压应力。

二、强度条件在工程中的应用

根据强度条件，可以解决实际工程中的三类问题。

1. 强度校核

已知杆件的材料、横截面尺寸及所受的轴力（即已知［σ］、A 及 F_N），就可利用式(5-12) 判断杆件是否可以安全工作。若 $\sigma_{max} \leqslant [\sigma]$ 则杆的强度满足要求，杆能安全工作；若 $\sigma_{max} > [\sigma]$ 则杆的强度不满足要求，这个杆是不安全的。

2. 截面尺寸设计

已知杆所受的轴力及杆件所用材料（即已知 F_N 及［σ］），就可用 $A \geqslant \dfrac{F_N}{[\sigma]}$，计算杆件工作时所需的横截面面积，然后按照杆件在工程实际中的用途和性质，选定横截面的形状，算出杆件的截面尺寸。

3. 确定容许荷载

已知杆件的材料和横截面尺寸（即已知［σ］及 A），就可用 $F_N \leqslant A[\sigma]$ 算出杆件所能承受的最大轴力，然后根据杆件的受力情况，确定容许荷载。

例 5-3 图 5-17 (a) 所示为一钢筋混凝土组合屋架，受到均布荷载 $\boldsymbol{q}$ 作用，已知 $q=10$ kN/m，水平拉杆为圆截面钢拉杆，长 $l=8.4$ m，直径 $d=22$ mm，屋架高 $h=1.4$ m，钢的容许应力［σ］$=170$ MPa。试校核该拉杆的强度。

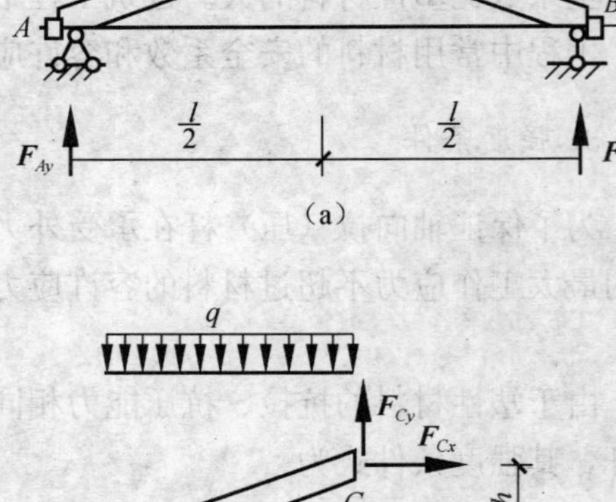

图 5-17

解：(1) 求支座反力。

$$F_{Ay}=F_{By}=\frac{ql}{2}=\frac{10\times 8.4}{2}=42(\text{kN})$$

(2) 求拉杆的轴力。

用截面法取左半个屋架为研究对象，如图 5-17 (b) 所示。

由 $\sum M_C=0$ 得

$$F_{NAB}\times h-F_{Ay}\times\frac{l}{2}+q\times\frac{l}{2}\times\frac{l}{4}=0$$

$$F_{NAB}=63\ \text{kN}$$

(3) 校核拉杆的强度。

拉杆的横截面面积

$$A=\frac{\pi d^2}{4}=\frac{\pi\times 22^2}{4}=379.94(\text{mm}^2)$$

拉杆的工作应力

$$\sigma_{max}=\frac{F_{NAB}}{A}=\frac{63\times 10^3}{379.94}=165.8(\text{MPa})<170\ \text{MPa}$$

故拉杆能满足强度要求。

例 5-4 如图 5-18 所示槽钢截面杆，两端受轴向荷载 $F_P=330$ kN 作用，杆上需钻三个直径 $d=17$ mm 的通孔，材料的容许应力［σ］$=170$ MPa，试确定所需槽钢的型号。

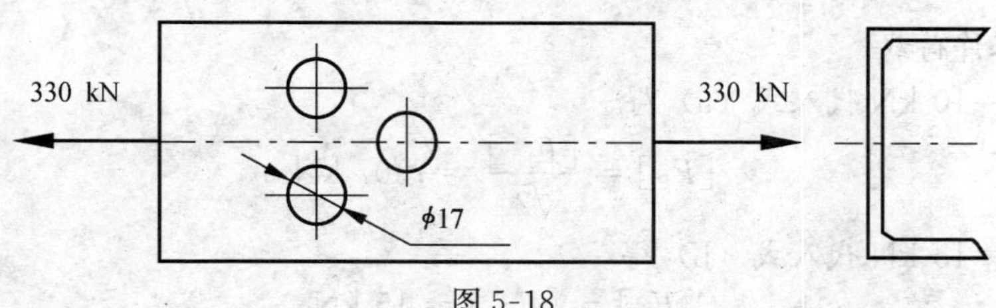

图 5-18

解：(1) 求轴力。$F_N=330\ \text{kN}$

(2) 判断危险截面是两孔直径所在截面，其上任意点是危险点。

(3) 设计截面。由强度条件得

$$A \geqslant \frac{F_{NAB}}{[\sigma]}=\frac{330\times10^3}{170}=1.94\times10^3(\text{mm}^2)=19.4\ \text{cm}^2$$

查型钢表得 14b 号槽钢的毛面积为$A_g=21.31\ \text{cm}^2$

腰厚度　$d=8\ \text{mm}$

得净面积　$A_n=21.31-2\times0.8\times1.7=18.59\ (\text{cm}^2)$

(4) 按净面积进行强度校核。

实际工作应力为

$$\sigma_{\max}=\frac{F_N}{A}=\frac{330\times10^3}{18.59\times10^2}=177.5(\text{MPa})>170\ \text{MPa}$$

超过容许应力

$$\frac{177.5-170}{170}\times100\%=4.4\%<5\%$$

实际工程中，为了不至于改用高一号型钢造成浪费，允许超过容许应力值的5%以内，所以这里可确定选用 14b 号槽钢。

例 5-5　如图 5-19 (a) 的三角形支架，在节点 B 处受铅直荷载 $\boldsymbol{F}_P$ 的作用。已知杆①、②的横截面面积均为 $A=100\ \text{mm}^2$，容许拉应力 $[\sigma_t]=100\ \text{MPa}$，容许压应力 $[\sigma_c]=150\ \text{MPa}$。试求容许荷载 $[F_P]$。

解：(1) 计算杆的轴力。

取结点 B 为研究对象，画出受力图如图 5-19 (b) 所示。列平衡方程如下：

$$\sum F_y=0,\quad F_{N1}\sin45^\circ-F_P=0$$

$$\sum F_x=0,\quad -F_{N2}-F_{N1}\sin45^\circ=0$$

解得

$$F_{N1}=\sqrt{2}F_P(\text{拉})\qquad(a)$$

$$F_{N2}=-F_P(\text{压})\qquad(b)$$

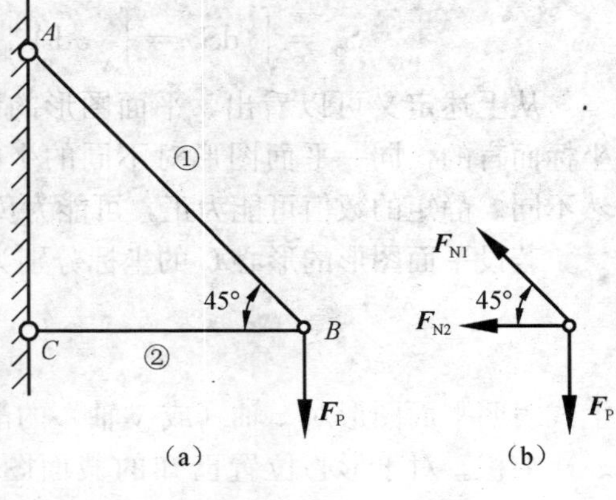

图 5-19

(2) 根据强度条件确定容许轴力。

$$F_{N1}\leqslant[\sigma_t]A_1=100\times100=10^4(\text{N})=10\ \text{kN}$$

$$[F_{N1}]=10\ \text{kN}$$

$$F_{N2}\leqslant[\sigma_c]A_2=150\times100=1.5\times10^4(\text{N})=15\ \text{kN}$$

$$[F_{N2}]=15\ \text{kN}$$

(3) 确定容许荷载。

将 $[F_{N1}]=10$ kN 代入式 (a) 得

$$[F_P]=\frac{[F_{N1}]}{\sqrt{2}}=7.07\ \text{kN}$$

将 $[F_{N2}]=15$ kN 代入式 (b) 得

$$[F_P]=[F_{N2}]=15\ \text{kN}$$

要使杆安全使用，那么就必须保证每根杆都不破坏，所以容许荷载取上述计算结果的较小值，即 $[F_P]=7.07$ kN。

第六节　截面的几何性质

构件在外力作用下产生的应力和变形，都与截面的几何形状和尺寸有关。反映截面形状和尺寸的基本性质的量，统称为截面的几何性质。

一、静矩

(一) 静矩的概念

任意截面图形如图 5-20 所示，其面积为 A，在图形平面内选取坐标系 zOy。在坐标 $(z,\ y)$ 处取一微面积 dA，则微面积 dA 与坐标 y（或 z）的乘积称为微面积 dA 对 z 轴（或 y 轴）的静矩，记作 dS_z（或 dS_y），即

$$dS_z=y\mathrm{d}A,\quad dS_y=z\mathrm{d}A$$

平面图形上所有微面积对 z 轴（或 y 轴）的静矩之和，称为该平面图形对 z 轴（或 y 轴）的静矩，用 S_z（或 S_y）表示，即

$$\left.\begin{aligned}S_z&=\int_A dS_z=\int_A y\mathrm{d}A\\ S_y&=\int_A dS_y=\int_A z\mathrm{d}A\end{aligned}\right\}\tag{5-13}$$

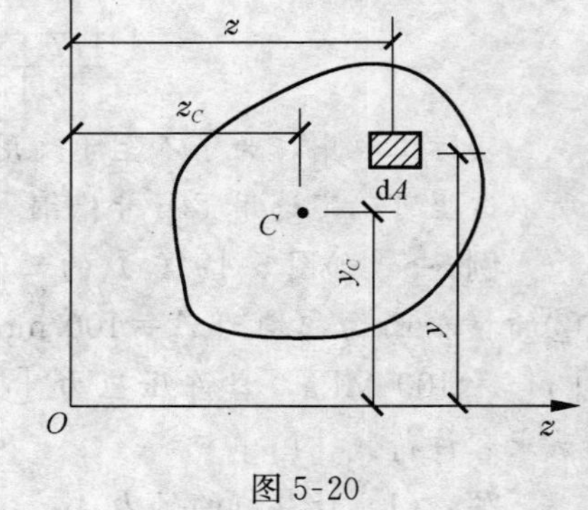

图 5-20

从上述定义可以看出，平面图形的静矩是对一定的坐标而言的，同一平面图形对不同的坐标轴，其静矩显然不同。静矩的数值可能为正，可能为负，也可能等于零。它常用单位是 m^3 或 mm^3。

若设平面图形的形心 C 的坐标分别为 z_C 和 y_C，则静距也可表示为

$$\left.\begin{aligned}S_z&=Ay_C\\ S_y&=Az_C\end{aligned}\right\}\tag{5-14}$$

上式表明平面图形对 z 轴（或 y 轴）的静矩，等于该平面图形的面积与其形心坐标 y_C（或 z_C）乘积。对于形心位置已知的截面图形，如矩形、圆形及三角形等截面，可直接用式 (5-14) 来计算静矩。当坐标轴通过平面图形的形心时，其静矩为零；反之，若平面图形对某轴的静矩为零，则该轴必通过平面图形的形心。

如果平面图形具有对称轴，对称轴必然是平面图形的形心轴，故平面图形对其对称轴的静矩必等于零。

(二) 组合截面的静距

在工程实际中，经常遇到工字形、T 形、环形等横截面的构件，这些构件的截面图形是

由几个简单的几何图形组合而成的，称为组合图形。根据平面图形静矩的定义，组合图形对 z 轴（或 y 轴）的静矩等于各简单图形对同一轴静矩的代数和，即

$$\left.\begin{aligned} S_z &= A_1 y_{C1} + A_2 y_{C2} + \cdots + A_n y_{Cn} = \sum_{i=1}^{n} A_i y_{Ci} \\ S_y &= A_1 z_{C1} + A_2 z_{C2} + \cdots + A_n z_{Cn} = \sum_{i=1}^{n} A_i z_{Ci} \end{aligned}\right\} \tag{5-15}$$

式中 y_{Ci}、z_{Ci} 及 A_i 分别为各简单图形的形心坐标和面积，n 为组成组合图形的简单图形的个数。

将式（5-15）代入式（5-14），可得组合图形形心的坐标计算公式，即

$$\left.\begin{aligned} z_C &= \frac{\sum_{i=1}^{n} A_i z_{Ci}}{\sum_{i=1}^{n} A_i} \\ y_C &= \frac{\sum_{i=1}^{n} A_i y_{Ci}}{\sum_{i=1}^{n} A_i} \end{aligned}\right\} \tag{5-16}$$

例 5-6　矩形截面尺寸如图 5-21 所示。试求该矩形对 z_1 轴的静矩 S_{z_1} 和对形心轴 z 的静矩 S_z。

解：(1) 计算矩形截面对 z_1 轴的静矩。

由式（5-14）可得

$$S_{z_1} = Ay_C = bh\,\frac{h}{2} = \frac{bh^2}{2}$$

(2) 计算矩形截面对形心轴的静矩

由于 z 轴为矩形截面的对称轴，通过截面形心，所以矩形截面对 z 轴的静矩为

$$S_z = 0$$

例 5-7　试算图 5-22 所示 T 形截面对 z 轴和 y 轴的静矩，并确定 T 形截面形心位置。

解　(1) 求 T 形截面对 z 轴和 y 轴的静矩。

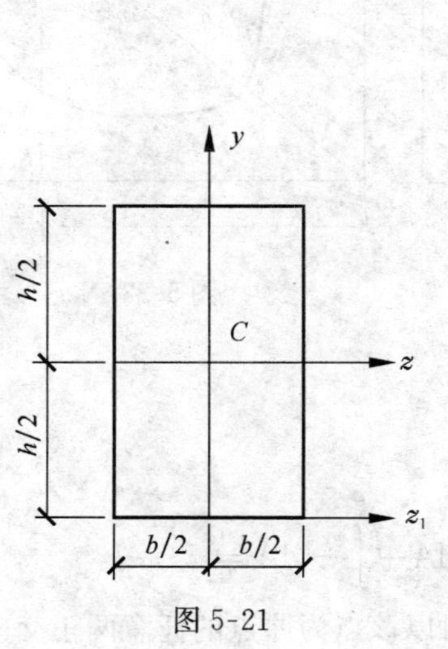

图 5-21

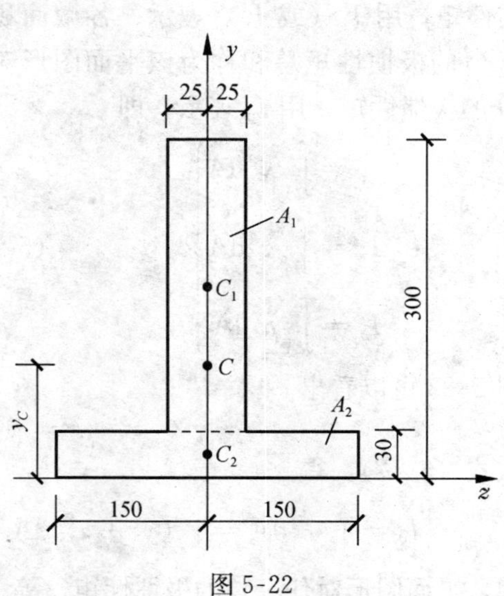

图 5-22

将 T 形截面分为两个矩形，其面积分别为

$$A_1 = 50 \times 270 = 13.5 \times 10^3 (\text{mm}^2)$$

$$A_2 = 300 \times 30 = 9 \times 10^3 (\text{mm}^2)$$

矩形形心 y 坐标为

$$y_{C_1} = \frac{270}{2} + 30 = 165(\text{mm})$$

$$y_{C_2} = \frac{30}{2} = 15(\text{mm})$$

故 T 形截面对 z 轴的静矩为

$$S_z = \sum_{i=1}^{n} A_i y_{Ci} = A_1 y_{C1} + A_2 y_{C2}$$

$$= 13.5 \times 10^2 \times 165 + 9 \times 10^3 \times 15 = 2.36 \times 10^6 (\text{mm}^3)$$

由于 y 轴是对称轴，所以 T 形截面对 y 轴的静矩 $S_y = 0$。

(2) 确定 T 形截面的形心位置。

由于 y 轴是对称轴，故 T 形截面的形心在 y 轴上，只需确定 y_C 即可。由公式 (5-16) 得

$$y_C = \frac{\sum_{i=1}^{n} A_i y_{C_i}}{\sum_{i=1}^{n} A_i} = \frac{2.36 \times 10^6}{13.5 \times 10^3 + 9 \times 10^3} = 104.9(\text{mm})$$

二、惯性矩、惯性积和惯性半径

(一) 惯性矩

如图 5-23 所示，在平面图形内任取一微面积 $\mathrm{d}A$，其坐标为 (z, y)。将乘积 $y^2\mathrm{d}A$（或 $z^2\mathrm{d}A$）称为微面积 $\mathrm{d}A$ 对 z 轴（或 y 轴）的惯性矩；将乘积 $\rho^2\mathrm{d}A$ 称为微面积 $\mathrm{d}A$ 对坐标原点 O 的极惯性矩。整个平面图形上各微面积对 z 轴（或 y 轴）的惯性矩总和称为该平面图形对 z 轴（或 y 轴）的惯性矩，用 I_z（或 I_y）表示；各微面积对坐标原点 O 的极惯性矩总和称为该平面图形对坐标原点 O 的极惯性矩，用 I_p 表示，即

$$\left.\begin{aligned} I_z &= \int_A y^2 \mathrm{d}A \\ I_y &= \int_A z^2 \mathrm{d}A \\ I_\rho &= \int_A \rho^2 \mathrm{d}A \end{aligned}\right\} \quad (5\text{-}17)$$

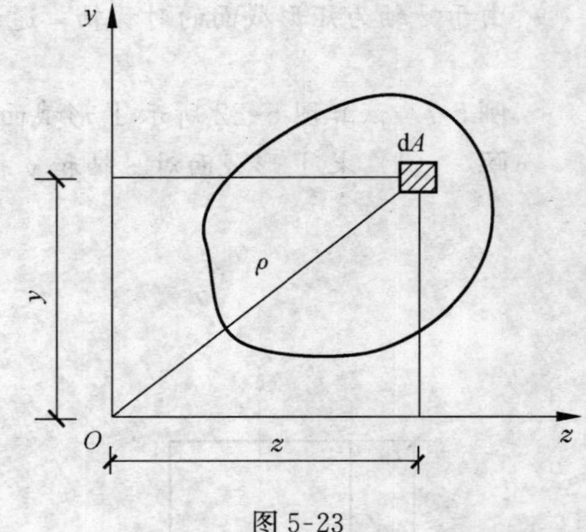

图 5-23

由图 5-23 可以看出

$$\rho^2 = y^2 + z^2$$

将其代入式 (5-17)，得

$$I_\mathrm{p} = \int_A \rho^2 \mathrm{d}A = \int_A (y^2 + z^2)\mathrm{d}A = \int_A y^2 \mathrm{d}A + \int_A z^2 \mathrm{d}A = I_z + I_y$$

上式表明，平面图形对任一点的极惯性矩，等于图形对以该点为原点的任意两正交坐标轴的

惯性矩之和。

从上述惯性矩的定义可以看出，惯性矩是对坐标轴来说的，同一图形对不同的坐标轴其惯性矩不同。极惯性矩是对点来说的，同一图形对不同点的极惯性矩也各不相同。式（5-17）中，y^2、z^2 恒为正值，故惯性矩也恒为正值，常用单位为 m^4 或 mm^4。

简单平面图形的惯性矩可直接由式（5-17）求得。为了便于查用，表 5-2 列出了几种常见的平面图形的面积、形心和惯性矩。

表 5-2　几种常见截面图形的面积、形心和惯性矩

序　号	图　形	面积 A	形心到边缘（或顶点）距离 e	惯性矩 I
1		bh	$e_z=\frac{b}{2}$ $e_y=\frac{h}{2}$	$I_z=\frac{bh^3}{12}$ $I_y=\frac{hb^3}{12}$
2		$\frac{\pi}{4}d^2$	$e=\frac{d}{2}$	$I=\frac{\pi}{64}d^4$
3		$\frac{\pi}{4}(D^2-d^2)$	$e=\frac{D}{2}$	$I=\frac{\pi D^4}{64}(1-\alpha^4)$ $\alpha=d/D$
4		$\frac{bh}{2}$	$e_1=\frac{h}{3}$ $e_2=\frac{2h}{3}$	$I_z=\frac{bh^3}{36}$
5		$\frac{h(a+b)}{2}$	$e_1=\frac{h(2a+b)}{3(a+b)}$ $e_2=\frac{h(a+2b)}{3(a+b)}$	$I_z=\frac{h^3(a^2+4ab+b^2)}{36(a+b)}$
6		$\frac{\pi R^2}{2}$	$e_1=\frac{4R}{3\pi}$	$I_z=\left(\frac{1}{8}-\frac{8}{9\pi^2}\right)\pi R^4$ $I_y=\frac{\pi R^4}{8}$

(二) 惯性积

在如图 5-23 所示的平面图形中，微面积 dA 与它的两个坐标 z、y 的乘积 $zy\mathrm{d}A$ 称为微面积 dA 对 z、y 两轴的惯性积。整个平面图形上所有微面积对 z、y 两轴惯性积的总和称为该平面图形对 z、y 两轴的惯性积，用 I_{zy} 表示，即

$$I_{zy}=\int_A zy\mathrm{d}A \tag{5-18}$$

惯性积是平面图形对某两个正交坐标轴而言，同一图形对不同的正交坐标轴，其惯性积不同。由于坐标值 z、y 有正、负，因此惯性积可能为正或负，也可能为零。它的单位为 m^4 或 mm^4。

如果坐标轴 z 或 y 中有一根是图形的对称轴，如图 5-24 中所示的 y 轴，在 y 轴两侧的对称位置处，各取一相同的微面积 dA，显然，两者 y 坐标相同，而 z 坐标大小相等，符号相反。所以两个微面积的惯性积大小相等，符号相反，它们之和为零，对于整个图形来说，它的惯性积必然为零，即

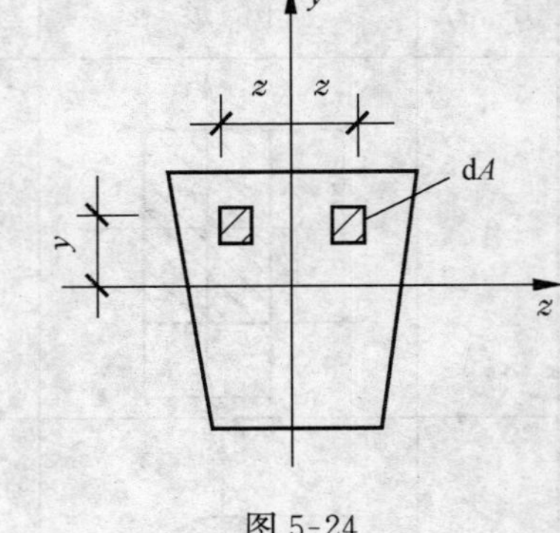

图 5-24

$$I_{zy}=\int_A zydA=0$$

由此可见，两个坐标轴中只要有一根轴为平面图形的对称轴，则该图形对这一对坐标轴的惯性积一定等于零。

(三) 惯性半径

在工程中因为某些计算的特殊需要，常将图形的惯性矩表示为图形面积 A 与某一长度平方的乘积，即

$$I_z=i_z^2A,\quad I_y=i_y^2A$$

或改写成

$$i_z=\sqrt{\frac{I_z}{A}},\quad i_y=\sqrt{\frac{I_y}{A}} \tag{5-19}$$

式中，i_z、i_y分别称为平面图形对 z 轴、y 轴的惯性半径。它的单位是 m 或 mm。由式 (5-19) 可见，惯性半径愈大，平面图形对该轴的惯性矩也愈大。

三、组合图形的惯性矩

(一) 平行移轴公式

如图 5-25 所示为一任意平面图形，图形面积为 A，设形心为 C，z、y 轴是通过图形形心的一对正交坐标轴，z_1、y_1 轴分别与 z 轴、y 轴平行的另一对正交坐标轴，且距离 z 轴、y 轴分别为 a、b。若已知图形对形心轴 z、y 的惯性矩和惯性积分别为 I_z、I_y及 I_{zy}，求该图形对 z_1、y_1 轴的惯性矩和惯性积。

在平面图形上取微面积 dA，微面积 dA 在 Czy 和 Oz_1y_1 坐标系中的坐标分别为 (z，y) 和 (z_1，y_1)，由图 5-25 可见，微面积 dA 在两个坐标系中的坐标有如下关系：

$$z_1 = z + b, \quad y_1 = y + a$$

根据惯性矩定义，图形对 z_1 轴的惯性矩为

$$I_{z_1} = \int_A y_1^2 \mathrm{d}A = \int_A (y+a)^2 \mathrm{d}A$$
$$= \int_A y^2 \mathrm{d}A + 2a\int_A y\mathrm{d}A + a^2\int_A \mathrm{d}A$$

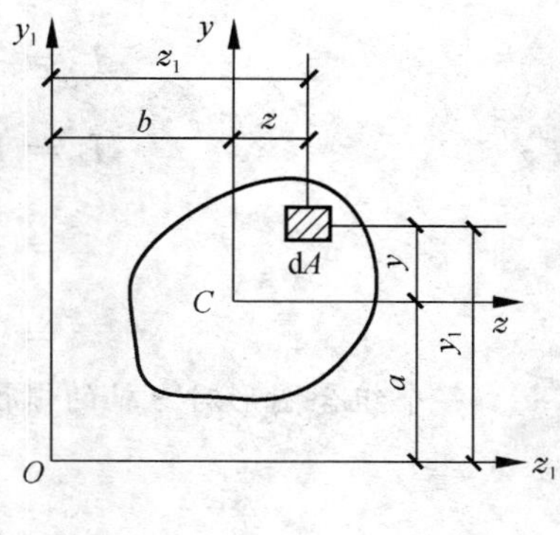

图 5-25

其中 $\int_A y^2 dA = I_z$，$\int_A y\mathrm{d}A = S_z = 0$ 和 $\int_A \mathrm{d}A = A$，于是得到

$$\left.\begin{aligned} I_{z_1} &= I_z + a^2 A \\ I_{y_1} &= I_y + b^2 A \end{aligned}\right\} \quad (5\text{-}20)$$

同理可得

式（5-20）称为惯性矩的平行移轴公式。式中平面图形形心 C 的坐标 a、b 有正负号。式（5-20）表明，图形对任一轴的惯性矩，等于图形对与该轴平行的形心轴的惯性矩，再加上图形面积与两平行轴间距离平方的乘积。由于 a^2（或 b^2）恒为正值，故在所有平行轴中，平面图形对形心轴的惯性矩最小。

例 5-8　计算如图 5-26 所示的矩形截面对 z_1 轴和 y_1 轴的惯性矩。

解：z、y 轴是矩形截面的形心轴，它们分别与 z_1 轴和 y_1 轴平行，则由平行移轴公式（5-20）可得，矩形截面对 z_1 轴和 y_1 轴的惯性矩分别为

$$I_{z_1} = I_z + \left(\frac{h}{2}\right)^2 A = \frac{bh^3}{12} + \left(\frac{h}{2}\right)^2 bh = \frac{bh^3}{3}$$

$$I_{y_1} = I_y + \left(\frac{b}{2}\right)^2 A = \frac{hb^3}{12} + \left(\frac{b}{2}\right)^2 bh = \frac{hb^3}{3}$$

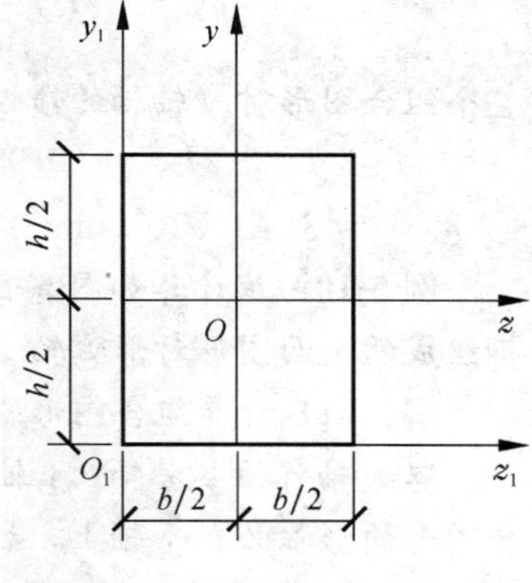

图 5-26

（二）组合图形惯性矩的计算

由惯性矩定义可知，组合图形对任一轴的惯性矩，等于组成组合图形的各简单图形对同一轴惯性矩之和。即

$$\left.\begin{aligned} I_z &= I_{1z} + I_{2z} + \cdots + I_{nz} = \sum I_{iz} \\ I_y &= I_{1y} + I_{2y} + \cdots + I_{ny} = \sum I_{iy} \end{aligned}\right\} \quad (5\text{-}21)$$

在计算具有纵向对称轴的组合图形的惯性矩时，首先应确定组合图形的形心位置，然后通过积分或查表求得各简单图形对自身形心轴的惯性矩，再利用平行移轴公式，就可计算出组合图形对其形心轴的惯性矩。

例 5-9　试计算图 5-27 所示的工字形截面对其形心轴 z、y 的惯性矩。

解：工字形截面的形心位置可由对称性确定，故不需再求。

(1) 先求组合图形对 z 轴的惯性矩。

将工字形截面分成如图 5-27 所示的三个矩形，则

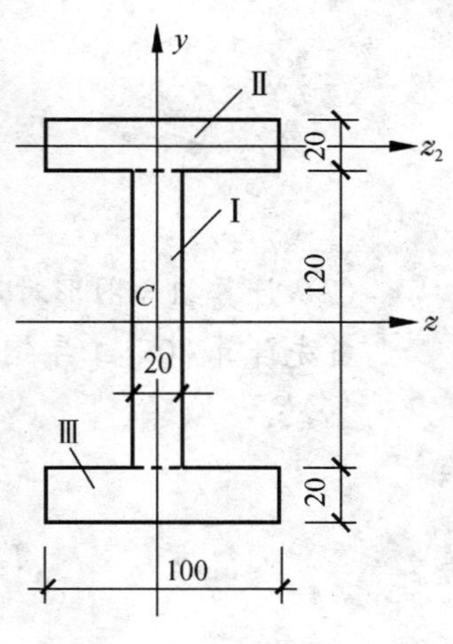

图 5-27

$$I_{1z}=\frac{20\times120^3}{12}=2.88\times10^6(\text{mm}^4)$$

$$I_{2z}=I_{3z}=I_{2z_2}+a_2^2A_2$$

$$=\frac{100\times20^3}{12}+\left(\frac{120}{2}+\frac{20}{2}\right)^2\times100\times20$$

$$=9.867\times10^6(\text{mm}^4)$$

整个组合图形对 z 轴的惯性矩为

$$I_z=I_{1z}+2I_{2z}$$

$$=(2.88+2\times9.867)\times10^6$$

$$=22.61\times10^6(\text{mm}^4)$$

(2) 再求组合图形对 y 轴的惯性矩。

$$I_{1y}=\frac{120\times20^3}{12}=8\times10^4(\text{mm}^4)$$

$$I_{2y}=I_{3y}=\frac{20\times100^3}{12}=1.67\times10^6(\text{mm}^4)$$

整个组合图形对 y 轴轴的惯性矩为

$$I_y=I_{1y}+2I_{2y}=(0.08+2\times1.67)\times10^6$$

$$=3.42\times10^6(\text{mm}^4)$$

例 5-10 试计算如图 5-28 所示由方钢和 20 a 工字钢组成的截面图形对形心轴 z、y 的惯性矩。

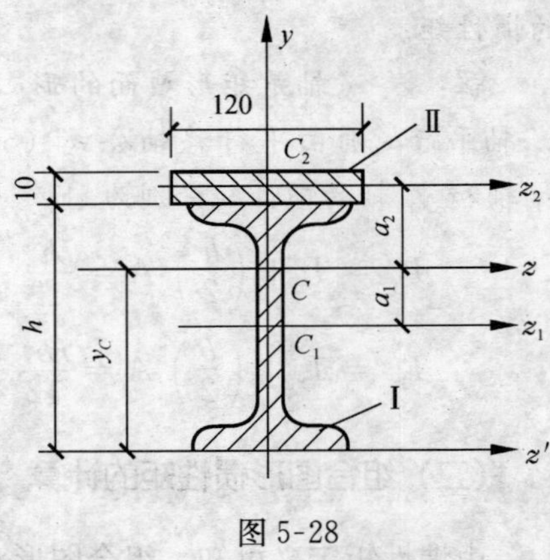

图 5-28

解：(1) 计算组合图形的形心位置。

取 z' 轴作为参考轴，y 轴为组合图形的对称轴，组合图形的形心必在 y 轴上，故 $z_C=0$。现只需计算组合图形的形心坐标 y_C。由附录的型钢表查得 20 a 工字钢 $b=100$ mm，$h=200$ mm，其截面面积 $A_1=35.578$ cm^2。由式 (5-16) 可得

$$y_C=\frac{\sum A_iy_{Ci}}{\sum A_i}$$

$$=\frac{35.578\times10^2\times\dfrac{200}{2}+120\times10\times\left(200+\dfrac{10}{2}\right)}{35.578\times10^2+120\times10}$$

$$=126.48(\text{mm})$$

(2) 计算组合图形对形心轴 z、y 的惯性矩。

首先计算 20 a 工字钢和方钢截面各自对本身形心轴 z、y 的惯性矩。查表得

$$I_{1z_1}=2\ 370\ \text{cm}^4$$

$$I_{1y}=158\ \text{cm}^4$$

$$I_{2z_2}=\frac{bh^3}{12}=\frac{120\times10^3}{12}=1.0\times10^4(\text{mm}^4)$$

$$I_{2y}=\frac{hb^3}{12}=\frac{10\times120^3}{12}=144\times10^4(\text{mm}^4)$$

由平行移轴公式（5-20）可得工字钢和方钢截面分别对 z、y 轴的惯性矩为

$$I_{1z}=I_{1z_1}+a_1^2A_1=2\,370\times10^4+(126.48-100)^2\times35.578\times10^2$$
$$=26.19\times10^6(\mathrm{mm}^4)$$
$$I_{2z}=I_{2z_2}+a_2^2A_2=1.0\times10^4+(205-126.48)^2\times120\times10$$
$$=7.41\times10^6(\mathrm{mm}^4)$$

整个组合图形对形心轴的惯性矩应等于工字钢和方钢截面对形心轴的惯性矩之和，故得

$$I_z=I_{1z}+I_{2z}=(26.19+7.41)\times10^6=3.36\times10^7(\mathrm{mm}^4)$$
$$I_y=I_{1y}+I_{2y}=(158+144)\times10^4=3.02\times10^6(\mathrm{mm}^4)$$

第七节　扭转轴的应力与强度计算

一、圆轴横截面上的应力

取一等直实心圆轴，在其表面等距离的画上纵向线和圆周线，形成矩形网格（图 5-29（a））。然后在圆轴两端施加一对外力偶 M_e，圆轴发生扭转变形（图 5-29（b））。从试验中可观察到：圆轴表面上各圆周线的形状、大小及间距均未改变，仅绕轴线相对转过了一个角度；各纵向线都倾斜了相同的角度 γ，且仍保持直线，原来矩形小方格变成平行四边形。

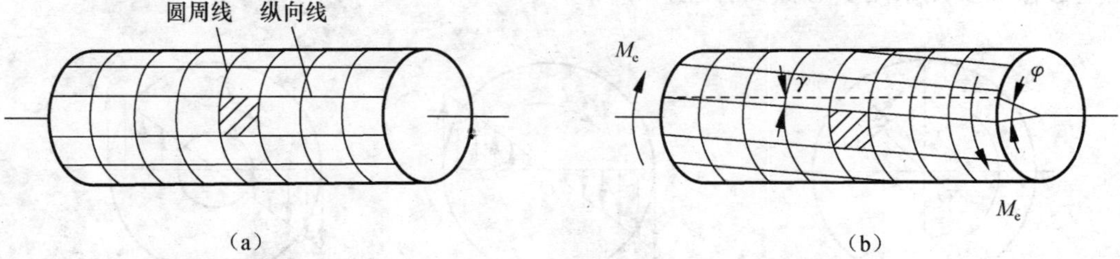

图 5-29

根据观察到的现象，我们可作如下假设：

（1）圆轴扭转时，各个横截面在变形前为平面，变形后仍为平面，且仍与杆件轴线相垂直。这一假设称为平面假设。

（2）由于各圆周线之间距离不变，且形状、大小不变，说明圆筒既没有纵向线应变也没有横向线应变，即横截面和纵向截面均没有正应力。

（3）表面上的矩形小方格变成平行四边形，表明相邻横截面发生相互错动，即剪切变形 γ 为切应变。在横截面上必然有与剪切变形对应的切应力存在，其方向垂直于半径，与扭矩转向一致。

设 ρ 为横截面上任一点到圆心的距离（图 5-30（a）），则根据变形的几何关系和剪切胡克定理，再通过静力平衡就可推导出任一点切应力 τ_ρ 的计算式，即

$$\tau_\rho=\frac{T\rho}{I_P} \tag{5-21}$$

式中，T 为横截面上的扭矩；I_P 为该截面对圆心 O 的极惯性矩。上式表明：圆轴扭转时，横截面上任意点处的切应力与该点到圆心的距离成正比（图 5-30（b））。在圆心处切应力为零，在离圆心最远处（外周线上）切应力达到最大值，其最大值为

$$\tau_{\max} = \frac{T\rho_{\max}}{I_P}$$

令

$$W_P = \frac{I_P}{\rho_{\max}}$$

则有

$$\tau_{\max} = \frac{T}{W_P} \tag{5-22}$$

式中 W_P 只与截面的几何尺寸和形状有关，称为抗扭截面系数。式（5-22）表明，圆轴扭转时，最大切应力 $\tau_{\max}$ 与扭矩 T 成正比，与抗扭截面系数 W_P 成反比。W_P 越大，$\tau_{\max}$ 就越小，故抗扭截面系数 W_P 是表示圆轴抵抗扭转破坏能力的几何量。

实心圆截面的抗扭截面系数 W_P 为

$$W_P = \frac{I_P}{R} = \frac{\pi d^4/32}{d/2} = \frac{\pi d^3}{16}$$

空心圆截面的抗扭截面系数 W_P 为

$$W_P = \frac{I_P}{R} = \frac{\pi D^4(1-\alpha^4)/32}{D/2} = \frac{\pi D^3}{16}(1-\alpha^4)$$

空心圆截面上切应力沿直径分布，如图 5-30（c）所示。从切应力分布图 5-30（b）、（c）中可以看出，在截面中心附近，由于切应力很小，该部分材料没有充分发挥其作用，故采用空心截面要比采用实心截面合理。

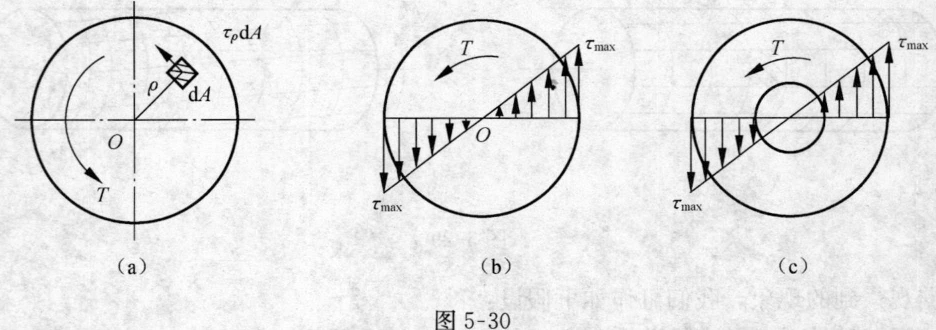

图 5-30

还需指出，圆轴扭转时的有关计算公式（5-21）、（5-22）都是在弹性加载条件下得到的，因而只适用于弹性范围内的圆轴。

二、圆轴的扭转强度条件

要进行受扭圆轴的强度计算，需先通过扭转试验确定其失效形式与相应的极限应力。

（一）圆轴的扭转破坏试验与极限应力

扭转破坏试验是在扭转试验机上进行。试件一般选用 Q235 低碳钢和铸铁材料，它们分别代表了塑性材料和脆性材料的扭转破坏。

试验结果表明，塑性材料低碳钢试件受扭时，当切应力达到一定数值时，也会发生类似拉伸时的屈服现象，即在试件表面出现纵向和横向的滑移线，此时的切应力称为屈服应力，用 τ_s 表示。如果继续增大外力偶矩，试件最后沿横截面被剪断，断口较光滑（图 5-31（a）），此时的切应力达到最大值，称为材料的剪切强度极限，用 τ_b 表示。低碳钢会发生如此破坏形式是因为 Q235 钢材的抗剪强度低于其抗拉强度，所以会在横截面上发生剪断破坏。

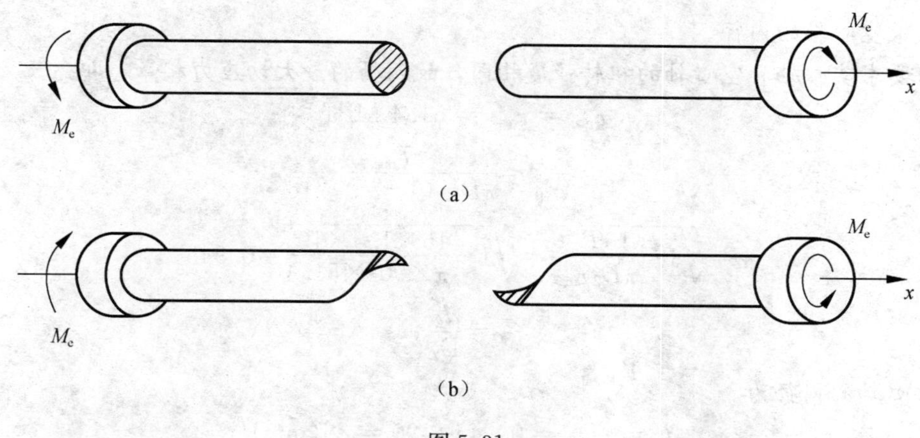

图 5-31

脆性材料铸铁试件受扭时，当变形很小时便发生裂断，且没有屈服现象，断口与轴线成 45°螺旋面，如图 5-31（b）所示。此时横截面上的最大切应力的值称为剪切强度极限，用 τ_b 表示。脆性材料发生破坏的原因是由于铸铁抗拉强度低于抗剪强度，铸铁发生了拉断破坏而致。

由此可见，对于扭转轴时，破坏标志仍为屈服或断裂。当材料为塑性材料时破坏属于屈服破坏，故取屈服应力 τ_s 作为极限应力。当材料为脆性性材料发生扭转破坏，只有一个强度指标 τ_b，故取 τ_b 作为极限应力。

在进行强度计算时，为确保安全，材料的强度必须要有一定的安全储备。所以在计算时需要把极限应力除以大于 1 的安全系数 n，所得结果称为容许切应力，用 $[\tau]$ 表示，即

$$[\tau] = \frac{\tau^0}{n}$$

各种材料的容许切应力可从有关手册中查找。

（二）圆轴扭转的强度条件

为了保证圆轴在扭转变形中不会因强度不足而发生破坏，应使圆轴横截面上的最大切应力不超过材料的容许切应力，即

$$\tau_{\max} = \frac{T}{W_P} \leqslant [\tau] \tag{5-23}$$

式（5-23）称为圆轴扭转的强度条件。应用式（5-23）可以解决圆轴扭转时的三类强度问题：扭转强度校核、圆轴截面尺寸设计及确定容许荷载。

例 5-11　一实心圆轴，承受的最大扭矩 $T_{\max} = 1.5\ \text{kN} \cdot \text{m}$，轴的直径 $d_1 = 53\ \text{mm}$。求：（1）该轴横截面上的最大切应力。（2）在扭转强度相同的条件下，用空心轴代替实心轴，空心轴外径 $D_2 = 90\ \text{mm}$ 时的内径值。（3）两轴的重量之比。

解：（1）求实心轴横截面上的最大切应力。

实心轴抗扭截面系数为

$$W_P = \frac{\pi d_1^3}{16} = \frac{\pi \times 53^3}{16} = 2.92 \times 10^4 (\text{mm}^3)$$

实心轴横截面上的最大切应力，由式（5-23）得

$$\tau_{\max}=\frac{T_{\max}}{W_{P}}=\frac{1.5\times10^{6}}{2.92\times10^{4}}=51.4(\text{MPa})$$

（2）求空心轴的内径。

因为要求实心轴和空心轴的扭转强度相同，故两轴的最大切应力相等，即

$$\tau'_{\max}=\tau_{\max}=51.4\ \text{MPa}$$

而

$$\tau'_{\max}=\frac{T_{\max}}{W_{P}}=\frac{T_{\max}}{\pi D_2^3\ (1-\alpha^4)\ /16}$$

则有

$$\alpha=\sqrt[4]{1-\frac{16T_{\max}}{\pi D_2^3\tau_{\max}}}=\sqrt[4]{1-\frac{16\times1.5\times10^6}{\pi\times90^3\times51.4}}=0.945$$

又因

$$\alpha=\frac{d_2}{D_2}$$

所以，空心轴的内径为

$$d_2=\alpha D_2=0.945\times90=85(\text{mm})$$

（3）求两轴的重量比。

因为两轴的长度和材料都相同，故二者重量之比等于面积之比，即

$$\frac{A'}{A}=\frac{D_2^2-d_2^2}{d_1^2}=\frac{90^2-85^2}{53^2}=0.311$$

以上计算结果表明，在扭转强度相等的情况下，空心轴的重量比实心轴轻得多，因此采用空心轴较合理，即可节省材料，又能减轻轴的自重。这是由于实心轴受扭时，当截面边缘上各点的应力达到扭转容许切应力时，中心附近区域各点的切应力却远小于扭转容许切应力值如图 5-30（b）所示。因此，这部分材料便没有得到充分利用。

三、矩形截面杆的扭转

在建筑工程中，经常采用矩形、T 形、工字形等非圆截面的杆件，而试验和理论分析表明，非圆截面杆的扭转问题与圆截面杆扭转问题截然不同。例如，取一矩形截面杆件，在其表面作上一些纵向线和横向线，见图 5-32（a），则在杆件扭转后可看到这些纵向和横向直线全都变成了曲线，见图 5-32（b），从而可推知，横截面在杆件变形后将发生翘曲而不再保持平面，这种现象称为横截面的翘曲。它是非圆截面杆受扭的一个重要特征。

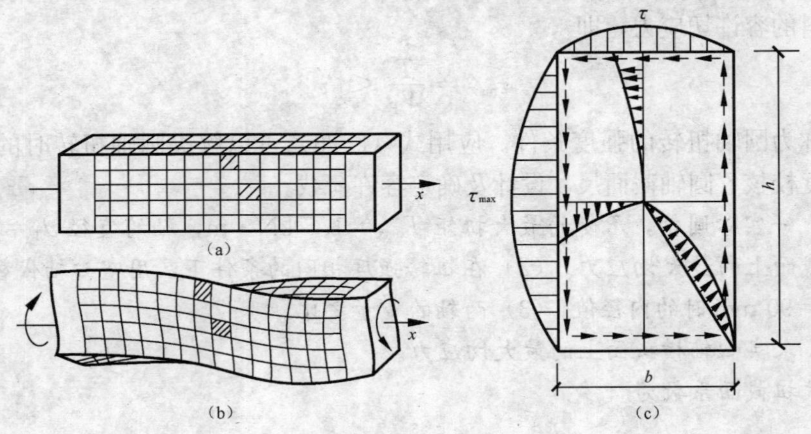

图 5-32

非圆截面杆在扭转时，横截面虽将发生翘曲，但若杆件各横截面的翘曲不受任何约束，各横截面的翘曲程度完全相同，这种情况称为自由扭转或纯扭转；反之，在杆件扭转时，某些横截面的翘曲受到约束而不能自由翘曲，就会使得各横截面的翘曲程度产生差异，这种情况称为约束扭转。自由扭转时，杆内各横截面可自由翘曲，各纵向纤维的长度无变化，因此杆中各横截面上不存在正应力，只有切应力。约束扭转时，截面上不但有扭转切应力，还有因截面翘曲程度不同而引起的附加正应力。不过理论分析表明，由约束扭转引起的附加正应力，在一般实体截面（如矩形、椭圆形等）杆中通常都很小，可忽略不计。

由于非圆截面杆扭转时，横截面不再是平面而发生翘曲，因此，平面假设不再成立，那么在平面假设基础上推导出的关于圆截面杆扭转时横截面上的应力与变形的计算公式都不再适用。非圆截面杆的扭转问题属于弹性力学范畴内研究的问题。下面只简单介绍矩形截面杆在纯扭转时由试验研究和弹性力学分析导出的一些计算公式。

矩形截面杆在自由扭转时，若最大切应力未超过材料的比例极限，则横截面上的切应力分布规律如图 5-32（c）所示。要点如下：

（1）横截面周边各点处的切应力方向与周边相切，并组成一个与截面扭矩转向相同的环流，切应力的大小均呈非线性变化，中点处最大，四个角点处为零。

（2）截面内两条对称轴上各点处切应力方向都垂直于对称轴，其他线上各点的切应力则是程度不同的倾斜。截面中心处切应力为零。

（3）最大切应力发生在矩形截面长边的中点处，其值为

$$\tau_{\max} = \frac{T}{\alpha h b^2} \tag{5-24}$$

（4）矩形截面短边中点处的切应力是短边各点切应力中的最大值，其值为

$$\tau = \xi \tau_{\max} \tag{5-25}$$

式中，T 为横截面上的扭矩；b、h 分别为矩形截面的宽度和高度；G 为材料的切变模量；α、ξ 均为与比值 h/b 有关的系数，可由表 5-3 查得。

表 5-3

h/b	1	1.5	2	2.5	3	4	6	8	10	∞
α	0.208	0.231	0.246	0.258	0.267	0.282	0.299	0.307	0.312	0.333
ξ	1.0	0.860	0.795	0.766	0.753	0.745	0.743	0.742	0.742	0.742

例 5-12　有一矩形截面杆，横截面尺寸为 10 mm×30 mm，在杆两端受到 M_e＝20 N·m 的外力偶作用，如图 5-33 所示。试求横截面上最大切应力 $\tau_{\max}$。若改为面积相等的圆截面杆，最大切应力又为多大？

解：（1）计算矩形截面杆的在切应力 $\tau_{\max}$。

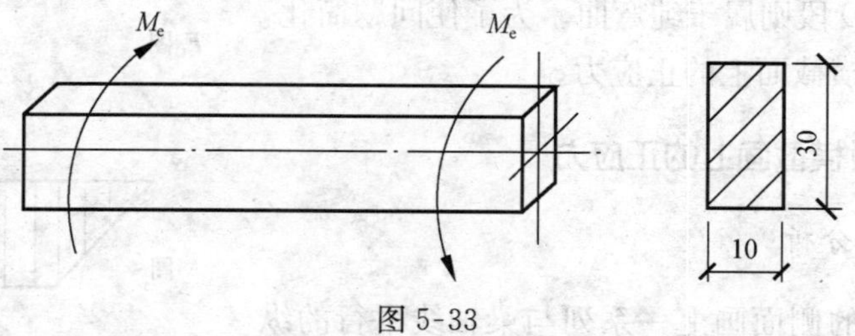

图 5-33

根据题意，该矩形截面杆作自由扭转，故可按式（5-24）计算横截面上最大切应力。由截面法可求得杆横截面上的扭矩为

$$T = M_e = 20\ \text{N} \cdot \text{m}$$

又由于 $h/b=30/10=3$，查表 5-3 得

$$\alpha = 0.267$$

代入式（5-24）得

$$\tau_{\max} = \frac{T}{\alpha h b^2} = \frac{20 \times 10^3}{0.267 \times 30 \times 10^2} = 24.97(\text{MPa})$$

（2）计算圆截面杆横截面上的最大切应力 $\tau_{\max}$。

由于两杆横截面积相同，即

$$\frac{\pi d^2}{4} = hb$$

得

$$d=\sqrt{\frac{4hb}{\pi}}=\sqrt{\frac{4\times 30\times 10}{\pi}}=19.54\ (\text{mm})$$

取 $d=20$ mm。

由式（5-22）得圆截面杆横截面上最大切应力为

$$\tau_{\max} = \frac{T}{W_P} = \frac{T}{\pi d^3/16} = \frac{16 \times 20 \times 10^3}{\pi \times 20^3} = 12.73(\text{MPa})$$

从以上计算结果可以看出，矩形截面杆横截面上的最大切应力要比相同面积的圆形截面杆横截面上的切应力大。此外，矩形截面杆扭转时，横截面只有两点切应力最大，与圆形截面杆相比，未得到充分利用的材料较多，因此，扭转时的合理截面形状，应该是圆形或圆环形。

第八节　梁的应力及强度计算

一般梁在弯曲时，横截面上有剪力和弯矩，这两个内力都是横截面上分布内力的合成结果。显然，剪力 F_Q 是由切向分布内力 τdA 合成的，而弯矩 M 是由法向分布内力 σdA 合成的。因而当横截面上既有剪力又有弯矩时，横截面上将同时有切应力 τ 和正应力 σ。

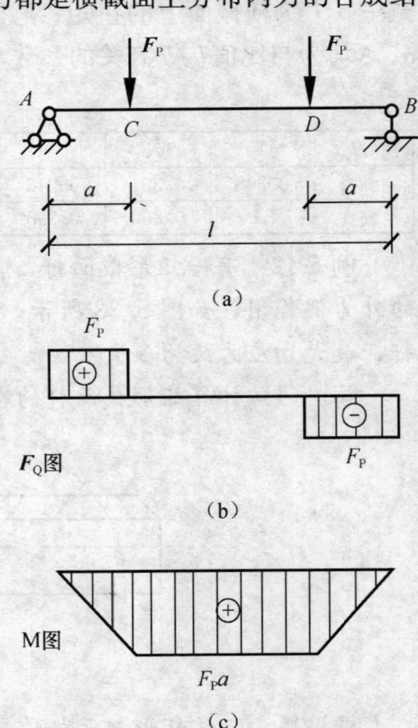

图 5-34

一、梁的正应力及强度计算

当梁受力弯曲后，横截面上只产生弯矩，而无剪力时，这种弯曲称为纯弯曲。若横截面上既有弯矩又有剪力，这种弯曲称为横力弯曲。图 5-34 中 AC、DB 段属于横力弯曲，而 CD 段则属于纯弯曲。为了使问题简化，首先分析纯弯曲时横截面上的正应力。

（一）纯弯曲时横截面上的正应力

1. 实验观察与分析

实验前，在梁的侧面画上一系列与梁轴线平行的纵向线和与梁轴线相垂直的横向线。纵向线代表梁的纵向纤维，横向线代表各横截面，如图 5-35（a）所示。然

后在梁的两端各施加一个力偶矩为 M 的外力偶，使梁产生纯弯曲（图 5-35（b）），经观察可见，有如下现象：

（1）纵向线由直线弯成了曲线，且上部的纵向线都缩短了，下部的纵向线都伸长了。

（2）横向线都仍为直线，只是相互倾斜了一个角度，并且仍垂直于弯曲后的梁轴线。

（3）矩形截面的上部变宽了，下部变窄了。

根据所观察到的现象，进行由表及里的分析，可以作出如下的假设和推断：

（1）平面假设　产生纯弯曲的梁，横截面变形之后仍保持平面，且仍垂直于弯曲后的梁轴线。

（2）单向受力假设　将梁看成由无数根纵向纤维组成，各纤维只产生轴向拉伸或压缩变形，不存在互相挤压。

由于上部各层纤维缩短，下部各层纤维伸长，而梁的变形又是连续的，因此中间必有一层纤维既不缩短也不伸长，这层纤维称为中性层，中性层与横截面的交线称为中性轴（图 5-35（c））。中性轴通过截面形心，且与竖向对称轴 y 垂直，并将梁的横截面分为受拉和受压两个区域。由此可知，纵向纤维的伸长和缩短是横截面绕中性轴转动的结果。

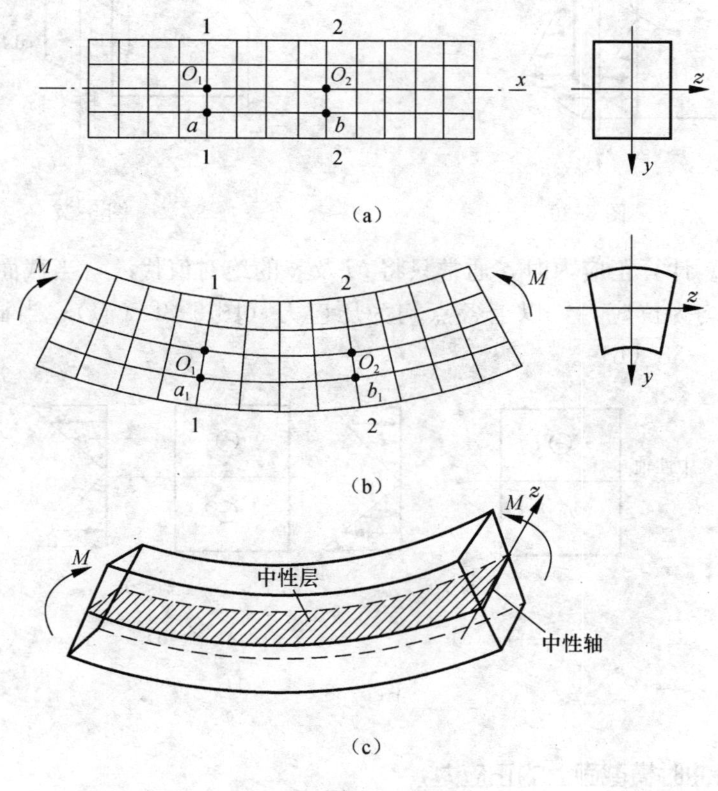

图 5-35

2. 横截面上正应力分布规律

通过进一步的分析可知，各层纵向纤维的线应变沿横截面高度为线性变化规律，再由胡克定理可推出，梁弯曲横截面上的正应力沿截面高度呈线性分布规律变化，如图 5-36 所示。

3. 正应力的计算公式

如图 5-37 所示，根据理论推导（推导略）可得纯弯曲梁横截面上的正应力的公式为

$$\sigma = \frac{My}{I_z} \tag{5-26}$$

式中，M 为横截面上的弯矩；I_z 为整个截面对中性轴 z 的惯性矩；y 为横截面上所求应力点到中性轴的距离。

式（5-26）说明：梁横截面上任一点的正应力 σ 与横截面上的弯矩 M 及该点到中性轴的距离 y 成正比，与该截面对中性轴的惯性矩 I_z 成反比。正应力沿横截面高度呈线性规律分布，中性轴上各点处的正应力等于零，距中性轴最远的上、下边缘上各点处正应力最大。

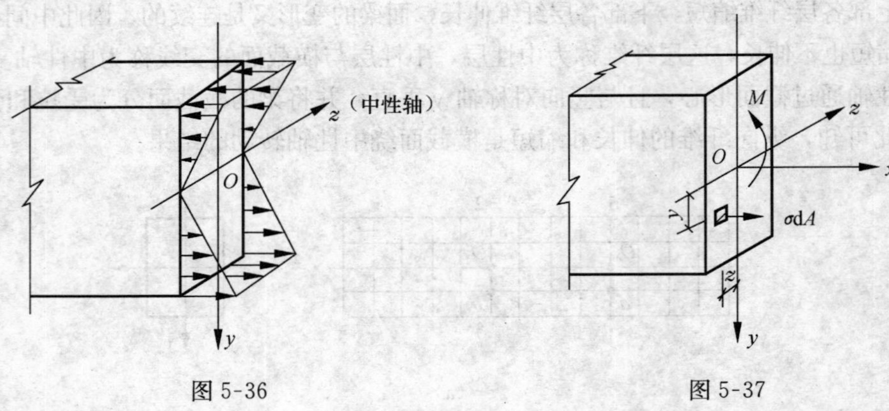

图 5-36　　图 5-37

用式（5-26）计算正应力时，通常只将 M 及 y 的绝对值代入，当截面上有正弯矩时，中性轴以下各点均为拉应力，以上各点均为压应力（图 5-38（a））；当截面上有负弯矩时，则相反（图 5-38（b））。

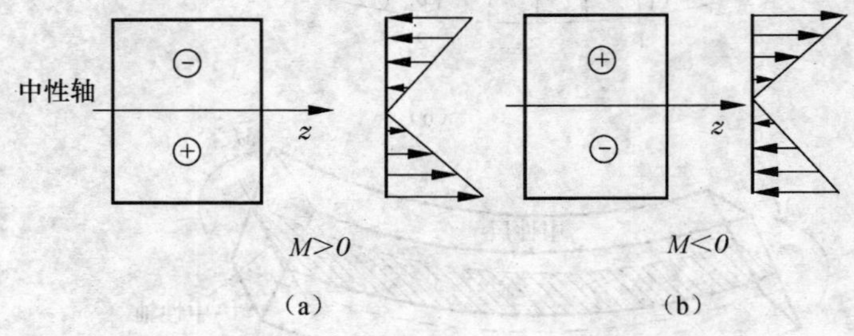

图 5-38

（二）横力弯曲时横截面上的正应力

工程中的梁常发生横力弯曲，此时在横截面上不仅有正应力，而且还有切应力。由于切应力的存在，使梁的横截面在变形后不再保持为平面。此外，还有由剪力引起的各纵向纤维之间的互相挤压，因此横力弯曲和纯弯曲存在着差异。但根据进一步弹性理论分析可知，当梁的跨度与横截面高度之比大于 5 时，剪力对正应力分布的影响很小，采用公式（5-26）计算横力弯曲时的正应力，并不会引起多大的误差，能够满足工程问题所要求的精度。

例 5-13　已知图 5-39 所示矩形截面简支梁，跨中受集中力 $F_P=7$ kN 作用，求距左端

为 1 m 的 C 截面上 a、b、c 三点的正应力。

解：(1) 求 C 截面的弯矩。

先计算支座反力，由对称性可得

$$F_{Ay} = F_{By} = 3.5 \text{ kN}(\uparrow)$$

C 截面的弯矩为

$$M_C = F_{Ay} \times 1 = 3.5 \text{ kN} \cdot \text{m}$$

(2) 计算 C 截面上 a、b、c 三点的正应力。

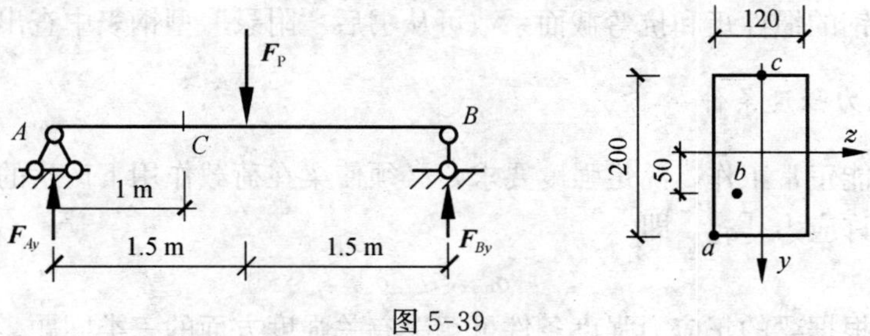

图 5-39

矩形截面对中性轴 z 的惯性矩为

$$I_z = \frac{bh^3}{12} = \frac{120 \times 200^3}{12} = 8 \times 10^7 (\text{mm}^4)$$

再按式 (5-26)，求得 C 截面上 a、b、c 三点的正应力为

$$\sigma_a = \frac{M_C y_a}{I_z} = \frac{3.5 \times 10^6 \times 100}{8 \times 10^7} = 4.38(\text{MPa})(\text{拉应力})$$

$$\sigma_b = \frac{M_C y_b}{I_z} = \frac{3.5 \times 10^6 \times 50}{8 \times 10^7} = 2.19(\text{MPa})(\text{拉应力})$$

$$\sigma_c = \frac{M_C y_c}{I_z} = -\frac{3.5 \times 10^6 \times 100}{8 \times 10^7} = -4.38(\text{MPa})(\text{压应力})$$

(三) 梁的正应力强度计算

1. 梁的最大正应力

在进行强度计算时必须算出梁的最大正应力。产生最大应力的截面称为危险截面。对于等截面直梁，最大弯矩所在的截面就是危险截面。危险截面上的最大应力的点称为危险点。它发生在距中性轴最远的上下边缘处。

对于中性轴是截面对称轴的等直梁，其最大正应力为

$$\sigma_{\max} = \frac{M_{\max} y_{\max}}{I_z}$$

令 $W_z = \dfrac{I_z}{y_{\max}}$，则

$$\sigma_{\max} = \frac{M_{\max}}{W_z} \tag{5-27}$$

上式中 W_z 称为抗弯截面系数，它是一个与截面的形状和尺寸有关的量。其常用单位是 m^3、mm^3。

对于宽为 b、高为 h 的矩形截面，其抗弯截面系数为

$$W=\frac{bh^2}{6}$$

对于直径为d的圆截面，其抗弯截面系数为

$$W=\frac{\pi d^3}{32}$$

对于内径为d，外径为D的圆环形截面，其抗弯截面系数为

$$W=\frac{\pi D^3}{32}(1-\alpha^4)\quad \alpha=d/D$$

对于各种型钢的惯性矩和抗弯截面系数可从书后“附录”型钢表中查出。

2. 梁的正应力强度条件

为了保证梁能正常工作，满足强度要求，必须使梁在荷载作用下产生的最大正应力不超过材料的弯曲容许应力［σ］，即

$$\sigma_{max}\leqslant[\sigma] \tag{5-28}$$

在实际工程中，根据梁的正应力强度条件可解决有关强度方面的三类问题。

（1）正应力强度校核　当已知梁的横截面的形状和尺寸、材料及所受荷载的情况下，可校核梁是否满足正应力强度条件。即校核是否满足式（5-28）。

（2）设计截面　当已知梁上荷载和所选用材料时，可根据强度条件，先计算出所需的最小抗弯截面系数，即

$$W_z\geqslant\frac{M_{max}}{[\sigma]}$$

然后根据梁的截面形状，再由W_z值确定截面的尺寸或型号。

（3）确定容许荷载　当已知梁的材料、横截面的形状和尺寸时，根据强度条件，先计算出梁所能承受的最大弯矩，即

$$M_{max}\leqslant W_z[\sigma]$$

然后由M_{max}和荷载的关系，计算出梁所能承受的最大荷载。

例 5-14　一悬臂梁长l=1.5 m，自由端受集中力F_P=32 kN作用，如图5-40所示。梁由22a号工字钢制成，自重按q=0.33 kN/m计算，材料的容许应力［σ］=160 MPa，试校核梁的正应力强度。

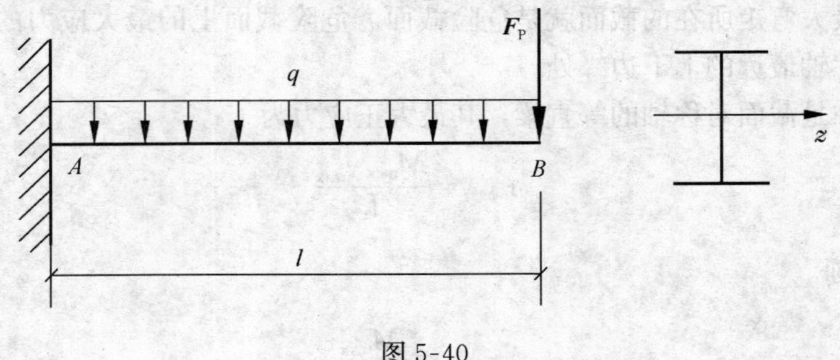

图 5-40

解：此问题属于正应力强度条件在工程中的第一类应用——强度校核。

（1）求最大弯矩的绝对值。

最大弯矩在固定端截面A处，其绝对值为

$$|M_{max}|=F_Pl+ql\frac{l}{2}=32\times1.5+0.33\times1.5\times\frac{1.5}{2}=48.4(\text{kN}\cdot\text{m})$$

(2) 查附录型钢表，22a 号工字钢的抗弯截面系数为

$$I_z=309\ \text{cm}^3$$

(3) 校核正应力强度，由强度条件得

$$\sigma_{max}=\frac{M_{max}}{W_z}=\frac{48.4\times10^6}{309\times10^3}=157(\text{MPa})<[\sigma]=160\ \text{MPa}$$

满足正应力强度条件。

例 5-15　工字形截面钢梁受图 5-41 (a) 所示荷载作用，已知：荷载 $F_P=75$ kN，钢材的容许弯曲应力 $[\sigma]=152$ MPa，试按正应力强度条件选择工字钢的型号。

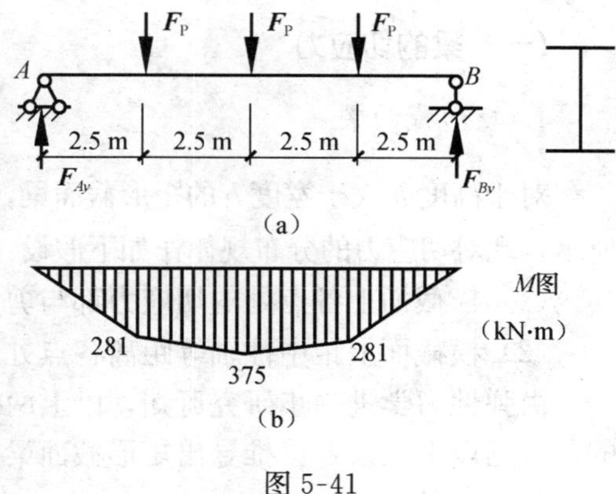

图 5-41

解：此问题属于强度条件在工程中的第二类应用——设计截面。

(1) 求满足强度要求时梁的抗弯截面系数。

作出梁的弯矩图，如图 5-41 (b) 所示。从图可知：最大弯矩产生在跨中截面上，其数值为 $M_{max}=375$ kN · m，梁的抗弯截面系数为

$$W_z\geqslant\frac{M_{max}}{[\sigma]}=\frac{375\times10^6}{152}=2.47\times10^6(\text{mm}^3)=2.47\times10^3(\text{cm}^3)$$

(2) 确定截面的尺寸。

实际梁的抗弯截面系数应大于或等于满足强度要求时梁的抗弯截面系数。由附录型钢表，查得 56c 号工字钢的 $W_z=2\,551.41\ \text{cm}^3\approx2.55\times10^3\ \text{cm}^3>2.47\times10^3\ \text{cm}^3$，所以该梁可以选择 56c 号工字钢。

例 5-16　图 5-42 所示圆形截面简支木梁受满跨均布荷载作用，跨度 $l=4$ m，截面直径 $D=160$ mm，容许弯曲应力 $[\sigma]=10$ MPa，试按正应力强度计算梁上容许的均布荷载值。

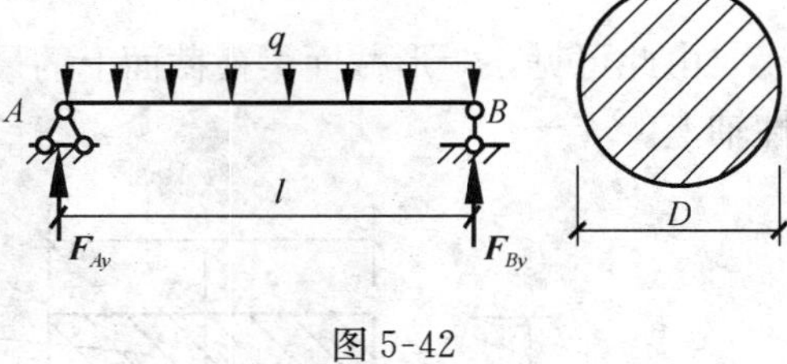

图 5-42

解：本问题属于正应力强度条件在工程中的第三类应用——计算容许荷载。

(1) 求梁满足强度条件时所能承受的最大弯矩。

圆形截面的抗弯截面系数为

$$W_z=\frac{\pi D^3}{32}=\frac{3.14\times160^3}{32}=4.02\times10^5(\text{mm}^3)$$

根据强度条件 $\sigma_{max}=\dfrac{M_{max}}{W_z}\leqslant[\sigma]$ 得

$$M_{max}\leqslant W_z[\sigma]=4.02\times10^5\times10=4.02\times10^6(\text{N}\cdot\text{mm})=4.02(\text{kN}\cdot\text{m})$$

(2) 根据梁上的实际荷载确定最大弯矩与荷载之间的关系。

此梁的最大弯矩为

$$M_{max}=\frac{ql^2}{8}=2q$$

荷载 q 的单位为 kN/m。

(3) 确定梁所能承受的容许荷载值。

梁在实际荷载作用下产生的最大弯矩不能超过满足强度条件时所能承受的最大弯矩。即

$$M_{\max} = 2q \leqslant 4.02$$
$$q \leqslant 2.01 \text{ kN/m}$$

梁所能承受的容许荷载值为 $[q]=2.01$ kN/m。

二、梁的切应力及强度计算

(一) 梁的切应力

1. 矩形截面梁

对于高度 h 大于宽度 b 的矩形截面梁，其横截面上的剪力 F_Q 沿 y 轴方向，如图 5-43 (a) 所示，现对切应力的分布规律作如下假设：

(1) 横截面上各点处的切应力都与剪力方向一致；

(2) 横截面上距中性轴等距离各点处切应力大小相等，即沿截面宽度为均匀分布。

由弹性力学进一步研究可知，以上两条假设，对高度大于宽度的矩形截面梁是足够精确的。根据以上假设，可推导出矩形截面梁上任一点处切应力的计算公式如下：

$$\tau = \frac{F_Q S_z^*}{I_z b} \tag{5-29}$$

式中，F_Q 为需求切应力处横截面上的剪力；I_z为为横截面对中性轴的惯性矩；S_z^* 为横截面上需求切应力处平行于中性轴的线以上（或以下）部分的面积 A^* 对中性轴的静矩；b 为横截面的宽度。用上式计算时，F_Q 和 S_z^* 均用绝对值代入即可。

计算表明，切应力沿截面高度方向按二次抛物线规律分布（图 5-43 (b)）。在截面的上、下边缘处切应力为零；中性轴处切应力最大，其值为

$$\tau_{\max} = 1.5\frac{F_Q}{bh} \tag{5-30}$$

由此可见，矩形截面梁横截面上的最大切应力是平均切应力 F_Q/A 的 1.5 倍，发生在中性轴上。

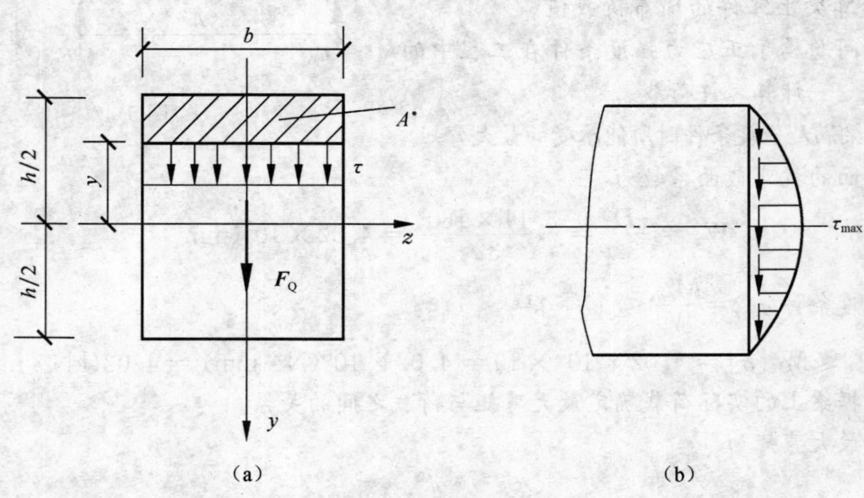

图 5-43

2. 工字形截面梁

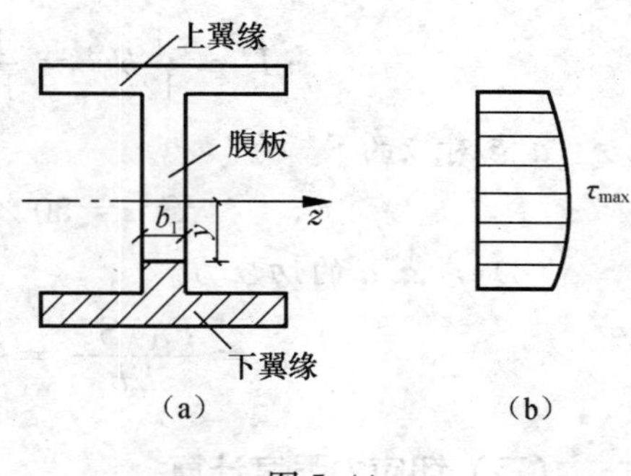

图 5-44

工字形截面由腹板和翼缘组成。中间的矩形部分称为腹板，其高度远大于宽度，上下两矩形称为翼缘，其高度远小于宽度（图 5-44（a））。

腹板是一个狭长的矩形，类似于上述研究的矩形截面，所以腹板上任一点的切应力也类似于矩形截面。切应力与剪力同向平行。其计算公式为

$$\tau=\frac{F_Q S_z^*}{I_z b} \tag{5-31}$$

式中，F_Q 为需求切应力处横截面上的剪力；I_z 为工字形截面对中性轴的惯性矩；S_z^* 为横截面上需求切应力处，平行于中性轴的线以上或以下部分面积对中性轴的静矩；b_1 为腹板宽度。

腹板部分的切应力沿腹板高度也按二次抛物线规律分布（图 5-40（b）），在中性轴上切应力取得最大值，其值为

$$\tau_{max}=\frac{F_Q S_{zmax}^*}{I_z b_1} \tag{5-32}$$

式中，S_{zmax}^* 为中性轴以上（或以下）部分面积（即半个工字形截面）对中性轴的静矩；其他符号含义同前。

在具体计算时，对于工字形型钢，I_z/S_{zmax}^* 可以直接从型钢表中查出，不必具体计算出 I_z 及 S_{zmax}^*。

翼缘上的切应力比腹板上的切应力小得多，一般情况下不必计算。

例 5-17　一矩形截面简支梁受荷载作用，如图 5-45（a）所示，截面宽度 $b=100$ mm，高度 $h=200$ mm，$q=4$ kN/m，$F_P=40$ kN，求 C 偏左截面上 a 点的切应力。

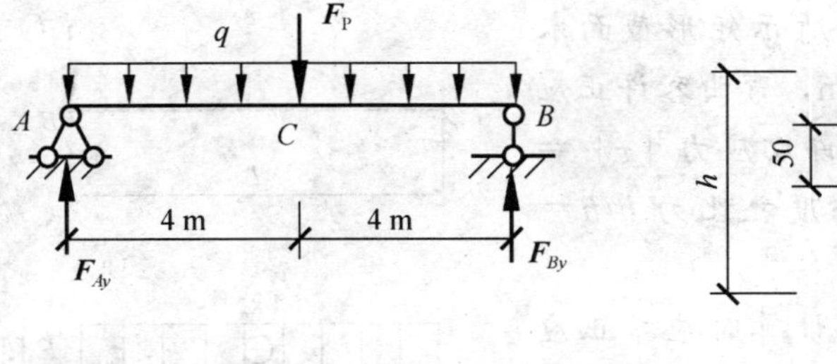

图 5-45

解：(1) 确定 C 偏左截面上的剪力。

先计算支座反力，由对称性可得

$$F_{Ay}=F_{By}=36\ \text{kN}(\uparrow)$$

取 C 偏左截面的左侧求该截面上的剪力为

$$F_{QCA}=36-4\times4=20(\text{kN})$$

(2) 求截面的惯性矩及 a 点对应的 S_z^*。

截面对中性轴的惯性矩为

$$I_z = \frac{1}{12}bh^3 = \frac{1}{12} \times 100 \times 200^3 = 66.7 \times 10^6 (\text{mm}^4)$$

a 点对应的 S_z^* 为

$$S_z^* = 50 \times 100 \times 75 = 3.75 \times 10^5 (\text{mm}^3)$$

(3) 求点 a 的切应力。

$$\tau_a = \frac{F_{QCA} S_z^*}{I_z b} = \frac{20 \times 10^3 \times 3.75 \times 10^5}{66.7 \times 10^6 \times 100} = 1.12(\text{MPa})$$

(二) 切应力强度计算

1. 切应力强度条件

为了保证梁不发生切应力强度破坏，应使梁在弯曲时所产生的最大切应力不超过材料的容许切应力。梁的切应力强度条件表达式为

$$\tau_{\max} \leqslant [\tau] \tag{5-33}$$

2. 梁的切应力强度条件在工程中的应用

在进行梁的强度计算时，必须同时满足正应力和切应力两个强度条件。但事实表明：在一般情况下，正应力对梁的强度起着决定性作用。所以在实际计算时，通常先按梁的正应力强度条件做各种计算，然后按切应力强度条件进行校核。对于细长梁，按正应力强度条件设计的梁一般都能满足切应力强度要求，就不必作切应力强度校核。但在以下几种情况下，必须校核梁的切应力强度。

(1) 梁的最大剪力很大，而最大弯矩较小的梁。

(2) 焊接或铆接的组合截面梁（如工字形截面梁）。

(3) 木梁，因为木材在顺纹方向的剪切强度较低，所以木梁又可能沿中性层发生剪切破坏。

例 5-18 图 5-46 (a) 所示矩形截面木梁，已知 F_P=4 kN，l=2 m，弯曲容许正应力 [σ] =10 MPa，弯曲容许切应力 [τ] = 1.2 MPa，截面的宽度与高度之比为 b/h=2/3，试选择梁的截面尺寸。

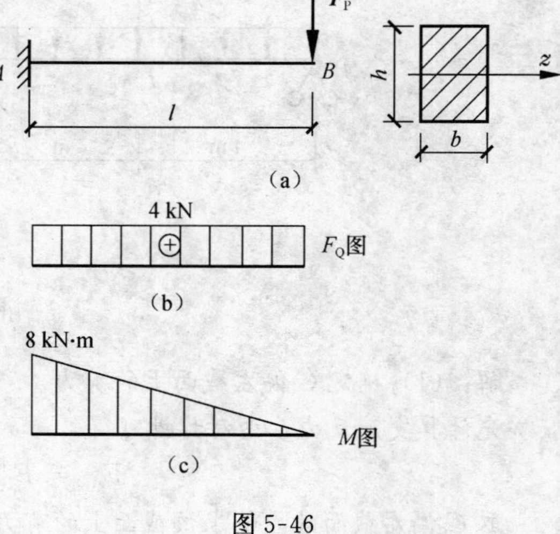

图 5-46

解：该梁为木梁，所以计算时应按正应力强度设计截面，然后进行切应力强度校核。

(1) 按正应力强度求截面尺寸 b 和 h。

作出梁的弯矩图（图 5-46 (c)）。从图中可知：$|M_{\max}|$=8 kN · m

由梁的正应力强度条件

$\sigma_{\max} = \dfrac{M_{\max}}{W_z} \leqslant [\sigma]$ 得

$$W_z \geqslant \frac{M_{\max}}{[\sigma]}$$

矩形截面的抗弯截面系数为

$$W_z=\frac{bh^2}{6}=\frac{1}{6}\times\frac{2}{3}h\times h^2=\frac{h^3}{9}$$

因此

$$W_z=\frac{h^3}{9}\geqslant\frac{M_{max}}{[\sigma]}$$

$$h\geqslant\sqrt[3]{\frac{9M_{max}}{[\sigma]}}=\sqrt[3]{\frac{9\times 8\times 10^6}{10}}=193.1(\text{mm})$$

$$b=\frac{2}{3}h=\frac{2}{3}\times 193.1=128.7(\text{mm})$$

考虑到既施工方便，又经济节约，取 $b=130$ mm，$h=200$ mm

(2) 按切应力强度条件对截面进行校核。

作梁的剪力图，如图 5-46（b）所示。从图中可知：$F_{Qmax}=4$ kN

$$\tau_{max}=1.5\frac{F_{Qmax}}{bh}=1.5\times\frac{4\times 10^3}{130\times 200}=0.23(\text{MPa})<[\tau]$$

截面尺寸满足切应力强度要求。

所以，矩形截面尺寸选为 $b=130$ mm，$h=200$ mm。

三、梁的合理截面

设计梁时，一方面要保证梁具有足够的强度，使梁在荷载作用下能安全的工作；同时应使设计的梁能充分发挥材料的潜力，以节省材料，这就需要选择合理的截面形状和尺寸。

梁的强度一般是由横截面上的最大正应力控制的。当弯矩一定时，由 $\sigma_{max}=M_{max}/W_z$ 知，横截面上的最大正应力 σ_{max} 与抗弯截面系数 W_z 成反比，W_z 愈大就愈有利。而 W_z 的大小是与截面的面积及形状有关，合理的截面形状是在截面面积 A 相同的条件下，有较大的抗弯截面系数 W_z，也就是说，比值 W_z/A 大的截面形状合理。

例如，一宽为 b，高为 h 的矩形截面，当竖向放置时比值 $W_z/A=\frac{bh^2}{6}/bh=h/6=0.167h$，而横向放置时比值 $W_z/A=\frac{b^2h}{6}/bh=b/6=0.167b$。若 $h/b=2$，则后者是前有的一半，可见矩形截面竖向放置时要合理些。对于直径 $d=h$ 的圆截面，比值 $W_z/A=\frac{\pi d^3}{32}/\frac{\pi d^2}{4}=d/8=0.125h$。可见截面的 W_z/A 比值与截面的高度 h 成正比，可写为 $W_z/A=kh$。式中，k 是与截面形状有关的系数，它的数值愈大，说明截面的形状愈合理，常见截面的 W_z/A 比值列于表 5-4 中。

表 5-4

截面形状	矩形（b, h）	圆形（h）	圆形（h，内径 $d=0.8h$）	槽钢（h）	工字钢（h）
$\frac{W_z}{A}$	$0.617h$	$0.125h$	$0.205h$	$(0.27\sim0.31)\ h$	$(0.27\sim0.31)\ h$

表 5-4 中的数据表明，在截面高度 h 相等的条件下，材料远离中性轴的截面（如工字形、槽形截面等）较为合理，圆形截面较差。

梁的截面形状的合理性也可从应力的角度来分析。梁弯曲时，正应力沿截面高度成直线分布，在距中性轴最远处正应力最大，中性轴上为零。如果将中性轴附近的材料尽可能减少，而把大部分材料布置在距中性轴较远的位置处，则材料就能充分发挥作用，截面形状就显得合理。所以，工程上常采用工字形、圆环形、箱形等截面形式。

合理的截面形状还应使截面上的最大拉应力和最大压应力同时达到材料的容许应力。对于抗拉强度和抗压强度相等的材料，应选用中性轴对称的截面。对于拉、压容许应力不相等的材料采用中性轴不对称的截面，如 T 字形截面。

需要注意的是：在实际工程中选择截面时，除了考虑强度条件外，还要同时考虑稳定性、施工方便、使用合理等因素后才能正确选择梁的截面形状。这就是在实际工程中仍然大量使用实心矩形截面梁，而不常使用空心截面梁的原因。

四、梁的主应力和主应力迹线

（一）梁上任一点应力状态分析

前面我们研究了梁横截面上的应力及其分布规律，但在工程实际中，梁除了沿横截面破坏，还可能沿斜截面破坏。因此，必须研究梁内任一点处各个不同方位的截面上的应力。

我们把通过一点的各个不同方位截面上的应力情况称为一点处的应力状态。研究一点处的应力状态，常围绕该点用无限接近的一对横截面、一对纵向水平面和一对纵向铅垂面截取一微小正六面体，这个微小正六面体称为单元体。

图 5-47（a）所示，为一受集中力作用的简支梁，为了分析梁内任一点 A 的应力情况，从梁内截取一个单元体，并将其放大，如图 5-47（b）所示。图 5-47（c）则是单元体的平面图。单元体的左右两面都是横截面的一部分，横截面上的应力用以下两式计算：

$$\sigma=\frac{My}{I_z}\qquad \tau=\frac{F_Q S_z^*}{I_z b}$$

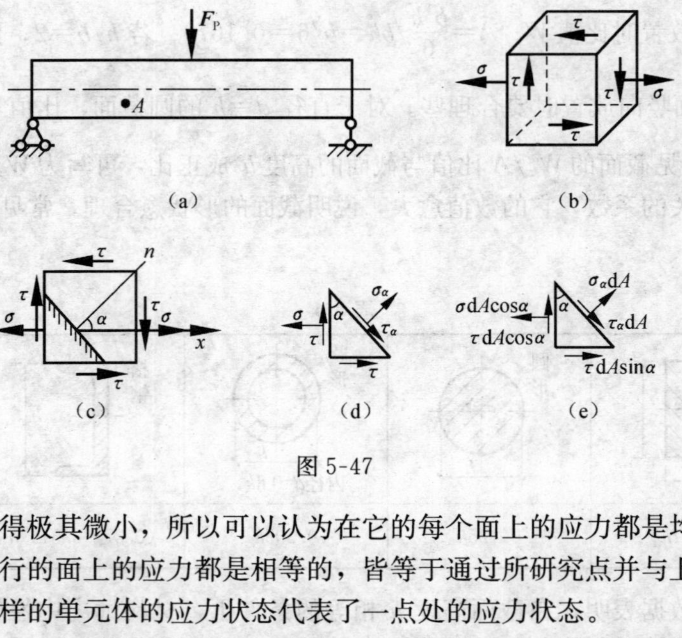

(a) (b)

(c) (d) (e)

图 5-47

单元体一般取得极其微小，所以可以认为在它的每个面上的应力都是均匀分布的，并且在单元体内互相平行的面上的应力都是相等的，皆等于通过所研究点并与上述截面平行的面上的应力。所以这样的单元体的应力状态代表了一点处的应力状态。

研究图 5-47（c）单元体任意斜截面上的应力可应用截面法。设斜截面的外法线 n 与 x 轴

间的夹角为 α，并规定从 x 轴到外法线 n 逆时针转向的方位角 α 为正。斜截面的应力分量用 σ_α 和 τ_α 表示。假想地沿该斜截面把单元体分成两部分，取左下部分为研究对象（图 5-47（d）），受力图如图 5-47（e）所示。

根据平衡条件，可得

$$\left.\begin{aligned}\sigma_\alpha &= \frac{\sigma}{2} + \frac{\sigma}{2}\cos 2\alpha - \tau\sin 2\alpha \\ \tau_\alpha &= \frac{\sigma}{2}\sin 2\alpha + \tau\cos 2\alpha\end{aligned}\right\} \tag{5-33}$$

式（5-33）为任意斜截面上的应力表达式。

（二）主应力和主应力迹线

1. 主平面和主应力

由公式（5-33）可知：σ_α 和 τ_α 都是 α 角的函数。利用以上公式可以求出斜截面上的正应力 σ_α 和切应力 τ_α 的极值，并确定它们所在平面的位置。

利用数学知识可知：当 σ_α 取极大值和极小值时，该斜截面上的切应力均为零。把切应力为零的斜面称为主平面，主平面的方位角 α_0 用下式确定：

$$\tan 2\alpha_0 = \frac{-2\tau}{\sigma} \tag{5-34}$$

由式（5-34）可得两个相差 90°的角度 α_0，它们可以确定两个相互垂直的平面，其中一个是最大正应力所在主平面，另一个是最小正应力所在主平面。把作用在主平面上的正应力称为主应力。两个主应力即最大、最小正应力计算公式分别为

$$\begin{matrix}\sigma_{max} \\ \sigma_{min}\end{matrix} = \frac{\sigma}{2} \pm \sqrt{\left(\frac{\sigma}{2}\right)^2 + \tau^2} \tag{5-35}$$

另外，图 5-47（b）所示的单元体的前后面上也没有切应力，所以前后面也是一对主平面，因此该单元体共有三对主平面，相应的有三个主应力，用 σ_1、σ_2、σ_3 表示，且规定 $\sigma_1 > \sigma_2 > \sigma_3$，于是有

$$\sigma_1 = \sigma_{max}$$
$$\sigma_2 = 0$$
$$\sigma_3 = \sigma_{min}$$

其中：σ_1 为最大主应力，也称为主拉应力；σ_3 为最小主应力，也称为主压应力。

2. 主应力迹线

在求出梁横截面上的一点的主应力的方向后，把其中一个主应力的方向延长与相邻横截面相交，求出交点的主应力方向，再将其延长与下一个相邻横截面相交，依次类推，我们将得到一条折线，作此折线的内切曲线，则这条曲线上，任一点的切线便代表该点主应力方向，这种曲线称为主应力迹线。经过每一点有两条相互垂直的主应力迹线，这是因为一点处有两个相互垂直的主平面的两组主应力迹线，虚线为主压应力迹线，实线为主拉应力迹线。如图 5-48 所示。

在钢筋混凝土梁中，钢筋的作用是承受拉力，所以应尽量使钢筋沿主拉应力迹线布置。

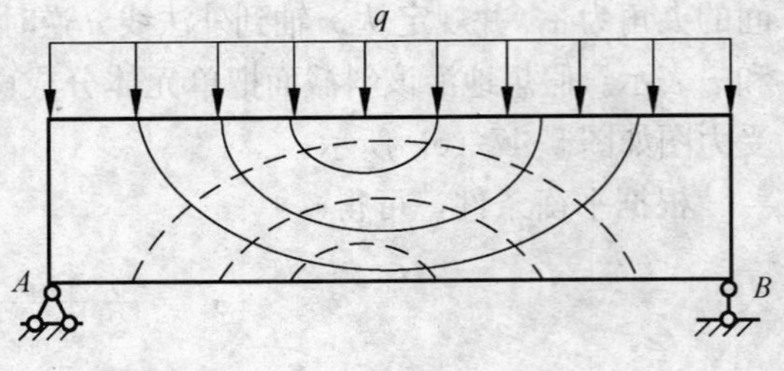

图 5-48

例 5-19 如图 5-49（a）所示一矩形截面简支梁，矩形尺寸：$b=80$ mm，$h=160$ mm，跨中作用集中荷载 $F_P=20$ kN。试计算距离左端支座 $x=0.3$ m 的 D 处截面中，距中性层以上 $y=20$ mm 的点 K 的主应力及其方位，并用单元体表示出主应力。

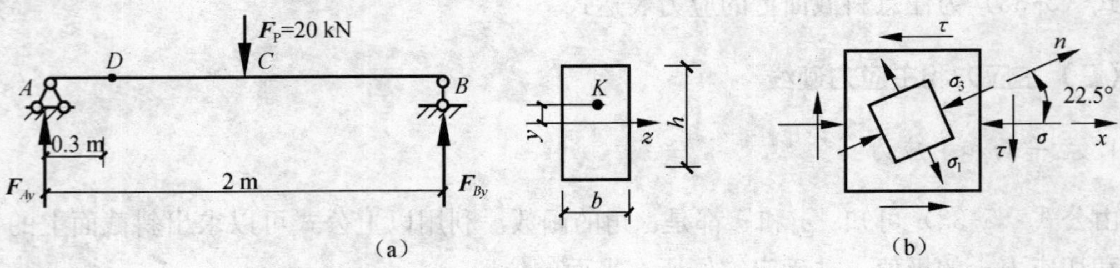

图 5-49

解：(1) 计算 D 处的剪力及弯矩。

$$F_{QD}=F_{Ay}=10\ \text{kN}$$

$$M_D=F_{Ay}x=3\ \text{kN}\cdot\text{m}$$

(2) 计算 D 处截面中性层以上 20 mm 处 K 点的正应力及切应力。

截面对中性轴的惯性矩为

$$I_z=\frac{1}{12}bh^3=\frac{1}{12}\times 80\times 160^3=27.3\times 10^6(\text{mm}^4)$$

K 点对应的 S_z^* 为

$$S_z^*=60\times 80\times 50=2.4\times 10^5(\text{mm}^3)$$

K 点的正应力及剪应力为

$$\sigma_K=\frac{M_D y}{I_z}=-\frac{3\times 10^6\times 20}{27.3\times 10^6}=-2.2(\text{MPa})(\text{压应力})$$

$$\tau_K=\frac{F_{QD}S_z^*}{I_z b}=\frac{10\times 10^3\times 2.4\times 10^5}{27.3\times 10^6\times 80}=1.1(\text{MPa})$$

(3) 计算主应力及其方位。

取 K 点单元体如图 5-49（b）所示，$\sigma=\sigma_K=-2.2$ MPa，$\tau=\tau_K=1.1$ MPa

$$\begin{matrix}\sigma_1\\\sigma_3\end{matrix}=\frac{-2.2}{2}\pm\sqrt{\left(\frac{-2.2}{2}\right)^2+1.1^2}=\begin{matrix}0.46\\-2.66\end{matrix}(\text{MPa})$$

$$\tan 2\alpha_0=\frac{-2\times 1.1}{-2.2}=1$$

$$\alpha_0=22.5^\circ\quad \alpha_0=90^\circ+22.5^\circ=112.5^\circ$$

在单元体上画出主应力的方向，如图 5-49（b）所示。

第八节　组合变形杆的强度计算

前面几节分别讨论了杆件在轴向拉伸（压缩）、扭转和弯曲等基本变形下的强度计算。然而，实际工程结构中有些杆件受力后，往往会产生两种或两种以上的基本变形，这种变形情况称为组合变形。

例如，屋架上的檩条（图 5-50（a）），由于屋面传来的均布荷载 $\boldsymbol{q}$ 没有作用在檩条的纵向对称平面内，造成檩条发生沿两相互垂直平面内的双向弯曲，也称为斜弯曲。又如厂房中的单侧牛腿柱（图 5-50（b）），作用在柱子上的荷载 $\boldsymbol{F}_{P1}$ 和 $\boldsymbol{F}_{P2}$，它们合力的作用线一般不与柱子轴线重合，此时，柱子既产生压缩变形又产生弯曲变形。

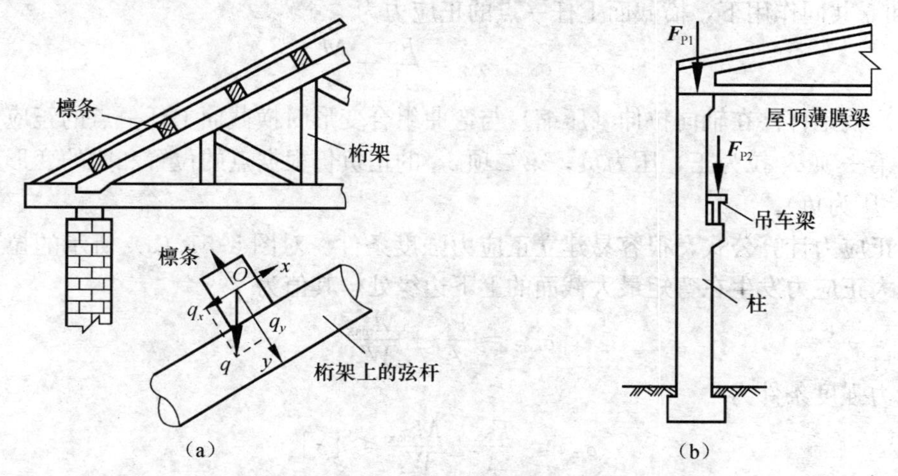

图 5-50

在线弹性、小变形条件下，可用叠加法计算组合变形杆件。即先将杆件的变形分解为几种基本变形，分别计算该杆件在每一种基本变形时的应力，最后将它们叠加起来，得到杆件组合变形时的应力。本节主要介绍工程中常见的弯曲与拉伸（压缩）的组合变形和双向弯曲组合变形。

一、拉伸（压缩）与弯曲的组合变形

（一）在轴向力和横向力共同作用下的杆

当杆件同时作用轴向力 F_N 和横向力 q 时，轴向力 F_N 使杆件伸长（或缩短），横向力 q 使杆件弯曲，因而杆件的变形为轴向拉伸（压缩）与弯曲的组合变形，简称拉（压）弯组合变形。下面以图 5-51（a）所示的受力杆件为例，说明拉（压）弯组合变形时的正应力及强度的计算。

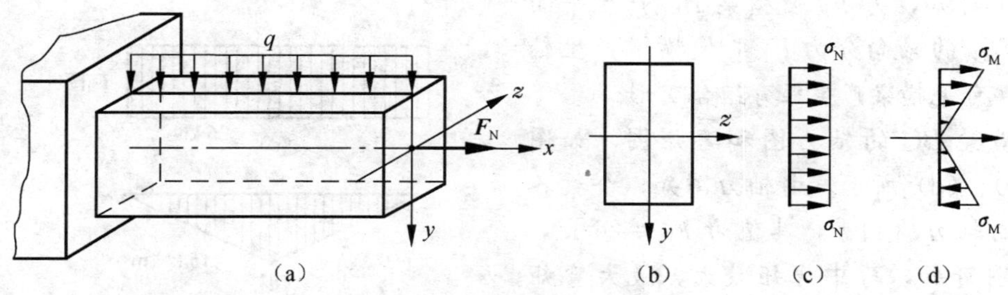

图 5-51

计算杆件在拉（压）与弯组合变形的正应力时，可采用叠加法，即分别计算杆件在轴向拉伸（压缩）和弯曲变形下的正应力，再将同一点应力叠加。

轴向力 F_N 单独作用时，横截面上的正应力均匀分布（图 5-51（c）)，横截面上任一点正应力为

$$\sigma_N=\frac{F_N}{A}$$

横向力 q 单独作用时，梁发生平面弯曲，正应力沿截面高度呈线性分布（图 5-51（d）)，横截面上任一点的正应力为

$$\sigma_M=\pm\frac{M_z y}{I_z}$$

F_N 和 q 共同作用下，横截面上任一点的正应力为

$$\sigma=\sigma_N+\sigma_M=\frac{F_N}{A}\pm\frac{M_z y}{I_z} \tag{5-36}$$

式（5-36）就是杆件在轴向拉伸（压缩）与弯曲组合变形时横截面上任一点的正应力计算公式。式中第一项 σ_N 拉为正，压为负；第二项 σ_M 的正负仍根据点的位置和梁的变形直接判断（拉为正，压为负）。

有了正应力计算公式，很容易建立正应力强度条件。对图 5-51（a）所示的拉弯组合变形杆，最大正应力发生在弯矩最大截面的上下边缘处，其值为

$$\sigma_{max}=\frac{F_N}{A}\pm\frac{M_{max}}{W_z}$$

正应力强度条件为

$$\sigma_{max}=\frac{F_N}{A}\pm\frac{M_{max}}{W_z}\leqslant[\sigma] \tag{5-37}$$

当材料的容许拉、压应力不同时，拉弯组合杆中的最大拉、压应力应分别满足容许值。

例 5-20 如图 5-52（a）所示起重架的横梁 BC 由 14 号工字钢制成，横梁中点处作用有集中力 $F_P=30$ kN。横梁材料的容许应力 $[\sigma]=170$ MPa，试校核 BC 梁的强度。

解：(1) 横梁 BC 的受力分析。

取横梁 BC 为隔离体（图 5-52（b）)，由 $\sum M_B=0$ 得拉杆 CA 的拉力

$$F_{NCA}\sin 30°\times 2-F_P\times 1=0$$

$$F_{NCA}=\frac{30\times 1}{\sin 30°\times 2}=30(\text{kN})(\text{拉力})$$

由上可知，力 F_P 使横梁 BC 产生平面弯曲，F_{NCA} 的轴向分力 F_{NCAx} 使横梁产生轴向压缩。可见横梁产生压弯组合变形。

作横梁 BC 的轴力图和弯矩图，如图 5-52（c）、(d) 所示。由轴力图知，全梁各截面上的轴力均相等，其值为 $F_N=26$ kN。由弯矩图可知，跨中弯矩最大，最大弯矩 $M_{max}=15$ kN·m。所以 BC 梁跨中截面是危

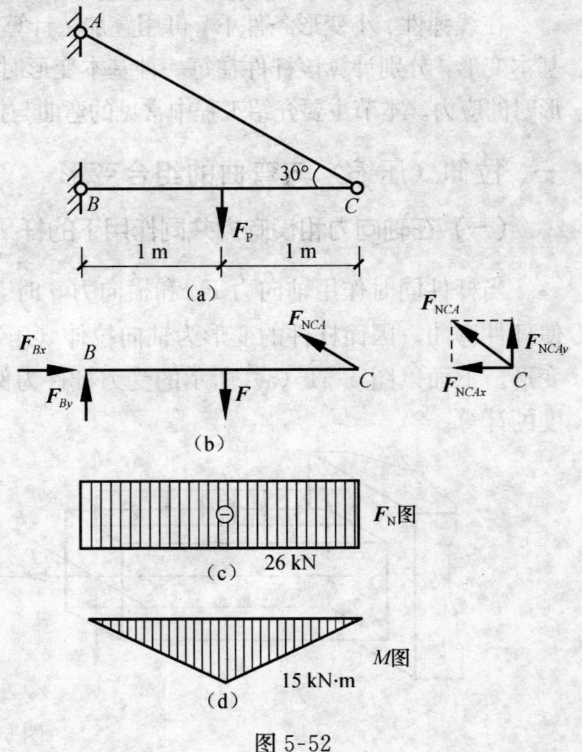

图 5-52

险截面，其上边缘点是最大压应力所在的危险点。

(2) 校核横梁 BC 的强度。

查附录型钢表 14 号工字钢的抗弯截面系数为 $W_z=102\ \text{cm}^3$，$A=21.5\ \text{cm}^2$，BC 梁跨中截面上边缘点的最大压应力为

$$\sigma_{\text{cmax}}=\left|-\frac{F_N}{A}-\frac{M_{\max}}{W_z}\right|=\left|-\frac{26\times10^3}{21.5\times10^2}-\frac{15\times10^6}{102\times10^3}\right|$$
$$=|-12.1-147|=159.1(\text{MPa})<[\sigma]=170\ \text{MPa}$$

所以 BC 梁满足强度条件。

(二) 偏心压缩（拉伸）

图 5-53 (a) 所示为矩形截面立柱，受到平行于杆件轴线的偏心压力 $\boldsymbol{F}$ 的作用，力 $\boldsymbol{F}$ 的作用点与截面形心之间的距离 e 称为偏心距。这种受力杆件称为偏心压缩杆。

为求解偏心压缩（拉伸）杆件横截面上的应力，可将偏心压力 F 平移到截面的形心处，使其作用线与杆轴线重合。由力的平移定理可知，平移后需附加一力偶，力偶矩为 $M_z=Fe$，如图 5-53 (b) 所示。此时，平移后的力 $\boldsymbol{F}$ 使杆件发生轴向压缩，M_z 使杆件绕 z 轴发生平面弯曲（纯弯曲）。由此可知，立柱在偏心力作用下将产生轴向压缩与平面弯曲的组合变形。所以横截面上任一点的正应力为

$$\sigma=\sigma_N+\sigma_M=-\frac{F_N}{A}\pm\frac{M_z y}{I_z}\qquad(5\text{-}38)$$

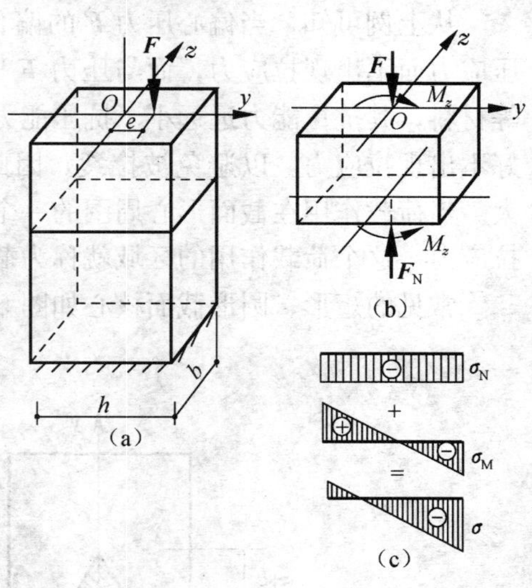

图 5-53

偏心压缩（拉伸）时，最大正应力的位置很容易判断。例如，图 5-53 (c) 所示的情况，最大的正应力显然发生在截面的左右边缘处，其值为

$$\sigma_{\max}=-\frac{F_N}{A}\pm\frac{M_z}{W_z}$$

正应力强度条件为

$$\sigma_{\max}=-\frac{F_N}{A}\pm\frac{M_z}{W_z}\leqslant[\sigma]\qquad(5\text{-}39)$$

即构件中的最大拉、压应力均不得超过容许的正应力。

例 5-21　单向偏心受压杆，横截面为矩形 $b\times h$，如图 5-54 (a) 所示，力 $\boldsymbol{F}$ 的作用点位于横截面的 y 轴上，试求杆的横截面不出现拉应力的最大偏心距。

解：将力 $\boldsymbol{F}$ 平移到截面的形心处并附加一力偶矩 $M_z=Fe$（图 5-54 (b)）。

F_N 单独作用下，横截面上各点的正应力为

$$\sigma_N=-\frac{F_N}{A}=-\frac{F}{bh}$$

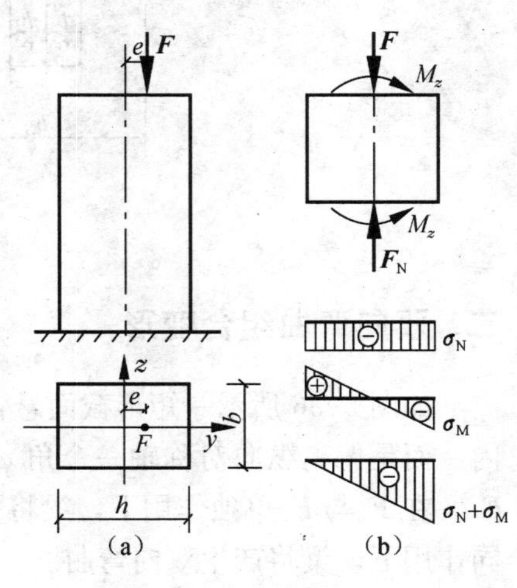

图 5-54

M_z单独作用下截面上 z 轴的左侧受拉，最大拉应力发生在截面的左边缘处。

$$\sigma_M = \frac{M_z}{W_z} = \frac{6Fe}{bh^2}$$

欲使横截面不出现拉应力，应使 F_N 和 M_z 共同作用下横截面左边缘处的正应力 $\sigma \leqslant 0$，即

$$\sigma = \sigma_N + \sigma_M = -\frac{F_N}{A} + \frac{M_z}{W_z} = -\frac{F}{bh} + \frac{6Fe}{bh^2} \leqslant 0$$

解得

$$e_{max} = \frac{h}{6}$$

即最大偏心距为$\frac{h}{6}$。

从上例可知，当偏心压力 **F** 的偏心距 e 小于某一值时，可使杆横截面上的正应力全部为压应力而不出现拉应力，而与压力 **F** 的大小无关。土建工程中大量使用的砖、石、混凝土等材料，其抗拉能力远远小于抗压能力，这类材料制成的杆件在偏心压力作用下，截面上最好不出现拉应力，以避免被拉裂。因此，要求偏心压力的作用点至截面形心的距离不可太大。当荷载作用在截面形心周围的一个区域内时，杆件整个横截面上只产生压应力而不出现拉应力，这个荷载作用的区域就称为截面核心。

常见的矩形、圆形截面核心如图 5-55 所示。

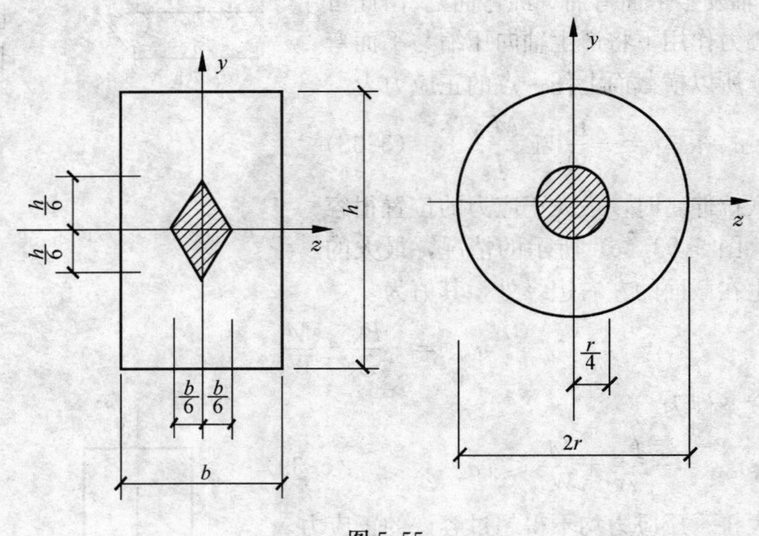

图 5-55

二、双向弯曲组合变形

如图 5-56 所示一矩形截面悬臂梁，梁端作用一集中力 **F**。力 **F** 不在梁的纵向对称平面内，而是偏离纵向对称轴一个角 φ，将力 **F** 沿矩形截面对称轴 y 轴和 z 轴方向分解为 $\boldsymbol{F}_y$ 与 $\boldsymbol{F}_z$。在 $\boldsymbol{F}_y$ 与 $\boldsymbol{F}_z$ 单独作用下，梁将分别产生绕 z 轴和 y 轴的平面弯曲。因此，在 $\boldsymbol{F}_y$ 与 $\boldsymbol{F}_z$ 共同作用下，梁将产生双向弯曲。

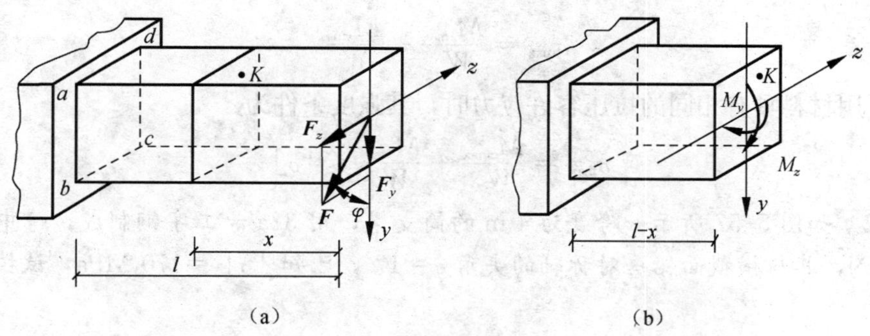

（a）　　（b）

图 5-56

（一）正应力计算

梁发生双向弯曲时，梁的横截面上同时存在正应力和切应力，但因切应力值很小，一般不予考虑。

（1）外力的分解　先将外力 **F** 沿两个对称轴方向分解为

$$F_y = F\cos\varphi$$

$$F_z = F\sin\varphi$$

（2）内力的计算　距右端为 x 的横截面上由 $\boldsymbol{F}_y$、$\boldsymbol{F}_z$引起的弯曲矩分别是（图 5-56（b））

$$M_z = F_y x = Fx\cos\varphi$$

$$M_y = F_z x = Fx\sin\varphi$$

（3）应力的计算　由 M_z和 M_y在该截面引起 K 点正应力分别为

$$\sigma' = \pm\frac{M_z y}{I_z},\quad \sigma'' = \pm\frac{M_y z}{I_y}$$

由叠加原理，在力 **F** 作用下 K 点的正应力为

$$\sigma = \sigma' + \sigma'' = \pm\frac{M_z y}{I_z} \pm \frac{M_y z}{I_y} \tag{5-40}$$

式（5-40）就是梁双向弯曲时横截面任一点的正应力计算公式。式中，I_z和 I_y分别为截面对 z 轴和 y 轴的惯性矩；y 和 z 分别为所求应力点到 z 轴和 y 轴的距离（图 5-56（b））。

用式（5-40）计算正应力时，仍将式中的 M_z、M_y、y、z 以绝对值代入，求得 σ' 和 σ'' 的值，其 正负根据梁的变形和所求应力点的位置直接判定。

（二）正应力强度条件

同平面弯曲一样，双向弯曲梁的正应力强度条件仍为

$$\sigma_{\max} \leqslant [\sigma]$$

即危险截面上危险点的最大正应力不能超过材料的容许应力 $[\sigma]$。

工程中常用的具有棱角而又有两条对称轴的截面，如工字形、矩形等，最大正应力发生在截面角点处，例如图 5-56（a）所示的矩形截面梁，危险截面在固定端处，最大拉压应力分别发生在固定端截面的右上角 d 处和左下角 b 处，其值可按式（5-40）求得

$$\sigma_{\max} = \sigma'_{\max} + \sigma''_{\max} = \frac{M_{z\max} y_{\max}}{I_z} + \frac{M_{y\max} z_{\max}}{I_y}$$

即

$$\sigma_{\max}=\frac{M_{z\max}}{W_z}+\frac{M_{y\max}}{W_y} \tag{5-41}$$

当梁所用材料具有相同的拉压容许应力时，其强度条件为

$$\sigma_{\max}=\frac{M_{z\max}}{W_z}+\frac{M_{y\max}}{W_y}\leqslant[\sigma] \tag{5-42}$$

例 5-22 如图 5-57 所示一跨度为 4 m 的简支梁，用 32a 号工字钢制成，跨中作用集中力 $F=30$ kN，其与横截面铅垂对称轴的夹角 $\varphi=17°$，已知 $[\sigma]=170$ MPa，试校核该梁的正应力强度。

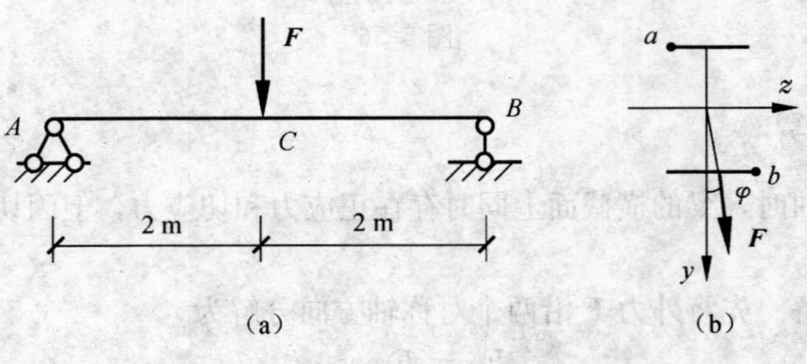

图 5-57

解：(1) 分解外力。

先将外力 **F** 沿两个对称轴方向分解为

$$F_y=F\cos\varphi=30\times\cos 17°=28.69(\text{kN})$$
$$F_z=F\sin\varphi=30\times\sin 17°=8.77(\text{kN})$$

(2) 计算内力。

$$M_{z\max}=\frac{F_y l}{4}=\frac{28.69\times 4}{4}=28.69(\text{kN}\cdot\text{m})$$
$$M_{y\max}=\frac{F_z l}{4}=\frac{8.77\times 4}{4}=8.77(\text{kN}\cdot\text{m})$$

(3) 计算应力。

危险截面在跨中，危险点为 a、b，其中 a 点处压应力最大，b 点处拉应力最大，且其值相等（图 5-57 (b)）。

查附录型钢表 32a 号工字钢的抗弯截面系数为 $W_y=70.8\ \text{cm}^3$，$W_z=692.2\ \text{cm}^3$，则最大正应力为

$$\sigma_{\max}=\frac{M_{z\max}}{W_z}+\frac{M_{y\max}}{W_y}=\frac{28.69\times 10^6}{692.2\times 10^3}+\frac{8.77\times 10^6}{70.8\times 10^3}$$
$$=41.4+123.9=165.3(\text{MPa})<[\sigma]$$

若外力不偏离纵向对称面，即 $\varphi=0°$，则在跨中截面最大正应力为

$$\sigma_{\max}=\frac{\frac{1}{4}\times 30\times 4\times 10^6}{692.2\times 10^3}=43.3(\text{MPa})$$

由以上计算结果分析可知：由于力偏离了 $\varphi=17°$，而最大正应力就由 43.3 MPa 变成了 165.3 MPa，增加了 2.8 倍。这是由于工字钢截面的形 W_y 远小于 W_z 的缘故，所以应注意使外力尽可能作用在梁的纵向对称面 xy 内。

小　结

本章讨论了轴向拉（压）杆、扭转轴、平面弯曲梁和组合变形杆的应力和强度计算。

1. 杆件的应力与强度条件

(1) 研究方法

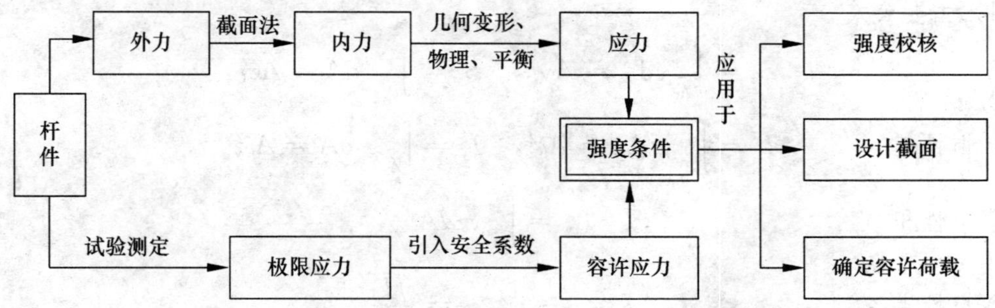

(2) 杆件的应力和强度条件

杆　件	应　力			强度条件
	名称	分布	公式	
轴向拉（压）杆	正应力	均匀分布	$\sigma=\dfrac{F_N}{A}$	$\sigma_{max}=\dfrac{F_{Nmax}}{A}\leqslant[\sigma]$
扭转轴	切应力	沿径向线性分布，中心为零，边缘最大	$\tau_\rho=\dfrac{T\rho}{I_p}$	$\tau_{max}=\dfrac{T_{max}}{W_T}\leqslant[\tau]$
平面弯曲梁	正应力	沿截面高度线性分布，中性轴为零，上下边缘最大	$\sigma=\dfrac{My}{I_z}$	$\sigma_{max}=\dfrac{M_{max}}{W_z}\leqslant[\sigma]$
	切应力	沿截面高度抛物线分布，上下边缘为零，中性轴最大。	$\tau=\dfrac{F_Q S_z^*}{I_z b}$	$\tau_{max}=\dfrac{F_{Qmax}S_{zmax}^*}{I_z b}\leqslant[\tau]$

(3) 组合变形杆的应力和强度条件　计算组合变形杆的应力时，采用的都是叠加法，即将组合变形分解为基本变形，然后分别计算各基本变形下的应力，再代数相加。

组合变形分解为基本变形的关键，在于正确地对外力进行简化与分解。其要点为

① 对平行于杆件轴线的外力，当其作用线不通过截面形心时，一律向形心简化（即将外力平移至形心处）。

② 对垂直于杆件轴线的横向力，当其作用线通过截面形心但不与截面的对称轴重合时，应将横向力沿截面的两个对称轴方向分解。

对本章中所讨论的组合变形杆件进行强度计算时，其强度条件为

$$\sigma_{max}\leqslant[\sigma]$$

式中 σ_{max} 是危险截面上危险点的应力，其值等于各基本变形（拉伸、压缩、平面弯曲等）中的正应力之和。

(4) 材料的力学性质

材料的力学性质是通过试验测定的。它是解决强度和刚度问题的重要依据。材料在常温、静载下的力学性质主要有：

① 强度指标：表示材料抵抗破坏能力的指标：材料的屈服极限 σ_s 和强度极限 σ_b。

② 刚度指标：表示材料抵抗弹性变形能力的指标：弹性模量 E 和泊松比 μ。

③ 塑性指标：表示材料产生塑性变形能力的指标：伸长率 δ 和断面收缩率 ψ。

2. 截面的几何性质

截面的几何性质是与截面的形状、大小有关的几何量，只由截面的形状、大小及坐标轴位置决定其数值。这些几何量对杆件强度、刚度和稳定性有着极为重要的影响。

(1) 主要公式

① 静矩 $S_z=\int_A y\mathrm{d}A=Ay_C$，$S_y=\int_A z\mathrm{d}A=Az_C$

② 惯性矩 $I_z=\int_A y^2\mathrm{d}A=Ai_z^2$，$I_y=\int_A z^2\mathrm{d}A=Ai_y^2$

③ 惯性积 $I_{zy}=\int_A yzdA$

④ 惯性半径 $i_z=\sqrt{\dfrac{I_z}{A}}$，$i_y=\sqrt{\dfrac{I_y}{A}}$

⑤ 平行移轴公式

$$I_{z_1}=I_z+a^2A \quad I_{y_1}=I_y+b^2A$$

平行移轴公式要求 z_1 与 z、y_1 与 y 两轴平行，并且 z、y 轴通过平面图形的形心。

平面图形的几何性质都是对确定的坐标轴而言的。静矩、惯性矩和惯性半径是对一个坐标轴而言的；惯性积是对一对正交坐标轴而言的。对于不同的坐标系，它们的数值是不同的。惯性矩、惯性半径恒为正；静矩和惯性积可为正或负，也可为零。

(2) 组合图形

① 形心 $z_C=\dfrac{\sum\limits_{i=1}^{n}A_iz_{Ci}}{\sum\limits_{i=1}^{n}A_i}$，$y_C=\dfrac{\sum\limits_{i=1}^{n}A_iy_{Ci}}{\sum\limits_{i=1}^{n}A_i}$

② 惯性矩 组合图形对任一轴的惯性矩等于其各组成部分对同一轴的惯性矩之和。

思 考 题

5-1 内力和应力有何区别？有何联系？

5-2 一圆截面直杆，受轴向拉力作用，若将其直径变为原来的 2 倍，其他条件不变，试问：(1) 轴力是否改变？(2) 横截面上的应力是否改变？若有改变，变为原来的多少倍？(3) 纵向变形是否改变？若有改变，是比原来变大了还是变小了？

5-3 低碳钢拉伸时的应力—应变图可分为四个阶段，简述每个阶段对应的特征应力极限值或出现的特殊现象；分析图 5-58 所示三种不同材料的应力—应变图，回答：哪种材料的强度高？哪种材料的刚度大？哪种材料的塑性好？

5-4 现有低碳钢和铸铁两种材料，在图 5-59 所示结构中，AB 杆选用铸铁，AC 杆选用低碳钢是否合理？为什么？如何选材才最合理？

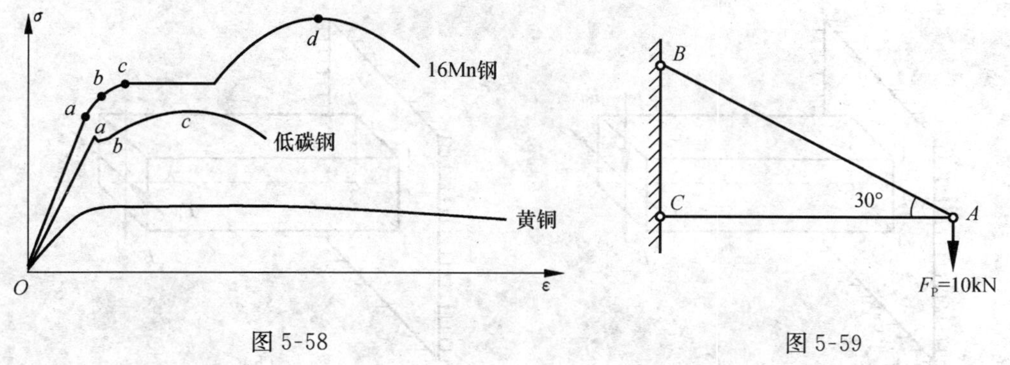

图 5-58　　　　图 5-59

5-5　已知平面图形对它的形心轴的静矩 $S_z=0$，问该图形的惯性矩 I_z 是否也为零？为什么？

5-6　试问图 5-60 所示两截面的惯性矩 I_z，可否按下式计算：

$$I_z = \frac{BH^3}{12} - \frac{bh^3}{12}$$

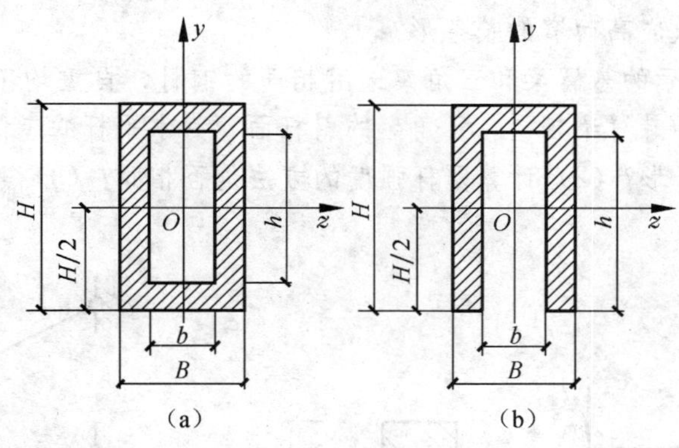

图 5-60

5-7　试指出图 5-61 所示横截面上切应力分布图中哪些是正确的？哪些不正确？图中 T 为横截面上的扭矩。

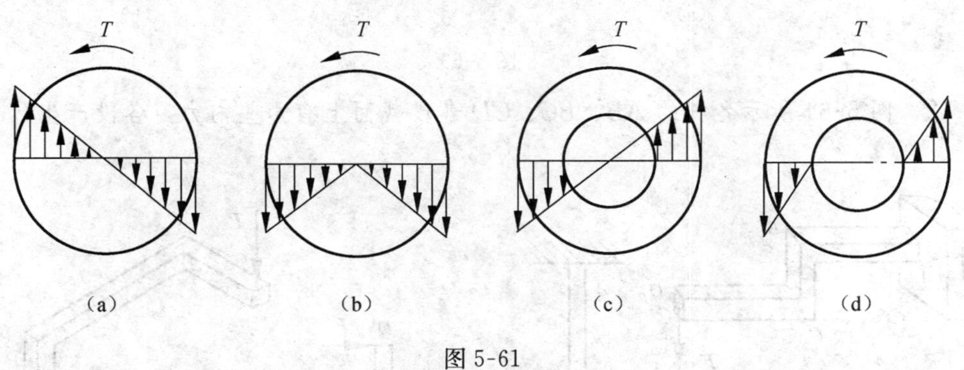

图 5-61

5-8　等直梁的最大正应力发生在哪个截面上？什么位置处？试回答：图 5-62 所示各梁的最大正应力发生在哪个截面上？何处产生了最大拉应力，何处产生了最大压应力？并找出各梁的中性轴来。

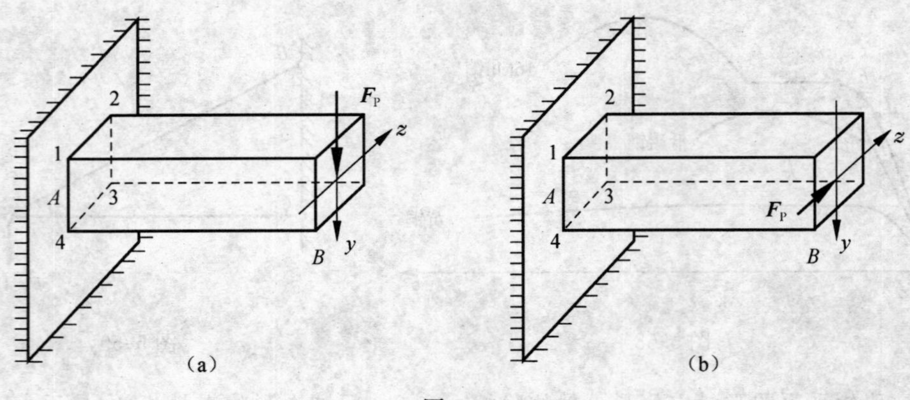

图 5-62

5-9　跨度、荷载、截面、类型完全相同的两根梁，它们的材料不同，那么这两根梁的弯矩图、剪力图是否相同？它们的最大正应力、最大切应力是否相同？它们的强度是否相同？通过思考以上问题你能得出什么结论？

5-10　简述工程中常将矩形截面“立放”而不“平放”的原因。为了提高梁的弯曲强度，能否将矩形截面做成高而窄的长条形？

5-11　图 5-63 所示的悬臂梁和三角架选用相同的钢材，自重均不计，三角架的水平杆横截面尺寸和形状也和悬臂梁相同，三角架的斜杆面积为水平杆的二倍，试回答：(1) 两图中 AB 杆各产生哪种变形？(2) 计算两杆强度的方法是否相同？(3) 悬臂梁和三角架谁的承载能力大？

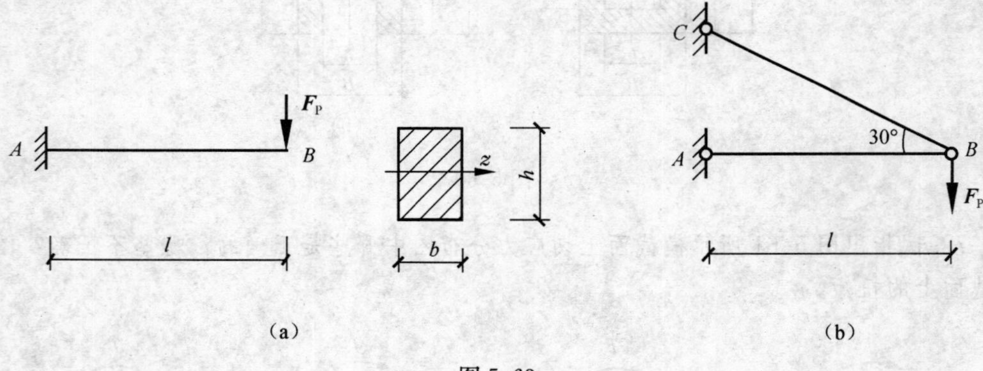

图 5-63

5-12　图 5-64 所示各杆的 AB、BC、CD 各段截面上有哪些内力，各段产生什么组合变形？

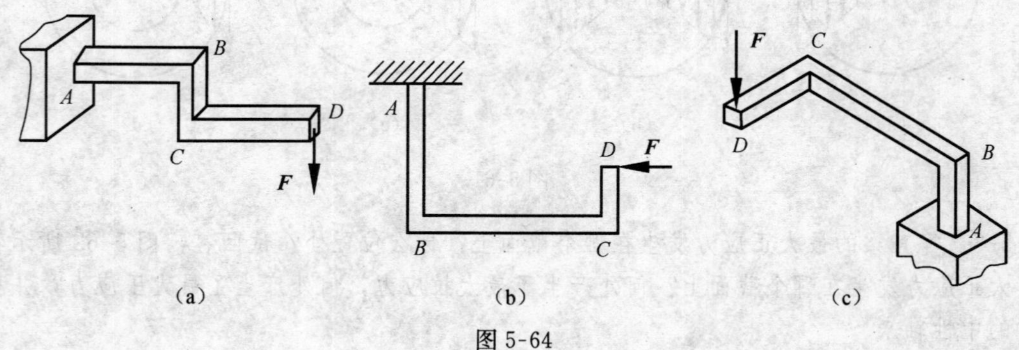

图 5-64

习　题

5-1　图 5-65 所示阶梯状直杆，如横截面的面积 $A_1=200\ \text{mm}^2$，$A_2=300\ \text{mm}^2$，$A_3=400\ \text{mm}^2$，求各横截面上的应力。

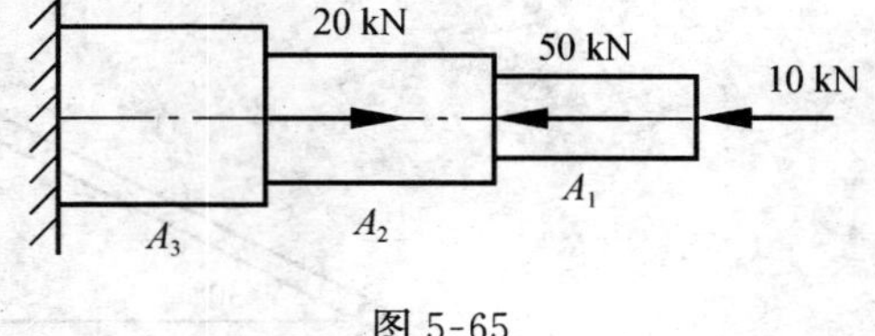

图 5-65

5-2　图 5-66 所示三角支架中，AB 杆为圆截面，直径 $d=25$ mm，BC 杆为正方形截面，边长 $a=80$ mm，$F_P=30$ kN，求在图示荷载作用下 AB 杆、BC 杆内的工作应力。

5-3　钢杆的受力情况如图 5-67 所示，已知杆的横截面面积 $A=4\,000\ \text{mm}^2$，材料的弹性模量 $E=200$ GPa，试求杆的总纵向变形。

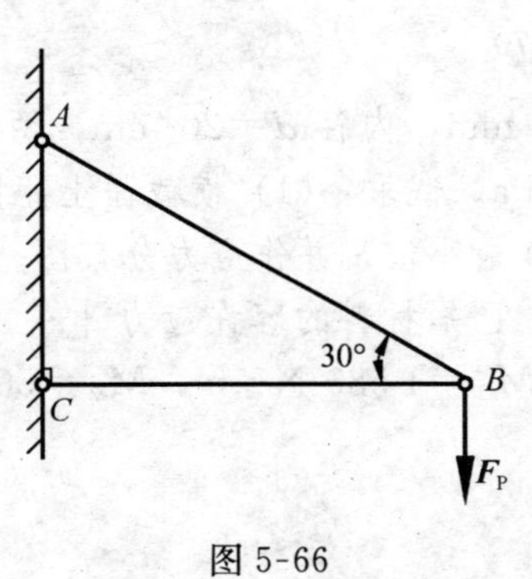

图 5-66

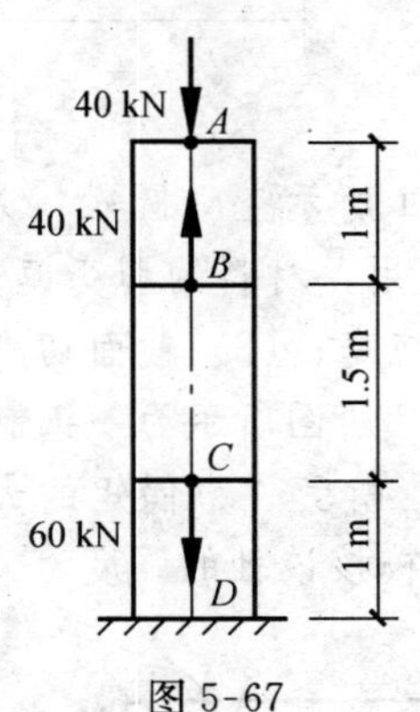

图 5-67

5-4　若低碳钢的弹性模量 $E_1=210$ GPa，混凝土的弹性模量 $E_2=28$ GPa，求：(1) 在正应力相同的情况下，低碳钢和混凝土的应变的比值。(2) 在线应变 ε 相同的情况下，低碳钢和混凝土的正应力的比值。(3) 当线应变 $\varepsilon=-0.000\,15$ 时，低碳钢和混凝土的正应力。

5-5　若用钢索起吊一钢筋混凝土管，起吊装置如图 5-68 所示，若钢筋混凝土管的重量为 $W=15$ kN，钢索直径 $d=40$ mm，容许应力 $[\sigma]=10$ MPa，试校核钢索的强度。

5-6　图 5-69 所示结构中，AC、BD 两杆材料相同，容许应力 $[\sigma]=160$ MPa，AC 杆为圆截面，BD 杆为等边角钢，弹性模量 $E=200$ GPa，荷载 $F_P=60$ kN，试求：(1) AC 杆的直径。(2) 选择 BD 杆的角钢型号。

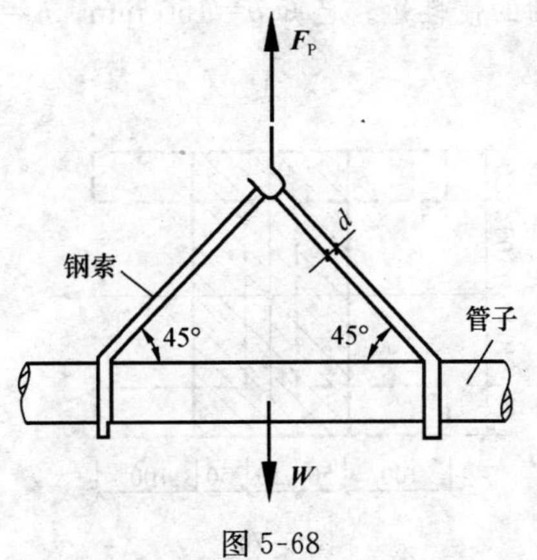

图 5-68

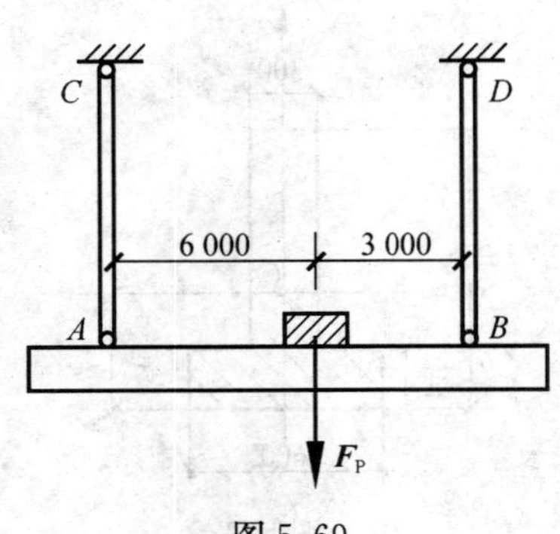

图 5-69

5-7　图 5-70 所示三角形屋架，已知①杆的横截面面积 $A_1=1.2\times10^4\ mm^2$，容许应力 $[\sigma_1]=7$ MPa；②杆的横截面面积 $A_2=8\times10^2\ mm^2$，容许应力 $[\sigma_2]=160$ MPa，荷载 $F_P=80$ kN。(1) 校核屋架的强度。(2) 求该屋架的容许荷载。

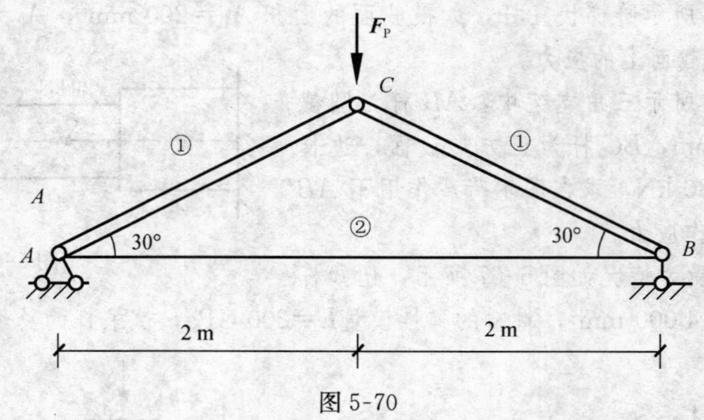

图 5-70

5-8　图 5-71 所示空心圆轴，外径 $D=50$ mm，内径 $d=20$ mm，两端所受外力偶矩 $M_e=1$ kN·m 作用，材料的切变模量 $G=80$ GPa。试求：(1) 横截面上距圆心 25 mm 处 A 点的切应力和切应变；(2) 截面切应力最大值和最小值，并作应力分布图。

5-9　如 5-72 所图所示为一钢制的传动轴。已知材料的容许应力 $[\tau]=40$ MPa，轴的直径 $d=55$ mm，所受外力偶矩的大小分别为 $M_{e1}=1\ 580$ N·m，$M_{e2}=500$ N·m，$M_{e3}=1\ 080$ N·m。试校核该轴的强度。

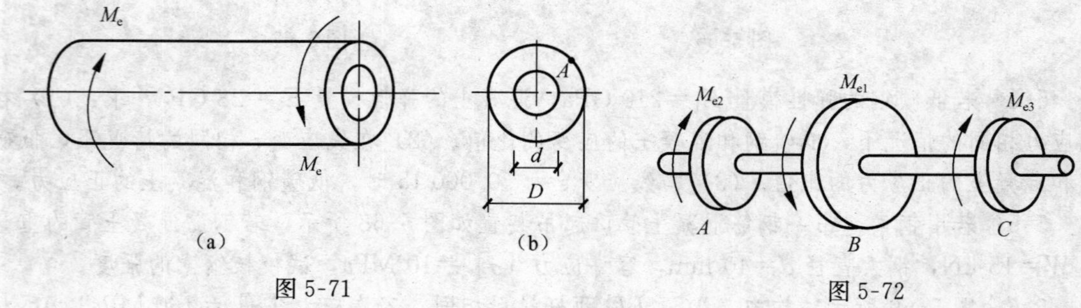

图 5-71　　图 5-72

5-10　图 5-73 所示平面图形，求：(1) 形心 C 的位置。(2) 图中阴影部分对 z 轴的静矩。(3) 对形心轴 z、y 轴的惯性矩。

5-11　计算图 5-74 所示矩形截面对其形心轴的惯性矩。已知 $b=150$ mm，$h=300$ mm。

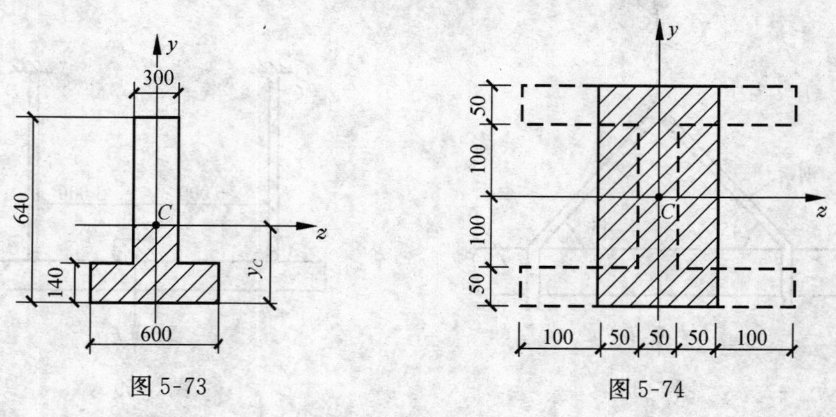

图 5-73　　图 5-74

如按图中虚线所示，将矩形截面的中间部分移至两边缘变成工字形截面，试计算此工字形截面对 z 轴的惯性矩，并求工字形截面的惯性矩较矩形截面的惯性矩增大的百分比。

5-12　求图 5-75 所示外伸梁 1—1 截面上 a、b、c、d、e 五点处的正应力，并作出该截面上正应力沿截面高度的分布图。

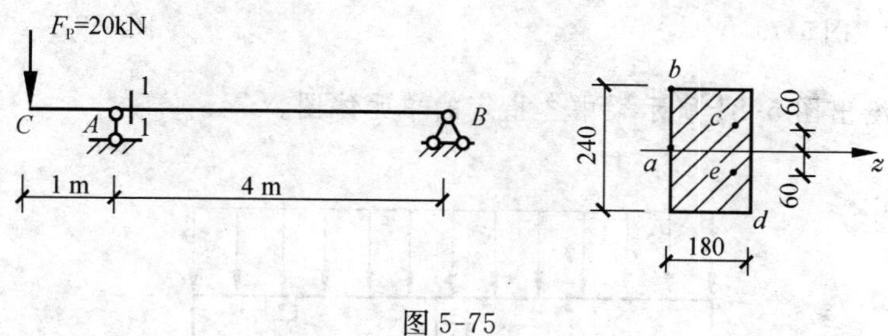

图 5-75

5-13　试计算图 5-76 所示各梁全梁范围内的最大拉、压应力，并说明最大应力所在位置。

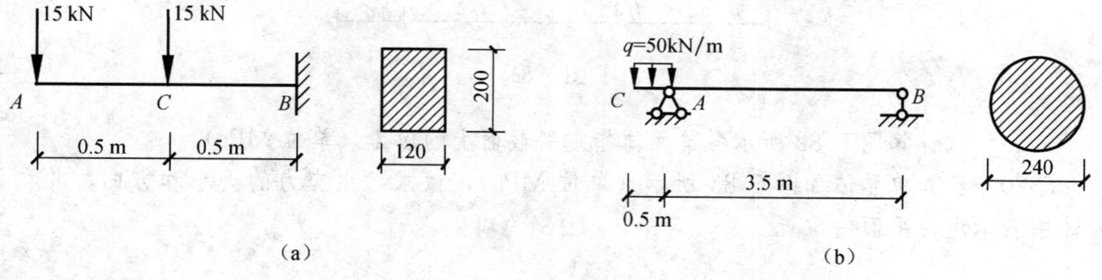

图 5-76

5-14　简支梁如图 5-77 所示，跨度 $l=5$ m，荷载 $q=8$ kN/m，材料的容许应力 $[\sigma]=12$ MPa，采用圆形截面，试求直径 d。

5-15　如图 5-78 所示外伸梁，由两根 16 号槽钢组成。已知材料的容许应力 $[\sigma]=170$ MPa，试按照正应力强度条件确定梁上的容许荷载值。

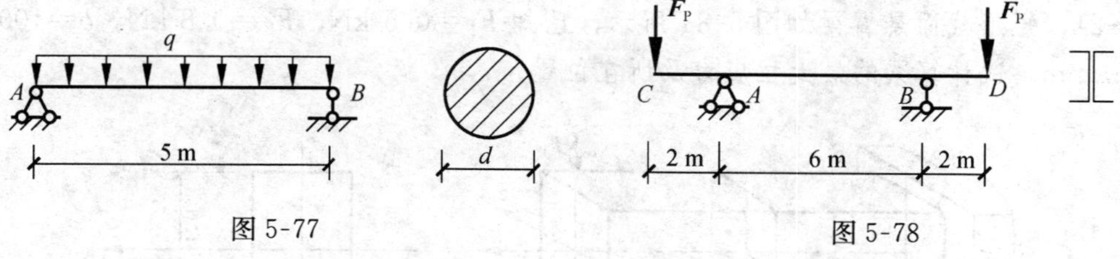

图 5-77　　图 5-78

5-16　如图 5-79 所示一受均布荷载的外伸梁，采用矩形截面，$b\times h=60$ mm$\times$120 mm，已知荷载 $q=1.5$ kN/m，材料的容许弯曲应力 $[\sigma]=10$ MPa，容许切应力 $[\tau]=1.2$ MPa，试按正应力及切应力强度条件校核梁的强度。

5-17　工字钢梁如图 5-80 所示，已知 $l=6$ m，$q=6$ kN/m，$F_P=20$ kN，材料的 $[\sigma]=170$ MPa，$[\tau]=100$ MPa，试选择工字钢的型号。

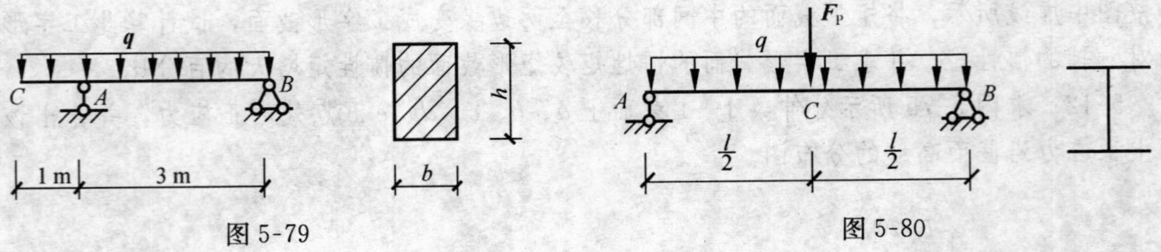

图 5-79　　　图 5-80

5-18　定性绘出图 5-81 所示梁中各指定的单元体图。

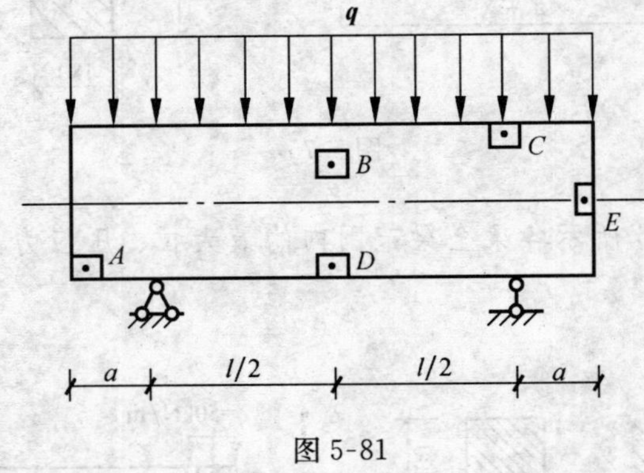

图 5-81

5-19　试计算图 5-82 所示各单元体指定斜截面上的应力（单位 MPa）。

5-20　已知单元体如图 5-83 所示（单位 MPa），试求，主应力的大小和方向，并在单元体中表示出主平面的位置。

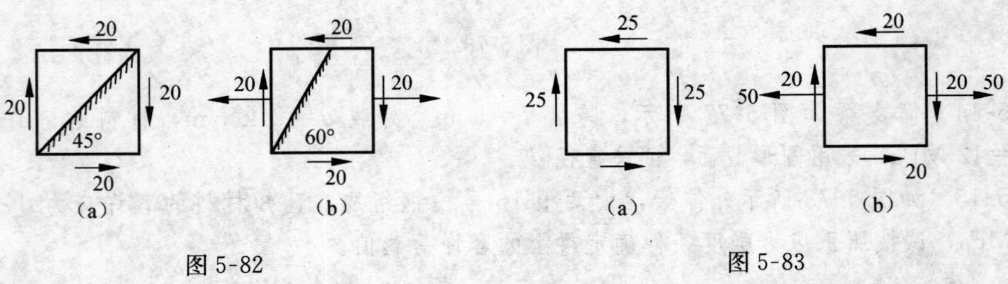

图 5-82　　　图 5-83

5-21　矩形截面悬臂梁如图 5-84 所示，已知 $F_1=0.5$ kN，$F_2=0.8$ kN，$b=100$ mm，$h=150$ mm。试计算梁的最大拉应力及所在位置。

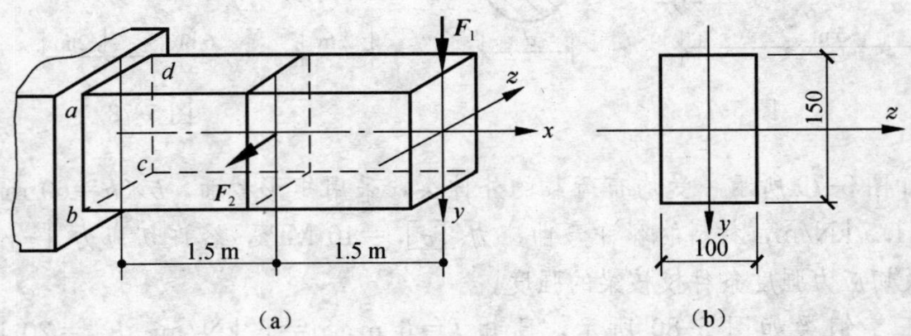

图 5-84

5-22　图 5-85 所示，砖砌烟囱高 $h=40$ m，自重 $W=3\times10^3$ kN，侧向风压 $q=1.5$ kN/m，底面外径 $D=3$ m，内径 $d=1.6$ m，砌体的 $[\sigma_c]=1.3$ MPa，试校核烟囱的强度。

5-23　如图 5-86 所示正方形截面短柱，承受轴向压力 $F=60$ kN，短柱中间开槽深度 $t=100$ mm，许可应力 $[\sigma]=15$ MPa。试校核柱的强度。

5-24　图 5-87 所示一矩形截面厂房柱受压力 $F_1=100$ kN，$F_2=45$ kN，F_2 与柱轴线偏心距 $e=200$ mm，截面宽 $b=200$ mm，如要求柱截面上不出现拉应力，截面高 h 应为多少？此时最大压应力为多大？

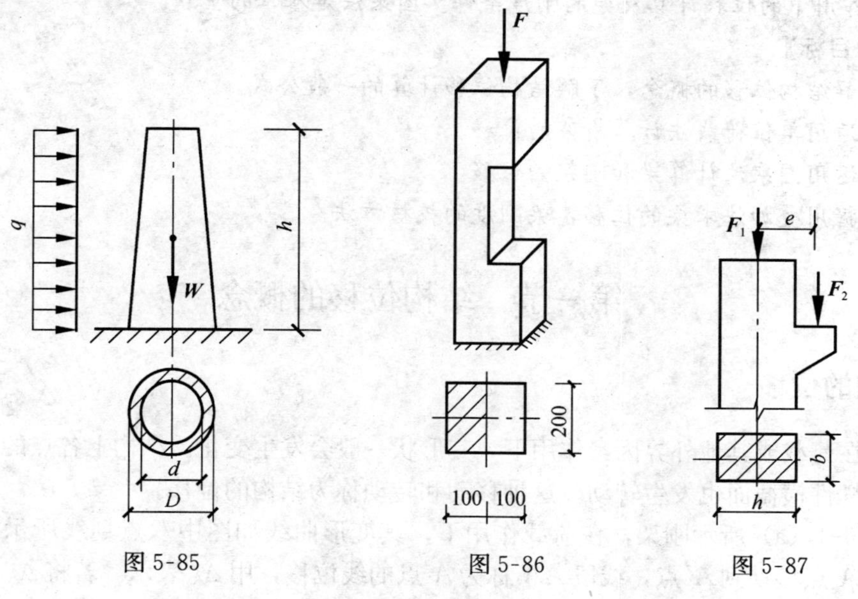

图 5-85　　图 5-86　　图 5-87

第六章　静定结构的位移计算和刚度条件

【本章提要】

本章首先介绍了根据虚功原理导出的结构位移计算的一般公式，然后讨论桁架、梁和刚架在荷载作用下的位移计算及梁的刚度条件。图乘法是本章的重点。

【学习目标】

1. 了解结构位移的概念，了解结构位移计算的一般公式。
2. 会运用单位荷载法计算桁架的位移。
3. 会运用图乘法计算梁和刚架的位移。
4. 掌握用叠加法求梁的位移，梁刚度的校核方法。

第一节　结构位移的概念

一、结构的位移

结构在荷载或其他外界因素作用下，其形状一般会发生变化。结构上各点的位置将会发生移动，杆件横截面也发生转动。这种移动和转动称为结构的位移。

如图 6-1（a）所示刚架，在荷载作用下，其变形曲线如图中双点划线所示，其中截面 A 的形心 A 点移动到 A'点，线段 AA'称为 A 点的线位移，用 Δ_A 表示。若将 Δ_A 沿水平和竖向分解，则其分量 Δ_{Ax} 和 Δ_{Ay} 分别称为 A 点的水平线位移和竖向线位移。同时，截面 A 还转动了一个角度，称为截面 A 的角位移或转角，用 φ_A 表示。

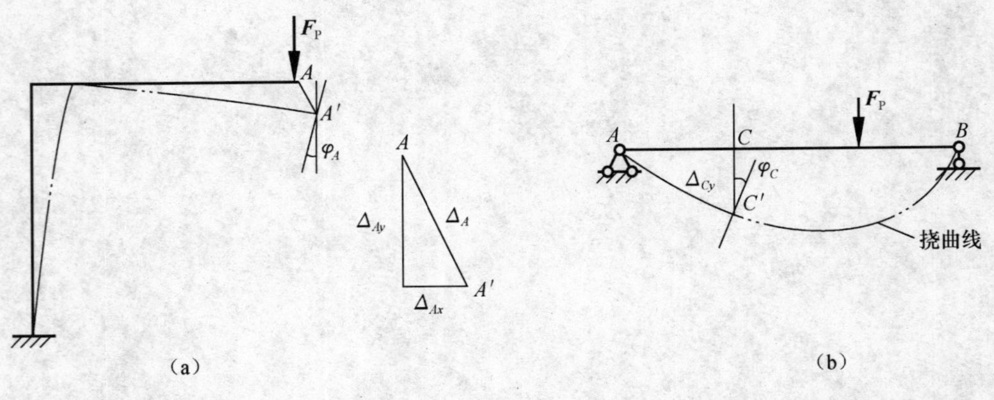

图 6-1

又如图 6-1（b）所示简支梁，在荷载作用下发生平面弯曲，梁的轴线弯曲成一条连续而光滑的曲线（称为梁的挠曲线）。截面 C 的形心 C 沿垂直于梁轴线方向移动到了 C'点，则线段 CC'即为 C 点的线位移，工程中又把梁任一横截面的形心在垂直于轴线方向的线位移称为挠度。挠度和转角是度量梁弯曲变形的基本量。

二、计算位移的目的

在工程设计和施工过程中，结构位移计算是很重要的，概括地说，它有如下三方面用途：

(1) 校核结构的刚度，即验算结构的位移是否超过允许限值。例如，在设计吊车梁时，为了保证吊车能正常行驶，规范中对吊车梁产生的最大挠度限制为梁跨度的1/500～1/600。因此为了验算结构的刚度，需要计算结构的位移。

(2) 在结构的制作、架设、养护过程中，有时需要预先知道结构的变形情况，以便采取一定的施工措施，因而也需要进行位移计算。

(3) 为超静定结构的分析打下基础。在弹性范围内分析超静定结构时，除了需考虑平衡条件外，还需考虑变形条件，因此需计算结构的位移。

第二节　结构位移计算的一般公式

一、虚功原理

如图 6-2 (a) 所示，在常力 $\boldsymbol{F}$ 的作用下物体从 A 移到 A'（即虚线位置），在力的方向上产生线位移 Δ，由物理学知，$\boldsymbol{F}$ 与 Δ 的乘积称为力 $\boldsymbol{F}$ 在位移 Δ 上做的功，即 $W=F\Delta$。

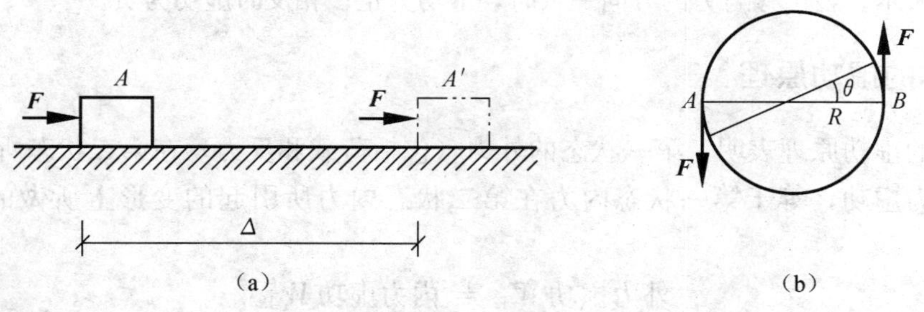

图 6-2

又如图 6-2 (b)，有两个大小相等、方向相反的常力 $\boldsymbol{F}$ 作用在圆盘上，设圆盘转动时常力 $\boldsymbol{F}$ 的方向始终垂直于直径 AB，当圆盘转动一角度 θ 时，则两个常力所做的功为 $W=2FR\theta$，又因该两力组成一力偶，其力偶矩为 $M=2FR$，则有 $W=M\theta$，这就是说，常力偶所做的功等于力偶矩与角位移的乘积。

由此可知，功包含了两个要素——力和位移。做功的力可以是一个力，也可以是一个力偶，有时也可能是一个力系。将力或力偶所做的功统一表示为

$$W = F\Delta$$

式中 $\boldsymbol{F}$ 称为广义力；Δ 称为广义位移，与广义力相对应。例如 $\boldsymbol{F}$ 为集中力时，Δ 表示线位移；$\boldsymbol{F}$ 为力偶时，Δ 代表角位移。当广义力 $\boldsymbol{F}$ 与相应广义位移 Δ 方向一致时，做功为正；两者方向相反时，做功为负。

二、虚功的概念

当作功的力与相应位移彼此相关时，即当位移是由做功的力本身引起时，此功称为实功。上述集中力 F 与力偶矩 M 所做的功均为实功。当做功的力与相应位移彼此独立无关时，

就把这种功称为虚功。

如图 6-3（a）所示简支梁，在第一组荷载 $\boldsymbol{F}_1$ 作用下，梁变形到图中双点划线Ⅰ所示平衡位置，用 Δ_{11} 表示 $\boldsymbol{F}_1$ 作用点沿 $\boldsymbol{F}_1$ 方向产生的位移。因此在加载过程中 $\boldsymbol{F}_1$ 所做的功为实功。若在此基础上再在梁上施加另外一组荷载 $\boldsymbol{F}_2$，梁就会继续变形到图中双点线Ⅱ所示新的平衡位置，$\boldsymbol{F}_1$ 作用点沿 $\boldsymbol{F}_1$ 方向又产生了新的位移 Δ_{12}，$\boldsymbol{F}_2$ 作用点沿 $\boldsymbol{F}_2$ 方向产生了位移 Δ_{22}，所以 $\boldsymbol{F}_2$ 在 Δ_{22} 上所做的功为实功。由于 $\boldsymbol{F}_1$ 不是产生 Δ_{12} 的原因，所以，$\boldsymbol{F}_1$ 在 Δ_{12} 上做的功为虚功。在这里位移 Δ_{ij} 的第一个下标 i 表示位移的地点和方向，第二个下标 j 表示引起位移的原因。“虚”字在这里并不是虚无的意思，而是强调做功的力与位移无关这一特点。因此在虚功中可将做功的力与位移看成是分别属于同一体系的两种彼此无关的状态，其中力系所属状态称为力状态或第一状态，如图 6-3（a）所示；位移所属状态称为位移状态或第二状态，如图 6-3（c）所示。当位移与力的方向一致时，虚功为正；相反时虚功为负。

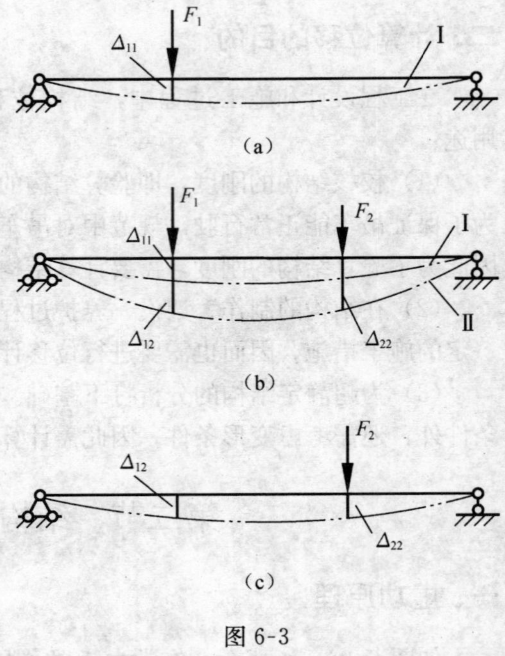

图 6-3

三、变形体的虚功原理

变形体的虚功原理表明：第一状态的外力（包括荷载和反力）在第二状态所引起的位移上所做的外力虚功，等于第一状态内力在第二状态内力所引起的变形上所做的内力虚功。即：

$$\text{外力虚功}\ W_{12} = \text{内力虚功}\ W'_{12} \tag{6-1}$$

虚功原理在具体应用时有两种方式：一种是对给定的力状态，另虚设一个位移状态，利用虚功原理求力状态中的未知力；另一种是给定位移状态，另虚设一个力状态，利用虚功原理求解位移状态中的未知位移，这时的虚功原理又可称为虚力原理。本章讨论的结构位移的计算，就是以变形体虚力原理作为理论依据的。

四、结构位移计算的一般公式

设图 6-4（a）所示结构由于荷载、温度变化及支座移动等因素引起了如图虚线所示变形，现在要求任一指定点 K 沿任一指定方向 $k-k$ 上的位移 Δ_K。

要应用虚功原理，就需要用两个状态：力状态和位移状态。现在要求的位移是由给定的荷载、温度变化及支座移动等因素引起的，故应以此作为结构的位移状态，亦称为实际状态。此外还需要建立一个力状态。由于力状态与位移状态是彼此独立无关的，因而力状态完全可以根据计算的需要来假设。为了使力状态中的外力能在位移状态中所求位移 Δ_K 上作虚功，我们就在 K 点沿 $k—k$ 方向加一个单位集中力 $F_{PK}=1$，其箭头指向可随意假设，如图 6-4（b）所示，以此作为结构的力状态。这个力状态由于是虚设的，故称为虚拟状态。

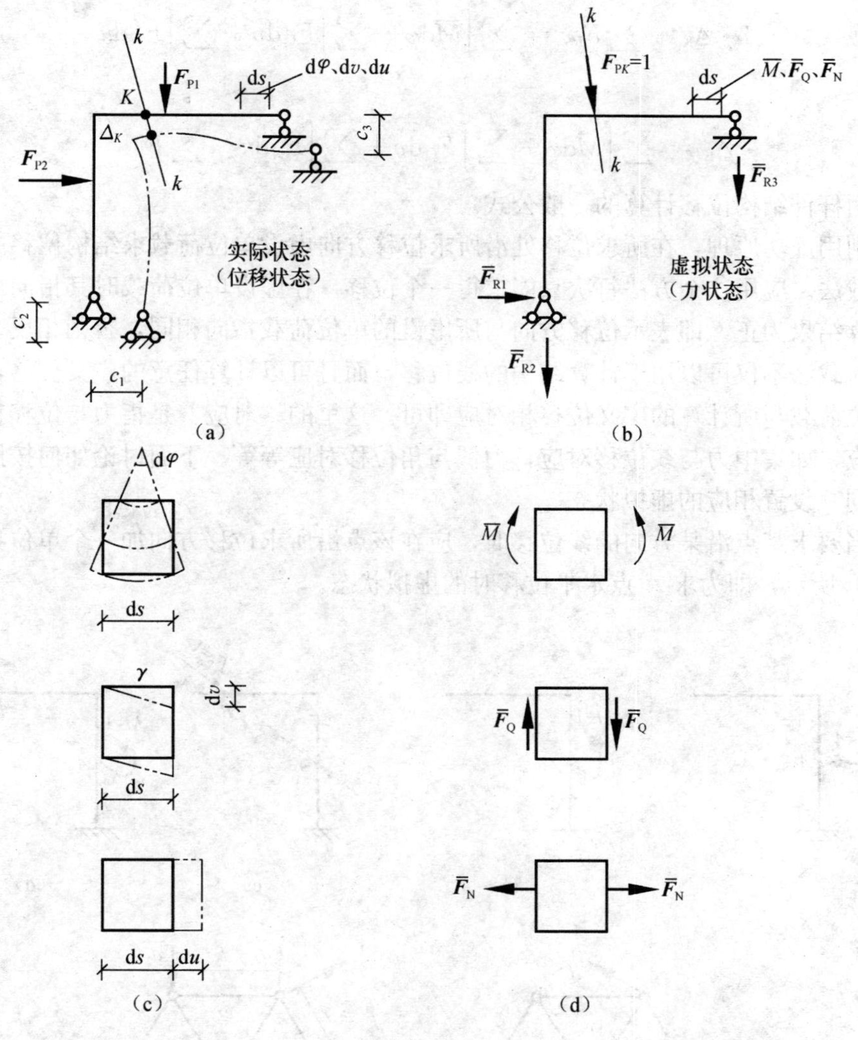

图 6-4

下面分别计算虚拟状态的外力在实际状态相应的位移上所做的外力虚功 W 和虚拟状态的内力在实际状态相应的变形上所做的内力虚功 W'。外力虚功包括荷载和支座反力所做的虚功。设在虚拟状态中由单位荷载 $F_{PK}=1$ 引起的支座反力为 $\overline{F}_{R1}$、$\overline{F}_{R2}$、$\overline{F}_{R3}$，而在实际状态中相应的支座位移为 c_1、c_2、c_3，则外力虚功为

$$W = F_{PK}\Delta_K + \overline{F}_{R1}c_1 + \overline{F}_{R2}c_2 + \overline{F}_{R3}c_3 = \Delta_K + \sum \overline{F}_R c$$

这样，单位荷载 $F_{PK}=1$ 所做的虚功在数值上恰好就等于所要求的位移 Δ_K。式中 $\overline{F}$ 表示虚拟状态中的支座反力，c 表示实际状态中支座的位移，$\sum \overline{F}_R c$ 表示支座反力所做虚功之和。

计算内力虚功时，设虚拟状态中由单位荷载 $F_{PK}=1$ 作用而引起的 $\mathrm{d}s$ 微段上的内力为 $\overline{M}$、$\overline{F}_Q$、$\overline{F}_N$，如图 6-4（d）所示，而实际状态中 $\mathrm{d}s$ 微段相应的变形为 $\mathrm{d}\varphi$、$\mathrm{d}v$、$\mathrm{d}u$，如图 6-4（c）所示，则内力虚功为

$$W' = \sum\int \overline{M}\mathrm{d}\varphi + \sum\int \overline{F}_Q\mathrm{d}v + \sum\int \overline{F}_N\mathrm{d}u$$

由虚功原理 $W=W'$ 有

$$1 \cdot \Delta_K + \sum \overline{F}_R c = \sum \int \overline{M} \mathrm{d}\varphi + \sum \int \overline{F}_Q \mathrm{d}v + \sum \int \overline{F}_N \mathrm{d}u$$

可得

$$\Delta_K = \sum \int \overline{M} \mathrm{d}\varphi + \sum \int \overline{F}_Q \mathrm{d}v + \sum \int \overline{F}_N \mathrm{d}u - \sum \overline{F}_R c \tag{6-2}$$

这便是平面杆件结构位移计算的一般公式。

这种利用虚功原理，在所求位移处沿所求位移方向虚设单位荷载求结构位移的方法，称为单位荷载法。应用这个方法每次只能求得一个位移。在虚设单位荷载时其指向可以任意假设，如计算结果为正，即表示位移方向与所虚设的单位荷载指向相同，否则相反。

单位荷载法不仅可以用于计算结构的线位移，而且可以计算任意的广义位移，只要所设的广义单位荷载与所计算的广义位移相对应即可。这里的“对应”是指力与位移在做功的关系上的对应，如集中力与线位移对应，力偶与角位移对应等等。下面讨论如何按照所求位移类型的不同，设置相应的虚拟状态。

（1）当要求某点沿某方向的线位移时，应在该点沿所求位移方向加一个单位集中力。如图 6-5（a）所示，即为求 A 点水平位移时的虚拟状态。

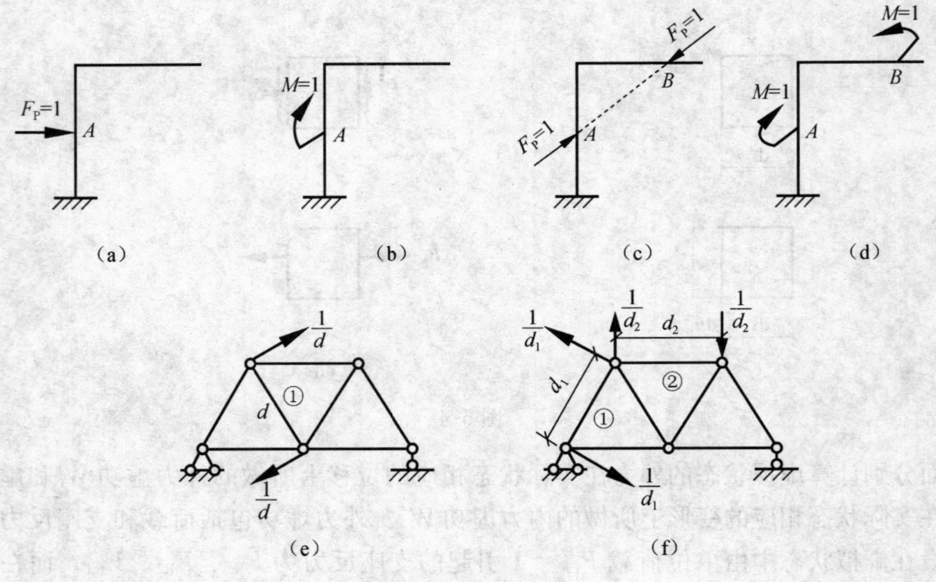

图 6-5

（2）当要求梁或刚架某截面的角位移时，则应在该截面处加一个单位力偶，如图 6-5（b）所示，即为求 A 截面转角的虚拟状态。

（3）当要求结构上两点沿其连线方向上的相对线位移时，则应在两点沿其连线方向上加一对指向相反的单位力。如图 6-5（c）所示，即为求 A、B 相对线位移的虚拟状态。

（4）当要求梁或刚架两截面的相对角位移，就应在两截面处加一对方向相反的单位力偶，如图 6-5（d）所示，为求 A、B 相对转角的虚拟状态。

（5）当要求桁架某杆的角位移时，则应加一单位力偶，构成这一力偶的两个集中力，各作用于该杆的两端，并与杆轴垂直，其值为 $1/d$，d 为该杆长度。如图 6-5（e）所示，即为求杆①转角时的虚拟状态。

（6）若要求桁架中两根杆件的相对角位移，则应加两个方向相反的单位力偶，如图 6-5（f）即为求①、②杆相对转角的虚拟状态。

第三节　静定结构在荷载作用下的位移计算

如果结构只受到荷载作用，不考虑支座位移的影响时，则式（6-2）可简化为

$$\Delta_K = \sum\int \overline{M}\mathrm{d}\varphi + \sum\int \overline{F}_{\mathrm{Q}}\mathrm{d}v + \sum\int \overline{F}_{\mathrm{N}}\mathrm{d}u \tag{6-3}$$

式中微段的变形仅是由荷载引起的。设以 M_{P}、F_{QP}、F_{NP}表示实际状态中微段 ds 上所受的弯矩、剪力和轴力，图 6-6（a）所示。对于线弹性范围内的变形，由材料力学可知，M_{P}、F_{QP}、F_{NP}分别引起的微段 ds 上的变形如图 6-7（b）、（c）、（d）所示，可以表示为：

$$\mathrm{d}\varphi = \frac{M_{\mathrm{P}}}{EI}\mathrm{d}s,\quad \mathrm{d}v = \gamma\mathrm{d}s = k\frac{F_{\mathrm{QP}}}{GA}\mathrm{d}s,\quad \mathrm{d}u = \frac{F_{\mathrm{NP}}}{EA}\mathrm{d}s \tag{6-4}$$

式中 EI、GA、EA 分别为杆件截面的抗弯刚度、抗剪刚度、抗拉（压）刚度；k 为截面的切应力分布不均匀系数，它只与截面的形状有关，对于矩形截面 k=6/5；对于圆形截面 k=10/9。

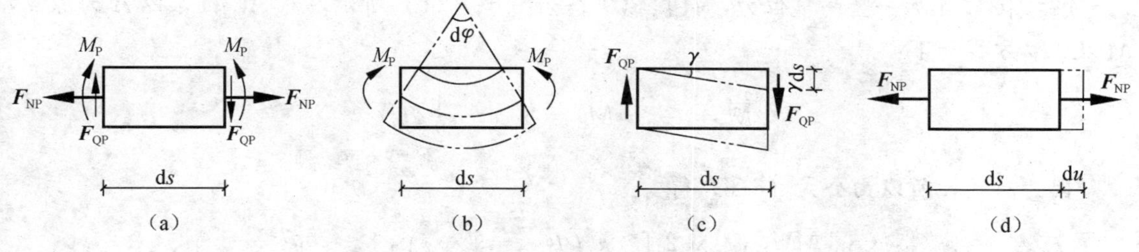

图 6-6

若用 Δ_{KP}表示由荷载引起的 K 截面的位移，把式（6-4）代入式（6-3）得

$$\Delta_{\mathrm{KP}} = \sum\int \frac{\overline{M}M_{\mathrm{P}}}{EI}\mathrm{d}s + \sum\int k\frac{\overline{F}_{\mathrm{Q}}F_{\mathrm{QP}}}{GA}\mathrm{d}s + \sum\int \frac{\overline{F}_{\mathrm{N}}F_{\mathrm{NP}}}{EA}\mathrm{d}s \tag{6-5}$$

式（6-5）即为平面杆系结构在荷载作用下的位移计算公式。式中 $\overline{M}$、$\overline{F}_{\mathrm{Q}}$、$\overline{F}_{\mathrm{N}}$ 代表虚拟状态中由于广义单位荷载所产生的内力，M_{P}、F_{QP}、F_{NP}则代表原结构由于实际荷载作用所产生的内力。

由于在静定结构中式（6-5）中的 $\overline{M}$、$\overline{F}_{\mathrm{Q}}$、$\overline{F}_{\mathrm{N}}$ 和 M_{P}、F_{QP}、F_{NP}等均可通过静力平衡条件求得，故可利用该式来计算静定结构在荷载作用下的位移。

式（6-5）右边三项分别代表结构的弯曲变形、剪切变形和轴向变形对所求位移的影响。在实际计算中，根据结构的具体情况，常常可以只考虑其中的一项（或两项），例如对于梁和刚架，位移主要是弯矩引起的，轴力和剪力的影响很小，一般可以略去，故式（6-5）可简化为

$$\Delta_{\mathrm{KP}} = \sum\int \frac{\overline{M}M_{\mathrm{P}}}{EI}\mathrm{d}s \tag{6-6}$$

在桁架中，因只有轴力作用，且同一杆件的轴力 $\overline{F}_{\mathrm{N}}$、$F_{\mathrm{NP}}$及 EA 沿杆长 l 均为常数，故式（6-5）可简化为

$$\Delta_{KP}=\sum\int\frac{\overline{F}_{N}F_{NP}}{EA}ds=\sum\frac{\overline{F}_{N}F_{NP}l}{EA} \tag{6-7}$$

对于组合结构，对其中的受弯杆件可只计弯矩一项的影响，对链杆则只有轴力影响，故其位移计算公式可写为

$$\Delta_{KP}=\sum\int\frac{\overline{M}M_{P}}{EI}ds+\sum\frac{\overline{F}_{N}F_{NP}l}{EA} \tag{6-8}$$

例 6-1 试求图 6-7（a）所示简支梁中点 C 的竖向位移 Δ_{Cy}。EI=常数。

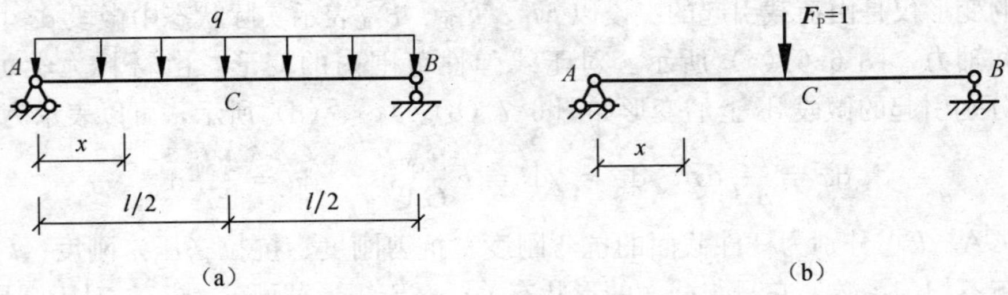

图 6-7

解： 在 C 点加一竖向单位力，得虚拟状态如图 6-7（b）所示，对 AC 段，以 A 为原点，$\overline{M}$ 及 M_P 方程如下：

$$\overline{M}=\frac{x}{2},\quad M_{P}=\frac{ql}{2}x-\frac{1}{2}qx^{2}$$

因为对称，所以由公式（6-6）得

$$\Delta_{Cy}=\sum\int\frac{\overline{M}M_{P}}{EI}ds=\frac{2}{EI}\int_{0}^{\frac{l}{2}}\frac{x}{2}\left(\frac{ql}{2}x-\frac{1}{2}qx^{2}\right)dx=\frac{5ql^{4}}{384EI}\quad(\downarrow)$$

计算结果为正，说明 C 点竖向位移的方向与虚拟单位力的方向相同，即方向向下。

例 6-2 求图 6-8（a）所示桁架结点 C 的竖向位移 Δ_{Cy}。各杆 EA=常数。

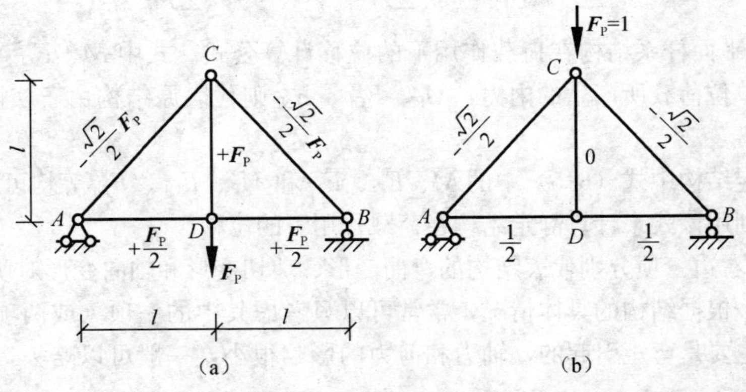

图 6-8

解： 为求 C 点竖向位移，在 C 点加一竖向单位力，如图 6-8（b）。分别求出实际荷载与单位荷载引起的各杆轴力 F_{NP} 与 $\overline{F}_N$，如图 6-8（a）、（b）所示，然后根据式（6-7）计算得

$$\Delta_{Cy}=\sum\frac{\overline{F}_{N}F_{NP}l}{EA}$$
$$=\frac{1}{EA}\times\frac{1}{2}\times\frac{F_{P}}{2}\times l\times 2+\frac{1}{EA}\times\left(-\frac{\sqrt{2}}{2}\right)\times\left(-\frac{\sqrt{2}F_{P}}{2}\right)\times\sqrt{2}l\times 2$$
$$=\left(\frac{1}{2}+\sqrt{2}\right)\frac{F_{P}l}{EA}=1.914\frac{F_{P}l}{EA}\quad(\downarrow)$$

第四节　用图乘法计算梁和平面刚架的位移

由前述可见，计算梁和刚架在荷载作用下的位移时，先要分段列出$\overline{M}$和M_P的方程式，然后代入公式（6-6）进行积分运算，这个运算过程在荷载比较复杂或者杆件数目较多时，是很麻烦的，且易出错。但是，当结构的各杆段符合下列条件时：①杆轴为直线；②EI=常数；③$\overline{M}$和M_p两个弯矩图中至少有一个是直线图形，则可用下述图乘法来代替积分运算，从而简化计算工作。

若结构上AB段为等截面直杆，EI为常数，$\overline{M}$图为一段直线，而M_p图为任意形状，如图6-9所示，这是符合上述三个条件的。我们以杆轴为x轴，以$\overline{M}$图的延长线与x轴的交点O为原点，建立Oxy坐标系，则积分式$\int\frac{\overline{M}M_P}{EI}ds$中的$ds$可用$dx$代替，$EI$可提到积分号外面，并且因$\overline{M}$为一直线图形，其上的任一纵坐标$\overline{M}=x\tan\alpha$，且$\tan\alpha$为常数，故上面的积分式可演变为

$$\int\frac{\overline{M}M_P}{EI}ds=\frac{\tan\alpha}{EI}\int xM_P dx=\frac{\tan\alpha}{EI}\int x d\omega \tag{a}$$

式中$d\omega=M_p dx$是M_p图中有阴影线的微面积，故$x d\omega$是该微面积对y轴的静矩。$\int x d\omega$即为整个M_p图的面积对y轴的静矩。根据合力矩定理，它应等于M_p图的面积ω乘以其形心C到y轴的距离x_C，即

$$\int x d\omega=\omega x_C$$

代入式（a）则有

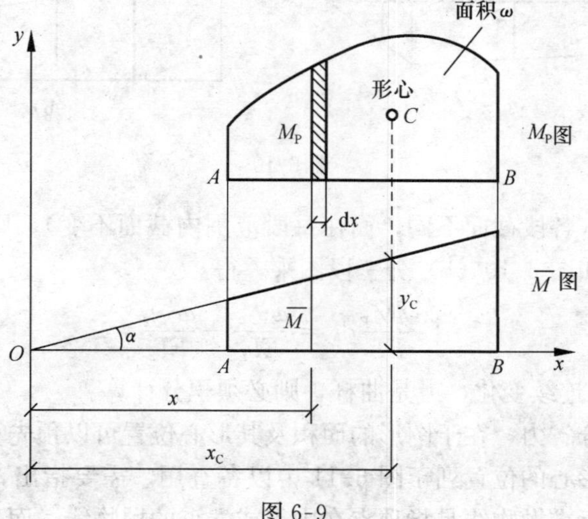

图6-9

$$\int \frac{\overline{M}M_{\mathrm{P}}}{EI}\mathrm{d}s = \frac{\tan\alpha}{EI}\omega x_C = \frac{\omega y_C}{EI} \tag{b}$$

式中，y_C 是 M_{p} 图的形心 C 处所对应的 $\overline{M}$ 图的竖标。可见上述积分式等于一个弯矩图的面积 ω 乘以其形心处所对应的另一个直线弯矩图上的竖标 y_C，再除以 EI，这就称为图乘法。图乘法将积分运算简化为图形的面积、形心和竖标的计算。

如果结构上所有各杆段均可图乘，则位移计算公式（6-6）可写为

$$\Delta_{\mathrm{KP}} = \sum\int \frac{\overline{M}M_{\mathrm{P}}}{EI}\mathrm{d}s = \sum \frac{\omega y_C}{EI} \tag{6-9}$$

应用图乘法时，应注意以下几点：

（1）图乘法的应用条件是积分段内为同材料等截面（EI＝常数）的直杆，且 M_{p} 图和 $\overline{M}$ 图中至少有一个是直线图形。

（2）竖标 y_C 必须取自直线图形，而不能从折线和曲线中取值。若 $\overline{M}$ 图与 M_{p} 图都是直线图形，则 y_C 可以取自其中任一图形。

（3）当 $\overline{M}$ 图与 M_{p} 图在杆轴同一侧时，其乘积 ωy_C 取正号，异侧时，其乘积 ωy_C 取负号。

（4）若 M_{p} 图是曲线图形，$\overline{M}$ 图是折线图形，则应当从转折点分段图乘，然后叠加。如图 6-10（a）所示，就应当分三段图乘，得

$$\int \frac{\overline{M}M_{\mathrm{P}}}{EI}\mathrm{d}s = \frac{1}{EI}(\omega_1 y_1 + \omega_2 y_2 + \omega_3 y_3)$$

式中，ω_1、ω_2、ω_3 是各段曲线图形的面积；y_1、y_2、y_3 是各段曲线图形形心 C_1、C_2、C_3 下对应各段直线图形的竖标。

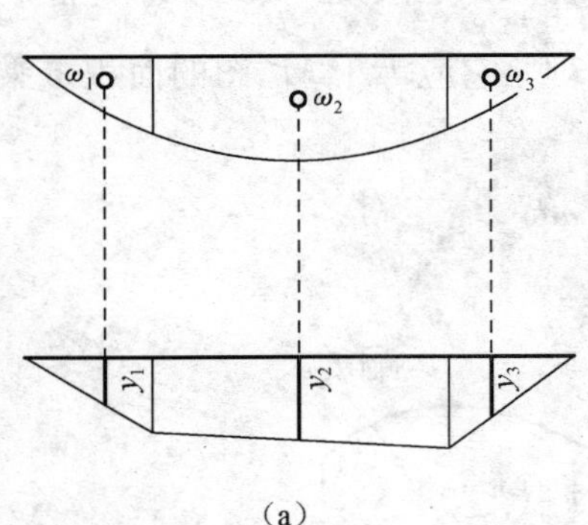

（a）

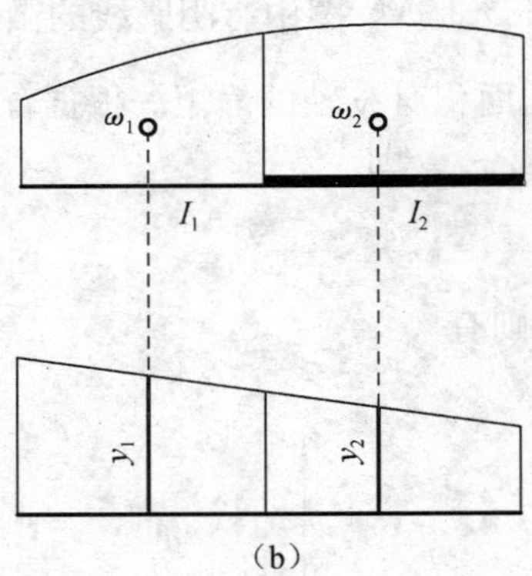

（b）

图 6-10

（5）若为阶形杆（各段截面不同，而在每段范围内截面不变），则应当从截面变化点分段图乘，然后叠加。如图 6-10（b）分三段图乘，得：

$$\int \frac{\overline{M}M_{\mathrm{P}}}{EI}\mathrm{d}s = \frac{\omega_1 y_1}{EI_1} + \frac{\omega_2 y_2}{EI_2}$$

（6）若 EI 沿杆长连续变化，或是曲杆，则必须积分计算。

图乘之所以比积分省力，在于图形的面积及其形心位置可以预先算出或查表。现将常用的几种图形的面积及形心的位置列于图 6-11 中以备查用。需要指出，图中所示的抛物线均为标准抛物线。所谓标准抛物线是指顶点在中点或端点的抛物线，而顶点是指其切线平行于

底边的点。

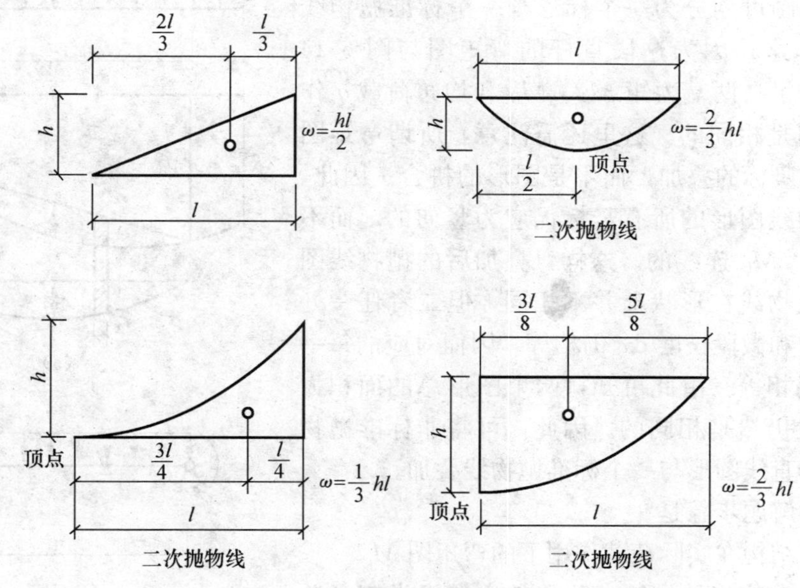

图 6-11

当图形比较复杂，面积或形心位置不易直接确定时，则可将该图形分解为几个易于确定形心位置和面积的简单图形，将它们分别与另一图形相乘，然后将所得结果叠加。

图 6-12 所示两个梯形相乘时，可不必定出 M_P 图的梯形形心位置，而把它分解成两个三角形（也可分为一个矩形和一个三角形）。此时

$$\frac{1}{EI}\int \overline{M}M_P\mathrm{d}x=\frac{1}{EI}(\omega_1 y_1+\omega_2 y_2)$$

图 6-13 所示，M_p 图或 $\overline{M}$ 图的竖标不在基线的同一侧，这时可将 M_p 图看作是三角形 ABC 和三角形 ABD 的叠加，这样可将两个三角形面积分别乘以 $\overline{M}$ 图中相应竖标后再叠加（应注意正、负号）。

$$\frac{1}{EI}\int \overline{M}M_P\mathrm{d}x=\frac{1}{EI}(\omega_1 y_1+\omega_2 y_2)$$

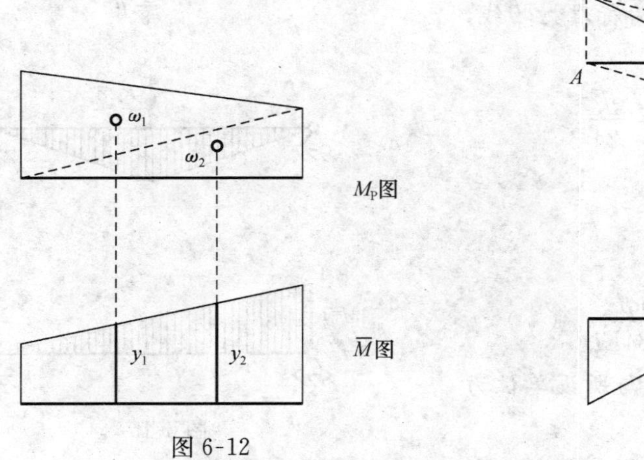

图 6-12

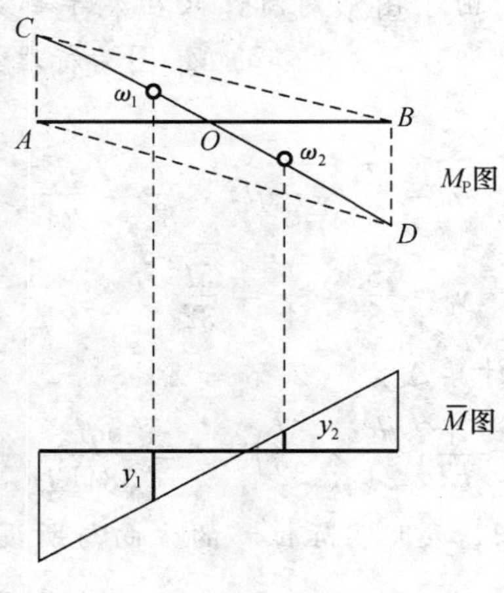

图 6-13

对于在均布荷载作用下的任何一段直杆（图 6-14(a)），其弯矩图可划分为一个梯形与一个标准抛物线图形的叠加，这是因为这段直杆的弯矩图与图 6-14 (b) 相应简支梁在两端力矩 M_A、M_B 和均布荷载 q 作用下的弯矩图是相同的。这里还需注意，所谓弯矩图的叠加是指其竖标的叠加，而不是图形的拼合。因此，叠加后的抛物线图形的所有竖标仍应为竖向的，而不是垂直于 M_A、M_B 连线的。这样，叠加后的抛物线图形与原标准抛物线在形状上并不相同，但二者任一处对应的竖标 y 和微段长度 dx 仍相等，因而对应的每一窄条微面积仍相等。由此可知，两个图形总的面积大小和形心位置仍然是相同的。因此，可将非标准抛物线划分为一个直线图形与一个标准抛物线叠加。

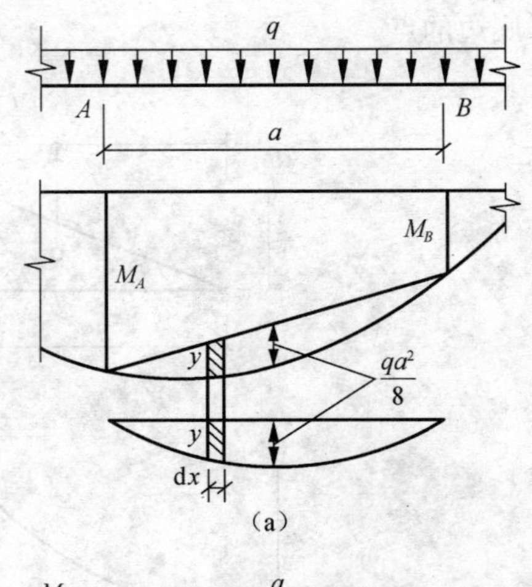

(a)

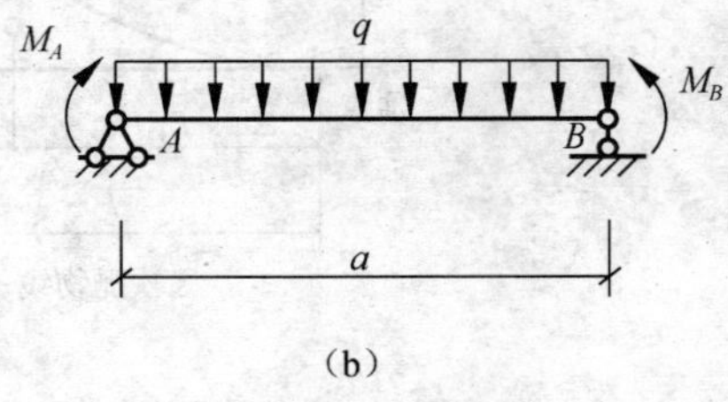

(b)

图 6-14

图乘法的解题步骤是

(1) 画出结构在实际荷载作用下的弯矩图 M_p。

(2) 在所求位移处沿所求位移的方向虚设广义单位力，并画出其单位弯矩图 $\overline{M}$。

(3) 分段计算 M_p（或 $\overline{M}$）图面积 ω 及其形心所对应的 $\overline{M}$（或 M_p）图形的竖标值 y_C。

(4) 将 ω、y_C 代入图乘公式计算所求位移。

例 6-3　求图 6-15 (a) 所示简支梁中点 C 的竖向位移 Δ_{Cy} 及 A 截面转角 φ_A。EI=常数

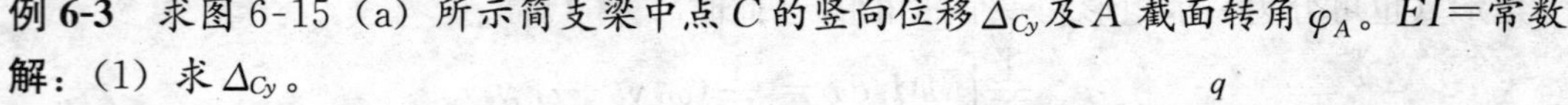

解：(1) 求 Δ_{Cy}。

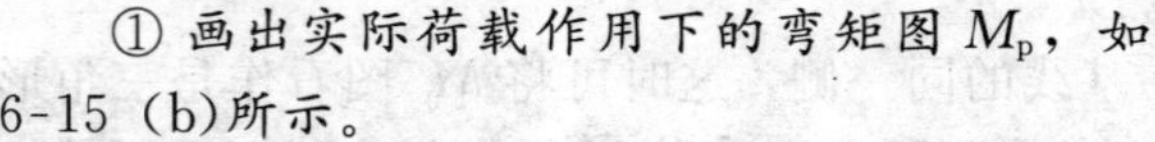

① 画出实际荷载作用下的弯矩图 M_p，如 6-15 (b)所示。

② 在 C 点加一竖向单位力，其单位弯矩图 $\overline{M}$，如图 6-15 (c) 所示。

③ 由于 $\overline{M}$ 图是折线图形，故应分段图乘，再相加。由于图形对称，只在左半部分图乘，再乘以 2 即可。左半部的 M_p 图为标准抛物线，于是

$$\omega=\frac{2}{3}\times\frac{1}{8}ql^2\times\frac{l}{2}=\frac{ql^3}{24}$$

$$y_C=\frac{5}{8}\times\frac{l}{4}=\frac{5l}{32}$$

④ 计算 Δ_{Cy}。

$$\Delta_{Cy}=\frac{1}{EI}\left(\frac{ql^3}{24}\times\frac{5l}{32}\right)\times 2=\frac{5ql^4}{384EI}\quad(\downarrow)$$

结果为正，表明实际位移的方向与所设单位力指向一致。

(a)
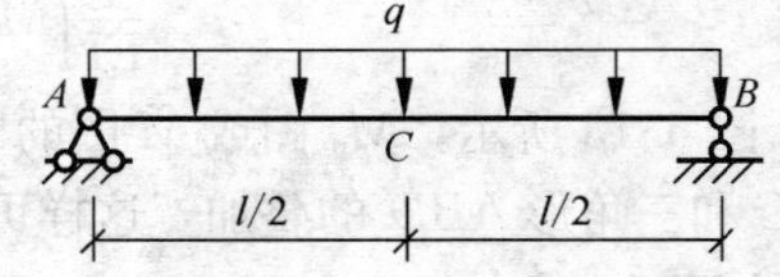

(b)
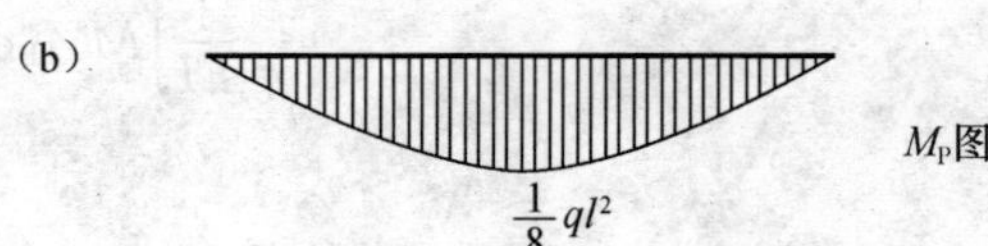

(c)
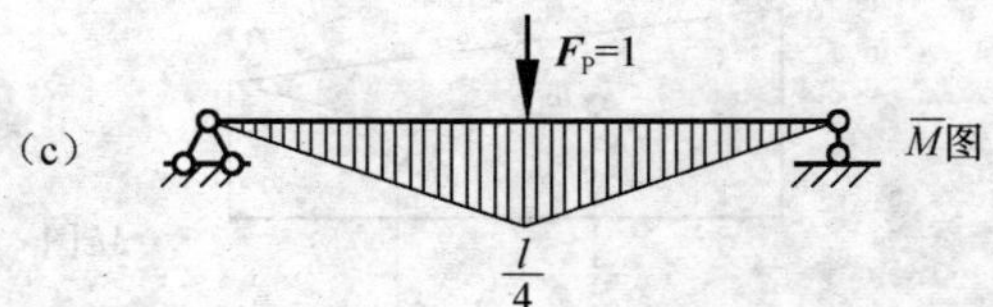

(d)
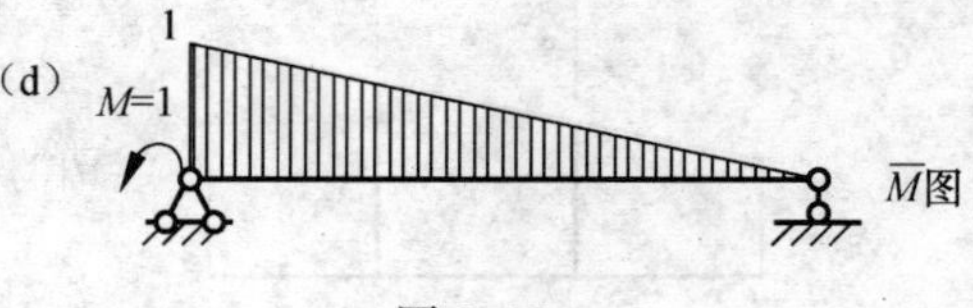

图 6-15

(2) 求 φ_A。

在 A 端加一单位力偶，其单位弯矩图 $\overline{M}$，如图 6-15 (d) 所示。

M_p 图与其图乘得

$$\varphi_A=-\frac{1}{EI}\left(\frac{2}{3}\times l\times\frac{ql^2}{8}\right)\times\frac{1}{2}=-\frac{ql^3}{24EI}\quad(\circlearrowright)$$

结果为负，表明实际转角方向与所设单位荷载方向相反，即 A 截面产生顺时针转角。

例 6-4　试求图 6-16 (a) 所示外伸梁 C 点的竖向位移 Δ_{Cy}。梁的 EI=常数。

解：(1) 画出实际荷载作用下的弯矩图 M_p，如 6-16 (b) 所示。

(2) 在 C 点加一竖向单位力，其单位弯矩图 $\overline{M}$，如图 6-16 (c) 所示。

(3) BC 段的 M_p 图为标准二次抛物线，由图乘法得

$$\Delta_{Cy}=\frac{1}{EI}(\omega_1 y_1+\omega_2 y_2)$$

式中　$\omega_1=\frac{1}{3}\times\frac{l}{2}\times\frac{ql^2}{8}=\frac{ql^3}{48}$

$y_1=\frac{3}{4}\times\frac{l}{2}=\frac{3l}{8}$

$\omega_2=\frac{l}{2}\times\frac{ql^2}{8}=\frac{ql^3}{16}$

$y_2=\frac{2}{3}\times\frac{l}{2}=\frac{l}{3}$

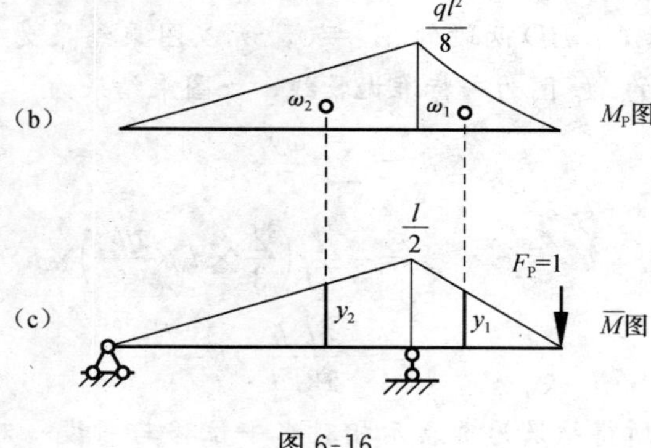

图 6-16

(4) 计算 Δ_{Cy}。

$$\Delta_{Cy}=\frac{1}{EI}\left(\frac{ql^3}{48}\times\frac{3l}{8}+\frac{ql^3}{16}\times\frac{l}{3}\right)=\frac{ql^4}{32EI}\quad(\downarrow)$$

例 6-5　试求图 6-17 (a) 所示刚架结点 C 的水平位移 Δ_{Cx}。E 为常数。

解：(1) 画出实际荷载作用下的弯矩图 M_p，如 6-17 (b) 所示。

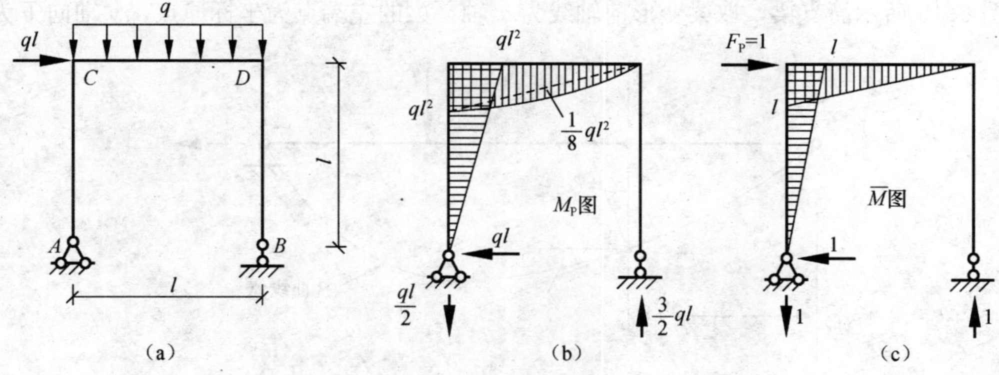

图 6-17

(2) 在 C 点加一水向单位力，其单位弯矩图 $\overline{M}$，如图 6-17 (c) 所示。

(3) 逐杆进行图乘然后相加，在 M_p 图 BD 杆无弯矩，图乘结果为零。AC 杆上两个弯矩图都是直线图形，图乘时 y_C 可以取自其中任一图形。现取在 $\overline{M}$ 图中。CD 杆上的 M_p 图不是标准抛物线，将其分解为为一个三角形与一个标准抛物线，分别与 $\overline{M}$ 图相乘。

(4) 计算 Δ_{Cx}。

$$\Delta_{Cx}=\frac{1}{EI}\left(\frac{1}{2}\times ql^2\times l\right)\times\frac{2l}{3}+\frac{1}{EI}\left[\left(\frac{1}{2}\times ql^2\times l\right)\times\frac{2l}{3}+\left(\frac{2}{3}\times\frac{ql^2}{8}\times l\right)\times\frac{l}{2}\right]=\frac{17ql^4}{48EI}\quad(\rightarrow)$$

例 6-6 试求图 6-18 所示刚架 C、D 两点之间的相对水平位移 Δ_{CDx}。各杆抗弯刚度均为 EI。

解： (1) 画出实际荷载作用下的弯矩图 M_p，如 6-18 (b) 所示。

(2) 在 C、D 两点沿其连线方向加一对指向相反的单位力，其单位弯矩图 $\overline{M}$，如图 6-18 (c) 所示。

(3) 图乘时需分 AC、AB、BD 三段计算，由于 AC、BD 两段的 $M_p=0$，所以图乘结果为零。AB 段的 M_p 图为一标准抛物线，故图乘结果为

$$\Delta_{CDx}=\sum\frac{\omega y_C}{EI}$$

$$=-\frac{1}{EI}\left(\frac{2}{3}\times l\times\frac{ql^2}{8}\right)\times h$$

$$=-\frac{ql^3h}{12EI}\quad(\rightarrow\leftarrow)$$

所得结果为负表示相对水平位移与所设一对单位力指向相反，即 C、D 两点是相互靠拢的。

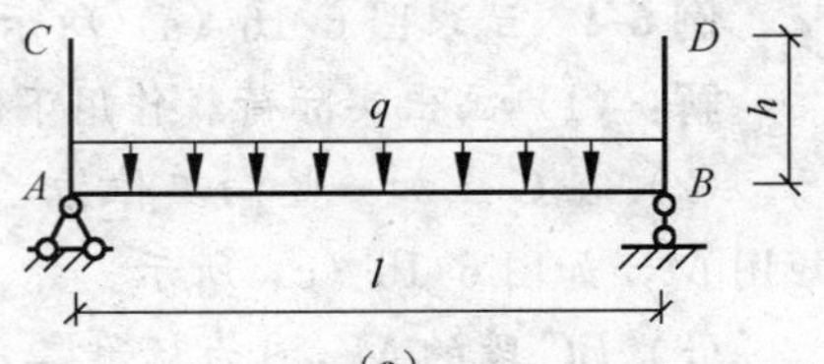

(a)

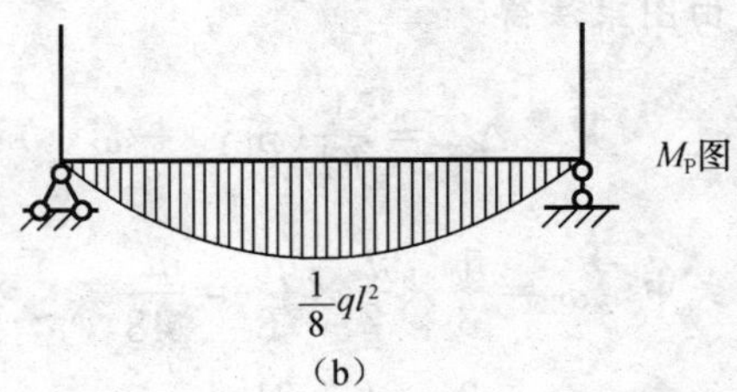

(b)

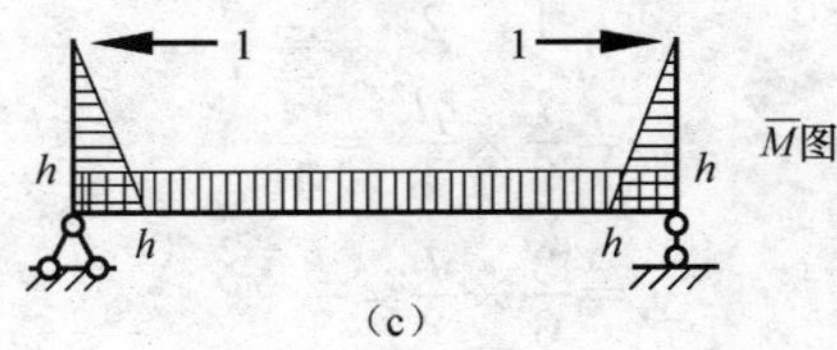

(c)

图 6-18

第五节 用叠加法计算梁的位移

前面虽已介绍了求结构位移的公式和方法，但针对梁来说利用用叠加法计算位移，更方便。梁在外力作用下要产生弯曲变形，而梁的变形是用挠度和转角这两种位移来表示的。图 6-19 所示简支梁，取梁变形前轴线为 x 轴，梁的左端点为坐标原点，y 轴向下为正，

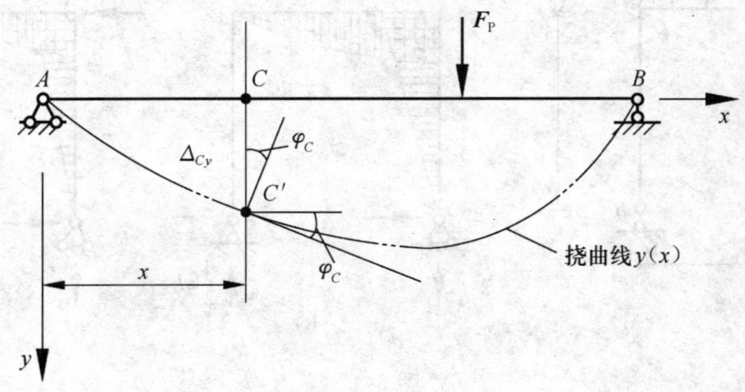

图 6-19

xy 面是梁的纵向对称平面，当梁在 xy 面内发生平面弯曲时，梁变形后的轴线变成了该平面内一条光滑而连续的平面曲线，这条曲线称为挠曲线。

从图 6-19 中可以看出：挠曲线上各点的纵向坐标 y 是随着截面位置 x 而变化的。所以，梁的挠曲线可用方程

$$y = f(x) \tag{6-10}$$

来表示，我们称式（6-10）为梁的挠曲线方程。显然任一横截面的形心（即轴线上的各点）在垂直于 x 轴方向（即沿 y 轴方向）的线位移 CC'，即为该截面的挠度，常用 y 表示，单位 mm。规定挠度的符号向下为正。

梁弯曲时，任一横截面相对于原来位置所转过的角度为该截面的转角，用 φ 表示，单位弧度（rad）。规定转角的符号为顺时针转动为正。

一、梁在常见载荷作用下的位移

为了使用上的方便，各种常见的简单载荷作用下梁的挠度和转角计算公式和梁的挠曲线方程均有表可查。表 6-1 列举了一些常见的情况。

表 6-1　梁在简单荷载作用下的挠度和转角

支承和荷载情况	梁端转角	最大挠度	挠曲线方程式
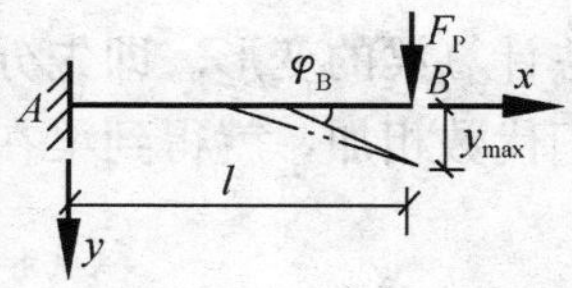	$\varphi_B=\frac{F_Pl^2}{2EI_z}$	$y_{max}=\frac{F_Pl^3}{3EI_z}$	$y=\frac{F_Px^2}{6EI_z}(3l-x)$
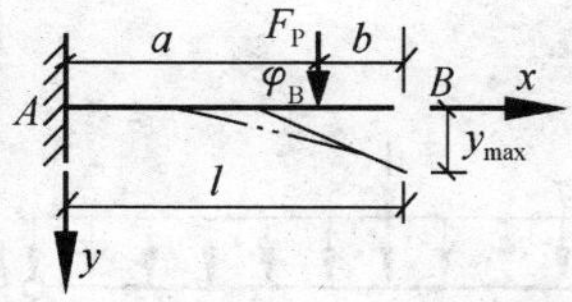	$\varphi_B=\frac{F_Pa^2}{2EI_z}$	$y_{max}=\frac{F_Pa^3}{6EI_z}(3l-a)$	$y=\frac{F_Px^2}{6EI_z}(3a-x)$，$0\leqslant x\leqslant a$ $y=\frac{F_Pa^2}{6EI_z}(3x-a)$，$a\leqslant x\leqslant 1$
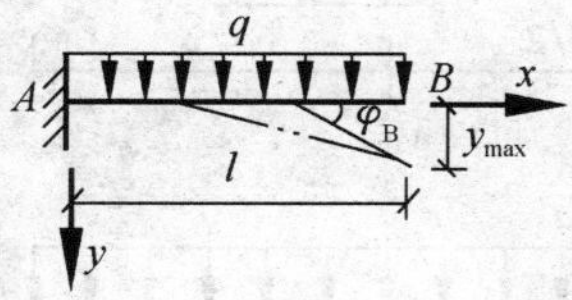	$\varphi_B=\frac{ql^3}{6EI}$	$y_{max}=\frac{ql^4}{8EI}$	$y=\frac{qx^2}{24EI}(x^2+6l^2-4lx)$
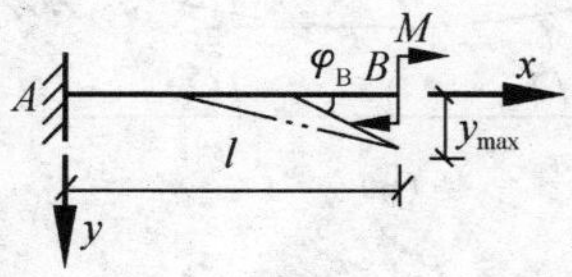	$\varphi_B=\frac{Ml}{EI}$	$y_{max}=\frac{Mx^2}{2EI}$	$y=\frac{Mx^2}{2EI}$
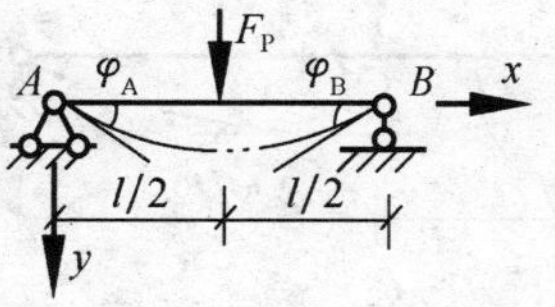	$\varphi_A=-\varphi_B=\frac{F_Pl^2}{16EI}$	$y_{max}=\frac{F_Pl^3}{48EI}$	$y=\frac{F_Px}{48EI}(3l^2-4x^2)$，$0\leqslant x\leqslant \frac{l}{2}$

续表

支承和荷载情况	梁端转角	最大挠度	挠曲线方程式
	$\varphi_A=-\varphi_B=\dfrac{ql^2}{24EI}$	$y_{max}=\dfrac{5ql^4}{384EI}$	$y=\dfrac{qx}{24EI}(l^2-2lx^2+x^3)$
	$\varphi_A=\dfrac{F_Pab(l+b)}{6lEI}$ $\varphi_B=\dfrac{-F_Pab(l+a)}{6lEI}$	$y_{max}=\dfrac{F_Pb}{9\sqrt{3}lEI}(l^2-b^2)^{3/2}$ 在 $x=\dfrac{\sqrt{l^2-b^2}}{3}$ 处	$y=\dfrac{F_Pbx}{6lEI}(l^2-b^2-x^2)x,\quad 0\leqslant x\leqslant a$ $y=\dfrac{F_P}{EI}\left[\dfrac{b}{6l}(l^2-b^2-x^2)x+\dfrac{1}{6}(x-a)^3\right],$ $a\leqslant x\leqslant l$
	$\varphi_A=\dfrac{Ml}{6EI}$ $\varphi_B=-\dfrac{Ml}{3EI}$	$y_{max}=\dfrac{Ml^2}{9\sqrt{3}EI}$ 在 $x=\dfrac{1}{\sqrt{3}}$ 处	$y=\dfrac{Mx}{6lEI}(l^2-x^2)$

二、叠加法求挠度和转角

从表 6-1 可知梁的变形与荷载成线性关系，所以，可以用叠加法计算梁的变形。即先分别计算每一种荷载单独作用时所引起梁的挠度或转角，然后再将它们代数相加，就得到梁在几种荷载共同作用下的挠度或转角。

叠加法求挠度和转角的步骤是

(1) 将作用在梁上的复杂荷载分解成几个简单载荷。

(2) 查表求梁在简单荷载作用下的挠度和转角。

(3) 叠加简单荷载作用下的挠度和转角，得到梁在复杂载荷作用下的挠度和转角。

下面举例说明叠加法的应用。

例 6-7 一抗弯刚度为 EI 的简支梁受荷载如图 6-20 (a)所示。试按叠加法求梁跨中点的挠度与 A 截面的转角。

解：(1) 将作用在梁上的复杂荷载分解成几个简单载荷（图 6-20 (b)、(c)）。

(2) 查表求梁在图示简单荷载作用下的挠度。

图 6-20 (b) 中，C 截面的挠度和 A 截面的转角为

$$y_{C1}=\frac{5ql^4}{384EI}\quad \varphi_{A1}=\frac{ql^3}{24EI}$$

图 6-20 (c) 中，C 截面的挠度和 A 截面的转角为

$$y_{C2}=\frac{F_Pl^3}{48EI}\quad \varphi_{A2}=\frac{F_Pl^2}{16EI}$$

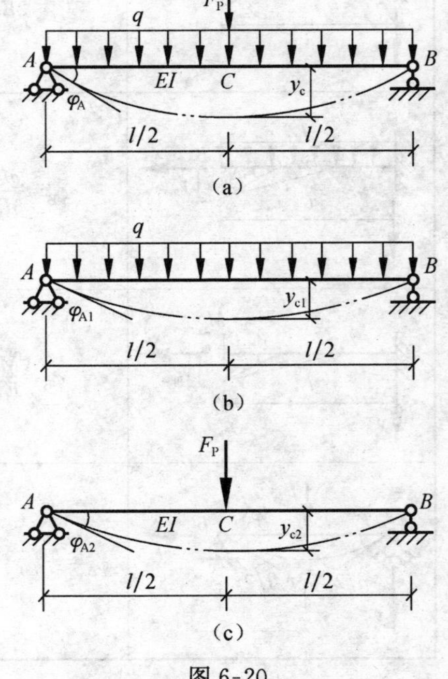

图 6-20

(3) 求 C 截面的挠度

$$y_C = y_{C1} + y_{C2} = \frac{5ql^4}{384EI} + \frac{F_P l^3}{48EI}$$

A 截面的转角为

$$\varphi_A = \varphi_{A1} + \varphi_{A2} = \frac{ql^3}{24EI} + \frac{F_P l^2}{16EI}$$

例 6-8　试用叠加法求图 6-21 所示悬臂梁自由端 C 截面的挠度与转角。EI 为已知。

解：(1) 为了应用叠加法，将均布载荷向左延长至 A 端，为与原梁的受力情况等效，在延长部分加上等值反向的均布载荷，如图 6-21 (b) 所示。

(2) 将图 6-21 (b) 中荷载分解成图 6-21 (c)、6-21 (d)两种简单荷载情况。

查表 6-1 求图 6-21 (c)、图 6-21 (d) 两种情况下 C 截面的挠度和转角。

图 6-21 (c) 情况下：

$$y_{C1} = \frac{ql^4}{8EI} \quad \varphi_{C1} = \frac{ql^3}{6EI}$$

在图 6-21 (d) 情况下：

$$y_B = -\frac{q(l/2)^4}{8EI} = -\frac{ql^4}{128EI}$$

$$\varphi_B = -\frac{q(l/2)^3}{6EI} = -\frac{ql^3}{48EI}$$

由于

$$\varphi_{C2} = \varphi_B = -\frac{ql^3}{48EI}$$

所以

$$y_{C2} = y_B + \varphi_B \times \frac{l}{2} = -\frac{7ql^4}{384EI}$$

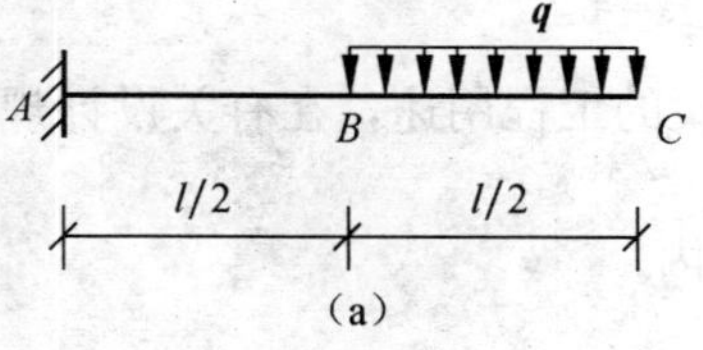

(a)

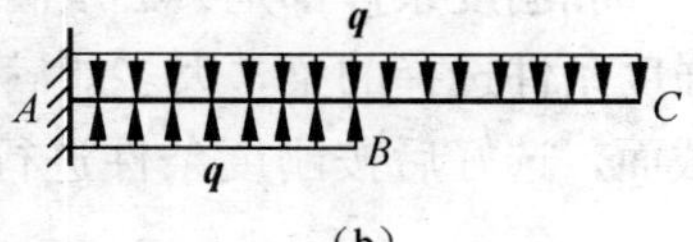

(b)

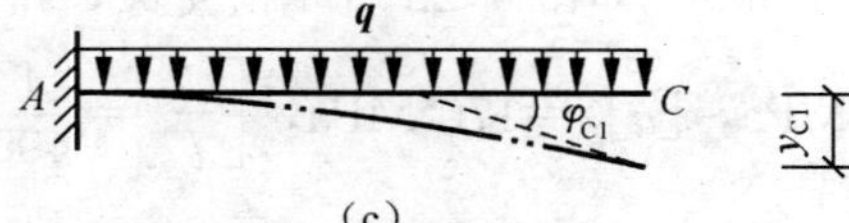

(c)

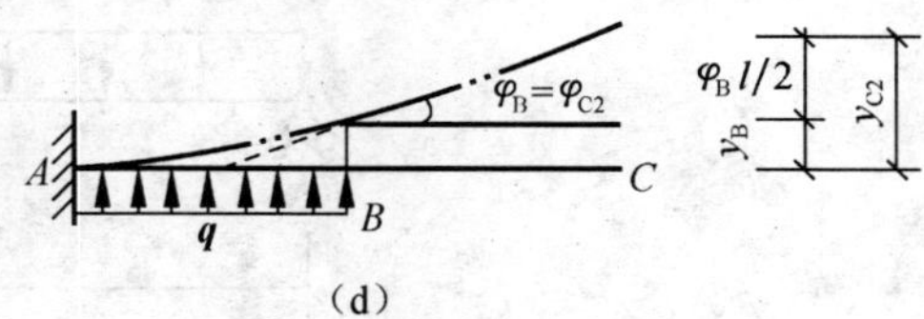

(d)

图 6-21

(3) 叠加求梁在 C 截面处的挠度和转角。

C 截面的挠度为

$$y_C = y_{C1} + y_{C2} = \frac{ql^4}{8EI} - \frac{7ql^4}{384EI} = \frac{41ql^4}{384EI} \quad (\downarrow)$$

C 截面的转角为

$$\varphi_C = \varphi_{C1} + \varphi_{C2} = \frac{ql^3}{6EI} - \frac{ql^3}{48EI} = \frac{7ql^3}{48EI} \quad (\circlearrowright)$$

第六节　梁的刚度条件

一、梁的刚度条件

梁的刚度是指梁抵抗变形的能力。对梁进行刚度校核就是检查梁的变形是否在工程上允许的范围内。对梁进行刚度校核的目的是为了保证梁的正常使用。若梁的变形超过了规定的范围，则意味着它已不能正常工作，应重新设计梁。

在土建工程中对梁进行刚度校核时，通常只对挠度进行校核。梁的挠度许用值通常用许可挠度与梁跨长的比值$\left[\frac{f}{l}\right]$作为标准。即梁在荷载作用下产生的最大挠度 y_{max} 与梁跨长的比值不能超过$\left[\frac{f}{l}\right]$，即

$$\frac{y_{max}}{l} \leqslant \left[\frac{f}{l}\right]$$

按照梁的工程用途，在有关设计规范中，对$\left[\frac{f}{l}\right]$有具体规定，$\left[\frac{f}{l}\right]$的值常限制在$\frac{1}{200}$～$\frac{1}{1\,000}$范围内。

强度条件和刚度条件都是梁必须满足的。在土建工程中，一般情况下强度条件常起控制作用，由强度条件选择的梁，大多能满足刚度要求。因此，通常在设计梁时一般是先由强度条件选择截面，选好后按刚度条件进行校核即可。若刚度不满足要求时，才再按刚度设计截面。

例 6-9 如图 6-22 所示简支梁，用 32a 号工字钢制成。已知 $q=8$ kN/m，$l=6$ m，$E=200$ MPa，$[\sigma]=170$ MPa，$\left[\frac{f}{l}\right]=\frac{1}{400}$。试校核梁的强度和刚度。

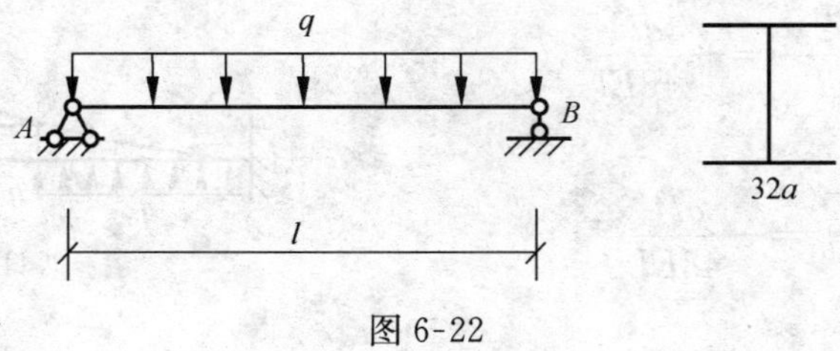

图 6-22

解：(1) 计算梁的最大弯矩值为

$$M_{max} = \frac{ql^2}{8} = \frac{8 \times 6^2}{8} = 36(\text{kN} \cdot \text{m})$$

(2) 查型钢规格表，得截面几何参数。

$$W_z = 692.2 \text{ cm}^3, \quad I_z = 11\,075.5 \text{ cm}^4$$

(3) 校核强度。

$$\sigma_{max} = \frac{M_{max}}{W_z} = \frac{36 \times 10^6}{692.2 \times 10^3} = 52(\text{MPa}) < [\sigma] = 170 \text{ MPa}$$

满足强度要求。

(4) 校核刚度。

由表 6-1 查得该梁最大挠度值为

$$y_{max} = \frac{5ql^4}{384EI}$$

$$\frac{y_{max}}{l} = \frac{5ql^3}{384EI} = \frac{5 \times 8 \times 6^3 \times 10^9}{384 \times 200 \times 10^3 \times 11075.5 \times 10^4} = \frac{1}{985} < \left[\frac{f}{l}\right] = \frac{1}{400}$$

满足刚度要求。

二、提高梁刚度的措施

从表 6-1 中可知，梁的最大挠度与作用在梁上的荷载、梁跨度、梁的抗弯刚度、梁的形式等有关。因此要提高梁的刚度，可以从以下几方面来考虑。

1. 提高梁的抗弯刚度 EI

梁的挠度与抗弯刚度 EI 成反比，增大梁的 EI 将使梁的挠度减小。由于同类材料的弹性模量 E 值相差不大，因而工程中增大梁的抗弯刚度主要是从增大梁横截面对中性轴的惯性矩这方面考虑，其方法和提高梁强度的思路类似。就是设法在截面面积不变的情况下，采用合理的截面形状，使截面面积尽可能分布在远离中性轴的部位。例如，优先采用工字形、箱形、环形、T 形等截面。

2. 减小梁的跨度

梁的挠度与其跨度的 n 次方成正比。因此，设法减小梁的跨度，将能有效地减小梁的挠度，从而提高梁的刚度。例如，将简支梁的支座向中间适当移动变成的外伸梁，或在梁的中间增加支座，都是减小梁的挠度的有效措施。

3. 改变荷载的作用方式

在结构和使用条件允许的情况下，合理调整荷载的位置及分布情况，降低最大弯矩，从而减少梁的挠度。例如，将集中力分散作用，或改为均布荷载都能起到减小挠度，提高梁刚度的作用。

小　结

静定结构的位移计算是超静定结构内力计算的基础。位移计算的基本原理是虚功原理，基本方法是单位荷载法。

1. 虚功和虚功原理

虚功的概念强调了做功的广义力和其相应的广义位移没有因果关系。虚功原理是讨论外力虚功与内力虚功的关系，即外力虚功等于内力虚功。利用虚功原理，虚设单位力状态，巧妙地把复杂的几何关系计算的问题，转变成了变形体在荷载作用下的位移计算问题。

2. 桁架在荷载作用下的位移计算公式

桁架的位移计算公式为

$$\Delta_K = \sum \frac{\overline{F}_N F_{NP} l}{EA}$$

梁和刚架在荷载作用下位移计算的公式为

$$\Delta_K = \sum \int \frac{\overline{M} M_P}{EI} ds = \sum \frac{\omega y_c}{EI}$$

应用图乘法时，要特别注意满足图乘的三个条件：①杆轴为直线；②EI=常数；③$\overline{M}$ 和 M_P 两个弯矩图中至少有一个是直线图形。

3. 用叠加法求梁挠度、转角

解题的关键是正确判断梁在各种简单荷载作用下的变形，求出各简单荷载作用下的挠度、转角。表 6-1 的用法可归纳为根据类型查序号，分析变形找公式，代入参数求位移。

4. 梁的刚度条件

$$\frac{y_{\max}}{l}\leqslant\left[\frac{f}{l}\right]$$

刚度条件在工程中的应用：进行刚度校核、设计截面、计算容许荷载。不过由于强度条件起着决定性作用，所以一般情况下刚度条件在工程中的应用主要是对梁进行刚度校核。

思考题

6-1　什么是线位移？什么是角位移？

6-2　何谓虚功？变形体的虚功原理是怎样叙述的？

6-3　应用单位荷载法求位移时，所求位移方向如何确定？

6-4　图乘法的应用条件是什么？怎样确定图乘结果的正负号？

6-5　图 6-23 所示的图乘示意图是否正确？如不正确将如何改正？

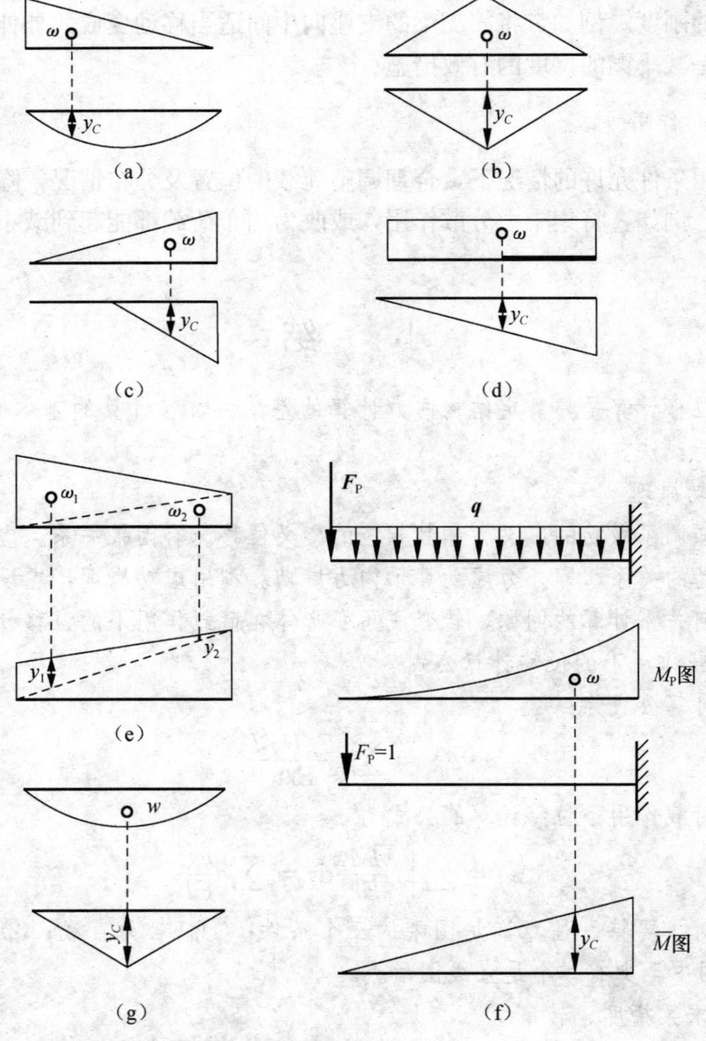

图 6-23

6-6　梁的挠度和转角的正、负号是如何规定的？

6-7　两根尺寸、受力情况、支座情况都相同的梁，只是材料不同，它们的最大挠度是否相同？为什么？

习　题

6-1　用单位荷载法计算图 6-24 所示梁的位移（EI=常数）。

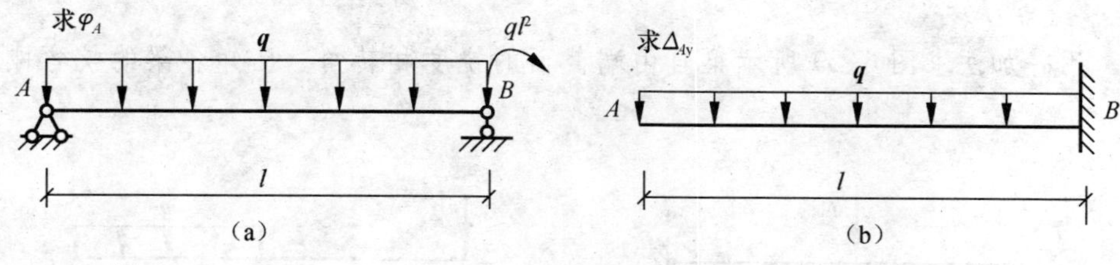

图 6-24

6-2　求图 6-25 所示桁架结点 C 的水平位移 Δ_{Cx}。设各杆 EA 相等。

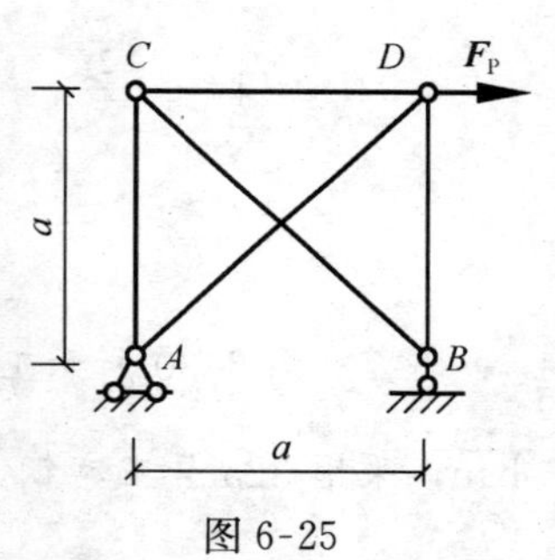

图 6-25

6-3　用图乘法计算图图 6-26 所示等截面梁 C 点的竖向位移 Δ_{Cy}。EI=常数。

6-4　用图乘法计算图 6-27 所示刚架的指定位移。

6-5　用叠加法求图 6-28 所示简支梁跨中截面的挠度。已知梁的抗弯刚度为 EI。

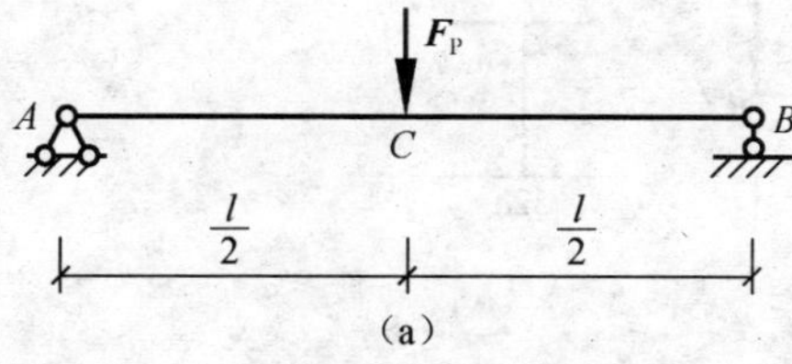

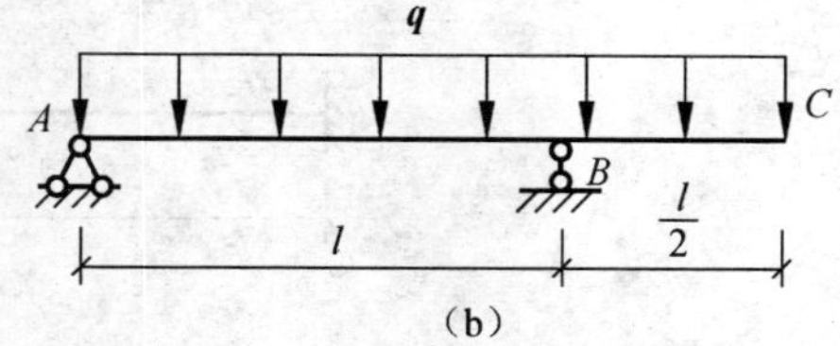

图 6-26

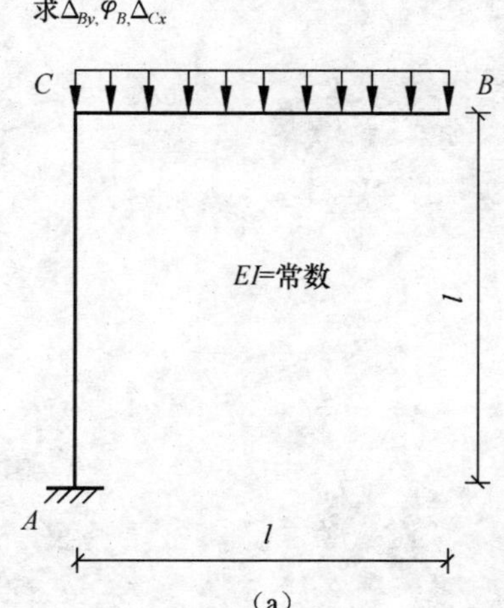

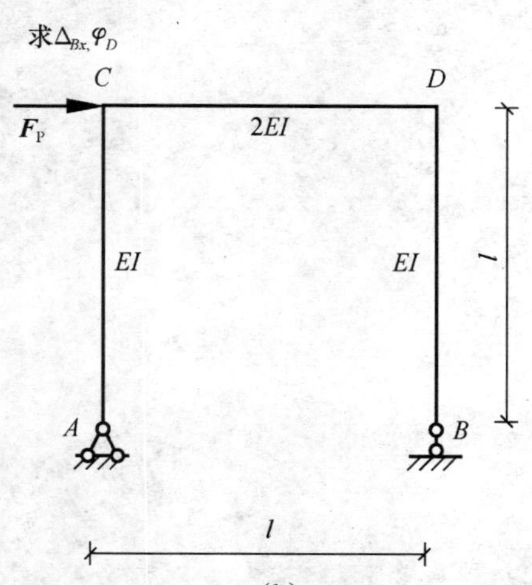

图 6-27

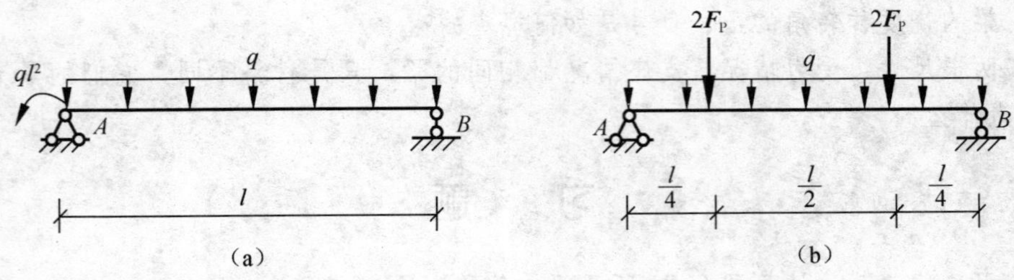

图 6-28

6-6　用叠加法求图 6-29 所示梁自由端截面的挠度和转角。已知各梁的抗弯刚度均为 EI。

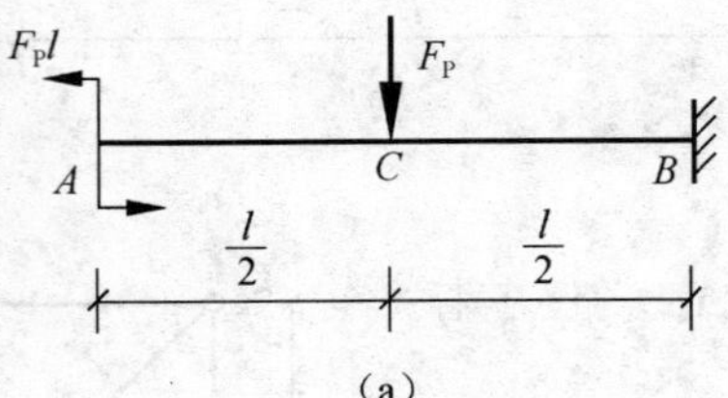

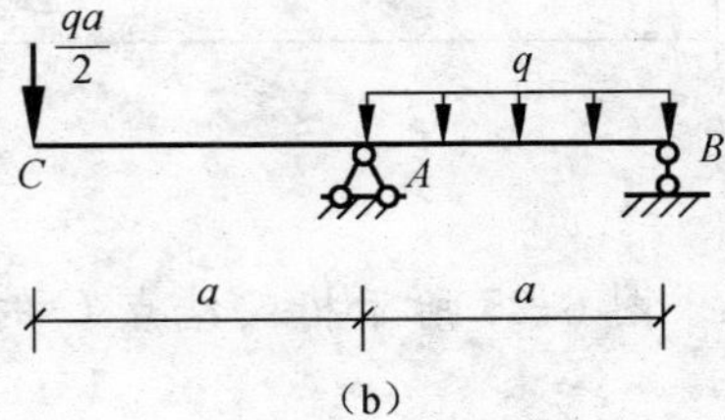

图 6-29

6-7　图 6-30 所示工字形截面悬臂钢梁，在自由端作用有集中力 $F_P=10$ kN，梁长 $l=$ 4 m，采用 32a 号工字钢，$E=200$ GPa，$\left[\frac{f}{l}\right]=\frac{1}{400}$，试校核该梁的刚度。

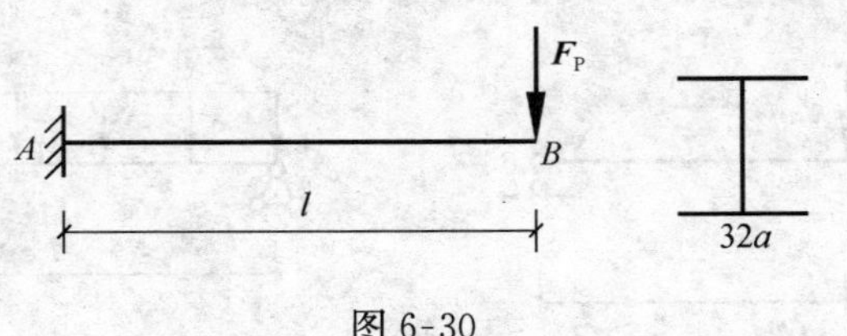

图 6-30

第七章　压 杆 稳 定

【本章提要】

构件除满足强度条件和刚度条件外，还必须同时满足稳定性条件。由于构件丧失稳定性的破坏常常是在强度足够时突然发生，是一种非常危险的破坏形式，所以应在计算上予以充分重视。本章首先讨论了轴向压杆稳定性的基本概念，然后讨论了用欧拉公式和抛物线经验公式计算轴向压杆失稳时的临界力和临界应力。最后，讨论了用稳定系数法进行轴向压杆的稳定性计算。

【学习目标】

1. 深刻理解压杆稳定的概念，明确临界力 F_{cr} 是判别压杆是否会失稳的重要指标。

2. 正确理解杆端约束对临界力影响，掌握细长压杆的临界力、临界应力的计算以及欧拉公式适用范围。

3. 掌握压杆的稳定性计算。

第一节　压杆稳定性的概念

一、稳定问题的提出

第五章对轴心受压杆的研究，是从强度观点出发的。认为只要满足压缩强度条件，就可以保证压杆的正常工作。但是，对受压杆件的破坏分析表明，许多压杆却是在满足了强度条件的情况下发生破坏的。例如，一根截面为 30 mm×10 mm 的矩形截面杆（图 7-1）。设材料的抗压强度 $\sigma_c=$ 20 MPa，当杆很短（图 7-1（a））时，将杆压坏所需的压力为 $F_P=\sigma_c A=6\ 000$ N，但杆长为 1 m 时（图 7-1（b）），则不到 40 N 的压力就会使压杆突然产生弯曲变形而失去工作能力。这说明，细长压杆丧失工作能力是由于其压杆不能维持原有直杆的平衡状态所致，这种现象称为丧失稳定，简称失稳。由此可见，材料及横截面均相同的压杆，由于长度不同，其抵抗外力的能力将发生根本改变：短粗压杆的破坏取决于强度；细长压杆的破坏是由于失稳。上例还表明，细长压杆的承载能力远低于短粗压杆。因此，对压杆还需研究其稳定性。

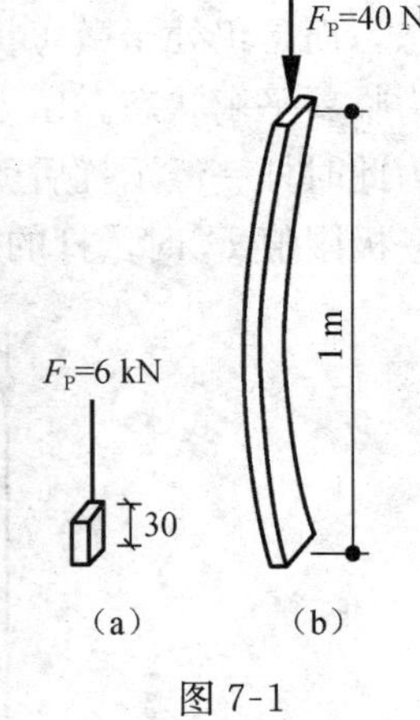

图 7-1

二、压杆稳定概念

所谓稳定性，是指平衡状态的稳定性。圆球在图 7-2 所示的三种情况下都在 O 点处于平衡状态，显然三种平衡状态是不同的，图 7-2（a）中的圆球，无论用什么方式干扰使它稍微离开平衡位置，只要干扰消除，它就回到原平衡位置，这表明圆球原来的平衡位置是稳定的，称为稳定平衡。图 7-2（c）中的圆球正相反，它经不起任何扰动，微小的干扰会使它离开平衡位置越来越远，这表明圆球原来的平衡位置是不稳定的，称为不稳定平衡。图

7-2（b）中的圆球所处的平衡状态则处于稳定平衡和不稳定平衡的过渡状态，任一微小的扰动后的位置 O' 都是它的新平衡位置，因而圆球原平衡状态可称为临界平衡状态，也称随遇平衡。随遇平衡也属于不稳定平衡。

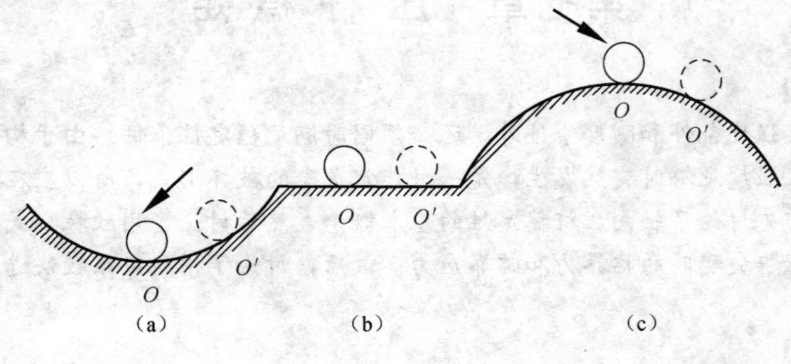

图 7-2

为了研究上的方便，我们将实际的压杆轴线抽象为如下的力学模型：即将压杆看作轴线为直线，且压力作用线与轴线重合的均质等直杆，称为中心受压直杆或理想压杆。而把杆轴线存在的初曲率、压力作用线稍微偏离轴线及材料不完全均匀等因素，抽象为使杆件产生微小弯曲变形的微小的横向干扰。理想压杆，特别是细长的压杆，在两端受到轴向压力作用时，其平衡状态也可以分为三种类型，如图 7-3 所示。第一种情况是在压杆所受的压力 F_P 不大时，如果给压杆施加一微小的横向干扰，使其稍微离开轴线位置，在干扰撤去后，杆经若干次振动后仍然回到原来的直线形状的平衡状态（图 7-3（a）），我们把压杆原有直线形状的平衡状态称为稳定的平衡状态。第二种情况是增大压力 F_P 至某一极限值 F_{cr} 时，如果再给压杆施加一微小的横向干扰，使轴线微弯，干扰力撤去后杆不再恢复到原来状态的平衡状态，而是仍处于微弯状态的平衡状态（图 7-3（b）），受干扰前杆的直线状态的平衡状态即为临界平衡状态。压力 F_{cr} 称为临界力。临界平衡状态实质上是一种不稳定的平衡状态，因为此时杆一经干扰后就不能维持原有直线形状的平衡状态了。第三种情况是压力 F_P 超过某一极限值 F_{cr} 时，杆的弯曲变形将急剧增大，甚至最后造成弯折破坏，如图 7-3（c）所示。

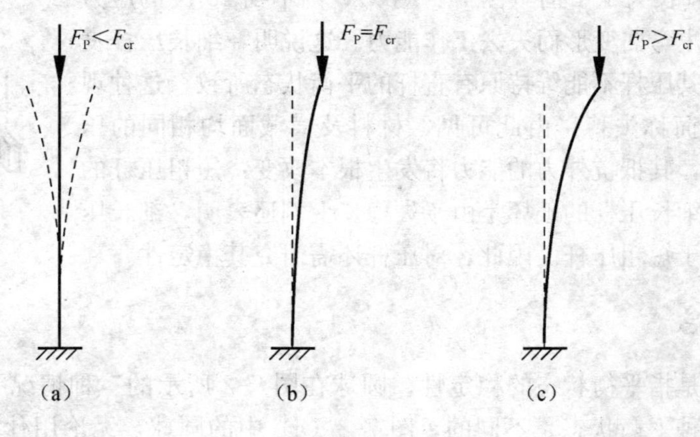

图 7-3

压杆的直线形状的平衡由稳定平衡过渡到不稳定平衡称为压杆失去稳定，简称失稳。临界力是判别压杆是否失稳的重要指标。当 $F_P<F_{cr}$ 时，平衡是稳定的；当 $F_P>F_{cr}$ 时，平衡则是不稳定的。在材料、尺寸、约束均确定的前提下，压杆的临界力 F_{cr} 是个确定值。不同的压杆，其临界力也不同。因此计算压杆的临界力 F_{cr}，是压杆稳定分析的重要内容。

由于构件的失稳往往是在远低于强度容许承载能力的情况下突然发生的，因而其危害性也较大。历史上曾多次发生因构件失稳而引起的重大事故。例如，1891 年瑞士一长 42 m 的桥，当列车通过时，因结构失稳而坍塌，造成 200 多人死亡。又如 1907 年加拿大圣劳伦斯河上跨长为 548 米的魁北克钢桥，当时正在架设中间跨桥梁时，由于悬臂钢桁架中个别受压杆失去稳定产生屈曲，造成全桥坍塌，75 名施工工人丧生。因此，稳定问题在工程设计中占有重要地位。

第二节 细长压杆的临界力

根据压杆失稳是由直线平衡形式转变为弯曲平衡形式的这一重要概念，可以预料，凡是影响弯曲变形的因素，如截面的抗弯刚度 El、杆件长度 l 和两端的约束情况，都会影响压杆的临界力。

由上节讨论可知，当轴向力 F_P 达到临界力 F_{cr} 时，压杆既可保持直线形式的平衡，又可保持微弯状态的平衡。现令压杆处于临界状态，并具有微弯的平衡形式，根据弯曲变形理论可推证其所能承受的临界力为

$$F_{cr}=\frac{\pi^2EI}{(\mu l)^2} \tag{7-1}$$

上式称为欧拉公式。式中，μ 为长度系数，反映了约束情况对临界力的影响（见表 7-1）；l 为压杆的长度；μl 为计算长度或相当长度；I 为横截面对形心轴的惯性矩，当压杆端部各个方向的支承相同（比如球铰）时，压杆将在 EI 值较小的平面内失稳。所以惯性矩 I 应为压杆横截面的最小形心惯性矩 I_{min}。

表 7-1 各种支承情况下等截面细长杆的临界力公式表

杆端约束情况	两端铰支	一端固定 一端自由	一端固定 一端铰支	两端固定
挠曲线形状	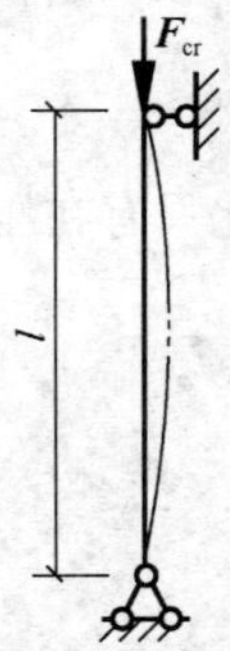 F_{cr}, l	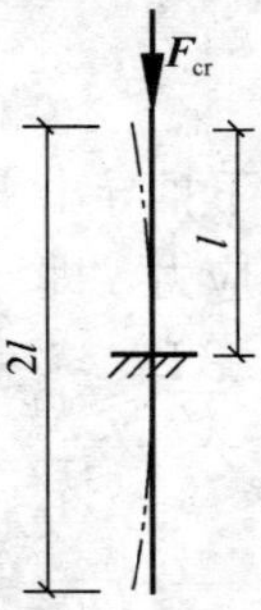 F_{cr}, l, $2l$	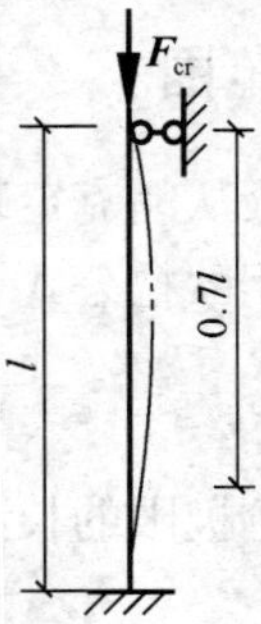 F_{cr}, l, $0.7l$	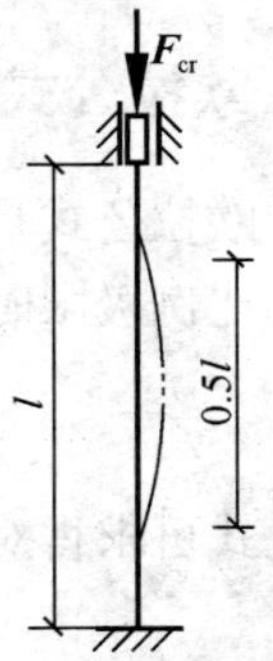 F_{cr}, l, $0.5l$
临界应力公式	$F_{cr}=\frac{\pi^2EI}{l^2}$	$F_{cr}=\frac{\pi^2EI}{(2l)^2}$	$F_{cr}=\frac{\pi^2EI}{(0.7l)^2}$	$F_{cr}=\frac{\pi^2EI}{(0.5l)^2}$
长度系数 μ	1.0	2.0	0.7	0.5

例 7-1 一根两端铰支的 20a 号工字钢细长压杆，长 $l=3$ m，钢的弹性模量 $E=200$ GPa，试计算其临界力。

解：查型钢表得 $I_z=2\ 370\ \text{cm}^4$，$I_y=158\ \text{cm}^4$，按式（7-1）计算得

$$F_{cr}=\frac{\pi^2 EI}{l^2}=\frac{\pi^2\times 200\times 10^9\times 158\times 10^{-8}}{3^2}=346\times 10^3(\text{N})=346\ \text{kN}$$

由此可知，若轴向压力达到 346 kN 时，此杆会失稳。

第三节　临界应力与欧拉公式的适用范围

一、临界应力

压杆在临界力的作用下，横截面上的压应力称为压杆的临界应力，用 σ_{cr} 表示。设压杆的横截面面积为 A，则

$$\sigma_{cr}=\frac{F_{cr}}{A}=\frac{\pi^2 E}{(\mu l)^2}\frac{I}{A} \tag{a}$$

令 $i=\sqrt{\frac{I}{A}}$，i 称为惯性半径。则式（a）可改写为

$$\sigma_{cr}=\frac{\pi^2 Ei^2}{(\mu l)^2}=\frac{\pi^2 E}{\left(\frac{\mu l}{i}\right)^2} \tag{b}$$

令 $\lambda=\frac{\mu l}{i}$，则式（b）又可写为

$$\sigma_{cr}=\frac{\pi^2 E}{\lambda^2} \tag{7-2}$$

式（7-2）称为欧拉临界应力公式，实际是欧拉公式（7-1）的另一种表达形式。$\lambda=\frac{\mu l}{i}$称为柔度或长细比。柔度 λ 与 μ、l、i 有关。i 决定于压杆的截面形状与尺寸，μ 决定于压杆的支承情况，因而从物理意义上看，λ 综合地反映了压杆的长度、截面形状与尺寸以及支承情况对临界应力的影响。从式（7-2）可看到，当 E 值一定时，σ_{cr} 与 λ^2 成反比，这表明，对由一定材料制成的压杆来说，临界应力 σ_{cr} 仅决定于柔度 λ，λ 值越大，临界应力 σ_{cr} 就越小，压杆就越易失稳。应当注意，柔度 λ 是一个量纲为 1 的量。

二、欧拉公式的适用范围

欧拉公式是在材料服从胡克定理的条件下推导出来的。因此只有在压杆的应力不超过材料的比例极限时，才能用欧拉公式计算临界应力，即

$$\sigma_{cr}=\frac{\pi^2 E}{\lambda^2}\leqslant\sigma_P \tag{c}$$

由上式可求得对应于比例极限的长细比为

$$\lambda_p=\pi\sqrt{\frac{E}{\sigma_p}} \tag{7-3}$$

因此欧拉公式的适用范围可以用压杆的柔度值 λ_p 来表示，即只有当压杆的实际柔度 $\lambda\geqslant\lambda_p$ 时，欧拉公式才适用。这一类压杆称为大柔度杆或细长杆。

例如常用材料 Q235 钢，弹性模量 $E=200$ GPa，比例极限 $\sigma_p=200$ MPa 代入式（7-3）后可算得 $\lambda_p=100$。就是说，以 Q235 钢制成的压杆，其柔度 $\lambda\geqslant 100$ 时才能应用欧拉公式计算其临界力。

三、超出比例极限时压杆的临界应力、临界应力总图

当压杆的柔度 $\lambda<\lambda_P$ 时，压杆称为中柔度杆或中长杆。这类压杆的临界应力超过了材料的比例极限，不能用欧拉公式。此类压杆的临界应力各国多采用以试验为基础的经验公式。我国根据自己的试验建立的抛物线公式为

$$\sigma_{cr}=a-b\lambda^2 \tag{7-4}$$

式中，λ 为压杆的柔度，a、b 与材料有关的常数。例如，对于 Q235 钢及 16Mn 钢分别有

$$\sigma_{cr}=(235-0.006\,68\lambda^2)\text{MPa}$$

$$\sigma_{cr}=(345-0.014\,2\lambda^2)\text{MPa}$$

由式（7-2）、式（7-4）可知，压杆不论是大柔度杆还是中柔度杆，其临界应力均为压杆柔度的函数。临界应力 σ_{cr}与柔度 λ 的函数曲线称为临界应力总图。

图 7-4 为 Q235 钢的临界应力总图。图中曲线 ACB 部分是按欧拉公式绘制为双曲线，曲线 DC 是按经验公式绘制为抛物线。二曲线交点 C 的横坐标为 $\lambda_C=123$，纵坐标为 $\sigma_C=134$ MPa。这里以 $\lambda=123$ 而不是以 $\lambda_P=100$ 作为二曲线的分界点，是因为欧拉公式是以理想的中心受压杆导出，与实际存在着差异，因而将分界点作了修正。所以在实际应用中，对 Q235 钢制成的压杆，当 $\lambda\geqslant\lambda_C$ 时才按欧拉公式计算临界应力或临界力，$\lambda<123$ 时用抛物线公式计算。

例 7-2　如图 7-5 所示，压杆的材料为 Q235 钢，横截面有两种，面积均为 $3.2\times10^3\ \text{mm}^2$，试计算它们的临界应力，并进行比较。已知 $E=200$ GPa，$\lambda_c=123$

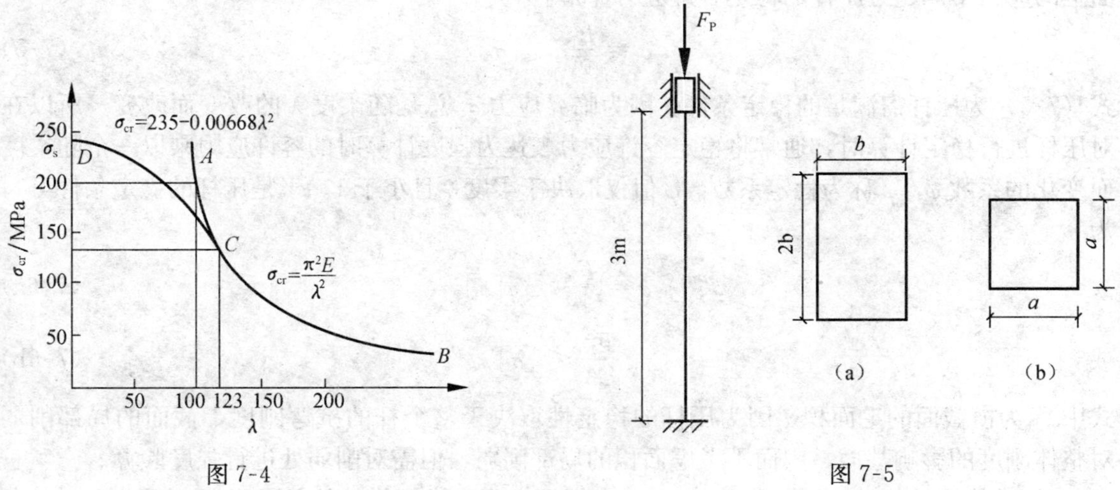

图 7-4　　图 7-5

解：(1) 矩形截面。

$$A=3.2\times10^3\ \text{mm}^2=b\times2b=2b^2,\quad b=40\ \text{mm}$$

截面惯性半径为

$$i=\sqrt{\frac{I_{\min}}{A}}=\sqrt{\frac{\frac{2b\times b^3}{12}}{2b\times b}}=\frac{b}{2\sqrt{3}}=\frac{40}{2\sqrt{3}}=11.55(\text{mm})$$

压杆柔度为

$$\lambda=\frac{\mu l}{i}=\frac{0.5\times3\,000}{11.55}=129.9>\lambda_c=123$$

用欧拉公式计算临界应力

$$\sigma_{cr}=\frac{\pi^2 E}{\lambda^2}=\frac{\pi^2\times 200\times 10^3}{129.9}=117(\text{MPa})$$

(2) 正方形截面。

$$A=3.2\times 10^3\ \text{mm}^2=a^2,\quad a=56.5\ \text{mm}$$

截面惯性半径为

$$i=\sqrt{\frac{I}{A}}=\frac{a}{2\sqrt{3}}=\frac{56.6}{2\sqrt{3}}=16.3(\text{mm})$$

压杆柔度为

$$\lambda=\frac{\mu l}{i}=\frac{0.5\times 3\,000}{16.3}=92<\lambda_c=123$$

用抛物线公式计算临界应力

$$\sigma_{cr}=235-0.006\,68\lambda^2=235-0.006\,68\times 92^2=178.46(\text{MPa})$$

由此可知，以上两种截面形状在相同的条件下，正方形截面压杆临界应力大，即承载能力强。

第四节　压杆的稳定计算

当压杆中的应力达到其临界应力时，压杆将要失稳。因此，正常工作的压杆，其横截面上的应力应小于临界应力。在工程中，为了保证压杆具有足够的稳定性，这就要求压杆横截面上的应力不能超过压杆的稳定容许应力 $[\sigma_{cr}]$，即

$$\sigma=\frac{F_N}{A}\leqslant[\sigma_{cr}] \tag{7-5}$$

式 (7-5) 为压杆需满足的稳定条件。因为临界应力 σ_{cr} 总是随柔度 λ 的改变而改变，所以在对压杆进行稳定计算时，通常将稳定容许应力表达为强度计算时的容许应力乘以一个随柔度而变化的系数 φ，φ 称为稳定系数。φ 值仅取决于柔度 λ 且小于 1。于是压杆的稳定条件可写为

$$\sigma=\frac{F_N}{A}\leqslant\varphi[\sigma] \tag{7-6a}$$

或

$$\frac{F_N}{\varphi A}\leqslant[\sigma] \tag{7-6b}$$

式中 A 为横截面的毛面积。因为压杆的稳定性取决于整个杆的抗弯刚度，截面的局部削弱对整体刚度的影响甚微，因而不考虑面积的局部削弱，但需对削弱处进行强度验算。

《钢结构设计规范》(GB50017—2003) 根据工程中常用构件的截面形式、尺寸和加工条件等因素，把截面归并为 a、b、c、d 四类，根据材料分别给出各类截面在不同柔度下的 φ 值，以供压杆设计时参考用。

对于木制压杆的稳定系数 φ 值，根据《木结构设计规范》(GB50005—2003)，按树种的强度等级分别给出了两组计算公式。

树种强度等级为 TC17、TC15 及 TB20：

当 $\lambda\leqslant 75$ 时

$$\varphi=\frac{1}{1+\left(\frac{\lambda}{80}\right)^2}$$

当 $\lambda>75$ 时

$$\varphi=\frac{3\,000}{\lambda^2}$$

树种强度等级为 TC13、TC11 及 TB17、TB15、TB13、TB11：

当 $\lambda\leqslant 91$ 时

$$\varphi=\frac{1}{1+\left(\frac{\lambda}{65}\right)^2}$$

当 $\lambda>91$ 时

$$\varphi=\frac{2\,800}{\lambda^2}$$

与强度计算类似，利用稳定条件式（7-6），可以计算或校核压杆的稳定性、确定压杆的横截面面积以及确定压杆的容许压力等。

例 7-3　如图 7-6 所示两端铰支（球形铰）的矩形截面木杆，杆端作用轴向压力 F_P。已知 $l=3.6$ m，$F_P=40$ kN，木材的强度等级为 TC13，容许应力 $[\sigma]=10$ MPa，试校核该压杆的稳定性。

解：矩形截面的惯性半径

$$i=\sqrt{\frac{I_y}{A}}=\sqrt{\frac{\frac{hb^3}{12}}{bh}}=\frac{b}{\sqrt{12}}=\frac{120}{\sqrt{12}}=34.64(\text{mm})$$

两端铰支时长度系数 $\mu=1$，所以

$$\lambda=\frac{\mu l}{i}=\frac{1\times 3.6}{34.64\times 10^{-3}}=104$$

因为 $\lambda>91$，所以

$$\varphi=\frac{2\,800}{\lambda^2}=\frac{2\,800}{104^2}=0.259$$

$$\frac{F_N}{\varphi A}=\frac{F_P}{\varphi A}=\frac{40\times 10^3}{0.259\times 120\times 160}=8\text{ MPa}<[\sigma]$$

所以该压杆满足稳定条件。

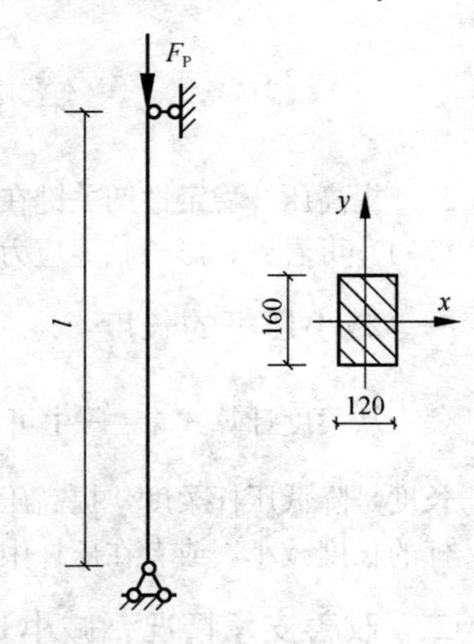

图 7-6

例 7-5　图 7-7（a）所示结构中，BD 杆为正方形截面的木杆，已知 $l=2$ m，$a=0.1$ m，木材的强度等级为 TC13，容许应力 $[\sigma]=10$ MPa，试从 BD 杆的稳定考虑，计算该结构所能承受的最大 $F_{P\max}$。

解：首先，求出外荷载 F_P 与 BD 杆所受压力间的关系，考虑 AC 杆的平衡（图 7-7（b））。由 $\Sigma M_A=0$，得

$$F_{NBD}\times\frac{l}{2}-F_P\times\frac{3l}{2}=0$$

$$F_P=\frac{1}{3}F_{NBD}$$

根据稳定条件式（7-6），压杆 BD 能承受的最大压力为

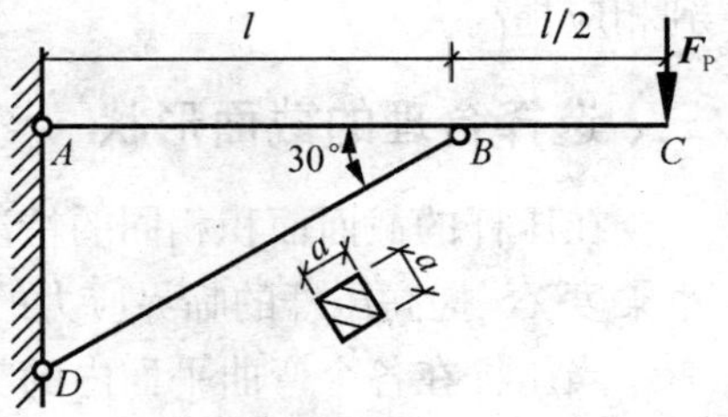

(a)

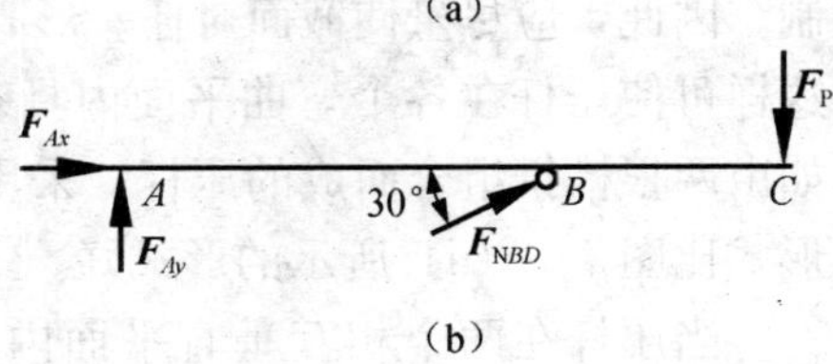

(b)

图 7-7

$$F_{NBD} = \varphi A[\sigma]$$

所以结构能承受的最大荷载为

$$F_{Pmax} = \frac{1}{3}F_{NBD} = \frac{1}{3}\varphi A[\sigma]$$

算得 BD 杆的长度 $l_{BD}=2.31\ \text{m}$，BD 杆的柔度为

$$\lambda = \frac{\mu l_{BD}}{i} = \frac{\mu l_{BD}}{\frac{a}{\sqrt{12}}} = \frac{1\times 2.31}{\frac{0.1}{\sqrt{12}}} = 80$$

因为 $\lambda<91$，所以

$$\varphi = \frac{1}{1+\left(\frac{\lambda}{65}\right)^2} = \frac{1}{1+\left(\frac{80}{65}\right)^2} = 0.398$$

结构能承受的最大荷载为

$$F_{Pmax} = \frac{1}{3}\times 0.398\times(0.1)^2\times 10\times 10^6 = 13.27\times 10^3(\text{N}) = 13.27\ \text{kN}$$

第五节　提高压杆稳定性的措施

提高压杆稳定性的关键在于提高压杆的临界力或临界应力。由临界应力计算式（7-2）、（7-4）可看到，影响临界应力的主要因素是柔度，减小柔度可以大幅度的提高临界应力。

一、减小压杆的长度

从柔度计算式 $\lambda=\frac{\mu l}{i}$ 中可以看出，杆长与柔度成正比，l 越小，则 λ 越小。减小压杆的长度是降低压杆柔度，提高压杆稳定性的有效方法之一。在条件允许的情况下，应尽量使压杆的长度减小，或者在压杆中间增加支撑。

二、改善支承情况，减小长度系数 μ

长度系数 μ 反映了压杆的支承情况，从表 7-1 中可看到，杆端部固结程度越高，μ 值越小。因此，在结构条件允许的情况下，应尽可能地使杆端约束牢固些，以使压杆的稳定性得到相应提高。

三、选择合理的截面形状

在压杆的截面面积相同的情况下，应设法增大惯性矩 I，从而达到增大惯性半径 i，减小柔度 λ，提高压杆的临界应力的目的。例如，空心的环形截面比实心圆截面合理。

当压杆在各个弯曲平面内的支承条件相同时，压杆的稳定性是由 I_{min} 方向的临界应力控制。因此，应尽量使截面对任一形心主轴的惯性矩相同，这样可使压杆在各个弯曲平面内具有相同的稳定性。例如由两根槽钢组合而成的压杆，采用图 7-8（b）所示的形式比图 7-8（a）所示的形式好。

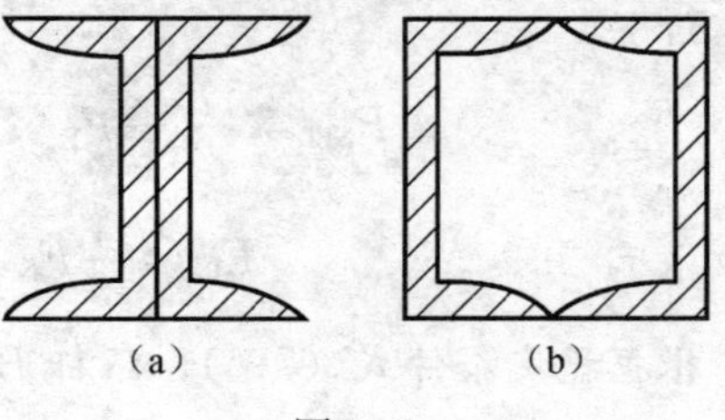

图 7-8

当压杆在两个相互垂直平面内的支承条件不同时，可采用 $I_z\neq I_y$ 的截面来与相应的支承条件配合，使压杆

在两相互垂直平面内的柔度值相等，即 $\lambda_z=\lambda_y$，这样保证压杆在这两个方向上具有相同的稳定性。

四、合理选择材料

对于大柔度杆，临界应力与材料的弹性模量 E 有关，由于各种钢材的弹性模量 E 值相差不大。所以，对大柔度杆来说，选用优质钢材对提高临界应力意义不大。对于中柔度杆，其临界应力与材料强度有关，强度越高的材料，临界应力越高。所以，对中柔度杆而言，选择优质钢材将有助于提高压杆的稳定性。

小　结

1. 压杆的稳定性

构件的平衡状态有稳定与不稳定之分。压杆的失稳是压杆在轴向压力作用下，直线形状的平衡由稳定平衡变成了不稳定平衡。临界力是判别压杆是否失稳的重要指标。

2. 欧拉公式及其适用范围

欧拉公式是计算细长压杆临界力的基本公式，应用此公式时，要注意它的适用范围，即当 $\lambda \geqslant \lambda_{\mathrm{p}}$ 时，临界力和临界应力分别为

$$F_{\mathrm{cr}}=\frac{\pi^2 EI}{(\mu l)^2},\quad \sigma_{\mathrm{cr}}=\frac{\pi^2 E}{\lambda^2}$$

长度系数 μ 反映了杆端支承对压杆稳定的影响，在计算临界力时，应据实际支承情况选择长度系数。

柔度 λ 综合地反映了压杆的长度、截面形状与尺寸以及支承情况对临界应力的影响。柔度 λ 越大，临界应力 σ_{cr} 就越小，压杆就越易失稳。

3. 压杆的稳定计算

在土建工程中，采用稳定系数法进行稳定计算，其稳定条件为

$$\sigma=\frac{F_{\mathrm{N}}}{A}\leqslant \varphi[\sigma]$$

利用稳定条件，可校核压杆的稳定性，确定压杆的截面尺寸计算压杆的容许荷载。

思 考 题

7-1　有一圆截面细长压杆，试问：(1) 杆长增加一倍；(2) 直径 d 增加一倍，临界力各有何变化？

7-2　图 7-9 所示四根压杆的材料及截面均相同，试判断哪个杆的临界力最大？

7-3　何为柔度？柔度表征压杆的什么特性？它与哪些因素有关？

7-4　根据柔度大小，可将压杆分为哪些类型？这些类型压杆的临界应力 σ_{cr} 计算式是什么？分别属于什么破坏？

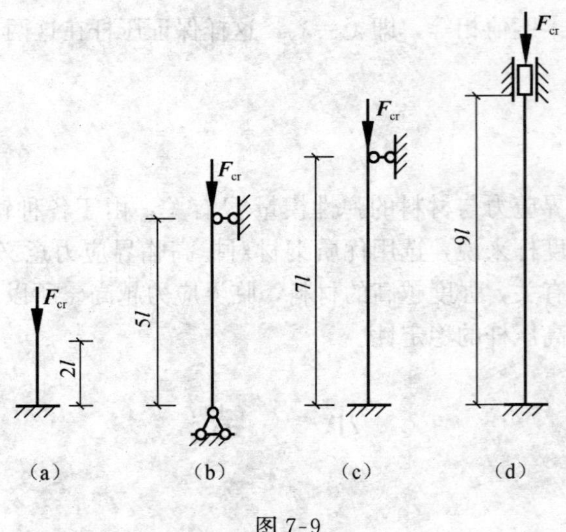

图 7-9

7-5　何为稳定系数？它随哪些因素变化？

习　题

7-1　两端铰支的 22a 号工字钢细长压杆，如图 7-10 所示。已知杆长 $l=6$ m，材料 Q235 钢，其弹性模量 $E=200$ GPa，试求该压杆的临界力。

7-2　一端固定一端铰支的圆截面细长压杆，如图 7-11 所示。已知杆长 $l=3$ m，$d=50$ mm，材料 Q235 钢，其弹性模量 $E=200$ GPa，试求该杆的临界力。

7-3　图 7-12 所示的压杆由 Q235 钢制造，材料的弹性模量 $E=200$ GPa。在 xy 平面内，两端为铰支；在 xz 平面内，两端固定。试求该压杆的临界力。

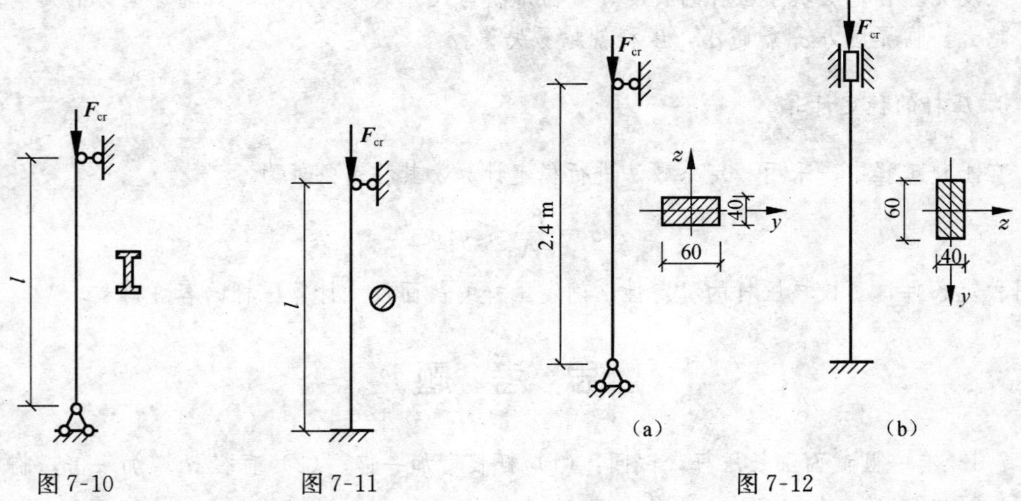

图 7-10　　图 7-11　　图 7-12

7-4　图 7-13 所示三角架中，BC 为圆截面杆，材料为 Q235 钢。已知 $F_P=12$ kN，$a=1$ m，$d=40$ mm，材料的容许应力 $[\sigma]=170$ MPa。(1) 校核 BC 杆的稳定；(2) 从 BC 杆之稳定考虑，求此三角架所能承受的最大安全荷载 F_{Pmax}。

7-5　结构及受力如图 7-14 所示，试作梁 ABC 的强度校核与 BD 杆的稳定校核。梁

ABC 为 22b 号工字钢，$[\sigma]=170$ MPa；BD 杆为圆截面木杆，直径 $d=160$ mm，木杆的强度等波 TC13，容许应力 $[\sigma]=10$ MPa。

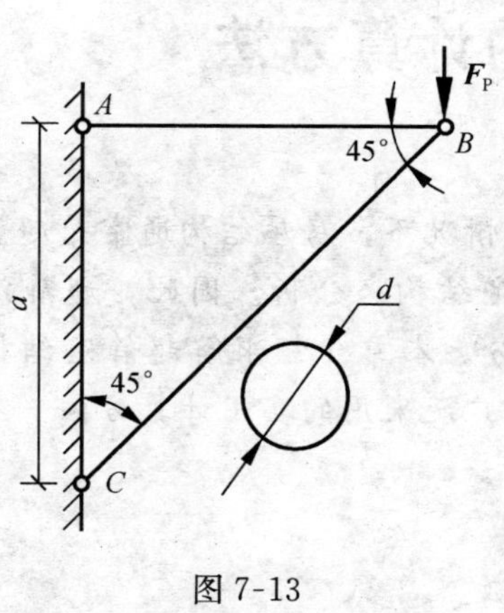

图 7-13

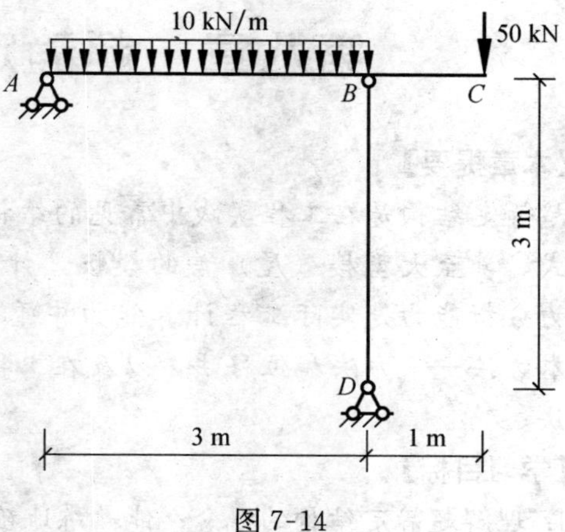

图 7-14

第八章　超静定结构的计算方法

【本章提要】

超静定结构是在工程实践中常见的结构形式，一般情况下，房屋结构通常是超静定结构形式，甚至大型楼（屋）盖的模板设计也是按超静定结构来分析。因此，超静定结构的内力分析能力是实际工程计算能力中重要的组成部分。本章介绍求解超静定结构的两种基本方法——力法和位移法，以及在工程实际计算中广泛采用的实用计算方法——力矩分配法。

【学习目标】

1. 理解超静定结构的概念；能熟练地确定超静定次数。
2. 深刻理解力法的基本原理，会用力法计算简单超静定结构的方法。
3. 了解利用对称性简化计算的方法，会利用半结构计算对称结构。
4. 掌握位移法基本未知量的确定方法，熟悉杆端力和杆端位移的正负号规定及等截面单跨超静定梁的杆端力。
5. 熟练写出等截面直杆的转角位移方程，会用位移法计算超静定梁和无侧移刚架。
6. 理解力矩分配法的基本概念，会用力矩分配法计算连续梁。
7. 通过和静定结构的比较，了解超静定结构的特性。

第一节　超静定结构概述

一、超静定结构的概念

超静定结构是工程实际中常用的一类结构。前已述及，超静定结构是具有多余约束的几何不变体，它的反力和内力仅用静力平衡条件不能全部求出。如图 8-1 所示的连续梁，在荷载 F_P 作用下，它的水平反力虽可由静力平衡条件求出，但其竖向反力只凭静力平衡条件就无法确定，于是也就不能进一步求出其内力。所以，超静定结构的内力计算必须考虑结构的位移条件。

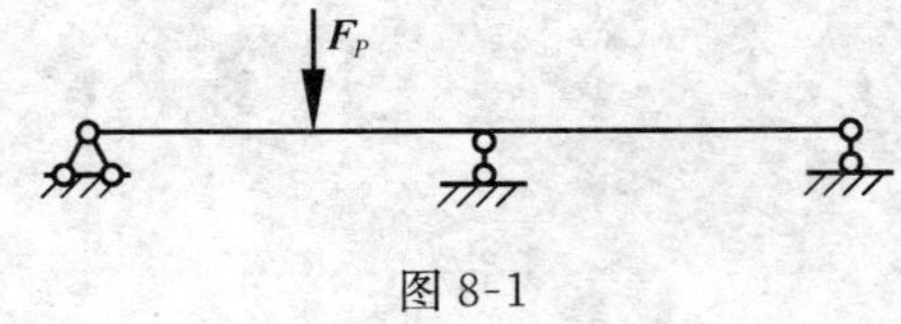

图 8-1

常见的超静定结构有：超静定梁（图 8-2（a）），超静定刚架（图 8-2（b）），超静定桁架（图 8-2（c）），超静定拱（图 8-2（d）），超静定组合结构（图 8-2（e）），铰接排架（图 8-2（f））等。

二、超静定次数的确定

超静定次数是指超静定结构中多余约束的个数。通常，可以用去掉多余约束使原结构变成静定结构的方法来确定超静定次数。如果原结构在去掉 n 个约束后，就成为静定的，则原

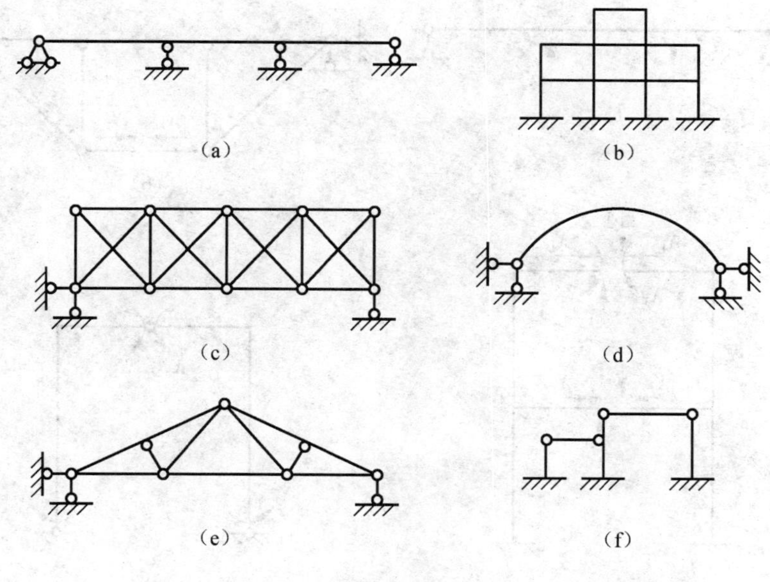

图 8-2

结构的超静定次数就是 n 次。在超静定结构中去掉多余约束的方式有以下几种：

(1) 去掉一根支座链杆或切断一根链杆，相当于去掉一个约束。

(2) 拆除一个单铰或去掉一个铰支座，相当于去掉两个约束。

(3) 切断一根梁式杆或去掉一个固定端支座，相当于去掉三个约束。

(4) 在刚性杆上或固定端支座上加一个单铰，相当于去掉一个约束。

应用这些去掉多余约束的基本方式，可以确定任何结构的超静定次数。例如图 8-3 (a)、(b)、(c)、(d) 所示超静定结构，在去掉或切断多余约束后，即变为图 8-4 (a)、(b)、(c)、(d) 所示的静定结构，其中 X_i 表示相应的多余未知力。因此，原结构的超静定次数分别为 2、1、5、3。

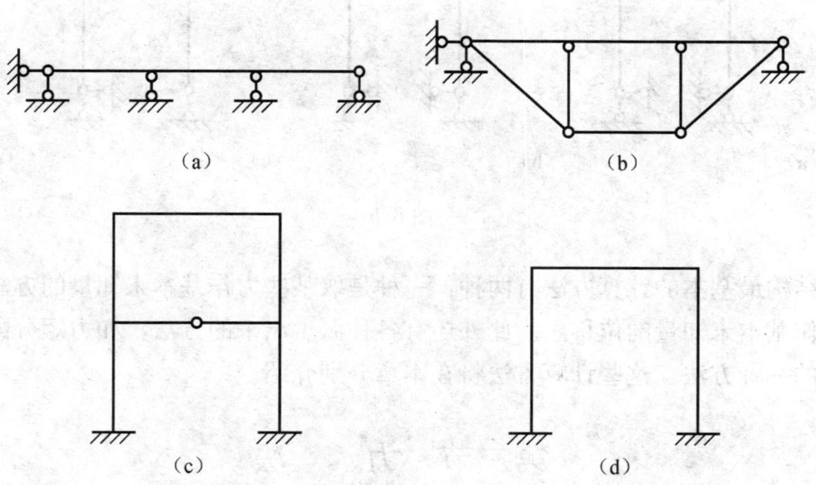

图 8-3

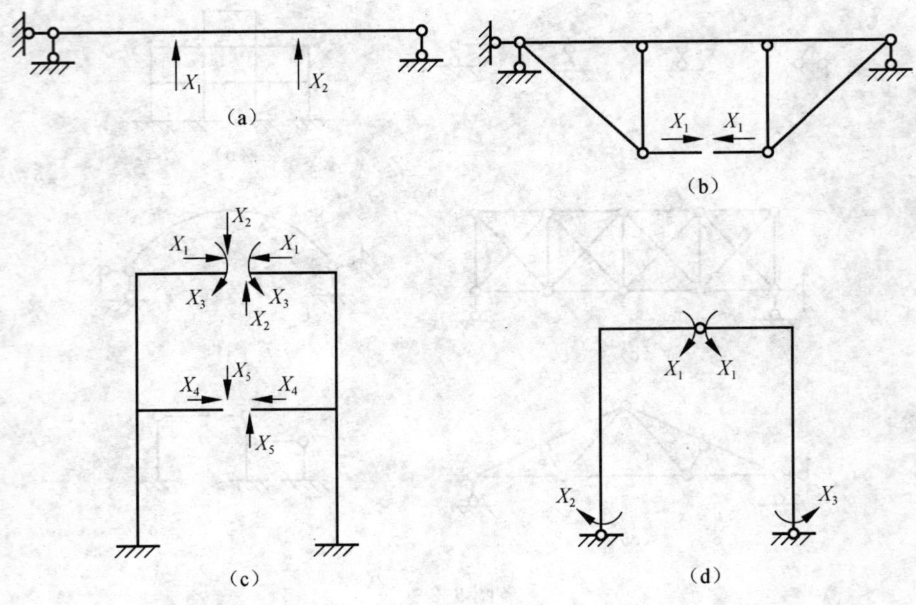

图 8-4

需要指出，对于同一结构，超静定次数是确定的，但去掉多余约束的方式是多种多样的。例如图 8-5（a）所示结构，可以将某一截面改成铰接而得到图 8-5（b）所示的静定结构，也可以去掉两铰支座中任一根水平链杆，得到图 8-5（c）所示的静定结构。应注意，静定结构是没有多余约束的几何不变体，因此，要把多余约束全部去掉，且只能去掉多余约束，不能去掉必要约束，不能将原超静定结构变成瞬变体系（图 8-5（d））或几何可变体系。

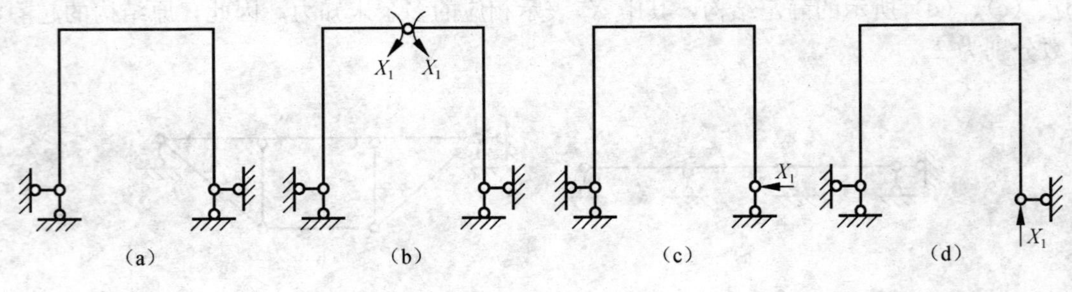

图 8-5

超静定结构最基本的计算方法有两种：一种是取某些力作基本未知量的方法；另一种是取某些位移作基本未知量的位移法。此外还有各种派生出来的方法，如力矩分配法就是位移法派生出来的一种方法。这些计算方法将在本章分别介绍。

第二节　力　　法

一、力法的基本原理

下面以图 8-6（a）所示超静定梁为例，来说明力法的基本原理。

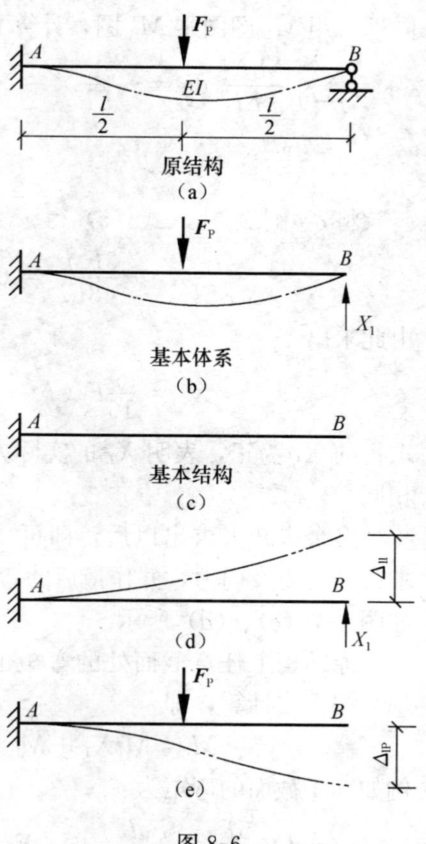

图 8-6

1. 力法的基本结构和基本未知量

图 8-6（a）所示超静定梁，具有一个多余约束，为一次超静定结构。

若将支座 B 作为多余约束去掉，代之以多余未知力 X_1，则得到图 8-6（b）所示的静定结构。这种含有多余未知力和荷载的静定结构称为力法的基本体系。与之相应，把图 8-6（c）所示的去掉多余未知力和荷载的静定结构称为力法的基本结构。如果设法求出多余未知力 X_1，那么原超静定结构（简称原结构）的计算问题就可转化为静定结构的计算问题。因此，多余未知力是最基本的未知力，称为力法的基本未知量。

2. 力法的基本方程

对图 8-6（b）所示的基本体系，只考虑平衡条件，则 X_1 无论为何值均可满足，因而无法确定。所以必须进一步考虑基本体系的位移条件。

对比原结构与基本体系的变形情况可知，原结构在支座 B 处是没有竖向位移的，而基本体系在 B 处的竖向位移是随 X_1 而变化的，只有当 X_1 的数值与原结构在支座 B 处产生的反力相等时，才能使基本结构在原有荷载 F_P 和多余未知力 X_1 共同作用下产生的 B 点的竖向位移等于零。所以，用来确定多余未知力 X_1 的位移条件为：基本结构在原有荷载和多余未知力共同作用下，在去掉多余约束处的位移 Δ_1（即沿 X_1 方向上的位移）应与原结构中相应的位移相等，即

$$\Delta_1 = 0$$

设以 Δ_{11} 和 Δ_{1P} 分别表示多余未知力 X_1 和荷载 F_P 单独作用于基本结构时点 B 沿 X_1 方向上的位移（图 8-6（d）、(e)），并规定与所设 X_1 方向相同者为正。根据叠加原理，有

$$\Delta_1 = \Delta_{11} + \Delta_{1P} = 0$$

再令 δ_{11} 表示 X_1 为单位力（即 $X_1=1$）时，点 B 沿 X_1 方向上的位移，则有 $\Delta_{11}=\delta_{11}X_1$，于是上式可写为

$$\delta_{11}X_1 + \Delta_{1P} = 0 \tag{a}$$

这就是一次超静定结构的力法基本方程。由于 δ_{11} 和 Δ_{1P} 都是静定结构在已知外力作用下的位移，故均可按第六章所述方法求得。

现计算位移 δ_{11} 和 Δ_{1P}。首先，分别绘出 $X_1=1$ 及荷载 F_P 单独作用于基本结构时的弯矩图 $\overline{M}_1$ 和 M_P（图 8-7（a）、(b)）。

由图乘法计算这些位移时，$\overline{M}_1$ 图和 M_P 图分别是基本结构在 $X_1=1$ 及荷载 F_P 作用下的实际状态弯矩图，同时 $\overline{M}_1$ 图又可看作为求点 B 沿 X_1 方向上的位移的虚拟状态弯矩图。故计算 δ_{11} 时可用 $\overline{M}_1$ 图图乘 $\overline{M}_1$ 图，简称 $\overline{M}_1$ 图的"自乘"。即

$$\delta_{11} = \sum\int \frac{\overline{M}_1\overline{M}_1}{EI}\mathrm{d}x = \frac{1}{EI}\times\frac{l^2}{2}\times\frac{2l}{3} = \frac{l^3}{3EI}$$

同理可用 $\overline{M}_1$ 图图乘 M_P 图，计算 Δ_{1P}：

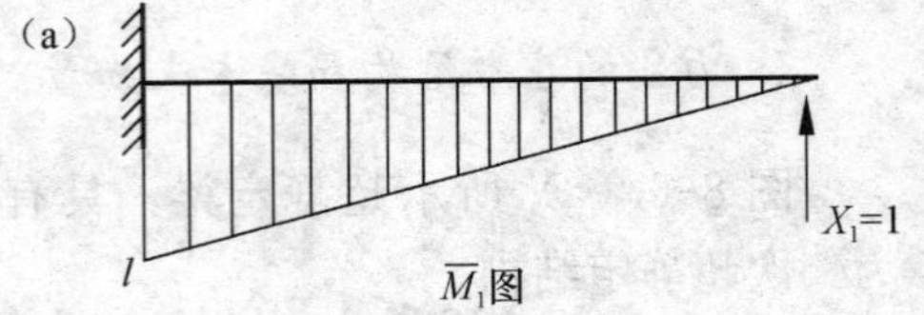

$$\Delta_{1P}=\sum\int\frac{\overline{M}_1M_P}{EI}dx=-\frac{1}{EI}\times\frac{1}{2}\times\frac{F_Pl}{2}\times\frac{l}{2}\times\frac{5l}{6}$$

$$=-\frac{5F_Pl^3}{48EI}$$

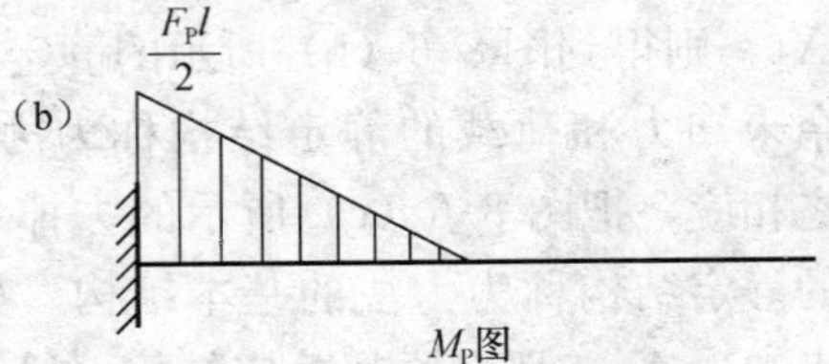

将 δ_{11} 和 Δ_{1P} 代入式（a）得

$$\frac{l^3}{3EI}X_1-\frac{5F_Pl^3}{48EI}=0$$

由此求出

$$X_1=\frac{5}{16}F_P(\uparrow)$$

求得的 X_1 为正，表明 X_1 的实际方向与原设方向相同。

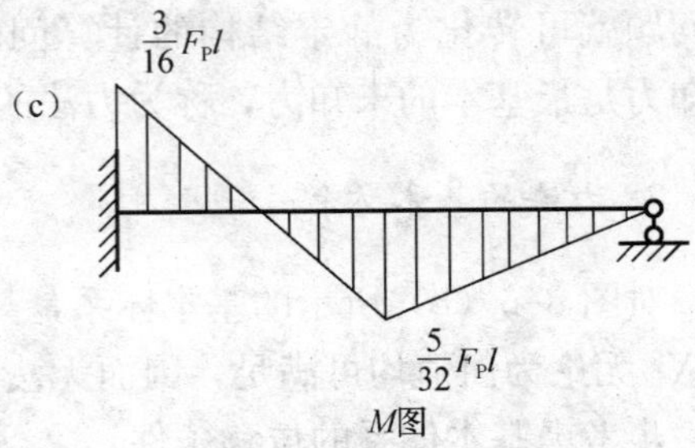

多余未知力求出以后，即可按静力平衡条件求得其反力及内力，并作最后的弯矩图和剪力图，如图 8-7（c）、（d）所示。

原结构上任意截面处的弯矩也可根据叠加原理，按下式计算，即

$$M=\overline{M}_1X_1+M_P$$

例如，A 截面的弯矩为

$$M_{AB}=l\times\frac{5F_P}{16}-\frac{F_Pl}{2}=-\frac{3}{16}F_P\quad（上侧受拉）$$

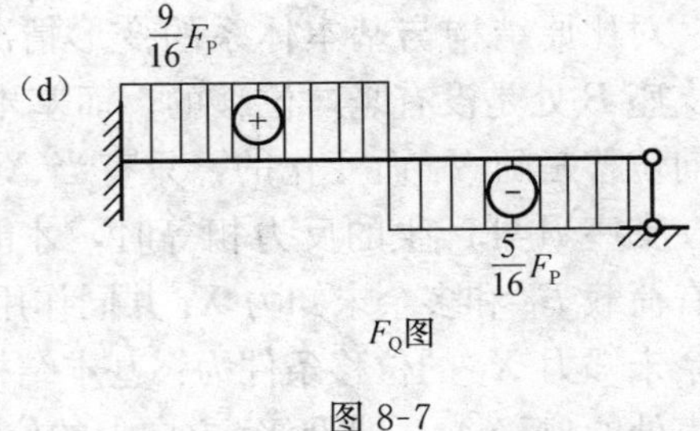

图 8-7

综上所述可知，力法是以多余未知力作为基本未知量，取去掉多余约束后的静定结构为基本结构，并根据基本体系去掉多余约束处的已知位移条件建立基本方程，将多余未知力首先求出，而以后的计算即与静定结构无异。它可用来分析任何类型的超静定结构。

二、力法典型方程

如前所述，用力法计算超静定结构的关键在于根据位移条件建立力法基本方程，以求解多余未知力。下面以图 8-8（a）所示三次超静定刚架为例，说明如何建立多次超静定结构的力法基本方程。

现去掉支座 B 的三个多余约束，并以相应的多余未知力 X_1、X_2 和 X_3 代替，则基本体系如图 8-8（b）所示。

由于原结构在固定支座 B 处不可能有任何位移，因此，在承受原荷载和全部多余未知力的基本体系上，也必须保证这样的位移条件，即在点 B 沿 X_1、X_2 和 X_3 方向上的相应位移 Δ_1、Δ_2 和 Δ_3 都应为零。

设当各单位力 $X_1=1$、$X_2=1$、$X_3=1$ 和荷载 F_P 分别作用于基本结构上时，点 B 沿 X_1 方向上的位移分别为 δ_{11}、δ_{12}、δ_{13} 和 Δ_{1P}；沿 X_2 方向上的位移分别为 δ_{21}、δ_{22}、δ_{23} 和 Δ_{2P}；沿 X_3 方向上的位移分别为 δ_{31}、δ_{32}、δ_{33} 和 Δ_{3P}（图 8-8（c）、（d）、（e）、（f））。根据叠加原理，

可将基本体系应满足的位移条件表示为

$$\left.\begin{aligned}\Delta_1 &= \delta_{11}X_1+\delta_{12}X_2+\delta_{13}X_3+\Delta_{1P}=0\\ \Delta_2 &= \delta_{21}X_1+\delta_{22}X_2+\delta_{23}X_3+\Delta_{2P}=0\\ \Delta_3 &= \delta_{31}X_1+\delta_{32}X_2+\delta_{33}X_3+\Delta_{3P}=0\end{aligned}\right\}$$

这就是求解多余未知力 X_1、X_2 和 X_3 所要建立的力法基本方程。其物理意义是基本结构在全部多余未知力和已知荷载共同作用下，在去掉多余约束处的位移应与原结构中相应的位移相等。

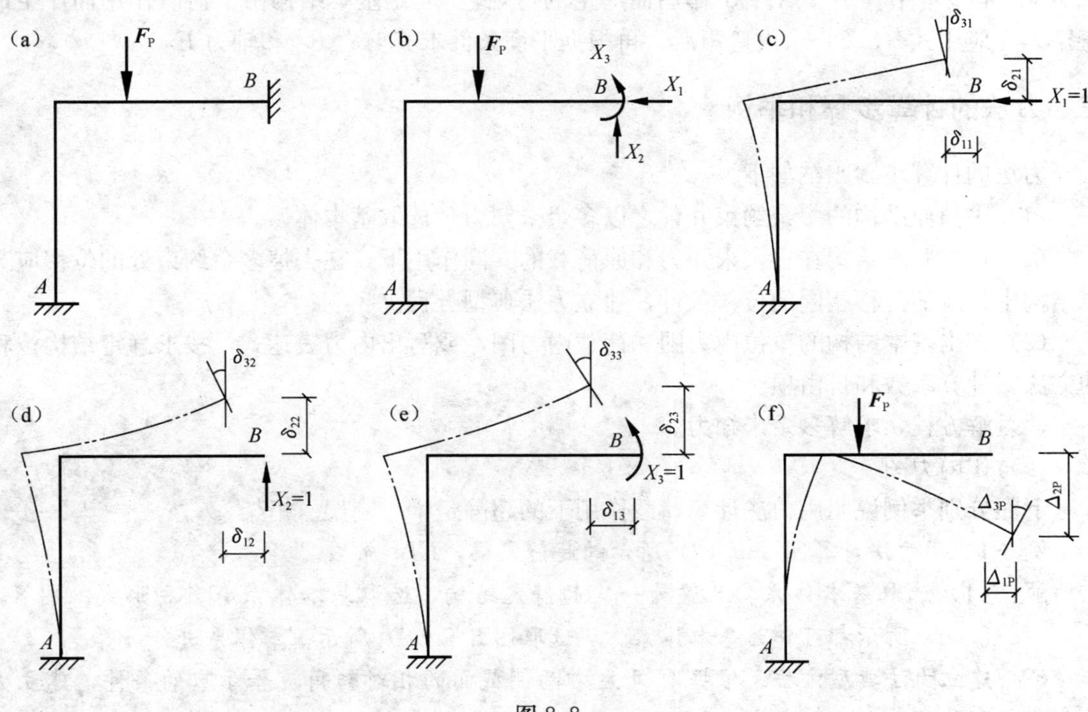

图 8-8

对于 n 次超静定结构，力法的基本结构是从原结构中去掉 n 个多余约束得到的静定结构，力法的基本未知量是与 n 个多余约束对应的多余未知力 X_1、X_2、$\cdots X_n$，当原结构在去掉多余约束处的位移为零时，相应地也就有 n 个已知位移条件。据此就可以建立 n 个力法方程：

$$\left.\begin{aligned}\Delta_1 &= \delta_{11}X_1+\delta_{12}X_2+\cdots+\delta_{1n}X_n+\Delta_{1P}=0\\ \Delta_2 &= \delta_{21}X_1+\delta_{22}X_2+\cdots+\delta_{2n}X_n+\Delta_{2P}=0\\ &\vdots\\ \Delta_n &= \delta_{n1}X_1+\delta_{n2}X_2+\cdots+\delta_{nn}X_n+\Delta_{nP}=0\end{aligned}\right\}\quad(8\text{-}1)$$

在上列方程中，位于从左上方至右下方的一条对角线上的系数 δ_{ii} 称为主系数，其他的系数 δ_{ij} 称为副系数，最后一项 Δ_{iP}称为自由项。所有的系数和自由项都是基本结构在去掉多余约束处沿某一多余未知力方向上的位移，并规定与所设多余未知力方向一致的为正。显然，主系数都是正值，且不会为零；副系数和自由项则可正、可负，也可为零。

因为基本结构是静定的，所以力法方程中的系数和自由项都可按第六章所述求位移的方法求得。

上列方程在组成上具有一定的规律性，无论超静定结构的类型、次数及所选基本结构如何，它们在荷载作用下所得的力法方程都与式（8-1）相同，故称其力法的典型方程。

解力法方程得到多余未知力后，超静定结构的内力可根据平衡条件求出，或按下述叠加原理求出弯矩

$$M=\overline{M}_1X_1+\overline{M}_2X_2+\cdots+\overline{M}_nX_n+M_{\mathrm{P}} \tag{8-2}$$

式中 $\overline{M}_i$ 是基本结构由于 $X_i=1$ 作用而产生的弯矩，M_{P} 是基本结构由于荷载作用而产生的弯矩。在应用式（8-2）求出弯矩后，再根据平衡条件求其剪力 F_{Q} 和轴力 F_{N}。

三、力法的计算步骤和举例

力法的计算步骤归纳如下：

（1）去掉原结构的多余约束并代之以多余未知力，选取基本体系。

（2）根据基本结构在多余未知力和原荷载的共同作用下，在去掉多余约束处的位移应与原结构中相应的位移相同的位移条件，建立力法典型方程。

（3）作出基本结构的单位内力图和荷载内力图，或写出内力表达式，按求静定结构位移的方法，计算系数和自由项。

（4）解方程，求解多余未知力。

（5）作内力图。

下面分别举例说明用力法计算荷载作用下的超静定梁、刚架、桁架。

例 8-1 用力法计算图 8-9（a）所示的超静定梁，$EI=$常数。

解：（1）选取基本体系。此梁为一次超静定结构，选取基本体系有多种形式。图 8-9（b）、（c）、（d）所示都可作为基本体系。现选取图 8-9（d）所示基本体系进行计算。

（2）建立力法典型方程。根据 C 处左右两侧截面的相对转角应等于零的条件，建立力法典型方程如下：

$$\delta_{11}X_1+\Delta_{1\mathrm{P}}=0$$

（3）求系数和自由项。绘出单位弯矩图 $\overline{M}_1$ 和荷载弯矩图 M_{P} 如图 8-9（e）、（f）所示。利用图乘法，各系数和自由项计算如下：

$$\delta_{11}=\sum\int\frac{\overline{M}_1^2}{EI}\mathrm{d}x=\frac{1}{EI}\left(\frac{1}{2}\times1\times l\times\frac{2}{3}\right)\times2=\frac{2l}{3EI}$$

$$\Delta_{1\mathrm{P}}=\sum\int\frac{\overline{M}_1M_{\mathrm{P}}}{EI}\mathrm{d}x=-\frac{1}{EI}\left(\frac{2}{3}\times l\times\frac{ql^2}{8}\times\frac{1}{2}\right)\times2=-\frac{ql^3}{12EI}$$

（4）求多余未知力。将系数和自由项代入力法典型方程，得

$$\frac{2l}{3EI}X_1-\frac{ql^3}{12EI}=0$$

解方程得

$$X_1=\frac{ql^2}{8}$$

（5）作内力图。梁端弯矩可按 $M=\overline{M}_1X_1+M_{\mathrm{P}}$ 计算，最后弯矩图如图 8-9（g）所示。由静力平衡条件，作剪力图，如图 8-9（h）所示。

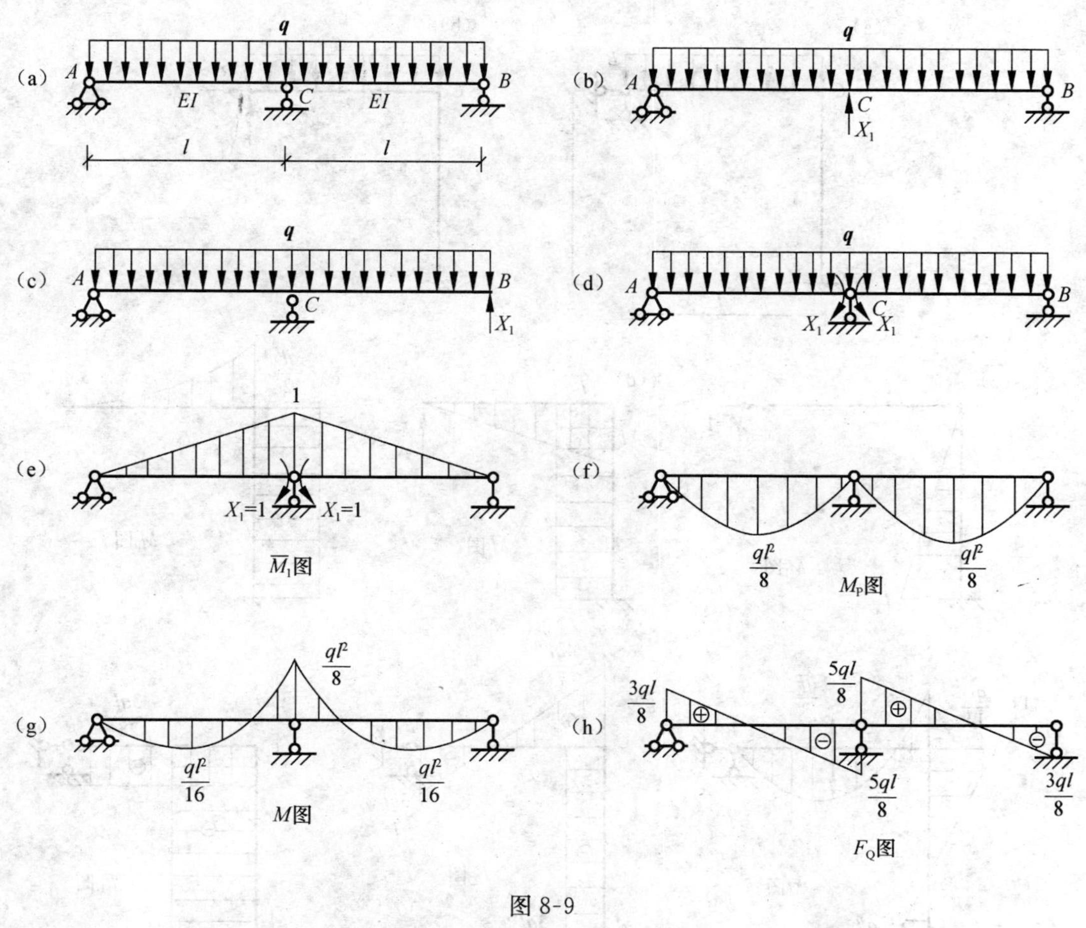

图 8-9

例 8-2　试作图 8-10 (a) 所示刚架的内力图，EI=常数。

解：(1) 选取基本体系。此刚架为二次超静定。去掉 B 处的两根支座链杆，代以多余未知力 X_1和 X_2，得到图 8-10 (b) 所示的基本体系。

(2) 建立力法典型方程。

$$\delta_{11}X_1+\delta_{12}X_2+\Delta_{1P}=0$$
$$\delta_{21}X_1+\delta_{22}X_2+\Delta_{2P}=0$$

(3) 求系数和自由项。绘出各单位弯矩图 $\overline{M}_1$、$\overline{M}_2$ 和荷载弯矩图 M_P 如图 8-10 (c)、(d)、(e) 所示。利用图乘法计算各系数和自由项如下：

$$\delta_{11}=\sum\int\frac{\overline{M}_1^2}{EI}\mathrm{d}x=\frac{1}{EI}\left(\frac{l^2}{2}\times\frac{2l}{3}\right)=\frac{l^3}{3EI}$$

$$\delta_{22}=\sum\int\frac{\overline{M}_2^2}{EI}\mathrm{d}x=\frac{1}{EI}\left(\frac{l^2}{2}\times\frac{2l}{3}+l^2\times l\right)=\frac{4l^3}{3EI}$$

$$\delta_{12}=\delta_{21}=\sum\int\frac{\overline{M}_1\overline{M}_2}{EI}\mathrm{d}x=\frac{1}{EI}\left(\frac{l^2}{2}\times l\right)=\frac{l^3}{2EI}$$

$$\Delta_{1P}=\sum\int\frac{\overline{M}_1M_P}{EI}\mathrm{d}x=-\frac{1}{EI}\left(\frac{l^2}{2}\times\frac{ql^2}{2}\right)=-\frac{ql^4}{4EI}$$

$$\Delta_{2P}=\sum\int\frac{\overline{M}_2M_P}{EI}\mathrm{d}x=-\frac{1}{EI}\left(\frac{1}{3}\times\frac{ql^2}{2}\times l\times\frac{3l}{4}+\frac{ql^2}{2}\times l\times l\right)=-\frac{5ql^4}{8EI}$$

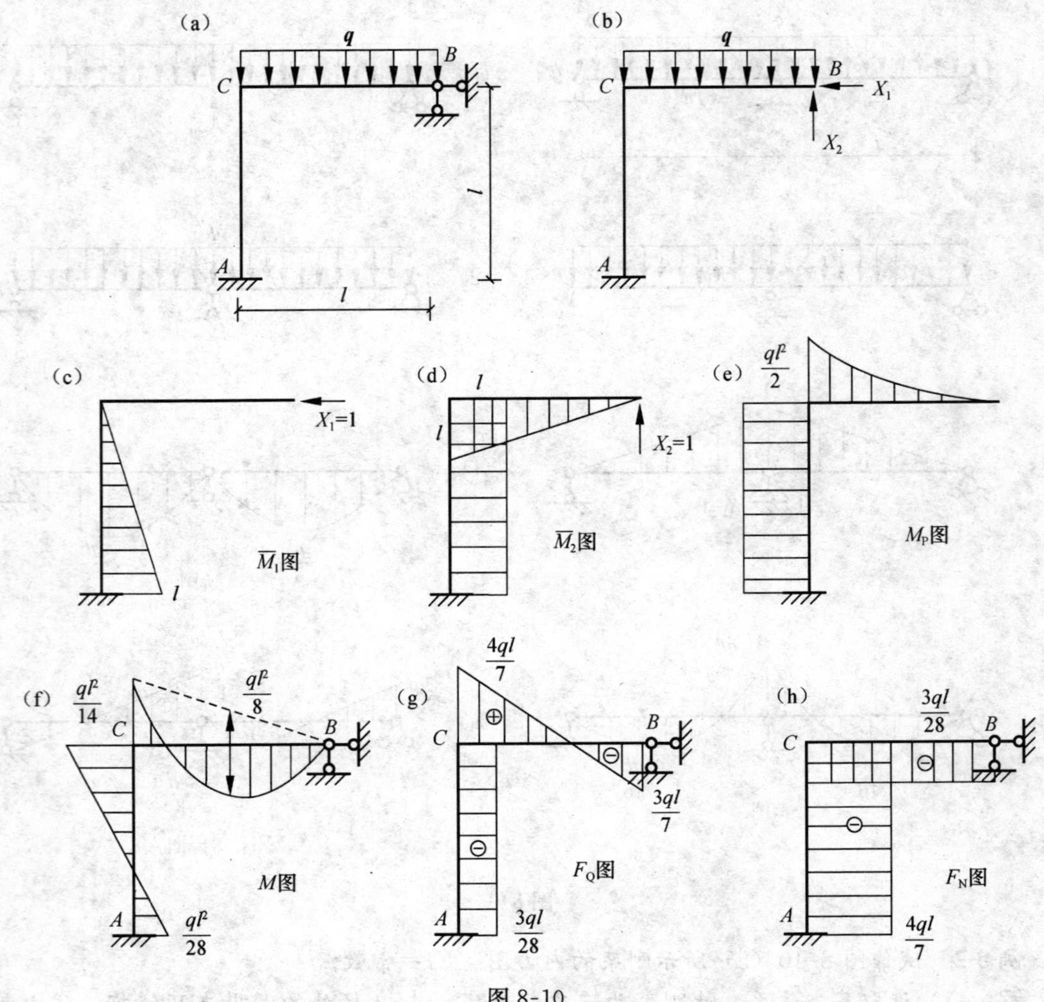

图 8-10

(4) 求多余未知力。将系数和自由项代入力法方程，并消去 l^3/EI，得

$$\frac{1}{3}X_1+\frac{1}{2}X_2-\frac{ql}{4}=0$$

$$\frac{1}{2}X_1+\frac{4}{3}X_2-\frac{5ql}{8}=0$$

解联立方程，得

$$X_1=\frac{3}{28}ql \quad X_2=\frac{3}{7}ql$$

从以上结果可以看出，在荷载作用下，多余未知力的大小只与各杆 EI 的相对值有关，而与各杆 EI 的绝对值无关。

(5) 作内力图。各杆端弯矩可按 $M=\overline{M}_1X_1+\overline{M}_2X_2+M_P$ 计算，最后弯矩图如图 8-10 (f) 所示。至于剪力图和轴力图，在多余未知力求出后，可直接由图 8-10 (b) 所示的基本体系作出，如图 8-10 (g)、(h) 所示。

例 8-3 试计算图 8-11 (a) 所示桁架各杆的轴力。已知各杆的 EA 为常数。

解：(1) 选取基本体系。此桁架为一次超静定结构。现将杆 BD 切断并代以多余未知力 X_1，其基本体系如图 8-11 (b) 所示。

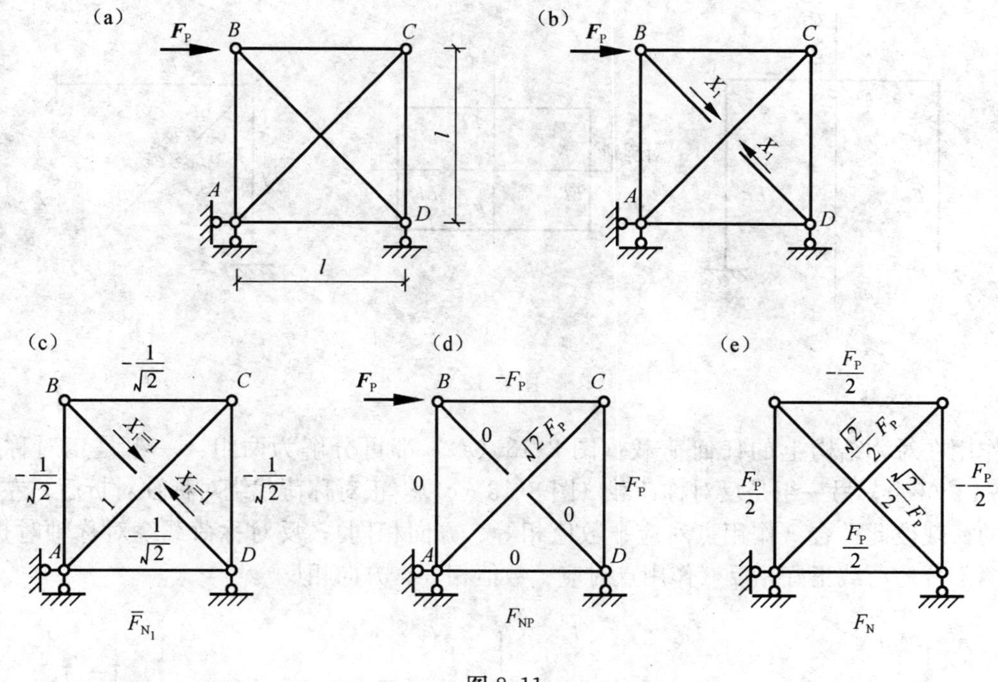

图 8-11

(2) 建立力法典型方程。根据切口两侧截面沿杆轴向的相对线位移应等于零的位移条件，建立力法典型方程如下：

$$\delta_{11}X_1+\Delta_{1P}=0$$

(3) 求系数和自由项。分别求出单位力 $X_1=1$ 和荷载单独作用于基本结构时所产生的轴力，如图 8-11 (c)、(d) 所示。计算各系数和自由项如下：

$$\delta_{11}=\sum\frac{\overline{F}_{N1}^2 l}{EA}=\frac{1}{EA}\left[\left(-\frac{1}{\sqrt{2}}\right)^2\times l\times 4+1^2\times\sqrt{2}l\times 2\right]=\frac{2\times(1+\sqrt{2})l}{EA}$$

$$\Delta_{1P}=\sum\frac{\overline{F}_{N1}F_{NP}l}{EA}=\frac{1}{EI}\left[\left(-\frac{1}{\sqrt{2}}\right)\times(-F_P)\times l\times 2+1\times\sqrt{2}F_P\times\sqrt{2}l\right]=\frac{(2+\sqrt{2})F_P l}{EA}$$

(4) 求多余未知力。将系数和自由项代入典型方程求解，得

$$X_1=-\frac{\Delta_{1P}}{\delta_{11}}=\frac{-(2+\sqrt{2})F_P l}{EA}\times\frac{EA}{2\times(1+\sqrt{2})l}=-\frac{\sqrt{2}}{2}F_P$$

(5) 求各杆的最后轴力。由公式 $F_N=\overline{F}_{N1}X_1+F_{NP}$ 求得各杆轴力如图 8-11 (e) 所示。例如，BC 杆的最后轴力

$$F_{NBC}=\left(-\frac{1}{\sqrt{2}}\right)\times\left(-\frac{\sqrt{2}}{2}F_P\right)-F_P=-\frac{F_P}{2}$$

第三节　对称性的利用

在工程中，很多结构是对称的。所谓对称结构就是指：(1) 结构的几何形状和支承情况对某一轴线对称；(2) 杆件的截面和材料性质也对此轴对称。如图 8-12 所示的结构都是对称结构。

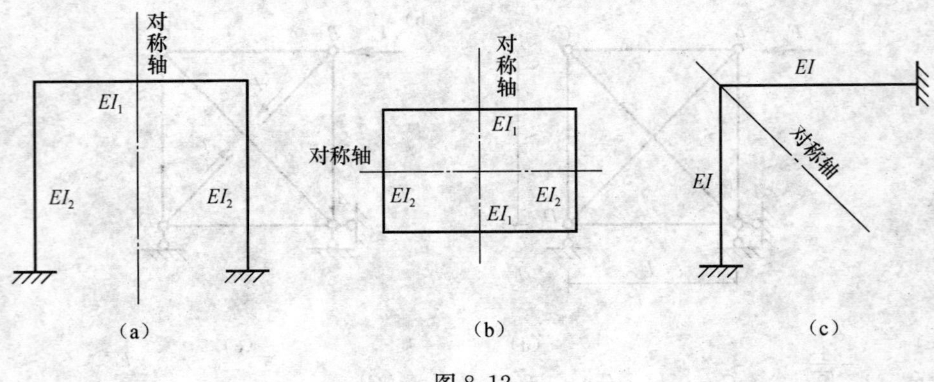

图 8-12

作用在对称结构上的任何荷载（图 8-13（a））都可分解为两组：一组是正对称荷载（图 8-13（b）），另一组是反对称荷载（图 8-13（c））。正对称荷载绕对称轴对折后，左右两部分的荷载彼此重合（作用点对应、数值相等、方向相同）；反对称荷载绕对称轴对折后，左右两部分的荷载正好相反（作用点对应、数值相等、方向相反）。

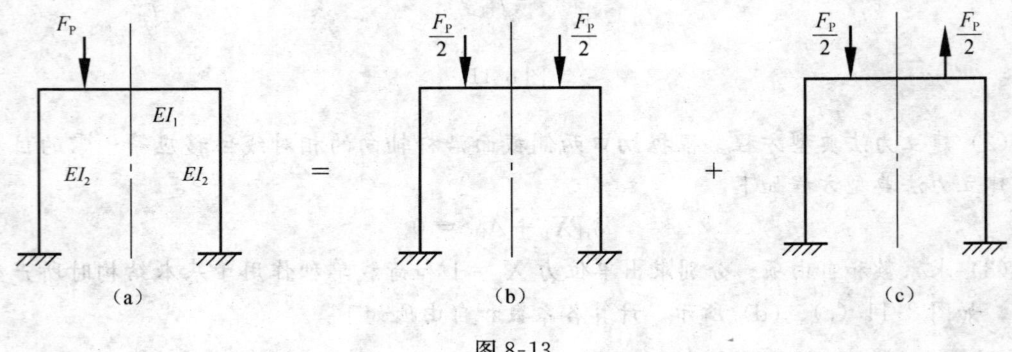

图 8-13

利用对称性，可使计算工作得到简化。

一、选取对称的基本结构

对图 8-13（a）所示的对称刚架，若沿对称轴处切断横梁，便得到对称的基本结构，其基本体系如图 8-14（a）所示。其中多余未知力 X_1、X_2 为正对称未知力，X_3 为反对称未知力。根据切口处两侧截面的相对位移为零的条件，可建立力法典型方程如下：

$$\delta_{11}X_1+\delta_{12}X_2+\delta_{13}X_3+\Delta_{1P}=0$$
$$\delta_{21}X_1+\delta_{22}X_2+\delta_{23}X_3+\Delta_{2P}=0$$
$$\delta_{31}X_1+\delta_{32}X_2+\delta_{33}X_3+\Delta_{3P}=0$$

图 8-14（b）、（c）、（d）所示为各单位力作用于基本结构上时的弯矩图。显然，$\overline{M}_1$ 和 $\overline{M}_2$ 图是正对称的，$\overline{M}_3$ 图是反对称的，因此

$$\delta_{13}=\delta_{31}=0,\quad \delta_{23}=\delta_{32}=0$$

这样，力法典型方程就简化为

$$\begin{aligned}&\delta_{11}X_1+\delta_{12}X_2+\Delta_{1P}=0\\&\delta_{21}X_1+\delta_{22}X_2+\Delta_{2P}=0\\&\delta_{33}X_3+\Delta_{3P}=0\end{aligned}\qquad (a)$$

可见，方程已分为两组，一组只包含正对称未知力 X_1、X_2，另一组只包含反对称未知力 X_3。因此，解方程组的工作得到简化。

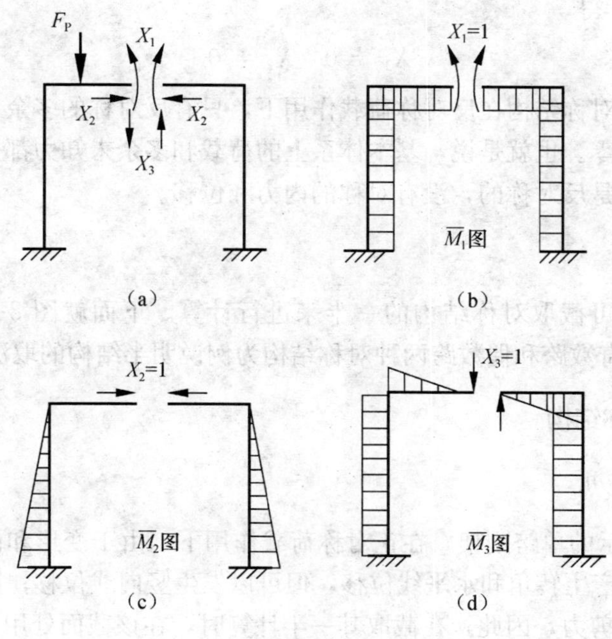

图 8-14

上述结果具有普遍性。即对于对称结构，如选取对称的基本结构，只要多余未知力都是正对称力或反对称力，则力法典型方程必然分解成独立的两组，一组只包含对称未知力，另一组只包含反对称未知力。

下面就正对称荷载、反对称荷载作进一步讨论。

(1) 正对称荷载　以图 8-13 (b) 所示正对称荷载为例。这时基本结构的荷载弯矩图 M_P 是正对称的（图8-15）。由于 $\overline{M}_3$ 是反对称的，因此，$\Delta_{3P}=0$。代入力法典型方程 (a) 的第三式，得

$$X_3 = 0$$

由此得出结论：对称结构在正对称荷载作用下，只有对称的多余未知力存在，而反对称的多余未知力必为零。也就是说，基本体系上的荷载和多余未知力都是对称的，故原结构的受力和变形也必是对称的，没有反对称的内力和位移。

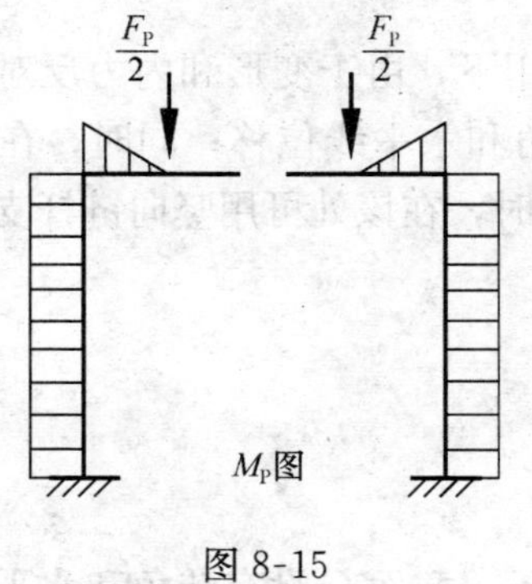

图 8-15

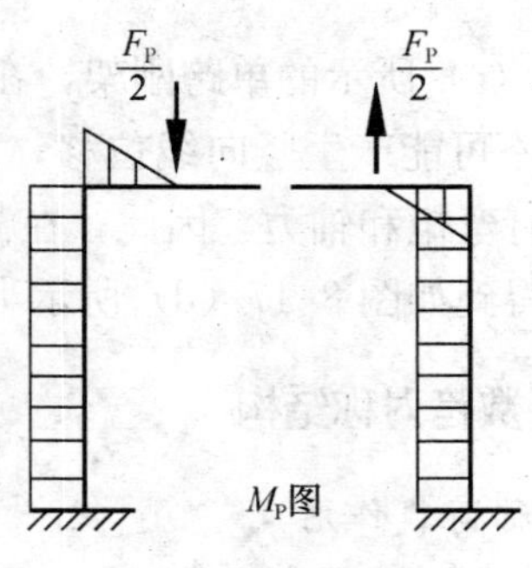

图 8-16

（2）反对称荷载　以图 8-13（c）所示反对称荷载为例。这时基本结构的荷载弯矩图 M_P 是反对称的（图8-16）。由于 $\overline{M}_1$、$\overline{M}_2$ 是对称的，因此，$\Delta_{1P}=0$，$\Delta_{2P}=0$。代入力法典型方程（a）的前两式，得

$$X_1=0 \quad X_2=0$$

由此得出结论：对称结构在反对称荷载作用下，只有反对称的多余未知力存在，而正对称的多余未知力必为零。也就是说，基本体系上的荷载和多余未知力都是反对称的，故原结构的受力和变形也必是反对称的，没有对称的内力和位移。

二、半结构

利用上述结论，可截取对称结构的一半来进行计算。下面就图 8-17（a）、（c）及图 8-18（a）、（c）所示奇数跨和偶数跨两种对称结构为例说明半结构的取法。

（一）奇数跨对称结构

1. 正对称荷载作用

图 8-17（a）所示的单跨刚架，在正对称荷载作用下，由于变形和内力对称，位于对称轴上的截面 C，不会产生转角和水平线位移，但可以发生竖向线位移；同时，在该截面上将有弯矩和轴力，没有剪力，因此，在截取其一半计算时，在该截面处用两根平行链杆代替原有的约束，而得到如图 8-17（b）所示半结构。这种由两根平行链杆构成的支座称为定向支座或滑动支座。

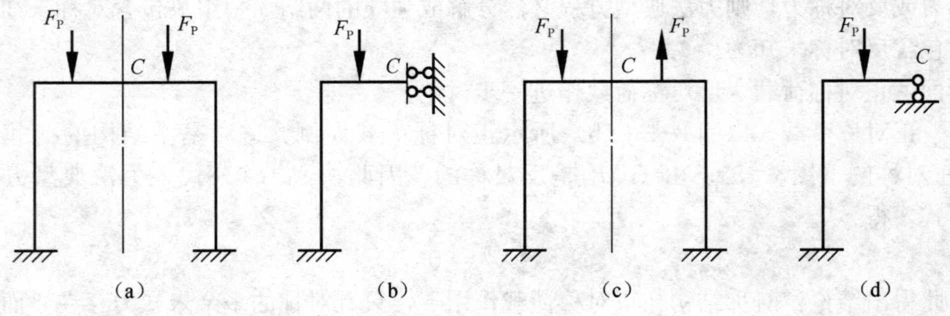

图 8-17

2. 反对称荷载作用

图 8-17（c）所示的单跨刚架，在反对称荷载作用下，由于变形和内力反对称，对称轴上的截面 C 不可能产生竖向线位移，只可能产生转角和水平线位移；同时，在该截面上只有剪力，没有弯矩和轴力，因此，在截取其一半计算时，在该处可用竖向链杆支座代替原有的约束，而得到如图 8-17（d）所示半结构。

（二）偶数跨对称结构

1. 正对称荷载作用

图 8-18（a）所示两跨刚架，在正对称荷载作用下，截面 C 没有转角和水平线位移，若

不考虑中间竖柱的轴向变形，C 处也没有竖向线位移。因此，可将该处用固定支座代替，而得到如图 8-18（b）所示的半结构。

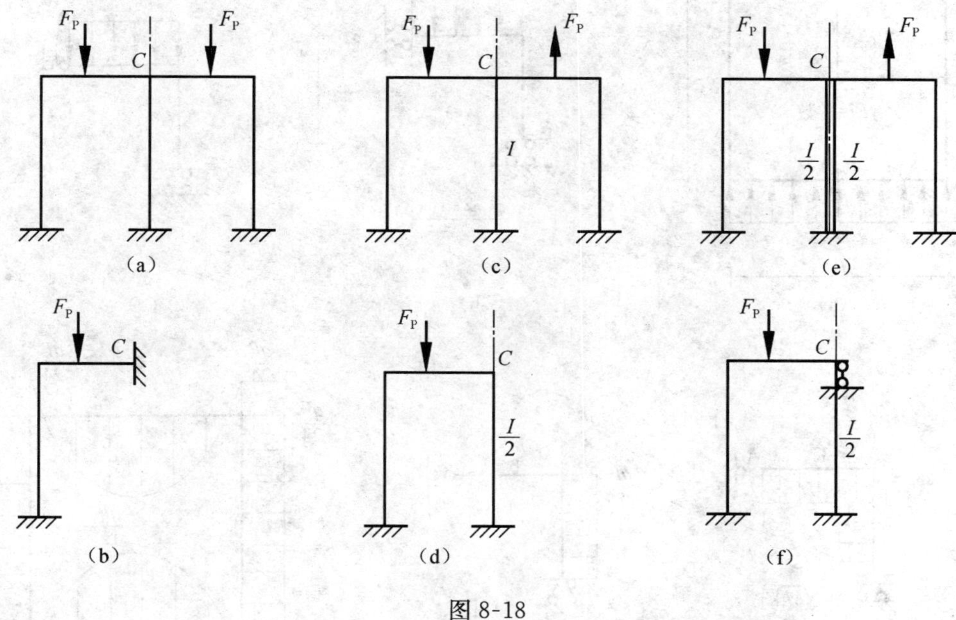

图 8-18

2. 反对称荷载作用

图 8-18（c）所示两跨刚架，在反对称荷载作用下，可设想将中间柱分成两根分柱，分柱的抗弯刚度为原柱的一半，这相当于在两根分柱之间增加了一跨，但其跨度为零，如图 8-18（e）所示。取半结构如图 8-18（f）所示。因为忽略轴向变形的影响，半结构也可按图 8-18（d）选取。中间柱 CD 的内力为两根分柱内力之和。由于分柱的弯矩和剪力相同，轴力绝对值相同而正负号相反，故中间柱的弯矩和剪力为分柱的弯矩和剪力的两倍，轴力为零。

当按上述方法取出半结构后，即可按解超静定结构的方法绘出其内力图，然后再根据对称关系绘出另外半边结构的内力图。

例 8-5　利用对称性，计算图 8-19 所示刚架，并绘最后弯矩图。

解：此刚架为三次超静定，且为双轴对称结构，荷载也具有双轴对称性，可取如图 8-19（b）所示四分之一结构计算。

（1）选取基本体系。图 8-19（b）所示结构为一次超静定，选取图 8-19（c）所示的基本体系。

（2）建立力法典型方程。

$$\delta_{11}X_1+\Delta_{1P}=0$$

（3）求系数和自由项。绘出单位弯矩图 $\overline{M}_1$ 和荷载弯矩图 M_P 如图 8-19（d）、（e）所示。利用图乘法计算各系数和自由项如下：

$$\delta_{11}=\frac{1}{EI}\left(\frac{l}{2}\times1\times1\right)\times2=\frac{l}{EI}$$

$$\Delta_{1P}=-\frac{1}{EI}\left(\frac{ql^2}{8}\times\frac{l}{2}\times1\right)-\frac{1}{EI}\left(\frac{1}{3}\times\frac{ql^2}{8}\times\frac{l}{2}\times1\right)=-\frac{ql^3}{12EI}$$

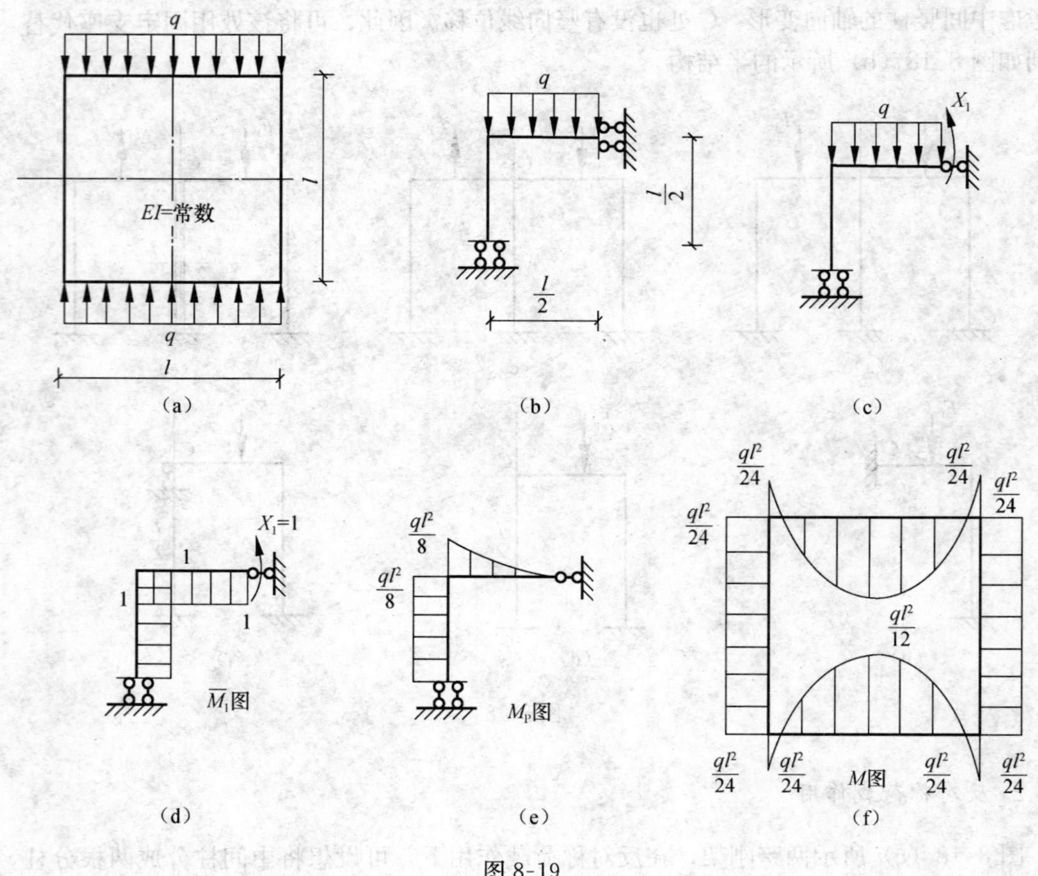

图 8-19

(4) 求多余未知力。代入力法方程，得

$$X_1 = -\frac{\Delta_{1P}}{\delta_{11}} = \frac{ql^2}{12}$$

(5) 绘制最后弯矩图。四分之一结构中各杆杆端弯矩可按 $M=\overline{M}_1X_1+M_P$ 计算，根据对称性，绘出最后弯矩图如图 8-19 (f) 所示。

例 8-6 利用对称性，计算图 8-20 (a) 所示刚架，并绘最后弯矩图。各杆的 EI 均为常数。

解：此刚架为对称的三次超静定结构，且荷载是非对称的。现将荷载分解为对称荷载和反对称荷载两种情况，如图 8-20 (b)、(c) 所示。在对称荷载作用下，只有横梁 CD 产生轴力，其他各杆弯矩均为零，反对称荷载作用下的弯矩图即为原结构的弯矩图，因此只需对反对称荷载作用下的情况进行计算即可。刚架在反对称荷载作用下的半结构如图 8-20 (d) 所示。

(1) 选取基本体系。半结构为一次超静定结构，取图 8-20 (e) 所示的基本体系。

(2) 建立力法典型方程。

$$\delta_{11}X_1 + \Delta_{1P} = 0$$

(3) 求系数和自由项。绘出单位弯矩图 $\overline{M}_1$ 和荷载弯矩图 M_P，如图 8-20 (f)、(g) 所示。计算各系数和自由项如下：

$$\delta_{11} = \frac{1}{EI}\left(\frac{1}{2}\times 4\times 4\times\frac{2}{3}\times 4 + 4\times 4\times 4\right) = \frac{256}{3EI}$$

$$\Delta_{1P}=\frac{1}{EI}\times\frac{1}{2}\times32\times4\times4=\frac{256}{EI}$$

(4) 求多余未知力。代入力法方程，得

$$X_1=-\frac{\Delta_{1P}}{\delta_{11}}=-3\ \text{kN}$$

(5) 绘制最后弯矩图。半结构中各杆杆端弯矩可按 $M=\overline{M}_1X_1+M_P$ 计算，根据对称性，最后弯矩图如图 8-20 (h) 所示。

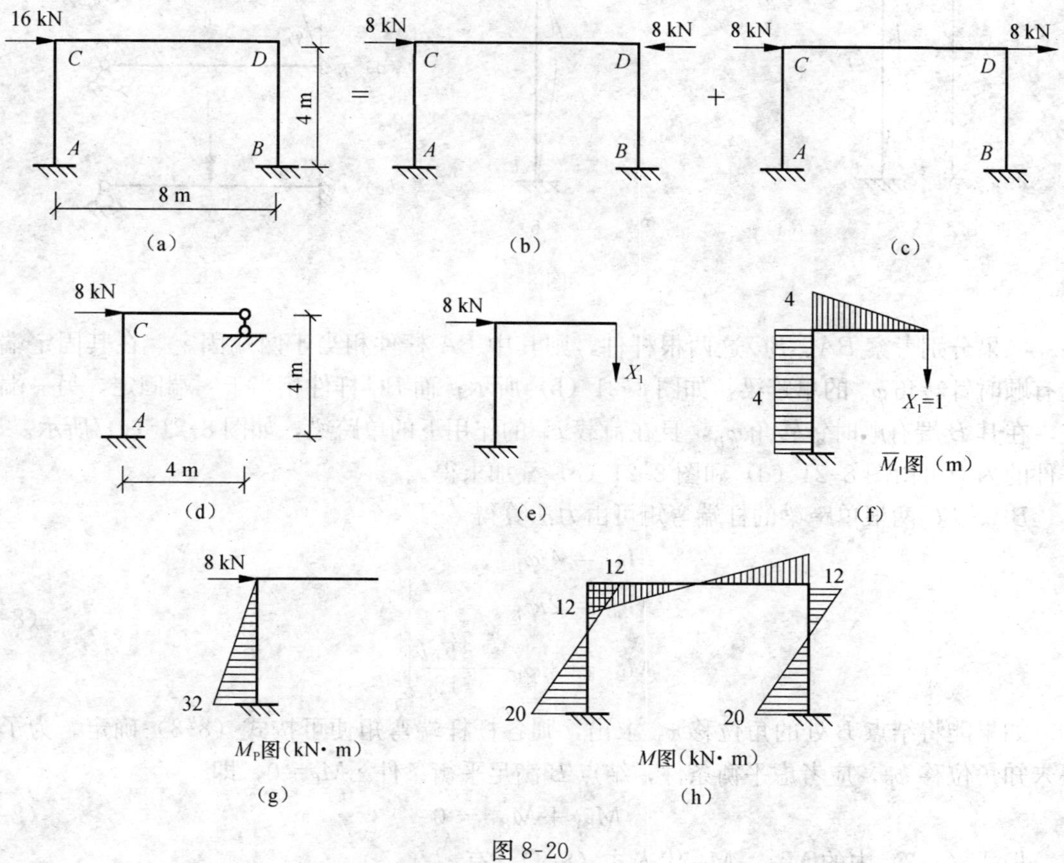

图 8-20

第四节　位　移　法

前面介绍的力法是以多余约束反力为基本未知量，通过位移条件建立力法方程，将这些未知量求出，然后通过平衡条件计算结构的其他反力和内力。

对于线弹性结构，由于在外界因素作用下内力与位移存在一一对应关系，因此，也可把结构的某点位移作为基本未知量，首先求出它们，然后再利用位移和内力之间的关系，求出杆件和结构的内力。这种方法称为位移法。

一、位移法的基本概念

为了说明位移法的基本概念，现在来研究图 8-21 (a) 所示刚架。这个刚架在荷载 F_P 作用下，将发生如图 8-21 (a) 中双点划线所示的变形。在忽略杆轴向变形和剪切变形的条件下，结点 B 只发生角位移 φ_B。由于结点 B 是一刚结点，故汇交于结点 B 的两杆的杆端在变形后将发生与结点相同的角位移。位移法计算时就是以这样的结点角位移作为基本未知量的。下面讨论如何求基本未知量 φ_B。

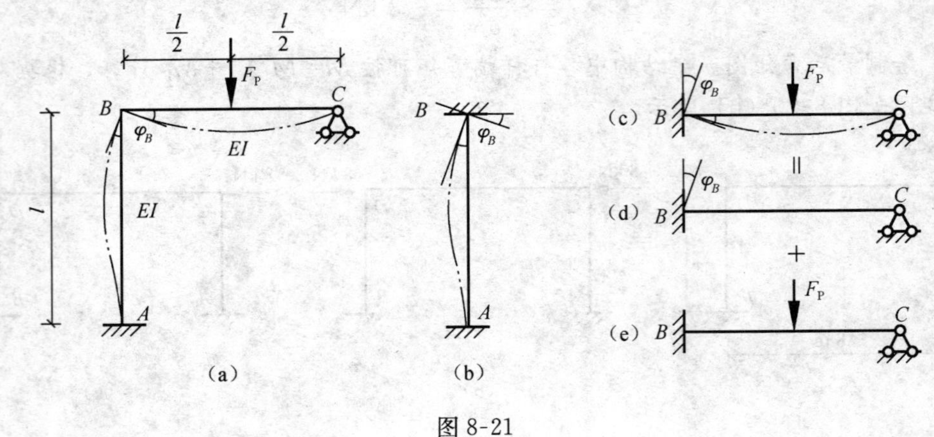

图 8-21

如果分别考察 BA、BC 这两根杆件，则其中 BA 杆件相当于两端固定，在其固定端 B 端有顺时针转角 φ_B 的单跨梁，如图 8-21（b）所示；而 BC 杆件相当于一端固定，另一端铰支，在其 B 端有顺时针转角 φ_B，且在荷载 F_P 的作用下的单跨梁，如图 8-21（c）所示。BC 杆件的内力可由图 8-21（d）和图 8-21（e）叠加求得。

BA、BC 两根单跨梁的杆端弯矩可由力法算得

$$\left.\begin{aligned} M_{BA} &= 4i\varphi_B \\ M_{AB} &= 2i\varphi_B \\ M_{BC} &= 3i\varphi_B - \frac{3F_P l}{16} \end{aligned}\right\} \tag{8-3}$$

如果能将结点 B 处的角位移 φ_B 求出，则各杆杆端弯矩便可按式（8-3）确定。为了求得未知角位移 φ_B，应考虑平衡条件，结点 B 满足平衡条件 $\sum M_B=0$，即

$$M_{BA} + M_{BC} = 0 \tag{8-4}$$

把式（8-3）中的 M_{BA}、M_{BC} 代入式（8-4），有

$$4i\varphi_B + 3i\varphi_B - \frac{3F_P l}{16} = 0$$

解得

$$\varphi_B = \frac{3F_P l}{112i} \quad (\circlearrowright)$$

再将 φ_B 回代到式（8-3）中，可得各杆杆端弯矩。在已知杆端弯矩的情况下，可进一步画出刚架的弯矩图。再利用静力平衡条件，画出刚架的剪力图和轴力图。

显然，位移法解题的关键在于如何确定结点的未知角位移 φ_B 的大小和方向。

通过以上简单的例子，可了解到用位移法分析超静定结构的大体过程，即

（1）根据结构的变形分析，确定某些结点位移为基本未知量。

（2）把每根杆件都视为单跨超静定梁。

（3）根据平衡条件建立以结点位移为未知量的方程，并求位移未知量。

（4）由结点位移求出结构的杆端内力。

二、位移法基本未知量

位移法的基本未知量为结点角位移和独立结点线位移。

（一）结点角位移

在结构中，相交于同一刚结点处各杆端的角位移是相等的，所以每一个刚结点处只有一个独立的角位移。如图 8-22 所示连续梁，结点 B、C 为刚结点，所以结点 B、C 的角位移应为基本未知量。至于固定端 A 处，根据约束的特点，其角位移为零，是一个已知量。而铰支座 D 不约束转动，其角位移不独立的，不能作为基本未知量。这样，刚结点的数目即为结点角位移的数目。

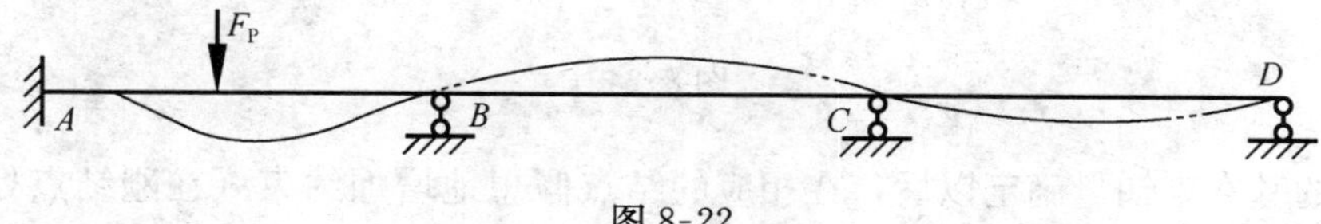

图 8-22

图 8-23 所示刚架，有 D、F 两个刚结点，所以该刚架有两个结点角位移。

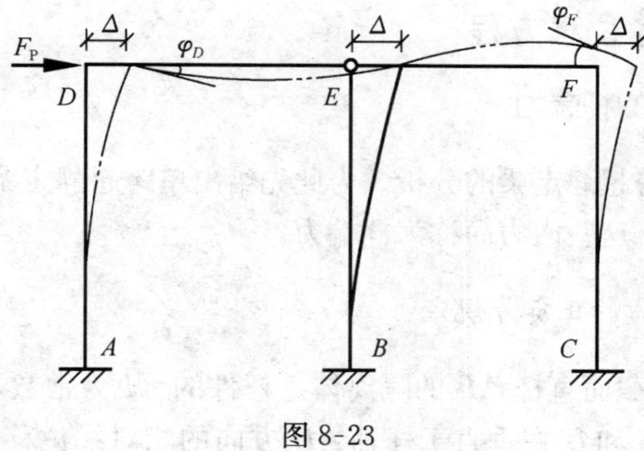

图 8-23

（二）结点线位移

为了减少未知量，使计算得到简化，作如下假设：

(1) 忽略各杆轴向变形。

(2) 弯曲变形后的曲线长度与弦线长度相等。

由上述假设可知，尽管杆件发生变形，但变形后杆件两端之间的距离仍保持不变，即杆长保持不变。图 8-23 所示刚架，由于 AD、BE 和 CF 两端距离假设不变，因此，在微小位移的情况下，结点 D、E 和 F 都没有竖向线位移；结点 D、E 和 F 虽然有水平线位移，但由于杆 DE 和 EF 长度不变，因此结点 D、E 和 F 的水平线位移均相等，可用符号 Δ 表示。因此，该刚架的全部基本未知量有三个，其中两个结点角位移，一个结点线位移。

当独立的结点线位移的数目由直观的方法难以确定时，可以用几何组成分析的方法来判定。将所有刚结点（包括固定支座）都改为铰结点，得到一个铰接体系。若此铰接体系为几何可变体系，则原结构有结点线位移，若需添加链杆才能使其成为几何不变体系，则所需添加的链杆数就等于原结构的独立结点线位移的数目。

如图 8-24（a）所示刚架，为了确定独立的结点线位移数目，将所有刚结点都改为铰结点，得一几何可变的铰接体系。此体系需添加两个链杆后，才由几何可变体系转化为几何不变体系（图 8-24（b））。因此，原结构有两个独立结点线位移。

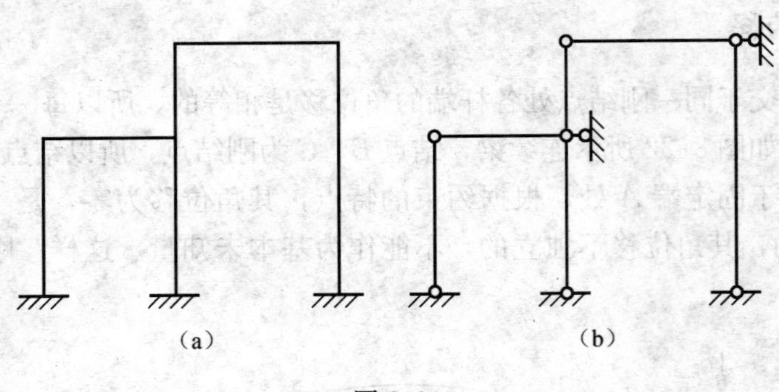

图 8-24

位移法的基本未知量确定以后，在相应的结点假想地增加约束（在刚结点处增加刚臂，线位移处增加沿位移方向的链杆），使原结构成为若干个单跨超静定梁的组合体，此即称为位移法的基本结构。

三、等截面直杆的转角位移方程

（一）单跨超静定梁的杆端力

位移法的基础是单跨超静定梁的分析。为此先给出单跨超静定梁在荷载作用下以及杆端产生位移时的杆端内力，这些内力简称为杆端力。

1. 杆端位移和杆端力的正负号规定

图 8-25 所示为一等截面直杆 AB 的隔离体。杆件的 EI 为常数，杆端 A 和 B 的角位移分别为 φ_A 和 φ_B，杆端 A 和 B 在垂直于杆轴 AB 方向的相对线位移为 Δ。杆端 A 和 B 的弯矩及剪力分别为 M_{AB}、M_{BA}、F_{QAB} 和 F_{QBA}。在位移法中，采用以下正负号规定。

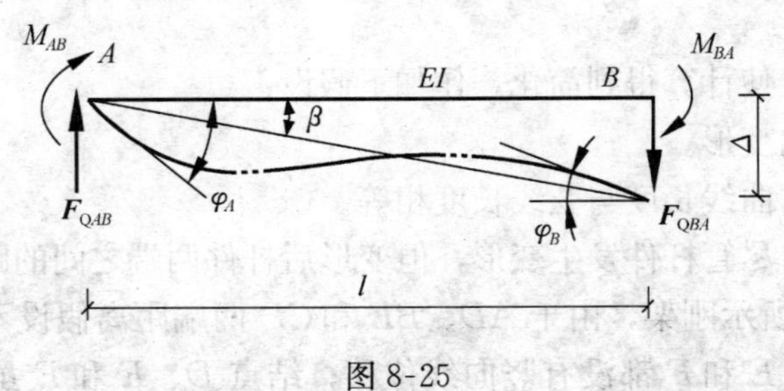

图 8-25

（1）杆端位移　杆端角位移 φ_A、φ_B 以顺时针方向为正；杆两端相对线位移 Δ（或弦转角 $\beta=\Delta/l$）以使杆产生顺时针方向为正，相反为负。

（2）杆端力　杆端弯矩 M_{AB}、M_{BA} 对杆端以顺时针方向为正；杆端剪力 F_{QAB}、F_{QBA} 的正向同前。

在图 8-25 中，杆端位移和杆端力均以正向标出。

2. 杆端位移引起的杆端力

单跨超静定梁由单位位移引起的杆端力只与梁的几何尺寸和材料性质有关。利用力法可求解由杆端位移引起的杆端弯矩和杆端剪力，表 8-1 列出了常见超静定梁的杆端弯矩和杆端剪力。表中，$i=EI/l$，称为线刚度。

表 8-1　单跨超静定梁的杆端弯矩和杆端剪力

编号	简　图	杆端弯矩		杆端剪力	
		M_{AB}	M_{BA}	F_{QAB}	F_{QBA}
1	$\varphi_A=1$, i, A, B, l	$4i$	$2i$	$-\frac{6i}{l}$	$-\frac{6i}{l}$
2	i, A, B, $\Delta=1$, l	$-\frac{6i}{l}$	$-\frac{6i}{l}$	$\frac{12i}{l^2}$	$\frac{12i}{l^2}$
3	$\varphi_A=1$, i, A, B, l	$3i$	0	$-\frac{3i}{l}$	$-\frac{3i}{l}$
4	i, A, B, $\Delta=1$, l	$-\frac{3i}{l}$	0	$\frac{3i}{l^2}$	$\frac{3i}{l^2}$
5	$\varphi_A=1$, i, A, B, l	i	$-i$	0	0
6	q, A, B, l	$-\frac{1}{12}ql^2$	$\frac{1}{12}ql^2$	$\frac{1}{2}ql$	$-\frac{1}{2}ql$
7	F_P, A, B, $l/2$, $l/2$	$-\frac{1}{12}ql^2$	$\frac{1}{12}ql^2$	$\frac{1}{2}ql$	$-\frac{1}{2}ql$
8	F_P, A, B, a, b, l	$-\frac{F_Pab^2}{l^2}$	$\frac{F_Pa^2b}{l^2}$	$\frac{F_Pb^2}{l^2}\left(1+\frac{2a}{l}\right)$	$-\frac{F_Pa^2}{l^2}\left(1+\frac{2b}{l}\right)$
9	q, A, B, l	$-\frac{1}{8}ql^2$	0	$\frac{5}{8}ql$	$-\frac{3}{8}ql$
10	F_P, A, B, $l/2$, $l/2$	$-\frac{3}{16}F_Pl$	0	$\frac{11}{16}F_P$	$-\frac{5}{16}F_P$

续表

编号	简图	杆端弯矩		杆端剪力	
		M_{AB}	M_{BA}	F_{QAB}	F_{QBA}
11		$-\frac{F_Pb(l^2-b^2)}{2l^2}$	0	$\frac{F_Pb(3l^2-b^2)}{2l^3}$	$-\frac{F_Pa^2(2l+b)}{2l^3}$
12		$\frac{1}{2}M$	M	$-\frac{3M}{2l}$	$-\frac{3M}{2l}$
13		$-\frac{1}{3}ql^2$	$-\frac{1}{6}ql^2$	ql	0
14		$-\frac{F_Pa}{2l}(2l-a)$	$-\frac{F_Pa^2}{2l}$	F_P	0

3. 荷载引起的杆端力

单跨超静定梁仅由荷载作用而引起的杆端力，称为固端力，包括固端弯矩和固端剪力。固端弯矩记为 M^F，固端剪力记为 F_Q^F。利用力法可求解。表 8-1 列出了常见超静定梁的固端弯矩和固端剪力。

（二）等截面杆的转角位移方程

用位移法计算刚架时需要建立各个杆件的杆端力与杆端位移、杆件上荷载的关系式。这种关系式通常称为转角位移方程。

如图 8-26（a）、(b）所示是从基本结构中取出的两个单跨超静定梁，图 8-26（a）是两端固定梁，其上作用有任意荷载，梁两端的角位移分别为 φ_A、φ_B，线位移为 Δ，它们都是顺时针方向。为了建立杆件的转角位移方程，用叠加法比较方便，即此梁是如图 8-27（a）、(b)、(c)、(d）所示四种情况的叠加。而这四种情况的杆端力均可由表 8-1 查得，叠加得到的杆端弯矩的转角位移方程和杆端剪力的转角位移方程分别为

$$
\begin{aligned}
M_{AB} &= 4i\varphi_A + 2i\varphi_B - \frac{6i}{l}\Delta + M_{AB}^F \\
M_{BA} &= 2i\varphi_A + 4i\varphi_B - \frac{6i}{l}\Delta + M_{BA}^F \\
F_{QAB} &= -\frac{6i}{l}\varphi_A - \frac{6i}{l}\varphi_B + \frac{12i}{l^2}\Delta + F_{QAB}^F \\
F_{QBA} &= -\frac{6i}{l}\varphi_A - \frac{6i}{l}\varphi_B + \frac{12i}{l^2}\Delta + F_{QBA}^F
\end{aligned}
\tag{8-5}
$$

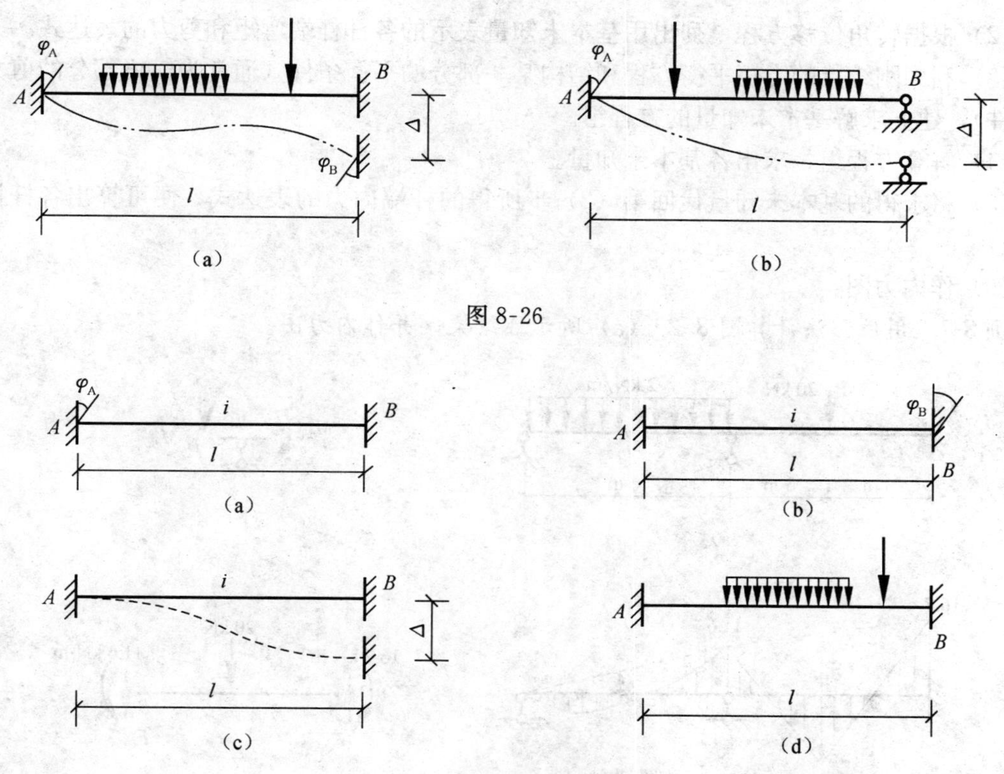

图 8-26

图 8-27

图 8-26（b）所示的情况可由图 8-28（a）、（b）、（c）三种情况叠加。这三种情况的杆端力均可由表 8-1 查得。由叠加得到的杆端弯矩的转角位移方程和杆端剪力的转角位移方程分别为

$$
\left.\begin{aligned}
M_{AB} &= 3i\varphi_A - \frac{3i}{l}\Delta + M_{AB}^{F} \\
M_{BA} &= 0 \\
F_{QAB} &= -\frac{3i}{l}\varphi_A + \frac{3i}{l^2}\Delta + F_{QAB}^{F} \\
F_{QBA} &= -\frac{3i}{l}\varphi_A + \frac{3i}{l^2}\Delta + F_{QBA}^{F}
\end{aligned}\right\} \tag{8-6}
$$

图 8-28

四、位移法的计算步骤和举例

位移法的计算步骤归纳如下：

（1）确定结构的基本未知量数目。

(2) 根据转角位移方程，列出用基本未知量表示的各杆杆端弯矩和剪力的表达式。

(3) 利用刚结点的力矩平衡方程和结构某一部分的平衡条件（通常为横梁部分的剪力平衡条件），建立求解基本未知量的方程组。

(4) 解算方程组，求出各基本未知量。

(5) 将求得的基本未知量代回第（2）步所得的杆端内力的表达式，便可算出各杆杆端内力。

(6) 作内力图。

例 8-7 用位移法计算图 8-29 (a) 所示连续梁，并作内力图。

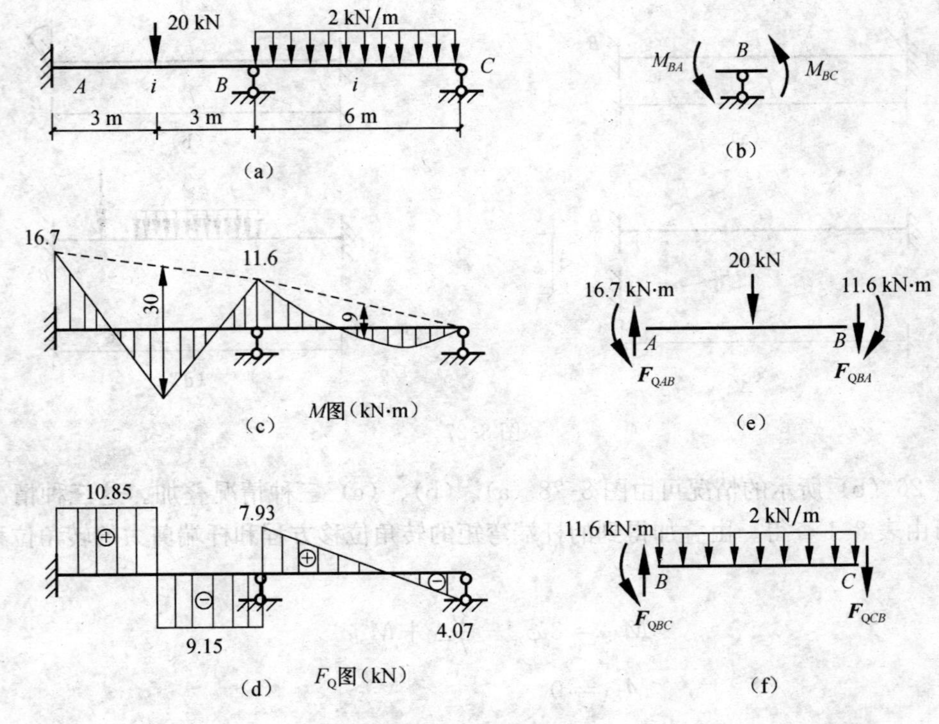

图 8-29

解：(1) 确定基本未知量。此连续梁只有一个刚结点，故基本未知量为刚结点 B 处的角位移 φ_B。

(2) 列出转角位移方程。

$$M_{AB}=2i\varphi_B-\frac{F_Pl}{8}=2i\varphi_B-\frac{20\times 6}{8}=2i\varphi_B-15$$

$$M_{BA}=4i\varphi_B+\frac{F_Pl}{8}=4i\varphi_B+\frac{20\times 6}{8}=4i\varphi_B+15$$

$$M_{BC}=3i\varphi_B-\frac{ql^2}{8}=3i\varphi_B-\frac{2\times 6^2}{8}=3i\varphi_B-9$$

$$M_{CB}=0$$

(3) 对刚结点 B 取力矩平衡方程。如图 8-29 (b) 所示。由 $\sum M_B=0$ 得

$$M_{BA}+M_{BC}=0$$

$$4i\varphi_B + 15 + 3i\varphi_B - 9 = 0$$

(4) 解方程，得
$$\varphi_B = -\frac{6}{7i}$$

(5) 计算各杆的杆端弯矩。将 φ_B 代回转角位移方程得各杆的杆端弯矩：

$$M_{AB} = 2i \times \left(-\frac{6}{7i}\right) - 15 = -16.7(\text{kN} \cdot \text{m})$$

$$M_{BA} = 4i \times \left(-\frac{6}{7i}\right) + 15 = 11.6(\text{kN} \cdot \text{m})$$

$$M_{BC} = 3i \times \left(-\frac{6}{7i}\right) - 9 = -11.6(\text{kN} \cdot \text{m})$$

(6) 作内力图。

根据杆端弯矩的正负号规定，确定杆端弯矩方向及杆的受拉边。将杆两端弯矩连成虚线，再叠加相应简支梁的弯矩，即得整个连续梁的弯矩图（图 8-29 (c)）。

用位移法计算连续梁，首先求得的是结点位移，而不是力，所以无法直接作剪力图。因此需要根据弯矩图作剪力图。具体作法如下：

取杆件 AB 为隔离体，其受力图如图 8-29 (e) 所示，现利用杆件平衡条件求出杆端剪力。

由 $\sum M_B = 0$，得　$F_{QAB} = \dfrac{16.7 - 11.6 + 20 \times 3}{6} = 10.85(\text{kN})$

由 $\sum M_A = 0$，得　$F_{QBA} = \dfrac{16.7 - 11.6 - 20 \times 3}{6} = -9.15(\text{kN})$

同理，取杆件 BC，其受力图（图 8-29 (f)）。

由 $\sum M_B = 0$，得　$F_{QCB} = \dfrac{11.6 - 2 \times 6 \times 3}{6} = -4.07(\text{kN})$

由 $\sum M_C = 0$，得　$F_{QBC} = \dfrac{11.6 + 2 \times 6 \times 3}{6} = 7.93(\text{kN})$

最后作剪力图，如图 5-28 (d) 所示。

例 8-8　用位移法作图 8-30 (a) 所示刚架的弯矩图。荷载及尺寸如图所示。

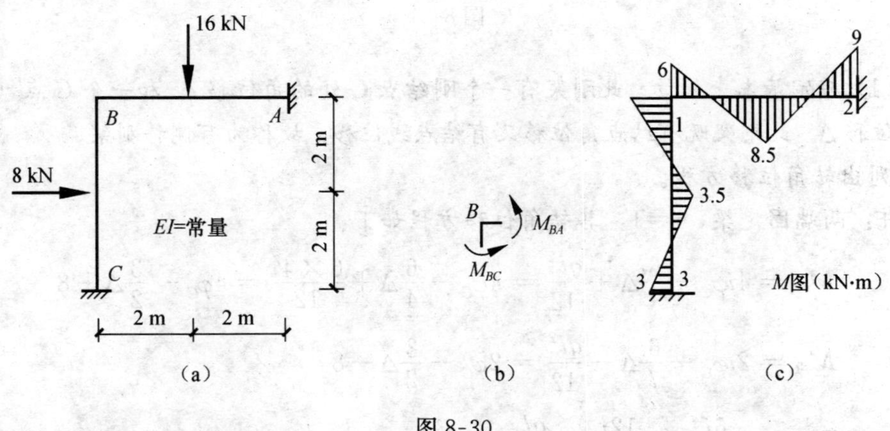

图 8-30

解：(1) 确定基本未知量。此刚架无结点线位移，故称为无侧移刚架。有一个刚结点 B，因此基本未知量为刚结点 B 处的角位移 φ_B。

(2) 列出转角位移方程。设 BC 杆和 AB 杆的线刚度 $i=EI/4$。因此各杆的转角位移方程如下：

$$M_{BC}=4i\varphi_B+\frac{8\times4}{8}=4i\varphi_B+4$$

$$M_{CB}=2i\varphi_B-\frac{8\times4}{8}=2i\varphi_B-4$$

$$M_{BA}=4i\varphi_B-\frac{16\times4}{8}=4i\varphi_B-8$$

$$M_{AB}=2i\varphi_B+\frac{16\times4}{8}=2i\varphi_B+8$$

(3) 对刚结点 B 取力矩平衡方程。如图 8-30 (c) 所示。由 $\sum M_B=0$ 可得

$$M_{BA}+M_{BC}=0$$
$$4i\varphi_B-8+4i\varphi_B+4=0$$

(4) 解方程，得 $i\varphi_B=0.5$

(5) 计算各杆的杆端弯矩并作弯矩图。将 $i\varphi_B=0.5$ 代回转角位移方程得各杆的杆端弯矩为

$$M_{BA}=-6\ \text{kN}\cdot\text{m},\quad M_{AB}=9\ \text{kN}\cdot\text{m},\quad M_{BC}=6\ \text{kN}\cdot\text{m},\quad M_{CB}=-3\ \text{kN}\cdot\text{m}$$

然后，把它们标在杆端受拉一侧，对有荷载的杆件，可用叠加法作出弯矩图。最后弯矩图如图 8-30 (c) 所示。

例 8-9 用位移法计算图 8-31 (a) 所示超静定刚架，作出弯矩图。

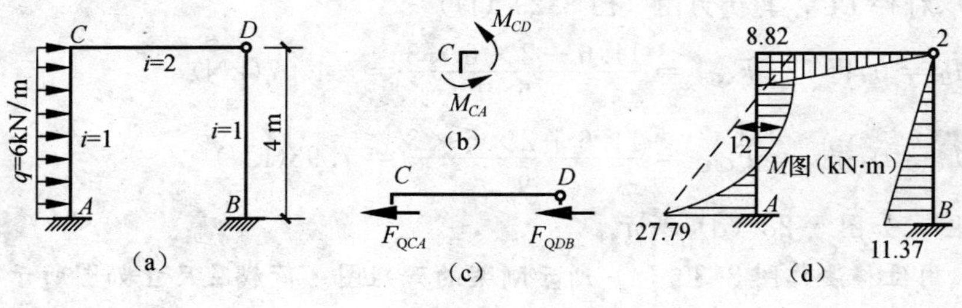

图 8-31

解：(1) 确定基本未知量。此刚架有一个刚结点 C 处的角位移 φ_C 和一个 C 点（或 D 点）的水平线位移 Δ。此刚架既有结点角位移又有结点线位移，故称为有侧移刚架。

(2) 列出转角位移方程。

AC 杆：两端固定梁，$i=1$，其转角位移方程如下：

$$M_{CA}=4i\varphi_C-\frac{6i}{l}\Delta+\frac{ql^2}{12}=4\varphi_C-\frac{6}{4}\Delta+\frac{6\times4^2}{12}=4\varphi_C-\frac{3}{2}\Delta+8$$

$$M_{AC}=2i\varphi_C-\frac{6i}{l}\Delta-\frac{ql^2}{12}=2\varphi_C-\frac{3}{2}\Delta-8$$

$$F_{QCA}=-\frac{6i}{l}\varphi_C+\frac{12i}{l^2}\Delta-\frac{ql}{2}=-\frac{3}{2}\varphi_C+\frac{3}{4}\Delta-12$$

$$F_{QAC}=-\frac{6i}{l}\varphi_C+\frac{12i}{l^2}\Delta+\frac{ql}{2}=-\frac{3}{2}\varphi_C+\frac{3}{4}\Delta+12$$

CD 杆：一端固定，一端铰支梁，$i=2$，其转角位移方程如下：

$$M_{CD}=3i\varphi_C=6\varphi_C$$

$$M_{DC}=0$$

BO 杆：一端固定，一端铰支梁，$i=1$，其转角位移方程如下：

$$M_{DB}=0$$

$$M_{BD}=-\frac{3i}{l}\Delta=-\frac{3}{4}\Delta$$

$$F_{QDB}=\frac{3i}{l^2}\Delta=\frac{3}{16}\Delta$$

$$F_{QBD}=\frac{3i}{l^2}\Delta=\frac{3}{16}\Delta$$

(3) 利用平衡条件，建立求解基本未知量的方程组。

对有结点线位移的刚架，在列平衡方程时，除了列结点力矩平衡方程，还要列沿横梁方向的投影平衡方程。

取刚结点 C 为研究对象，如图 8-30 (b) 所示。由 $\sum M_C=0$ 可得

$$M_{CA}+M_{CD}=0$$

取横梁为研究对象，如图 8-30 (c) 所示。由 $\sum F_x=0$ 可得

$$F_{QCA}+F_{QDB}=0$$

将转角位移方程代入，得

$$\left.\begin{aligned}4\varphi_C-\frac{3}{2}\Delta+8+6\varphi_C=0\\-\frac{3}{2}\varphi_C+\frac{3}{4}\Delta-12+\frac{3}{16}\Delta=0\end{aligned}\right\}$$

即

$$\left.\begin{aligned}10\varphi_C-\frac{3}{2}\Delta+8=0\\-\frac{3}{2}\varphi_C+\frac{15}{16}\Delta-12=0\end{aligned}\right\}$$

(4) 解方程，得

$$\varphi_C=1.47\quad\Delta=15.16$$

(5) 将 φ_C 和 Δ 代回转角位移方程得各杆的杆端弯矩

$$M_{CA}=4\times1.47-\frac{3}{2}\times15.61+8=-8.82(\text{kN}\cdot\text{m})$$

$$M_{AC}=2\times1.47-\frac{3}{2}\times15.61-8=-27.79(\text{kN}\cdot\text{m})$$

$$M_{CD}=6\times1.47=8.82(\text{kN}\cdot\text{m})$$

$$M_{BD}=-\frac{3}{4}\times15.61=-11.37(\text{kN}\cdot\text{m})$$

然后，把它们标在杆端受拉一侧，对有荷载的杆件，可用叠加法作出弯矩图。最后弯矩图如图 8-31 (d) 所示。

第五节 力矩分配法

本节所介绍的力矩分配法，是工程中广为采用的一种实用方法。它是建立在位移法基础上的一种渐近计算法。采用这类计算方法，既可避免解算联立方程组，又可遵循一定的步骤进行计算，十分简便。但也有一定的局限性，它只适合于连续梁及无侧移刚架的计算。

由于力矩分配法是以位移法为基础的，因此本节中的基本结构及有关的正负号规定等，均与位移法相同。

一、力矩分配法的基本概念

（一）转动刚度

对于任意支承形式的单跨超静定梁 AB，为使某一端（设为 A 端）产生角位移 φ_A，则需在该端施加一力矩 M_{AB}。当 $\varphi_A=1$ 时所须施加的力矩，称为 AB 杆在 A 端的转动刚度，并用 S_{AB} 表示，其中施力端 A 端称为近端，而 B 端则称为远端。如图 8-32（a）所示。同理，使 AB 杆 B 端产生单位转角位移 $\varphi_B=1$ 时，所须施加的力矩应为 AB 杆 B 端的转动刚度，并用 S_{BA} 表示，如图 8-32（b）所示。

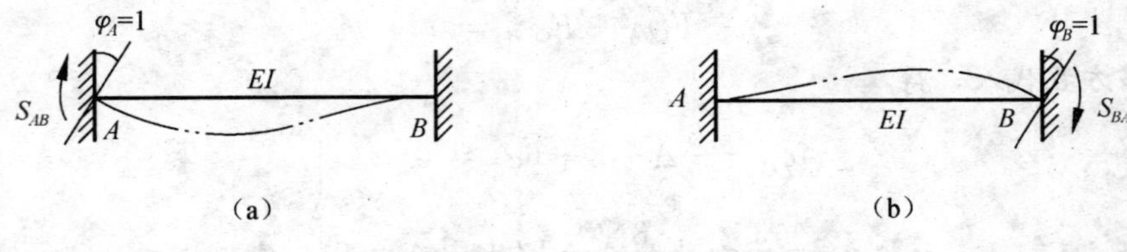

图 8-32

杆件的转动刚度 S_{AB} 反映了杆端抵抗转动的能力，其值不仅与杆件的线刚度 i 有关外，还与杆件的远端的支承情况有关。图 8-33 中分别给出不同远端支承情况下的杆端转动刚度 S_{AB} 的表达式。

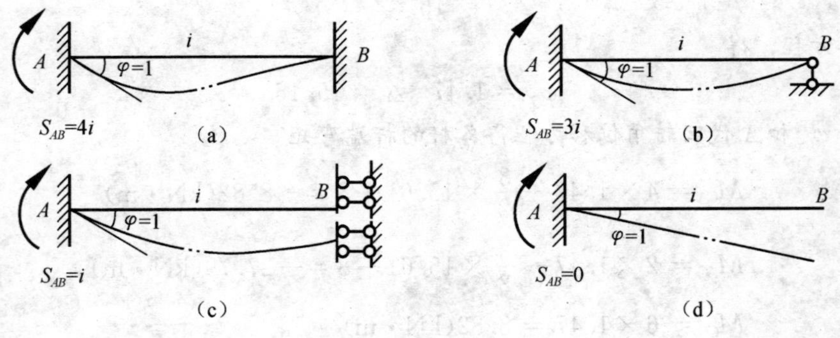

图 8-33

（二）传递系数

对于单跨超静定梁而言，当一端发生转角而具有弯矩时（称为近端弯矩），其另一端即远端一般也将产生弯矩（称为远端弯矩）。通常将远端弯矩同近端弯矩的比值，称为杆件由

近端向远端的传递系数，并用C表示，即

$$C_{AB}=\frac{M_{BA}}{M_{AB}}$$

传递系数由远端支承情况决定（图 8-34）。

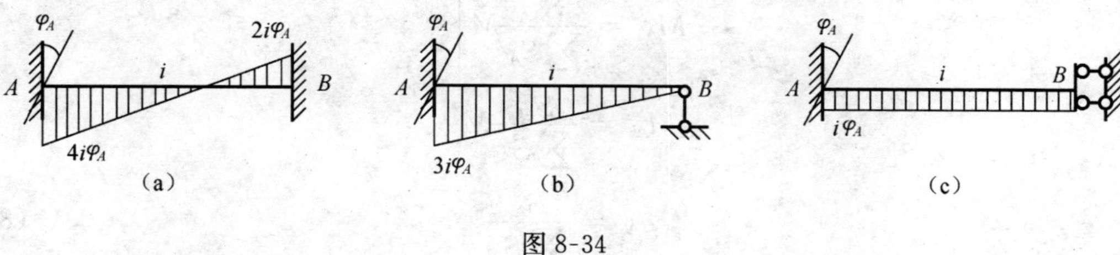

图 8-34

远端固定：$C=1/2$

远端铰接：$C=0$

远端滑动：$C=-1$

（三）分配系数

图 8-34（a）为一单结点结构，各杆均为等截面直杆，刚结点A为各杆的汇交点。设各杆的线刚度分别为i_{A1}、i_{A2}和i_{A3}。在结点力矩M作用下，各杆在汇交点A处将产生相同的转角φ_A。各杆发生的变形如图中双点划线所示。

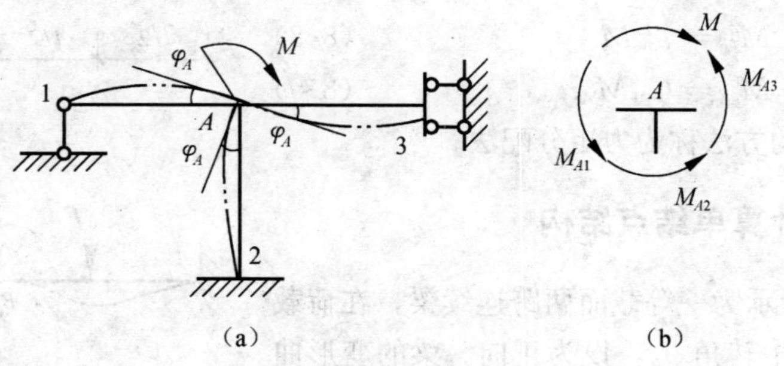

图 8-35

由转动刚度的定义可知：

$$\left.\begin{aligned}M_{A1}&=S_{A1}\varphi_A=3i_{A1}\varphi_A\\M_{A2}&=S_{A2}\varphi_A=4i_{A2}\varphi_A\\M_{A3}&=S_{A3}\varphi_A=i_{A3}\varphi_A\end{aligned}\right\}\qquad\text{(a)}$$

利用结点A（图 8-35（b））的力矩平衡条件得

$$M=M_{A1}+M_{A2}+M_{A3}=(S_{A1}+S_{A2}+S_{A3})\varphi_A$$

所以

$$\varphi_A=\frac{M}{\sum S_{Ak}}\quad(k=1,2,3)$$

其中$\sum S_{Ak}$为汇交于结点A的各杆件在A端的转动刚度之和。

将所求得的φ_A代入式（a），得

$$\left.\begin{aligned} M_{A1} &= \frac{S_{A1}}{\sum S_{Ak}} M \\ M_{A2} &= \frac{S_{A2}}{\sum S_{Ak}} M \\ M_{A3} &= \frac{S_{A3}}{\sum S_{Ak}} M \end{aligned}\right\}$$

即

$$M_{Ak} = \frac{S_{Ak}}{\sum S_{Ak}} M \tag{b}$$

令

$$\mu_{Ak} = \frac{S_{Ak}}{\sum S_{Ak}} \tag{8-7}$$

于是，式（b）可写成

$$M_{Ak} = \mu_{Ak} M$$

式中，μ_{Ak}称为各杆在A端的分配系数。汇交于同一结点的各杆杆端的分配系数之和应等于1，即

$$\sum \mu_{Ak} = \mu_{A1} + \mu_{A2} + \mu_{A3} = 1$$

由上述可见，加于结点A的外力矩M，按各杆杆端的分配系数分配给各杆的近端，称为分配弯矩，用M_{Ak}^{μ}表示。各杆的远端弯矩M_{kA}可由各杆的近端弯矩乘以传递系数C_{Ak}得到，称为传递弯矩，并用M_{kA}^{C}表示。即

$$M_{Ak}^{\mu} = \mu_{Ak} M \tag{8-8}$$

$$M_{kA}^{C} = C_{Ak} M_{Ak}^{\mu} \tag{8-9}$$

上述求解杆端弯矩的方法称为力矩分配法。

二、力矩分配法计算单结点结构

图 8-36（a）所示为一等截面两跨连续梁，在荷载作用下，结点B产生转角φ_B，设为正向。梁的变形曲线如图中虚线所示。

首先在结点B加上一阻止该结点转动的附加刚臂，此时，连续梁ABC被化为两个单跨静定梁。然后将荷载加于该梁上，各杆将产生固端弯矩，变形曲线如图 8-36（d)所示。结点B处附加刚臂上的约束力矩M_B^F，可由图 8-36（b）所示结点B的力矩平衡方程求得

$$M_B^F = M_{BA}^F + M_{BC}^F = \sum M_{BK}^F$$

约束力矩M_B^F称为结点B上的不平衡力矩，它等于汇交于该结点上各杆端的固端弯矩之代数和，以顺时针方向为正。

在连续梁的结点B上并没有附加刚臂，也不存在约束力矩M_B^F。因此，为了消除附加刚臂的影响，在结

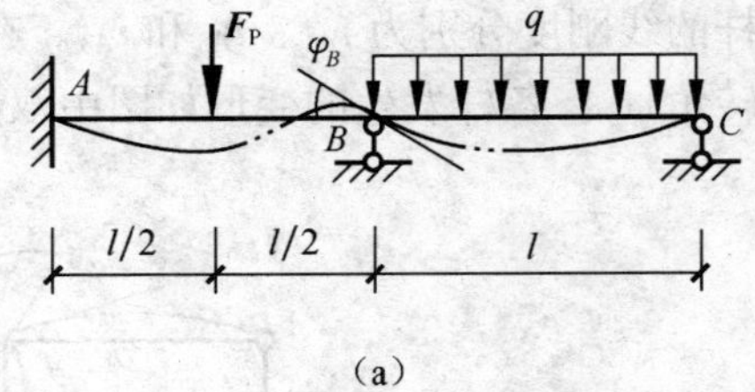

(a)

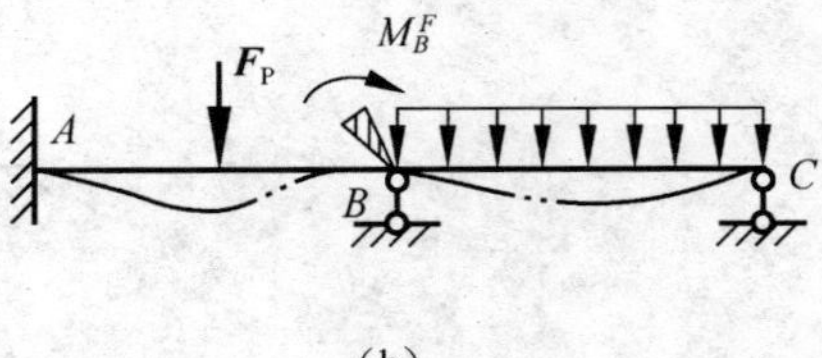

(b)

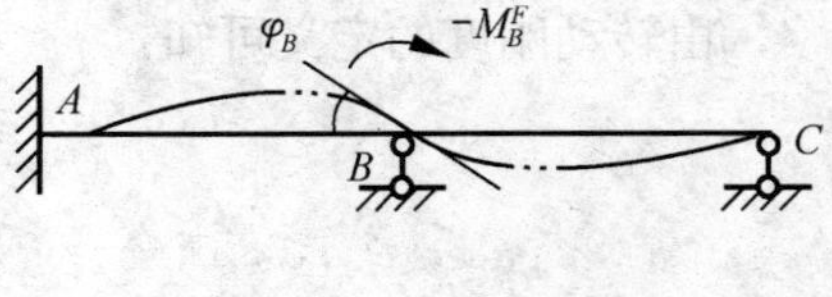

(c)

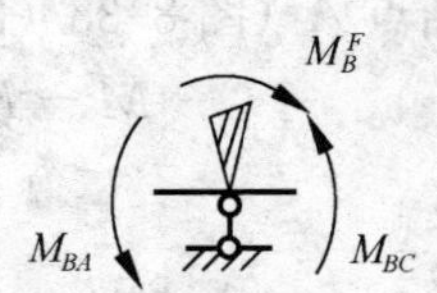

(d)

图 8-36

点 B 施加一个与约束力矩等值反向的力矩 $-M_B^F$，此力矩迫使连续梁产生新的变形，新产生的变形如图 8-36（c）所示。将图 8-36（b）和图 8-36（c）所示两种情况相叠加，就得到图 8-36（a）原结构的情况。因此，只要将图 8-36（b）和图 8-36（c）所示的杆端弯矩叠加，即可得到实际的杆端弯矩。其中图 8-36（c）中的各杆端弯矩可由前述的力矩分配法求得。图 8-36（b）为单跨梁的固端弯矩，查表 8-1 可得。

通过以上分析，我们将单结点结构力矩分配法的计算步骤归纳如下：

（1）固定结点 B，即在结点 B 加附加刚臂。计算各杆的固端弯矩 M_{BK}^F，并求出结点不平衡力矩。

（2）放松结点 B，相当于在结点 B 加力矩 $-M_B^F$。计算下列各项

分配系数
$$\mu_{BK}=\frac{S_{BK}}{\sum S_B}$$

分配弯矩
$$M_{BK}^{\mu}=\mu_{BK}(-M_B^F)$$

传递弯矩
$$M_{KB}^{C}=C_{BK}M_{BK}^{\mu}$$

（3）叠加，计算各杆杆端最后弯矩
$$M_{BK}=M_{BK}^F+M_{BK}^{\mu}$$
$$M_{KB}=M_{KB}^F+M_{KB}^{C}$$

例 8-10　试用力矩分配法计算图 8-37 所示的连续梁，并绘 M 图。

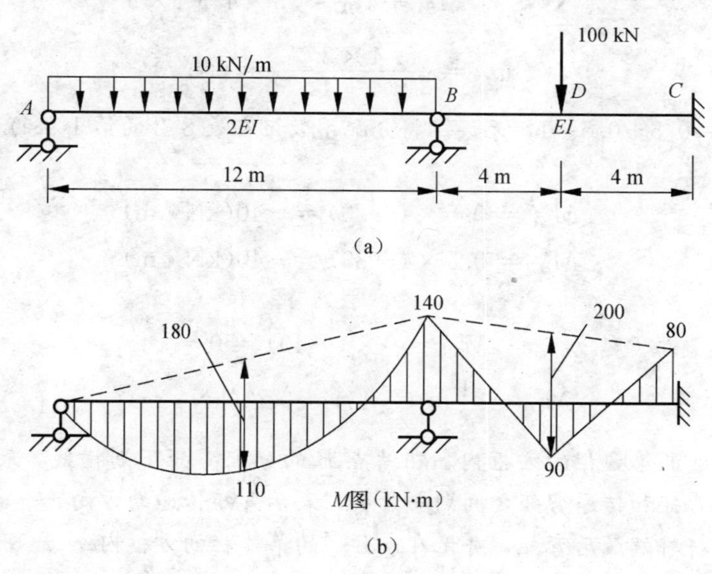

图 8-37

表 8-2

分配系数		0.5	0.5	
固端弯矩/kN·m	0	180	−100	100
分配与传递/kN·m	0　←	<u>−40</u>	<u>−40</u>	→ −20
杆端弯矩/kN·m	0	140	−140	80

解：计算过程通常在梁的下方列表进行。现将各栏的计算说明如下：

（1）计算固端弯矩。查表 8-1 得

$$M_{AB}^{F}=0$$

$$M_{BA}^{F}=\frac{ql^2}{8}=\frac{10\times 12^2}{8}=180(\text{kN}\cdot\text{m})$$

$$M_{BC}^{F}=-\frac{F_{P}l}{8}=-\frac{100\times 8}{8}=-100(\text{kN}\cdot\text{m})$$

$$M_{CB}^{F}=\frac{F_{P}l}{8}=\frac{100\times 8}{8}=100(\text{kN}\cdot\text{m})$$

将固端弯矩记在表 8-2 的第 2 栏的方框内。

结点的不平衡力矩为

$$M_{B}^{F}=M_{BA}^{F}+M_{BC}^{F}=180-100=80(\text{kN}\cdot\text{m})$$

(2) 计算分配系数、分配弯矩和传递弯矩。

为计算方便，设 $EI=24$，则

$$i_{BA}=\frac{2EI}{l_{BA}}=\frac{2\times 24}{12}=4$$

$$i_{BC}=\frac{EI}{l_{BC}}=\frac{24}{8}=3$$

分配系数为

$$\mu_{BA}=\frac{S_{BA}}{\sum S_{B}}=\frac{3i_{BA}}{3i_{BA}+4i_{BC}}=\frac{3\times 4}{3\times 4+4\times 3}=0.5$$

$$\mu_{BC}=\frac{4\times 3}{3\times 4+4\times 3}=0.5$$

校核：$\mu_{BA}+\mu_{BC}=0.5+0.5=1$，无误。将分配系数记在表 8-2 的第 1 栏的方框内。

分配弯矩为

$$M_{BA}^{\mu}=0.5\times(-80)=-40(\text{kN}\cdot\text{m})$$

$$M_{BC}^{\mu}=0.5\times(-80)=-40(\text{kN}\cdot\text{m})$$

传递弯矩为

$$M_{AB}^{C}=0\times(-40)=0$$

$$M_{CB}^{C}=\frac{1}{2}\times(-40)=-20(\text{kN}\cdot\text{m})$$

将它们记在表 8-2 的第 3 栏的方框内。在结点 B 的分配弯矩下划横线，表明该结点已经达到平衡；在分配弯矩和传递弯矩之间划一箭头，表示弯矩传递的方向。

(3) 计算各杆杆端最后弯矩，并记在表 8-2 的第 4 栏的方框内。

$$M_{AB}=0$$

$$M_{BA}=180-40=140(\text{kN}\cdot\text{m})$$

$$M_{BC}=-100-40=-140(\text{kN}\cdot\text{m})$$

$$M_{CB}=100-20=80(\text{kN}\cdot\text{m})$$

(4) 作 M 图如图 8-37 (b) 所示。

三、力矩分配法计算连续梁及无侧移的刚架

前述单结点结构只有一个不平衡力矩，所以计算时只需对其进行一次分配和传递，就能使结点上各杆的力矩获得平衡。而对于具有多个刚结点的连续梁和无侧移的刚架，同样也可

以通过多次对力矩分配和传递，使各结点都趋于平衡。由于具有多个结点不平衡力矩，计算时放松结点的顺序可以不一样，但并不影响最后结果。为了缩短计算过程，一般先放松不平衡力矩绝对值较大的结点，通过反复运用单结点的运算手段，直至每个结点上的杆端弯矩都趋于平衡为止。下面结合实例说明其计算方法。

图 8-38（a）所示为三跨等截面连续梁，在荷载作用下，两个中间结点 B、C 将发生转角，即具有两个结点转角位移。首先用附加刚臂分别固定结点 B 和 C，使之不能转动，则连续梁被分隔成三个独立的单跨超静定梁。

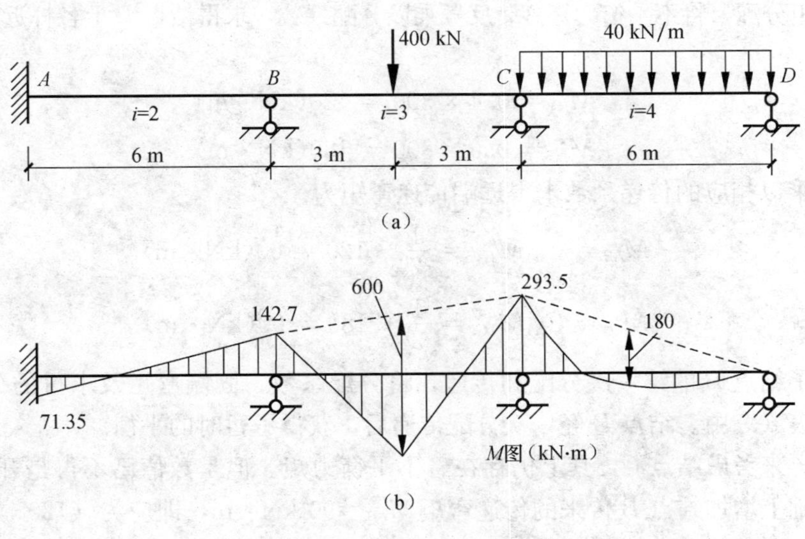

图 8-38

表 8-3

		A		B	B		C	C		D
分配系数				0.4	0.6		0.5	0.5		0
固端弯矩/kN·m		0		0	−300		300	−180		
分配与传递/kN·m	B　一次分配传递	60	←	$\underline{120}$	$\underline{180}$	→	90			
	C　一次分配传递				−52.5	←	$\underline{-105}$	$\underline{-105}$	→	0
	B　二次分配传递	10.5	←	$\underline{21.0}$	$\underline{31.5}$	→	15.75			
	C　二次分配传递				−3.94	←	$\underline{7.88}$	$\underline{-7.88}$	→	0
	B　三次分配传递	0.79	←	$\underline{1.58}$	$\underline{2.63}$	→	1.18			
	C　三次分配传递				−0.30	←	$\underline{-0.59}$	$\underline{-0.59}$	→	0
	B　四次分配传递	0.06	←	$\underline{0.12}$	$\underline{0.18}$	→	0.09			
	C　四次分配传递						$\underline{-0.04}$	$\underline{-0.04}$		
最后弯矩/kN·m		71.35		142.7	−142.7		293.5	−293.5		0

计算各杆的固端弯矩：

$$M_{AB}^{F}=M_{BA}^{F}=0$$

$$M_{BC}^{F}=-M_{CB}^{F}=-\frac{F_{P}l}{8}=-\frac{400\times 6}{8}=-300(\text{kN}\cdot\text{m})$$

$$M_{CD}^{F}=-\frac{ql^{2}}{8}=-\frac{40\times 6^{2}}{8}=-180(\text{kN}\cdot\text{m})$$

$$M_{DC}=0$$

B、C 两点处的不平衡力矩分别为

$$M_B^F = M_{BA}^F + M_{BC}^F = 0 - 300 = -300(\text{kN} \cdot \text{m})$$
$$M_C^F = M_{CB}^F + M_{CD}^F = 300 - 180 = 120(\text{kN} \cdot \text{m})$$

先放松不平衡力矩绝对值大的结点 B，结点 C 仍被固定，此时对 ABC 部分可利用上节所述的力矩分配法进行计算。为此，需先求出汇交于结点 B 的各杆端的分配系数。

$$\mu_{BA} = \frac{4 \times 2}{4 \times 2 + 4 \times 3} = 0.4, \quad \mu_{BC} = \frac{4 \times 3}{4 \times 2 + 4 \times 3} = 0.6$$

然后进行力矩分配，将不平衡力矩 M_B^F 反号乘以分配系数，求得结点 B 上各杆近端的分配弯矩为

$$M_{BA}^\mu = 0.4 \times 300 = 120(\text{kN} \cdot \text{m})$$
$$M_{BC}^\mu = 0.6 \times 300 = 180(\text{kN} \cdot \text{m})$$

将分配弯矩乘以相应的传递系数求得远端传递弯矩为

$$M_{AB}^C = C_{BA} M_{BA}^\mu = \frac{1}{2} \times 120 = 60(\text{kN} \cdot \text{m})$$

$$M_{CB}^C = C_{BA} M_{BC}^\mu = \frac{1}{2} \times 180 = 90(\text{kN} \cdot \text{m})$$

这样就完成了结点 B 的第一次分配和传递，将分配系数、固端弯矩及求得的分配及传递弯矩分别记入表 8-3 中。结点 B 经一次分配传递后，获得了暂时的平衡。

然后，再来考虑结点 C，其上仍存在着不平衡力矩。但是数值已不再是开始求得的值，而应在此基础上增加结点 B 传来的传递弯矩 $M_{CB}^C = 90$ kN · m，即应为（120＋90）kN · m＝210 kN · m。为了消除这一不平衡力矩，需将结点 B 重新固定，而放松结点 C，在 BCD 部分进行力矩的分配和传递。汇交于结点 C 的各杆端的分配系数为

$$\mu_{CB} = \frac{4 \times 3}{4 \times 3 + 3 \times 4} = 0.5, \quad \mu_{CD} = \frac{3 \times 4}{4 \times 3 + 3 \times 4} = 0.5$$

故各杆近端的分配弯矩为

$$M_{CB}^\mu = 0.5 \times (-210) = -105(\text{kN} \cdot \text{m})$$
$$M_{CD}^\mu = 0.5 \times (-210) = -105(\text{kN} \cdot \text{m})$$

远端的传递弯矩为

$$M_{BC}^C = \frac{1}{2} \times (-105) = -52.5(\text{kN} \cdot \text{m})$$
$$M_{DC}^C = 0$$

将上述分配系数和各计算结果亦记入表 8-3 中，在分配弯矩值的下面划一横线，表明此时结点 C 也获得了平衡，即结点 C 的第一次分配传递结束。至此，结构的第一轮的计算结束。然而由于结点 C 放松时，又使得结点 B 有了新的不平衡力矩（即由结点 C 传来的弯矩 $M_{BC}^C = -52.5$ kN · m），不过其值已明显小于第一次的不平衡力矩－300 kN · m。为此需重新固定结点 C，对 B 并进行第二轮的分配与传递；同理，C 结点再次失去平衡，应再对其进行第二次分配与传递，如此循环若干轮次之后，不平衡力矩越来越小。而当其小到可以忽略不计时，便以不再传递作为结束。此时的结构就非常接近于自然的平衡状态了。

将历次计算结果都记入表 8-3 中，最后将每一杆端历次的分配弯矩、传递弯矩和原来的固端弯矩代数相加，便得到各杆端的最后弯矩。见表 8-3 最后一行，M 的单位为 kN · m。

最后弯矩图，如图 8-38（b）所示。

上述的计算方法同样可用于多结点无侧移刚架。

综上所述，力矩分配法的计算过程，是依次放松各结点，以消去其上的不平衡力矩，使其逐渐接近于真实的弯矩值，所以它是一种渐近计算法。现将多结点结构的力矩分配法计算步骤归纳如下：

（1）求出汇交于各结点每一杆端的分配系数 μ，并确定其传递系数 C。

（2）计算各杆杆端的固端弯矩 M^F。

（3）进行第一轮次的分配与传递，从不平衡力矩绝对值较大的结点开始，依次放松各结点，对相应的不平衡力矩反号进行分配与传递。

（4）循环步骤（3），直到最后一个结点的传递弯矩小到可以略去为止（结束在分配上）。

（5）求最后杆端弯矩，将各杆杆端的固端弯矩与历次的分配弯矩和历次的传递弯矩代数相加即为最后弯矩。

（6）作弯矩图（叠加法），必要时根据弯矩图再作剪力图。

例 8-11　试用力矩分配法计算图 8-39（a）所示刚架，并作弯矩图。

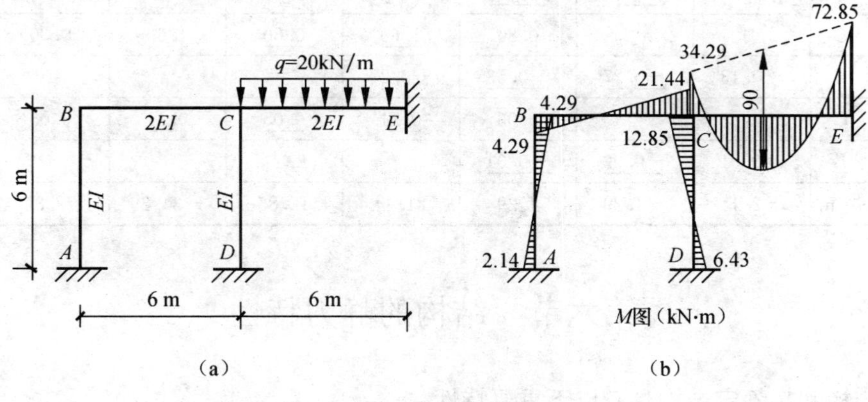

图 8-39

解：（1）计算分配系数。设 $EI=6$，则有

$$S_{BA}=4i_{BA}=4\times\frac{6}{6}=4$$

$$S_{BC}=4i_{BC}=4\times\frac{12}{6}=8=S_{CB}$$

$$S_{CE}=4i_{CE}=4\times\frac{12}{6}=8$$

$$S_{CD}=4i_{CD}=4\times\frac{6}{6}=4$$

$$\mu_{BA}=\frac{S_{BA}}{\sum S_B}=\frac{4}{4+8}=\frac{1}{3}$$

$$\mu_{CB}=\mu_{CE}=\frac{8}{8+8+4}=0.4$$

$$\mu_{CD}=\frac{4}{8+8+4}=0.2$$

(2) 计算固端弯矩

$$M_{CE}^{F}=-\frac{ql^2}{12}=-\frac{20\times6^2}{12}=-60(\text{kN}\cdot\text{m})$$

$$M_{EC}^{F}=\frac{ql^2}{12}=60(\text{kN}\cdot\text{m})$$

(3) 力矩分配和传递

从结点 C 开始分配。演算过程及格式见表 8-4，最后弯矩图见图 8-39 (b)。

表 8-4

结点		A	B		C			E	D
杆端		AB	BA	BC	CB	CD	CE	EC	DC
分配系数			1/3	2/3	2/5	1/5	2/5		
固端弯矩							−60	60	
分配与传递/kN·m	C			12.00	24.00	12.00	24.00	12.00	6.00
	B	−2.00	−4.00	−8.00	−4.00				
	C			0.80	1.60	0.80	1.60	0.80	0.40
	B	−0.13	−0.27	−0.53	−0.27				
	C			0.06	0.11	0.05	0.11	0.05	0.03
	B	−0.01	−0.02	−0.04					
最后弯矩/kN·m		−2.14	−4.29	4.29	21.44	12.85	−34.29	72.85	6.43

第六节　结构的静力特性

静定结构和超静定结构具有以下重要特性：

(1) 静定结构是无多余约束的几何不变体系，任一约束被破坏后就将成为几何可变体系而失去承载能力；超静定结构是有多余约束的几何不变体系，在多余约束被破坏时仍能保持其几何不变性，且还具有一定的承载能力。

(2) 在静定结构中，除了荷载以外，其他任何因素，如温度改变、支座移动、制造误差、材料收缩等，都不会引起内力。但是在超静定结构中，任何因素都可能引起内力。这是因为任何因素引起的超静定结构的变形，在其发生过程中，受得多余约束的作用，因而相应地产生了内力。

(3) 静定结构的内力只要利用静力平衡条件就可以确定，其值与结构的材料性质和截面尺寸无关；而超静定结构内力只由静力平衡条件无法完全确定，还必须考虑位移条件才能得出解答，故与结构的材料性质和截面尺寸有关。

(4) 静定结构荷载作用的影响是局部的，超静定结构荷载作用的影响是全局的。一般地说，超静定结构的内力分布比较均匀，变形较小，刚度比相应的静定结构要大些。例如图 8-40 (a) 为两跨连续梁，图 8-40 (b) 为相应的两跨静定梁，在相同荷载作用下，前者的最大挠度及弯矩峰值都较后者为小。

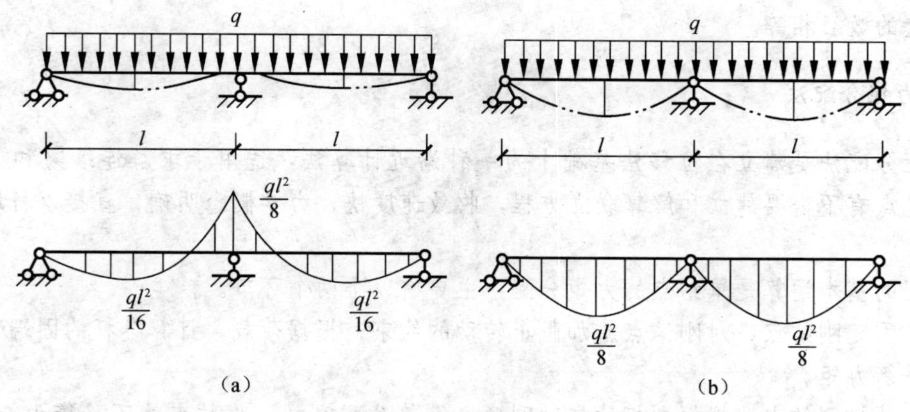

图 8-40

小 结

1. 力法

(1) 力法的基本原理　掌握力法的基本原理，主要是了解力法的基本未知量、力法的基本结构和力法典型方程这三个环节。

用力法计算时首先是去掉多余约束，以多余未知力来代替，暴露出来的多余未知力就是力法的基本未知量，得到的静定结构便是力法的基本结构。这样，就把超静定问题变成了静定问题。

力法典型方程是根据原结构的位移条件来建立的。方程的左边项是基本结构在各种因素作用下沿某一多余未知力方向产生位移的总和，右边项是原结构在相同方向的位移。

力法典型方程的个数等于结构的超静定次数。

力法典型方程中全部系数和自由项都是基本结构的位移，所以，求系数和自由项的实质就是求静定结构的位移。

(2) 利用对称性简化计算　对称结构在正对称荷载作用下，反对称力等于零，只有正对称力，结构的内力和变形也是正对称的；对称结构在反对称荷载作用下，正对称力等于零，只有反对称力，结构的内力和变形也是反对称的。

利用这些特点，计算对称结构时，只需取半边结构即可。

2. 位移法

位移法是计算超静定结构的基本方法之一，适用于计算超静定次数较高的连续梁和刚架，又是力矩分配法的基础。要正确理解位移法的基本概念。

位移法的基本未知量是结构的结点位移，即刚结点的角位移和独立的结点线位移。注意关于杆端位移和杆端力的正负号规定，特别是杆端弯矩正负号的规定。

位移法的基本结构是在未知量处增加相应的约束，使结构成为若干个单跨超静定梁。

位移法求解未知量的方程是平衡方程。对每一个刚结点，可以写一个结点力矩平衡方程；对每一个独立的结点线位移，写一个沿线位移方位的投影平衡方程。平衡方程数目与基本未知量的数目相等。

3. 力矩分配法

力矩分配法是建立在位移法基础上的一种渐近计算法，适用于求解连续梁和无侧移刚架。其优点有不需要建立和解算联立方程，收敛速度快，力学概念明确，直接以杆端弯矩进行计算等。

力矩的基本运算是单结点的力矩分配，主要有以下两个环节。

(1) 固定刚结点，对刚结点施加阻止转动的约束，根据荷载，计算各杆的固端弯矩和结点的不平衡力矩。

(2) 放松刚结点，根据各杆的转动刚度，计算分配系数，将结点的不平衡力矩反符号，乘以分配系数，得各杆端的分配弯矩，然后，将各杆端的分配弯矩乘以传递系数，得各杆远端的传递弯矩。

多结点的力矩分配法是先固定全部刚结点，然后逐个放松结点，轮流进行单结点的力矩分配。

各杆最后的杆端弯矩等于其固端弯矩与历次分配弯矩和历次传递弯矩的代数和。

应该注意：在力矩分配法中规定，杆端弯矩对杆以顺时针转向为正。

思 考 题

8-1 用力法解超静定结构的思路是什么？什么是力法的基本体系、基本结构和基本未知量？为什么首先要计算基本未知量？基本体系与原结构有何异同？基本体系与基本结构有何不同？

8-2 力法典型方程的物理意义是什么？为什么在力法典型方程中主系数恒大于零，而副系数则可能为正值、负值或为零？

8-3 为什么说在荷载作用下超静定结构的内力大小只与各杆 EI（或 EA）的相对值有关，而与其绝对值无关？

8-4 为什么对称结构在对称和反对称荷载作用时可以取半结构计算？荷载不对称时还能不能取半结构计算？

8-5 结构上没有荷载就没有内力，这个结论在什么情况下适用？在什么情况下不适用？

8-6 位移法中对杆端角位移，杆端相对线位移、杆端弯矩和杆端剪力的正负号是怎样规定的？

8-7 位移法的基本未知量有哪些？位移法求解基本未知量的方程是如何建立的？

8-8 转动刚度的物理意义是什么？与哪些因素有关？

8-9 分配系数如何确定？为什么汇交于同一结点的各杆端分配系数之和等于 1？

8-10 传递系数如何确定？常见的传递系数有几种？各是多少？

8-11 结点不平衡力矩的含义是什么？如何确定结点不平衡力矩？

8-12 用力矩分配法计算多结点结构时，应先从哪个结点开始？能否同时放松两个或两个以上的结点？

8-13 为什么说力矩分配法是一种渐近计算方法？

习　题

8-1　试确定图 8-41 所示结构的超静定次数。

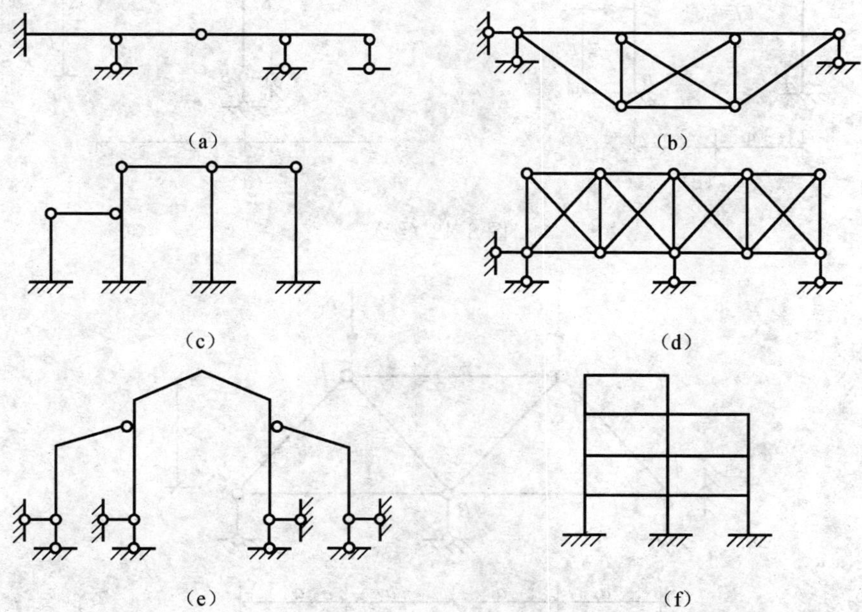

图 8-41

8-2　试用力法计算图 8-42 所示超静定梁。

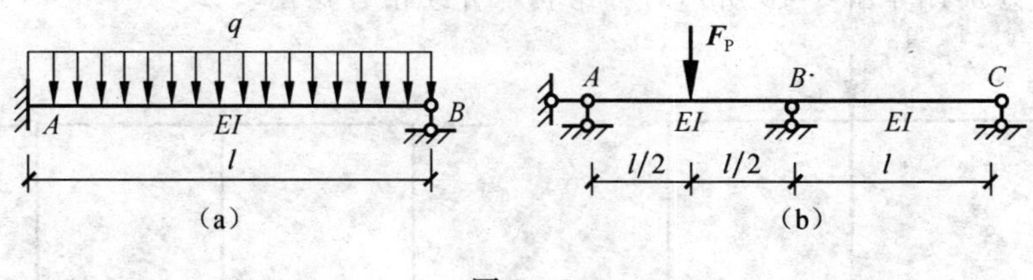

图 8-42

8-3　试用力法计算图 8-43 所示刚架，并绘出内力图。

8-4　试用力法计算图 8-44 所示桁架的轴力。设各杆 EA 相同。

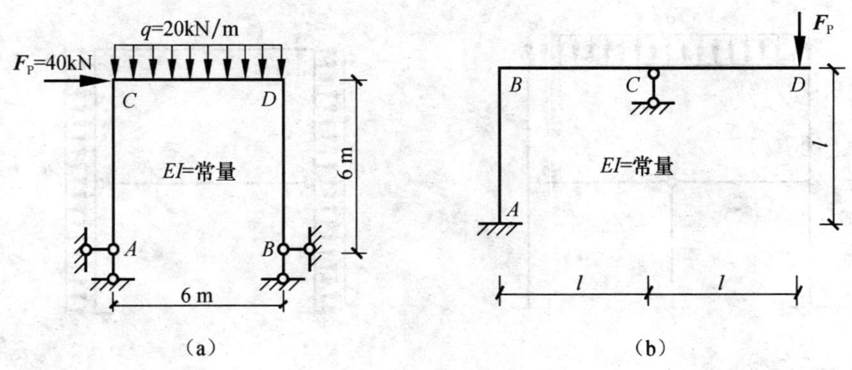

图 8-43

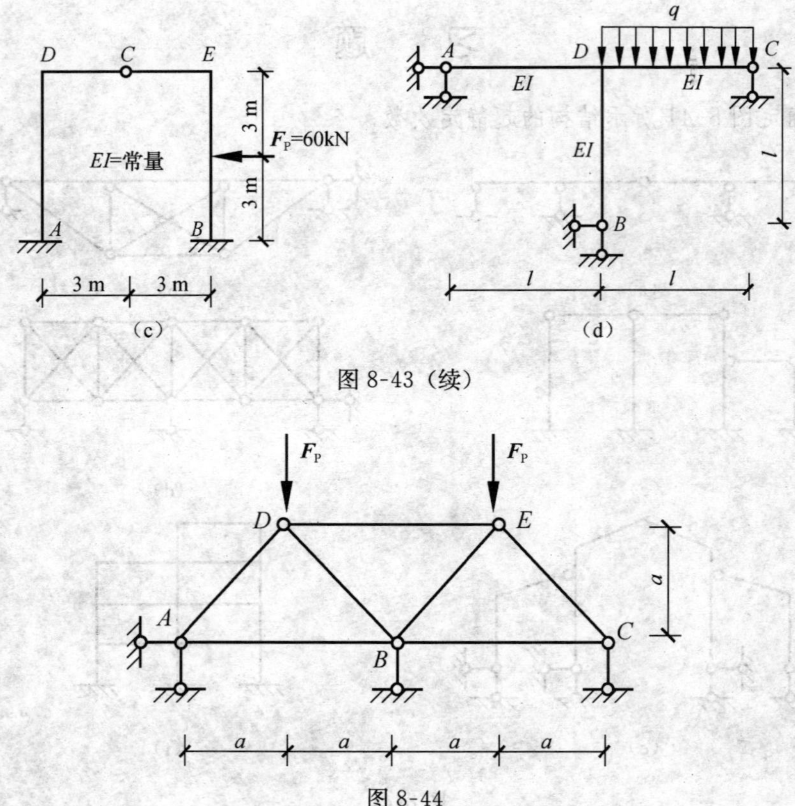

8-5　试绘出图 8-45 所示各对称结构的半结构（EI＝常数）。

8-6　试用力法计算图 8-46 所示对称结构，并绘出弯矩图。

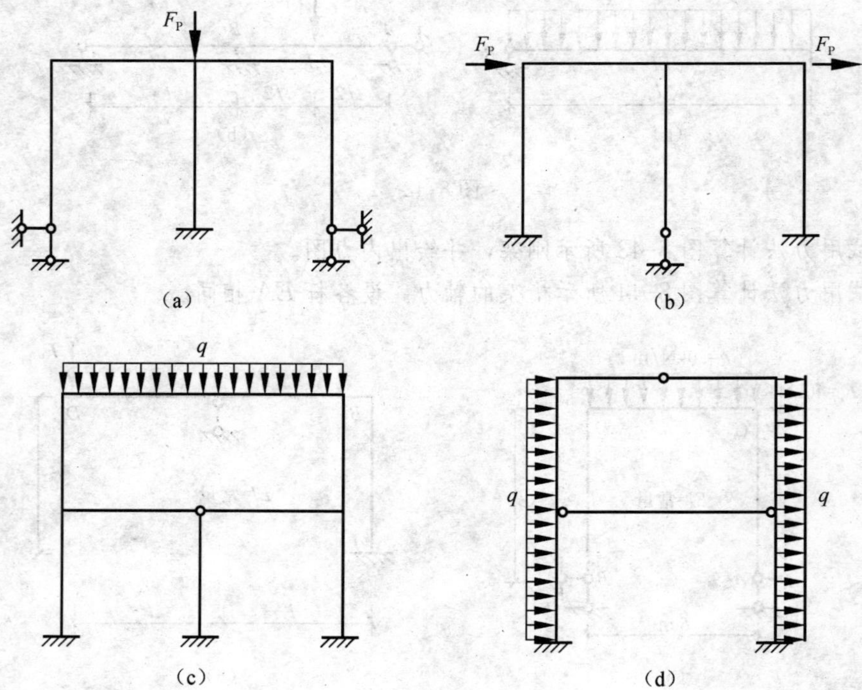

图 8-45

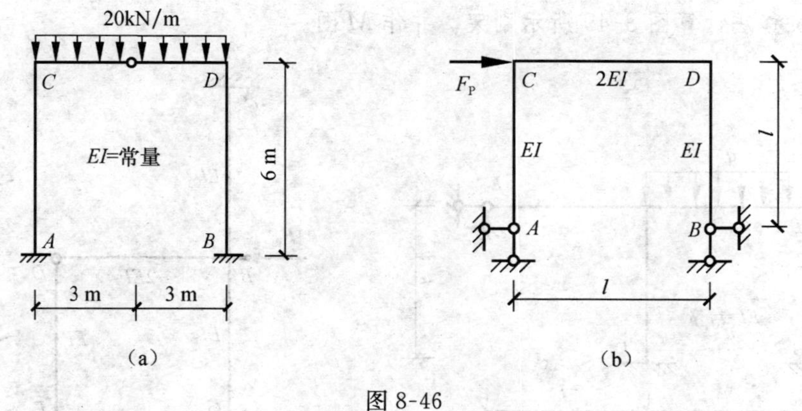

图 8-46

8-7　试确定图 8-47 所示结构位移法的基本未知量数目。

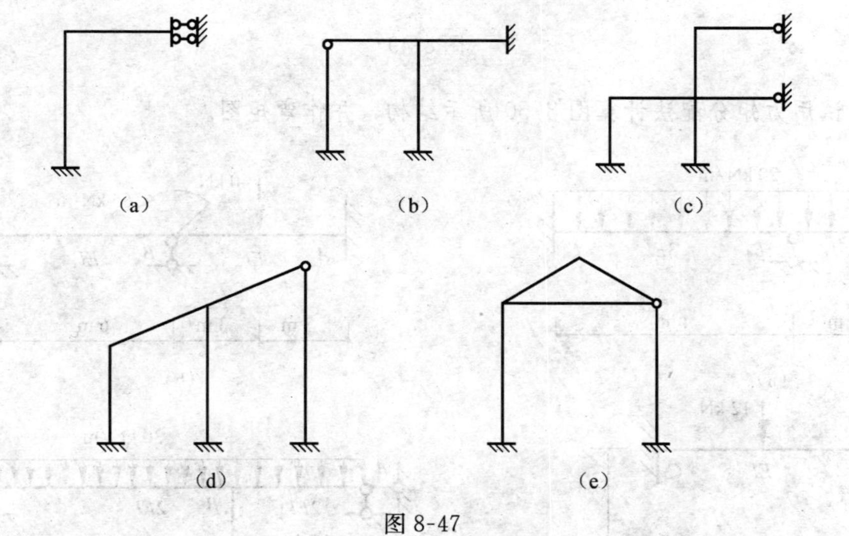

图 8-47

8-8　用位移法计算图 8-48 所示连续梁及无侧移刚架，并作弯矩图。

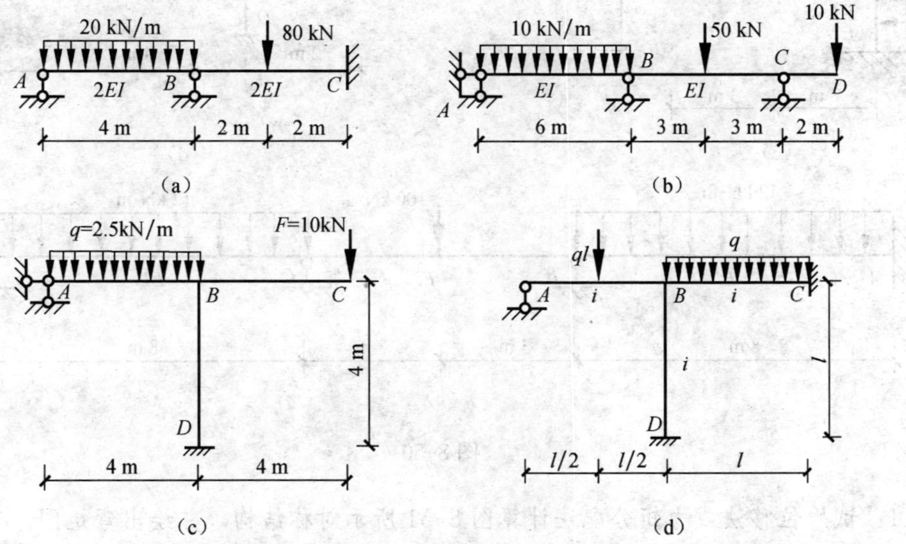

图 8-48

8-9 用位移法计算图 8-49 所示刚架，并作 M 图。

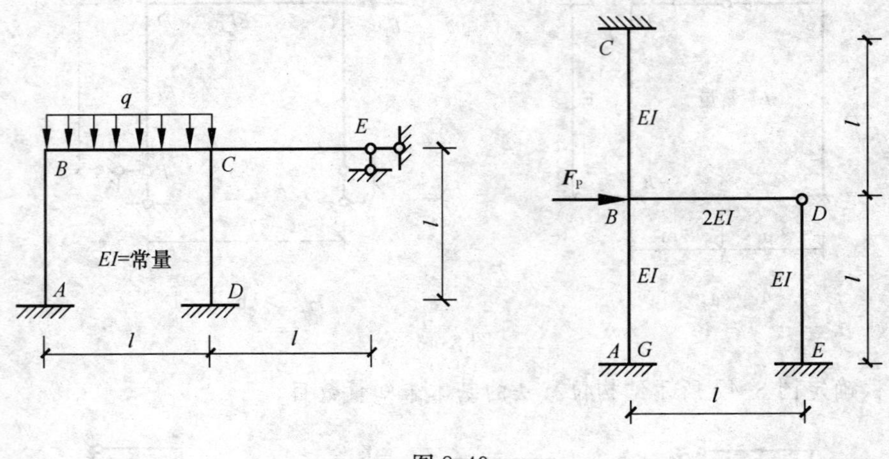

图 8-49

8-10 试用力矩分配法计算图 8-50 所示结构，并作弯矩图。

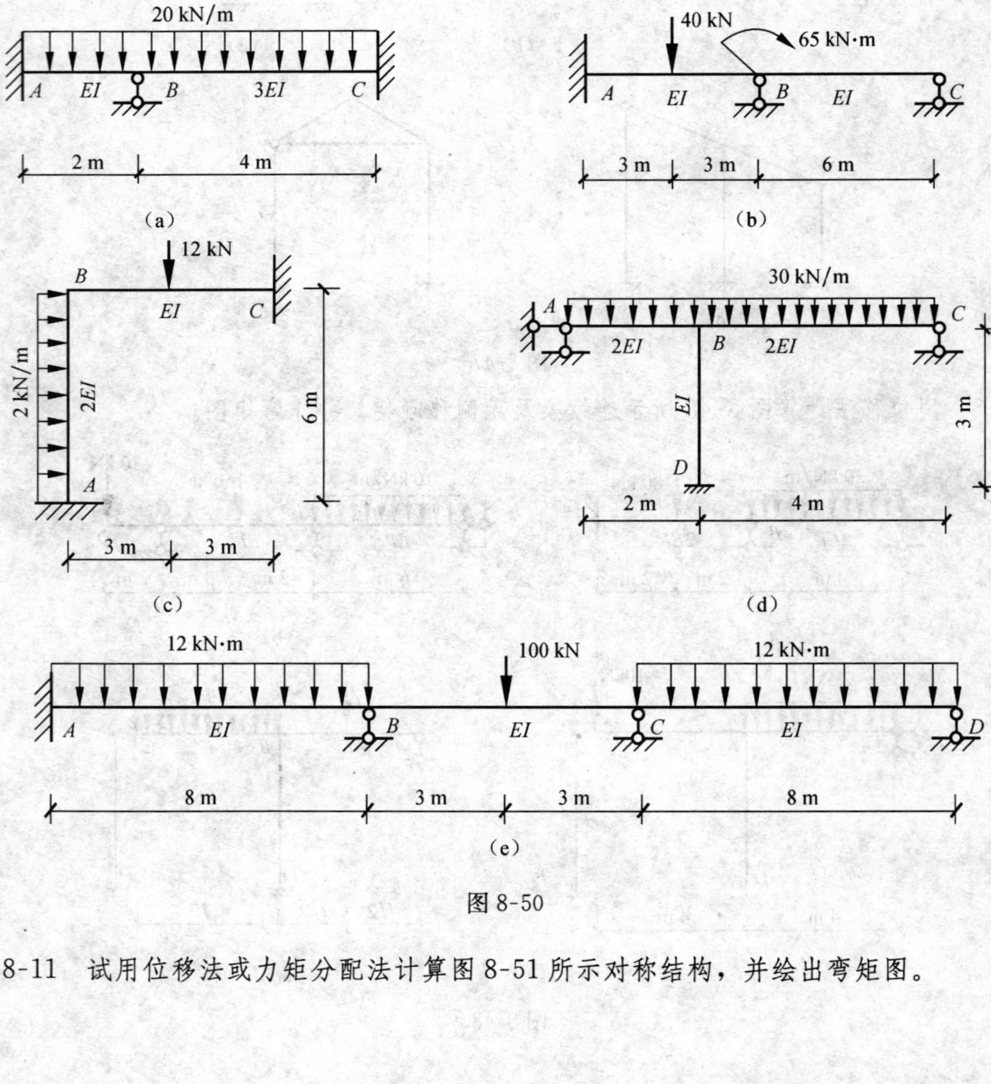

图 8-50

8-11 试用位移法或力矩分配法计算图 8-51 所示对称结构，并绘出弯矩图。

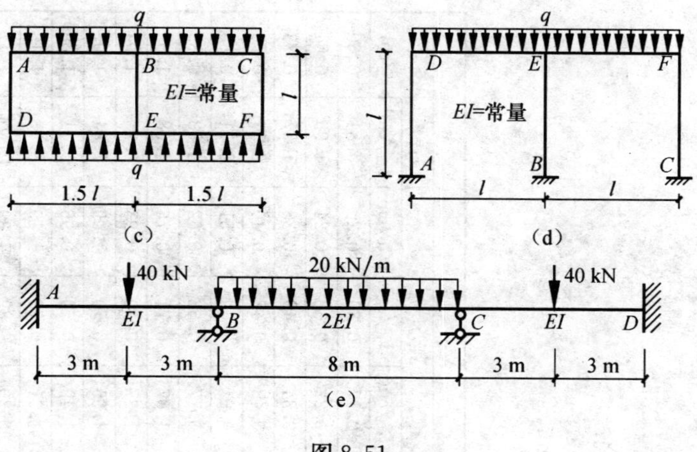

q
A
B
C
EI=常量
D
E
F
q
l
1.5 l
1.5 l
(c)
q
D
E
F
EI=常量
l
A
B
C
l
l
(d)
40 kN
20 kN/m
40 kN
A
EI
B
2EI
C
EI
D
3 m
3 m
8 m
3 m
3 m
(e)

图 8-51

附录　型　钢　表

表 1　热轧等边角钢(GB 9787—1988)

符号意义：

b——边宽度；　　I——惯性矩；

d——边厚度；　　i——惯性半径；

r——内圆弧半径；　　W——截面系数；

r_1——边端内圆弧半径；　　z_0——重心距离。

型号	尺寸/mm			截面面积/cm^2	理论重量/$(kg\cdot m^{-1})$	外表面积/$(m^2\cdot m^{-1})$	参考数值										
							x-x			x_0-x_0			y_0-y_0			x_1-x_1	z_0
	b	d	r				I_x/cm^4	i_x/cm	W_x/cm^3	I_{x0}/cm^4	i_0/cm	W_{x0}/cm^3	I_{x0}/cm^4	I_{y0}/cm	W_{y0}/cm^3	I_{x1}/cm^4	/cm
2	20	3	3.5	1.132	0.889	0.078	0.40	0.59	0.29	0.63	0.75	0.45	0.17	0.39	0.20	0.81	0.60
		4		1.459	1.145	0.077	0.50	0.58	0.36	0.78	0.73	0.55	0.22	0.38	0.24	1.09	0.64
2.5	25	3		1.432	1.124	0.098	0.82	0.76	0.46	1.29	0.95	0.73	0.34	0.49	0.33	1.57	0.73
		4		1.859	1.459	0.097	1.03	0.74	0.59	1.62	0.93	0.92	0.43	0.48	0.40	2.11	0.76
3.0	30	3	4.5	1.749	1.373	0.117	1.46	0.91	0.68	2.31	1.15	1.09	0.61	0.59	0.51	2.71	0.85
		4		2.276	1.786	0.117	1.84	0.90	0.87	2.92	1.13	1.37	0.77	0.58	0.62	3.63	0.89
3.6	36	3		2.109	1.656	0.141	2.58	1.11	0.99	4.09	1.39	1.61	1.07	0.71	0.76	4.68	1.00
		4		2.756	2.163	0.141	3.29	1.09	1.28	5.22	1.38	2.05	1.37	0.70	0.93	6.25	1.04
		5		3.382	2.654	0.141	3.95	1.08	1.56	6.24	1.36	2.45	1.65	0.70	1.09	7.84	1.07
4.0	40	3	5	2.359	1.852	0.157	3.59	1.23	1.23	5.69	1.55	2.01	1.49	0.79	0.96	6.41	1.09
		4		3.086	2.422	0.157	4.60	1.22	1.22	7.29	1.54	2.58	1.91	0.78	1.19	8.56	1.13
		5		3.791	2.976	0.156	5.53	1.21	1.21	8.76	1.52	3.10	2.30	0.89	1.39	10.74	1.17
4.5	45	3		2.659	2.088	0.177	5.17	1.40	1.40	8.20	1.76	2.58	2.14	0.89	1.24	9.12	1.22
		4		3.486	2.736	0.177	6.65	1.38	1.38	10.56	1.74	3.32	2.75	0.89	1.54	12.18	1.26
		5		4.292	3.369	0.176	8.04	1.37	1.37	12.74	1.72	4.00	3.33	0.88	1.81	15.25	1.30
		6		5.076	3.985	0.176	9.33	1.36	1.36	14.76	1.70	4.64	3.89	0.88	2.06	18.36	1.33

续表

型号	尺寸/mm			截面面积/cm²	理论重量/(kg·m⁻¹)	外表面积/(m²·m⁻¹)	参考数值										
							x-x			x_0-x_0			y_0-y_0			x_1-x_1	z_0
	b	d	r				I_x/cm^4	i_x/cm	W_x/cm^3	I_{x0}/cm^4	i_0/cm	W_{x0}/cm^3	I_{x0}/cm^4	I_{y0}/cm	W_{y0}/cm^3	I_{x1}/cm^4	/cm
5	50	3	5.5	2.971	2.332	0.197	7.18	1.55	1.96	11.37	1.96	3.22	2.98	1.00	1.57	12.50	1.34
		4		3.897	3.059	0.197	9.26	1.54	2.56	14.70	1.94	4.16	3.82	0.99	1.96	16.69	1.38
		5		4.803	3.770	0.196	11.21	1.53	3.13	17.79	1.92	5.03	4.64	0.98	2.31	20.90	1.42
		6		5.688	4.465	0.196	13.05	1.52	3.68	20.68	1.91	5.85	5.42	0.98	2.63	25.14	1.46
5.6	56		6	3.343	2.624	0.221	10.19	1.75	2.48	16.14	2.20	4.08	4.24	1.13	2.02	17.56	1.48
		4		4.390	3.446	0.220	13.18	1.73	3.24	20.92	2.18	5.28	5.46	1.11	2.52	23.43	1.53
		5		5.415	4.251	0.220	16.02	1.72	3.97	25.42	2.17	6.42	6.61	1.10	2.98	29.33	1.57
		8		8.367	6.568	0.219	23.63	1.68	6.03	37.37	2.11	9.44	9.89	1.09	4.16	47.24	1.68
6.3	63	4	7	4.978	3.907	0.248	19.03	1.96	4.13	30.17	2.46	6.78	7.89	1.26	3.29	33.35	1.70
		5		6.143	4.822	0.248	23.17	1.94	5.08	36.77	2.45	8.25	9.57	1.25	3.90	41.73	1.74
		6		7.288	5.721	0.247	27.12	1.93	6.00	43.03	2.43	9.66	11.20	1.24	4.46	50.14	1.78
		8		9.515	7.469	0.247	34.46	1.90	7.75	54.56	2.40	12.25	14.33	1.23	5.47	67.11	1.85
		10		11.657	9.151	0.246	41.09	1.88	9.39	64.85	2.36	14.56	17.33	1.22	6.36	84.31	1.93
7	70	4	8	5.570	4.372	0.275	26.39	2.18	5.14	41.80	2.74	8.44	10.99	1.40	4.17	45.74	1.86
		5		6.875	5.397	0.275	32.21	2.16	6.32	51.08	2.73	10.32	13.34	1.39	4.95	57.21	1.91
		6		8.160	6.406	0.275	37.77	2.15	7.48	59.93	2.71	12.11	15.61	1.38	5.67	68.73	1.95
		7		9.424	7.398	0.275	43.09	2.14	8.59	68.35	2.69	13.81	17.82	1.38	6.34	80.29	1.99
		8		10.667	8.373	0.274	48.17	2.12	9.68	76.37	2.68	15.43	19.98	1.37	6.98	91.92	2.03
7.5	75	5	9	7.412	5.818	0.295	39.97	2.33	7.32	63.30	2.92	11.94	16.63	1.50	5.77	70.56	2.04
		6		8.797	6.905	0.294	46.95	2.31	8.64	74.38	2.90	14.02	19.51	1.49	6.67	84.55	2.07
		7		10.160	7.976	0.294	53.57	2.30	9.93	84.96	2.89	16.02	22.18	1.48	7.44	98.71	2.11
		8		11.503	9.030	0.294	59.96	2.28	11.20	95.07	2.88	17.93	24.86	1.47	8.19	112.97	2.15
		10		14.126	11.089	0.293	71.98	2.26	13.64	113.92	2.84	21.48	30.05	1.46	9.56	141.71	2.22
8	80	5	9	7.192	6.211	0.315	48.79	2.48	8.34	77.33	3.13	13.67	20.25	1.60	6.66	85.36	2.15
		6		9.397	7.376	0.314	57.35	2.47	9.87	90.98	3.11	16.08	23.72	1.59	7.65	102.50	2.19
		7		10.860	8.525	0.314	65.58	2.46	11.37	104.07	3.10	18.40	27.09	1.58	8.58	119.70	2.23
		8		12.303	9.658	0.314	73.49	2.44	12.83	116.60	3.08	20.61	30.39	1.57	9.46	136.97	2.27
		10		15.126	11.874	0.313	88.43	2.42	15.64	140.09	3.04	24.76	36.77	1.56	11.08	171.74	2.35
9	90	6	10	10.637	8.350	0.354	82.77	2.79	12.61	131.26	3.51	20.63	34.28	1.80	9.95	145.87	2.44
		7		12.301	9.656	0.354	94.83	2.78	14.54	150.47	3.50	23.64	39.18	1.78	11.19	170.73	2.48
		8		13.944	10.946	0.353	106.47	2.76	16.42	168.97	3.48	26.55	43.97	1.78	12.35	194.80	2.52
		10		17.167	13.476	0.353	128.58	2.74	20.07	203.90	3.45	32.04	53.26	1.76	14.52	244.07	2.59
		12		20.306	15.940	0.352	149.22	2.71	23.57	236.21	3.41	37.12	62.22	1.75	16.49	293.76	2.67

续表

型号	尺寸/mm			截面面积/cm^2	理论重量/$(kg \cdot m^{-1})$	外表面积/$(m^2 \cdot m^{-1})$	参考数值										
							x-x			x_0-x_0			y_0-y_0			x_1-x_1	z_0
	b	d	r				I_x/cm^4	i_x/cm	W_x/cm^3	I_{x0}/cm^4	i_0/cm	W_{x0}/cm^3	I_{x0}/cm^4	I_{y0}/cm	W_{y0}/cm^3	I_{x1}/cm^4	/cm
10	100	6	12	11.932	9.366	0.393	114.95	3.10	15.68	181.98	3.90	25.74	47.92	2.00	12.69	200.07	2.67
		7		13.796	10.830	0.393	131.86	3.09	18.10	208.97	3.89	29.55	54.74	1.99	14.26	233.54	2.71
		8		15.638	12.276	0.393	148.24	3.08	20.47	235.07	3.88	33.24	61.41	1.98	15.75	267.09	2.76
		10		19.261	15.120	0.392	179.51	3.05	25.06	284.68	3.84	40.26	74.35	1.96	18.54	334.48	2.84
		12		22.800	17.898	0.391	208.90	3.03	29.48	330.95	3.81	46.80	86.84	1.95	21.08	402.34	2.91
		14		26.256	20.611	0.391	236.53	3.00	33.73	374.06	3.77	52.90	99.00	1.94	23.44	470.75	2.99
		16		29.627	23.257	0.390	262.53	2.98	37.82	414.16	3.74	58.57	110.89	1.94	25.63	539.80	3.06
11	110	7	12	15.196	11.928	0.433	177.16	3.41	22.05	280.94	4.30	36.12	73.38	2.20	17.51	310.64	2.96
		8		17.238	13.532	0.433	199.46	3.40	24.95	316.49	4.28	40.69	82.42	2.19	19.39	355.20	3.01
		10		21.261	16.690	0.432	242.19	3.38	30.60	384.39	4.25	49.42	99.98	2.17	22.91	444.65	3.09
		12		25.200	19.782	0.431	282.55	3.35	36.05	448.17	4.22	57.62	116.93	2.15	26.15	534.60	3.16
		14		29.056	22.809	0.431	320.71	3.32	41.31	508.01	4.18	65.31	133.40	2.14	29.14	625.16	3.24
12.5	125	8	14	19.750	15.504	0.492	297.03	3.88	32.52	470.89	4.88	53.28	123.16	2.50	25.86	521.01	3.37
		10		24.373	19.133	0.491	361.67	3.85	39.97	573.89	4.85	64.93	149.46	2.48	30.62	651.93	3.45
		12		28.912	22.696	0.491	423.16	3.83	41.17	671.44	4.82	75.96	174.88	2.46	35.03	783.42	3.53
		14		33.367	26.193	0.490	481.65	3.80	54.16	763.73	4.78	86.41	199.57	2.45	39.13	915.61	3.61
14	140	10	14	27.373	21.49	0.551	514.65	4.34	50.58	817.27	5.46	82.56	212.04	2.78	39.2	915.11	3.82
		12		32.512	25.52	0.551	603.68	4.31	59.8	958.79	5.43	96.85	248.57	2.76	45	1099.28	3.9
		14		37.567	29.49	0.55	688.81	4.28	68.75	1093.56	5.4	110.47	284.06	2.75	50.5	1284.22	3.98
		16		42.539	33.39	0.549	770.24	4.26	77.46	1221.81	5.36	123.42	318.67	2.74	55.6	1470.07	4.06
16	160	10	16	31.502	24.73	0.63	779.53	4.98	66.7	1237.3	6.27	109.36	321.76	3.2	52.8	1365.33	4.31
		12		37.441	29.39	0.63	916.58	4.95	78.98	1455.68	6.24	128.67	377.49	3.18	60.7	1639.57	4.39
		14		43.296	33.99	0.629	1048.36	4.92	90.95	1665.02	6.2	147.17	431.7	3.16	68.2	1914.68	4.47
		16		49.067	38.52	0.629	1175.08	4.89	102.63	1865.57	6.17	164.89	484.59	3.14	75.3	2190.82	4.55
18	125	12		42.241	33.16	0.71	1321.35	5.59	100.82	2100.1	7.05	165	542.61	3.58	78.4	2332.8	4.89
		14		48.896	38.38	0.709	1514.48	5.56	116.25	2407.42	7.02	189.14	621.53	3.56	88.4	2723.48	4.97
		16		55.467	43.54	0.709	1700.99	5.54	131.13	2703.37	6.98	212.4	698.6	3.55	97.8	3115.29	5.05
		18		61.955	48.63	0.708	1875.12	5.5	145.64	2988.24	6.94	234.78	762.01	3.51	105	3502.43	5.13
20	200	14	18	54.642	42.89	0.788	2103.55	6.2	144.7	3343.26	7.82	236.4	863.83	3.98	112	3734.1	5.46
		16		62.013	48.68	0.788	2366.15	6.18	163.65	3760.89	7.79	265.93	971.41	3.96	124	4270.39	5.54
		18		69.301	54.4	0.787	2620.64	6.15	182.22	4164.54	7.75	294.48	1076.74	3.94	136	7808.13	5.62
		20		76.505	60.06	0.787	2867.3	6.12	200.42	4554.55	7.72	322.06	1180.04	3.93	147	5347.51	5.69
		24		90.661	71.17	0.785	3338.25	6.07	236.17	5294.97	7.64	374.41	1381.53	3.9	167	6457.16	5.87

注：截面图中的 $r_1=d/3$ 及表中 r 值的数据用于孔型设计，不做交货条件。

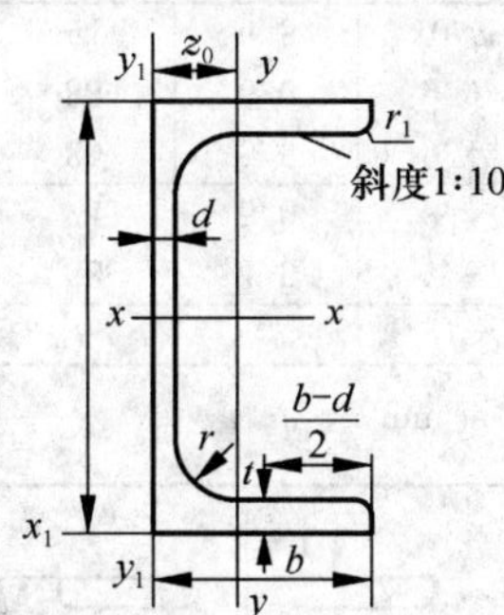

表 2　热轧普通槽钢(GB 707—1988)

符号意义：

h——高度；
b——腿宽度；
d——腰厚度
t——平均腿厚度；
r——内圆弧半径；
r_1——腿端圆弧半径；
I——惯性矩；
W——截面系数；
i——惯性半径；
z_0——y—y 轴与 y_1—y_1 轴间距。

型号	尺寸/mm						截面面积 /cm^2	理论重量 /$(kg\cdot m^{-1})$	参考数值							z_0 /cm
									x-x			y-y			y_1-y_1	
	h	b	d	t	r	r_1			W_x	I_x	i_x	W_y	I_y	i_y	I_{y1}	
5	50	37	4.5	7	3.5	3.5	6.928	5.438	10.4	26	1.94	3.55	8.3	1.1	20.9	1.35
6.3	63	40	4.8	7.5	3.8	3.8	8.451	6.634	16.1	50.8	2.45	4.5	11.9	1.19	28.4	1.36
8	80	43	5	8	4	4	10.248	8.045	25.3	101	3.15	5.79	16.6	1.27	37.4	1.43
10	100	48	5.3	8.5	4.2	4.2	12.748	10.007	39.7	198	3.95	7.8	25.6	1.41	54.9	1.52
13	126	53	5.5	9	4.5	4.5	15.692	12.318	62.1	391	4.95	10.2	38	1.57	77.1	1.59
14a	140	58	6	9.5	9.5	4.8	18.516	14.535	80.5	564	5.52	13	53.2	1.7	107	1.71
14	140	60	8	9.5	9.5	4.8	21.316	16.733	87.1	609	5.35	14.1	61.1	1.69	121	1.67
16a	160	63	6.5	10	10	5	21.962	17.24	108	866	6.28	16.3	73.3	1.83	144	1.8
16	160	65	8.5	10	10	5	25.162	19.752	117	935	6.1	17.6	83.4	1.82	161	1.75
18a	180	68	7.0	10.5	10.5	5.2	25.699	20.174	141	1 270	7.04	20.0	98.6	1.96	190	1.84
18	180	70	9.0	10.5	10.5	5.2	29.299	23.000	152	1 370	6.84	21.5	111	1.95	210	1.84
20a	200	73	7.0	11	11.0	5.5	28.837	22.637	178	1 780	7.86	24.2	128	2.11	244	2.01
20	200	75	9.0	11	11.0	5.5	32.837	25.777	191	1 910	7.64	25.9	144	2.09	268	1.95
22a	220	77	7.0	11.5	11.5	5.8	31.846	24.999	218	2 390	8.67	28.2	158	2.23	298	2.10
22	220	79	9.0	11.5	11.5	5.8	36.246	28.453	234	2 570	8.42	30.1	176	2.21	326	2.03
25a	250	78	7.0	12	12.0	6.0	34.917	27.410	270	3 370	9.82	30.6	176	2.24	322	2.07
25b	250	80	9.0	12	12.0	6.0	39.917	31.355	282	3 530	9.41	32.7	196	2.22	353	1.98
25c	250	82	11.0	12	12.0	6.0	44.917	35.260	295	3 690	9.07	35.9	218	2.21	384	1.92

续表

型号	尺寸/mm						截面面积 /cm²	理论重量 /(kg·m⁻¹)	参考数值								z_0 /cm
									x-x			y-y			y_1-y_1		
	h	b	d	t	r	r_1			W_x	I_x	i_x	W_y	I_y	i_y	I_{y1}		
28a	280	82	7.5	12.5	12.5	6.2	40.034	31.427	340	4 760	10.9	35.7	218	2.33	388		2.10
28b	280	84	9.5	12.5	12.5	6.2	45.634	35.823	366	5 130	10.6	37.9	242	2.30	428		2.02
28c	280	86	11.5	12.5	12.5	6.2	51.234	40.219	393	5 500	10.4	40.3	268	2.29	463		1.95
32a	320	88	8.0	14	14.0	7.0	48.513	38.083	475	7 600	12.5	46.5	305	2.50	552		2.24
32b	320	90	10.0	14	14.0	7.0	54.913	43.107	509	8 140	12.2	49.2	336	2.47	593		2.16
32c	320	92	12.0	14	14.0	7.0	61.313	48.131	543	8 690	11.9	52.6	374	2.47	643		2.09
36a	360	96	9.0	16	16.0	8.0	60.910	47.814	660	11 900	14.0	63.5	455	2.73	818		2.44
36b	360	98	11.0	16	16.0	8.0	68.110	53.466	703	12 700	13.6	66.9	497	2.70	880		2.37
36c	360	100	13.0	16	16.0	8.0	75.310	59.118	746	13 400	13.4	70.0	536	2.67	948		2.34
40a	400	100	10.5	18	18.0	9.0	75.068	58.928	879	17 600	15.3	78.8	592	2.81	1 070		2.49
40b	400	102	12.5	18	18.0	9.0	83.068	65.208	932	18 600	15.0	82.5	640	2.78	1 140		2.44
40c	400	104	14.5	18	18.0	9.0	91.068	71.488	986	19 700	14.7	86.2	688	2.75	1 220		2.42

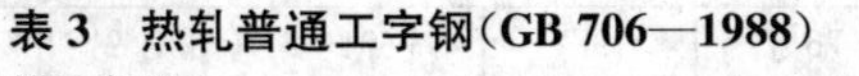

表 3 热轧普通工字钢(GB 706—1988)

符号意义：

h——高度；

b——腿宽度；

d——腰厚度

t——平均腿厚度；

r——内圆弧半径；

r_1——腿端圆弧半径；

I——惯性矩；

W——截面系数；

i——惯性半径；

S——半截面的静力矩。

型号	尺寸/mm						截面面积 /cm²	理论重量 /(kg·m⁻¹)	参考数值						
									x-x				y-y		
	h	b	d	t	r	r_1			I_x	W_x	i_x	$I_x:S_x$	I_y	W_y	i_y
10	100	68	4.5	7.6	6.5	3.3	14.345	11.261	245	49.0	4.14	8.59	33.0	9.72	1.52
12.6	126	74	5.0	8.4	7.0	3.5	18.118	14.223	488	77.5	5.20	10.8	46.9	12.7	1.61
14	140	80	5.5	9.1	7.5	3.8	21.516	21.516	712	102	5.76	12.0	64.4	16.1	1.73
16	160	88	6.0	9.9	8.0	4.0	26.131	26.131	1 130	141	6.58	13.8	93.1	21.2	1.89
18	180	94	6.5	10.7	8.5	4.3	30.756	30.756	1 660	185	7.36	15.4	122	26.0	2.00

续表

型号	尺寸/mm						截面面积/cm^2	理论重量/(kg·m^{-1})	参考数值						
									x-x				y-y		
	h	b	d	t	r	r_1			I_x	W_x	i_x	$I_x:S_x$	I_y	W_y	i_y
20a	200	100	7.0	11.4	9.0	4.5	35.578	27.929	2 370	237	8.15	17.2	158	31.5	2.12
20b	200	102	9.0	11.4	9.0	4.5	39.578	31.069	2 500	250	7.96	16.9	169	33.1	2.06
22a	220	110	7.5	12.3	9.5	4.8	42.128	33.070	3 400	309	8.99	18.9	225	40.9	2.31
22b	220	112	9.5	12.3	9.5	4.8	46.528	36.524	3 570	325	8.78	18.7	239	42.7	2.27
25a	250	116	8.0	13.0	10.0	5.0	48.541	38.105	5 020	402	10.2	21.6	280	48.3	2.40
25b	250	118	10.0	13.0	10.0	5.0	53.541	42.030	5 280	423	9.94	21.3	309	52.4	2.40
28a	280	122	8.5	13.7	10.5	5.3	55.404	43.492	7 110	508	11.3	24.6	345	56.6	2.50
28b	280	124	10.5	13.7	10.5	5.3	61.004	47.888	7 480	534	11.1	24.2	379	61.2	2.49
32a	320	130	9.5	15.0	11.5	5.8	67.156	52.717	11 100	692	12.8	27.5	460	70.8	2.62
32b	320	132	11.5	15.0	11.5	5.8	73.556	57.741	11 600	726	12.6	27.1	502	76.0	2.36
32c	320	134	13.5	15.0	11.5	5.8	79.956	62.765	12 200	760	12.3	26.8	544	81.2	2.61
36a	360	136	10.0	15.8	12.0	6.0	76.480	60.037	15 800	875	14.4	30.7	552	81.2	2.69
36b	360	138	12.0	15.8	12.0	6.0	83.680	65.689	16 500	919	14.1	30.3	582	84.3	2.64
36c	360	140	14.0	15.8	12.0	6.0	90.880	71.341	17 300	962	13.8	29.9	612	87.4	2.60
40a	400	142	10.5	16.5	12.5	6.3	86.112	67.598	21 700	1 090	15.9	34.1	660	93.2	2.77
40b	400	144	12.5	16.5	12.5	6.3	94.112	73.878	22 800	1 140	15.6	33.6	692	96.2	2.71
40c	400	146	14.5	16.5	12.5	6.3	102.112	80.158	23 900	1 190	15.2	33.2	727	99.6	2.65
45a	450	150	11.51	18.0	13.5	6.8	102.446	80.420	32 200	1 430	17.7	38.6	855	114	2.89
45b	450	152	3.51	18.0	13.5	6.8	111.446	87.485	33 800	1 500	17.4	38.0	894	118	2.84
45c	450	154	5.5	18.0	13.5	6.8	120.446	94.550	35 300	1 570	17.1	37.6	938	122	2.79
50a	500	158	12.0	20.0	14.0	7.0	119.304	93.654	46 500	1 860	19.7	42.8	1 120	142	3.07
50b	500	160	14.0	20.0	14.0	7.0	129.304	101.504	48 600	1 940	19.4	42.4	1 170	146	3.01
50c	500	162	16.0	20.0	14.0	7.0	139.304	109.354	50 600	2 080	19.0	41.8	1 220	151	2.96
56a	560	166	12.5	21.0	14.5	7.3	106.316	106.316	65 600	2 340	22.0	47.7	1 370	165	3.18
56b	560	168	14.5	21.0	14.5	7.3	115.108	115.108	68 500	2 450	21.6	47.2	1 490	174	3.16
56c	560	170	16.5	21.0	14.5	7.3	123.900	123.900	71 400	2 550	21.3	46.7	1 560	183	3.16
63a	630	176	13.0	22.0	15.0	7.5	121.407	121.407	93 900	2 980	24.5	54.2	1 700	193	3.31
63b	630	178	15.0	22.0	15.0	7.5	131.298	131.298	98 100	3 160	24.2	53.5	1 812	204	3.29
63c	630	180	17.0	22.0	15.4	7.5	141.189	141.189	102 000	3 300	23.8	52.9	1 920	214	3.27

参考文献

[1] 周国瑾，施美丽，张景良. 建筑力学 [M]. 第三版. 上海：同济大学出版社，2006.

[2] 张流芳，胡兴国. 建筑力学 [M]. 第二版. 武汉：武汉理工大学出版社，2004.

[3] 孙训方，方孝淑，关来泰. 材料力学（Ⅰ）[M]. 第 5 版. 北京：高等教育出版社，2009.

[4] 于英. 建筑力学 [M]. 第二版. 北京：中国建筑工业出版社，2006.

[5] 刘寿梅. 建筑力学 [M]. 北京. 高等教育出版社，2002.

[6] 李家宝. 结构力学 [M]. 第四版. 北京：高等教育出版社，2006.

[7] 龙驭球，包世华. 结构力学教程（Ⅰ）[M]. 北京：高等教育出版社，2000.